ZUR

GESCHICHTE DER MATHEMATIK

IN

ALTERTHUM UND MITTELALTER.

VON

DR. HERMANN HANKEL,

WEIL. ORD. PROFESSOR DER MATH. AN DER UNIVERSITÄT ZU TÜBINGEN.

LEIPZIG,

DRUCK UND VERLAG VON B. G. TEUBNER.

1874.

Neuer Verlag von B. G. Teubner in Leipzig.
1873. 1874.

Barbey, Dr. **E.**, **methodisch geordnete Aufgabensammlung**, mehr als 7000 Aufgaben enthaltend, über alle Theile der Elementar-Arithmetik, für Gymnasien, Realschulen und polytechnische Lehranstalten. Dritte Auflage. gr. 8. geh. 2 Mark 70 Pf.

———————————— besonderer Abdruck der in der zweiten Auflage neu hinzugekommenen Aufgaben. gr. 8. geh. 30 Pf.

Die „Resultate" sind durch den Buchhandel nicht zu beziehen, sondern werden von der Verlagshandlung nur an Lehrer direkt geliefert gegen Einsendung von 10 Ngr. in Briefmarken.

Clebsch, Alfred. Versuch einer Darlegung und Würdigung seiner wissenschaftlichen Leistungen von einigen seiner Freunde. gr. 8. geh. n. 1 Mark 20 Pf.

Frischauf, J., Professor an der Universität Graz, **absolute Raumlehre** nach **Johann Bolyai** bearbeitet. gr. 8. geh. n. 2 Mark.

Hartig, Dr. **E.**, Professor am königl. Polytechnikum zu Dresden, **Versuche über d. Arbeitsverbrauch d. Werkzeugmaschinen.** A. u. d. T.: Mittheilungen d. polytechnischen Schule zu Dresden. III. Heft. Mit 24 lithogr. Tafeln in Royal-Folie. gr. 8. geh. 20 Mark.

Hesse, Dr. **Otto**, ord. Prof. an d. königl. Polytechnikum zu München, **Vorlesungen aus der analytischen Geometrie der geraden Linie**, des Punktes und des Kreises in der Ebene. Zweite verbesserte u. vermehrte Auflage. gr. 8. geh. n. 5 Mark 20 Pf.

———————————— **Sieben Vorlesungen aus der analytischen Geometrie der Kegelschnitte.** Fortsetzung der Vorlesungen aus der analytischen Geometrie der geraden Linie, des Punktes und des Kreises. gr. 8. geh. n. 1 Mark 60 Pf.

Hrabák, Josef, Professor an der Bergakademie zu Pribram, **mathematisch-technisches Tabellenwerk.** Eine möglichst vollständige Sammlung von Hilfstabellen für Rechnungen mit und ohne Logarithmen. Nebst Mass-, Gewichts- und Geldrechnungstabellen etc. gr. 8. geh. 8 Mark.

Kirchhoff, Dr. **Gustav**, Professor an der Universität in Heidelberg, **Vorlesungen über mathematische Physik. Mechanik.** Erste u. zweite Lieferung. [307 S.] gr. 8. geh. n. 9 Mark.

Kober, Julius, Oberlehrer an der Königl. Fürstenschule zu Grimma, **Leitfaden der ebenen Geometrie** mit 700 Uebungssätzen und Aufgaben und 33 in den Text gedruckten Figuren. gr. 8. geh. n. 1 Mark.

Kahl, Dr. **Emil, mathematische Aufgaben aus der Physik** nebst **Auflösungen.** Zum Gebrauch an höheren Lehranstalten und zum Selbstunterrichte bearbeitet. Mit in den Text gedruckten Holzschnitten. Zweite gänzlich umgearbeitete, vermehrte und verbesserte Auflage mit allseitiger Berücksichtigung des metrischen Maassystems. gr. 8. geh. n. 5 Mark.

Sur l'histoire des mathématiques

dans l'antiquité et au moyen âge,

par le Dr Hermann Hankel

Leipzig
Teubner
1874

ZUR

GESCHICHTE DER MATHEMATIK

IN

ALTERTHUM UND MITTELALTER.

VON

DR. HERMANN HANKEL,

WEIL. ORD. PROFESSOR DER MATH. AN DER UNIVERSITÄT ZU TÜBINGEN.

62,872

LEIPZIG,

DRUCK UND VERLAG VON B. G. TEUBNER.

1874.

Mein im vorigen Jahre als ordentlicher Professor der Mathematik in Tübingen verstorbener Sohn hat von Anbeginn seines Studiums die historische Entwickelung der mathematischen Wissenschaften mit besonderer Vorliebe verfolgt und mittelst gründlicher und ausgedehnter Durchforschung der Quellen einen, so weit überhaupt möglich, klaren Einblick in den Gang derselben und ein ebenso unbefangenes wie entschiedenes Urtheil über die Leistungen der einzelnen Männer und Völker zu gewinnen gesucht. Er hegte die Absicht, zunächst eine Geschichte der Mathematik in einem Bande für einen weiteren Kreis herauszugeben und dieser später eine umfänglichere, in's Specielle eingehende, für Fachgenossen berechnete Darstellung folgen zu lassen. Leider hat sein früher Tod selbst die Vollendung des zuerst bezeichneten Werkes verhindert; in seinem Nachlasse fand sich aber eine grössere Anzahl von Abschnitten vollständig ausgearbeitet, und bei der grossen Sorgfalt und Gewissenhaftigkeit, mit welcher ihr Verfasser stets verfuhr, erschien mir die unveränderte Veröffentlichung derselben nicht ohne Nutzen für die Wissenschaft. Diese Abschnitte geben eine Darstellung der Entwickelung der Mathematik in dem Alterthume und Mittelalter, jedoch mit Ausschluss der Geometrie in der klassischen Periode des Alterthums; ein die Werke Euklid's betreffendes Fragment habe ich als Anhang beigefügt. Das Kapitel über die Geschichte der Mathematik bei den Arabern ist bereits noch bei Lebzeiten des Verfassers in einer italienischen Uebersetzung in dem 5. Bande des Bullettino di bibliografia e di storia delle science matematiche e fisiche von B. Boncompagni erschienen.

Ich glaube im Sinne meines verstorbenen Sohnes zu handeln, wenn ich allen den zahlreichen Gelehrten, welche ihn bei seinen historischen Studien durch die vielseitigsten Mittheilungen unterstützt haben, den herzlichsten Dank ausspreche. Schliesslich liegt mir noch ob, der stets bereiten thätigen Hülfe, welche mir Herr Dr. v. Zahn, der Jugendgenosse und treueste Freund meines Sohnes, bei der Herausgabe geleistet hat, auf das Anerkennendste zu gedenken.

Leipzig am 3. October 1874.

Dr. **W. G. Hankel.**

Inhaltsverzeichniss.

Eintheilung der Geschichte der Mathematik.

Die Geschichte einer Wissenschaft kann selbst Wissenschaft werden, wenn sie es versucht, aus der unendlichen Fülle des Einzelnen das Bestimmende herauszuheben, in dem Wirklichen das Nothwendige zu erkennen. Denn wie weit auch die Freiheit des einzelnen Wirklichen gehen mag, sie hebt doch nicht das Gesetz in der Gesammtströmung auf; der Wasserfall beharrt in seiner Form, wie zufällig auch der Lauf jedes Tropfens sein mag. Ist nun schon bei einer solchen rein mechanischen Erscheinung der menschliche Geist ausser Stande, die Gesetze der Bewegung zu bestimmen, wie sollte er fähig sein, den Fortschritt der Geschichte von vornherein theoretisch zu construiren, die Entwickelung nach den Kategorien von Ursache und Wirkung aufzufassen, ja nur in allgemeine Begriffe zu kleiden! So bleibt denn nichts übrig, als das Bild der Zeiten selbst in grossen Umrissen zu geben, mehr in der Darstellung des Bedeutenden, scharfer Charakteristik der Wendepuncte, als in allgemeinen pragmatischen Reflexionen jene nothwendigen Gesetze geistiger Entwickelung vorzuführen. Dabei mag dann hie und da ein treu ausgeführtes Bild bedeutender Menschen und Zeiten das Interesse befriedigen, was sich liebevoll in den Geist einer Vergangenheit versetzen möchte.

Versuchen wir zunächst einen umfassenden Rahmen für unser Bild zu entwerfen. Nationale Schranken kennt die Wissenschaft, deren Entwickelung wir zu zeichnen haben, nicht. Der Anfang aller Mathematik bei den ältesten Culturvölkern, den Chaldäern und Aegyptern, ist in sagenhaftes Dunkel gehüllt; unsere Geschichte beginnt im 6. Jahrh.

v. Chr. mit den ältesten Weisen der Griechen, und verläuft in aufsteigender Entwickelung bis zum 3. und 2. Jahrh. der klassischen Periode antiker Geometrie. Von da an tritt Stillstand ein und, wenn sich ein Gelehrter mit Geometrie beschäftigt, so geschieht es in engstem Anschlusse an die Schriften jener früheren Zeit. Dagegen beginnt, etwa vom Ende des 1. Jahrhunderts der christlichen Aera, eine neue Richtung sich geltend zu machen, die rein arithmetisch-algebraische, welche nach Form und Inhalt von der Mathematik der klassischen Periode so durchaus verschieden und aus einer so wesentlich neuen Anschauung entsprungen ist, dass sie in keiner Weise als die Fortsetzung der früheren Richtung, viel eher als ihr Gegensatz angesehen werden kann. Die Geschichte der Philosophie beginnt mit diesem Jahrhundert ihre zweite, die mittelalterliche Periode. Auch wir müssen, wenn wir nach inneren Gründen das Gleich-artige zusammenfassen wollen, in jener Zeit die erste Ent-wickelungsperiode der Mathematik für abgeschlossen erklären, und die zweite beginnen mit den Arithmetikern, deren Zu-sammenhang mit der neoplatonischen und neopythagorischen Richtung in der Folge sich zeigen wird. Wie weit diese neue geistige Richtung in der griechischen Welt etwa durch orientalische Einflüsse veranlasst gewesen sein mag, steht dahin; gewiss ist aber, dass zu derselben Zeit die Arith-metik fern im Osten, in Indien zu hoher Blüthe gelangte. Diesem durch weite Strecken Landes getrennten Stamme der Arier fiel jetzt die neue Aufgabe zu, die reine Arithmetik in selbstständigem Interesse zu entwickeln und ein Zahlen-system auszubilden, das deren theoretische und praktische Anwendung möglich machte. Die Brahmanen haben ihre Aufgabe auf das Glänzendste gelöst und damit nicht nur auf die Entwickelung der Mathematik, sondern auch auf die Bildung unseres modernen Europa's einen Einfluss gewonnen, der wenn äusserlich nicht so glänzend, als der des klassi-schen Alterthums, doch in aller Stille und gewaltig wirkt; man denke nur daran, dass jeder Europäer mindestens während seiner Schuljahre tagtäglich im Rechnen die Weis-heit der alten Inder kennen und anwenden lernt.

Nicht unmittelbar aber hat der Occident diese Schätze

von den Ufern des Ganges erhalten, vielmehr mittelbar durch die Araber, jenes wunderbare Volk, welches, eben noch barbarisch, im Fluge seine äussere Macht glänzend erweiterte und ebenso schnell den ersten Rang in Kunst und Wissenschaft eroberte. Der Hof der Chalifen in Bagdad stand mindestens seit dem 8. Jahrh. in wissenschaftlichem Verkehre mit den Indern, deren mathematische Gelehrsamkeit man mit Eifer aufnahm. Daneben widmete man sich dem eingehenden Studium der sorgfältig gesammelten Schriften der antiken Geometer. Wie sehr diese aber auch in Ansehen standen, die Mathematik der Araber trägt viel mehr den algebraischen Charakter indischer Wissenschaft, als den streng geometrischen des griechischen Alterthums; und alles was von eigenen Leistungen der semitischen Völker des Mittelalters bekannt ist, liegt nach jener Seite hin.

Viel früher, als man anzunehmen gewohnt ist, bereits seit dem Ende des 10. Jahrhunderts kam durch diese Vermittelung der katholische Occident in den Besitz des Zahlensystems und der Rechnungsmethoden der Inder, zunächst in der unvollkommenen Form des Abacus. Der Anfang des 13. Jahrhunderts endlich brachte das echte System der Inder nach Italien, zugleich mit der gesammten mathematischen Gelehrsamkeit der Araber. Damals, als der Geistesaufschwung der mohamedanischen Welt erlahmte, beginnt das neue Europa seine wissenschaftliche Laufbahn.

Es wird immer eine der interessantesten historischen Aufgaben sein, die Einwirkungen, welche diese so verschiedenen Völker des Mittelalters auf einander ausgeübt haben, zu untersuchen. Wenn sich schon im modernen Europa unter wesentlich gleichen Culturbedingungen so abweichende Anschauungen im Leben und in der Wissenschaft entwickeln und sich in ihrem Zusammentreffen gegenseitig fördern, so ist diese Begegnung des griechischen und indischen Geistes bei den Arabern und der Einfluss dieser auf die Gestaltung des wissenschaftlichen Geistes im neuen Europa das merkwürdigste und folgenreichste Ereigniss in dem Gebiete unserer Wissenschaft, die, wie keine, im Stande ist, die Anlagen der verschiedensten Völker zur Förderung ihres objectiven Inhaltes zu verwerthen.

Die Mathematik behielt bei den Italiern und, als sich vom Ende des 15. Jahrhunderts an auch die anderen Cultur-völker Europa's mit ihr zu beschäftigen begannen, auch bei diesen den Charakter der indisch-arabischen Wissenschaft bei. Die Ehrfurcht vor den formell vollendeten Leistungen der griechischen Geometer war unbegrenzt, aber man ver-mochte nicht ihren Bahnen zu folgen; übersetzend und com-mentirend suchte man sie sich anzueignen. Die eigene freie Arbeit lag bis zum Ende des 16. Jahrhunderts ausschliess-lich auf dem Gebiete der Algebra, ohne fruchtbare Ver-bindung gingen diese beiden Strömungen neben einander her.

Da trat der Mann auf, der diese dem modernen Geiste gleichsam angeborne Richtung auf die Algebra auch für die Geometrie erfolgreich zu verwenden, Alterthum und Mittel-alter in eine Einheit aufzuheben wusste. Es ist Descartes, der den Anfang dieser neuen Periode bezeichnet; und wenn die Geschichte der Philosophie diesen gewaltigen Geist eben-falls an die Spitze der modernen Philosophie setzt, so mag dies zum Beweise dienen, wie tief auch die Fortbildung einer abstracten Wissenschaft mit der Entwickelung allge-meiner Weltanschauungen zusammenhängt.

In der glänzenden Schöpfung des Begründers der neueren Mathematik, der analytischen Geometrie, erscheint der Be-griff der geometrischen Grösse, dieses wesentlichsten Ele-mentes der griechischen Geometer, vereinigt mit dem der discreten Zahl, dem Elemente der Algebra, indem ersterer in letzteren aufgenommen wird; als ein Unstetiges aber kann die Zahl jenes Continuirliche nicht umfassen, wenn nicht ihr Begriff zu dem der stetigen und damit veränderlichen Zahlgrösse erweitert wird. Die Griechen hatten alles Ver-änderliche streng von ihrer Wissenschaft ausgeschlossen, die Neueren aber entdeckten in der Variabilität der Zahlgrössen das fruchtbarste Princip der Mathematik. Die sich gleich-zeitig entwickelnde Mechanik trug nicht wenig dazu bei, die in dem Begriffe der Veränderung unleugbar liegenden Para-doxieen zu beseitigen und den Boden zu ebnen für die Methoden des Unendlichkleinen, die bald die Mathematik gänzlich umgestalteten. So entstand eine neue Wissenschaft, die man mehr zufällig als treffend Analysis genannt hat,

und welche bis auf den heutigen Tag den Charakter der
gesammten Mathematik bestimmt; denn, wenn auch die Geometrie und Algebra nach zweihundertjähriger Vernachlässigung
in unserem Jahrhunderte wieder ein neues Leben zeigen, so
ist dies nur die Folge davon, dass sie jenen fundamentalen
Begriff der Analysis in sich aufgenommen haben.

Der weiteren Entwickelung dieser Ideen und ihrer Nachweisung im Einzelnen ist dieses Werk gewidmet.

Zahlen und Zahlwörter
in der vorwissenschaftlichen Periode.

Die Thätigkeit, durch welche das Menschengeschlecht sich die Begriffe und Kenntnisse gewonnen hat, die heute das Gebiet der Mathematik bilden, hat nicht immer dieselbe Richtung gehabt, in der wir heute weiter fortschreiten. Denn wie in jedem Gebiete des Wissens, so ist auch hier der eigentlich wissenschaftlichen Arbeit eine lange Zeit nicht minder bedeutender Leistungen vorhergegangen, in welcher die Völker die später von der Wissenschaft angenommenen Grundbegriffe allererst zu schaffen, in ihren einfachsten Beziehungen zu erkennen und das Material zu gewinnen hatten, welches die Grundlage unserer wissenschaftlichen Behandlung bildet. Man kann nicht bezweifeln, dass diese vorwissenschaftliche Periode der Mathematik, die wir, so zu sagen, in der Entwickelung jedes einzelnen Individuums im Bilde wieder erblicken, bis zu den Zeiten der ersten geistigen Entwickelung des Menschengeschlechtes hinaufgeht. Es ist hier nicht unsere Aufgabe, das Verhältniss zu untersuchen, in welchem die Anschauungen vom Raume und der Zeit, der Zahl und Grösse zum menschlichen Intellect stehen, und wie sie sich psychologisch in ihm zu Vorstellungen entwickeln; das aber dürfen wir für gewiss halten, dass der geistig entwickelte Mensch von allem Anfang an mehr oder minder klare Vorstellungen von der Zahl und der Grösse, der Linie, dem Raume u. s. w. besass, und, was mehr ist, zu verwenden wusste. Denn er zählte, er rechnete, er bauete und er mass. So lernte er durch den Gebrauch allmählich seine Vorstellungen von allen Seiten kennen, klärte sie auf, zog sie immer mehr ab vom Concreten und gelangte so zu einer Stufe, von der es nur noch ein Schritt zur abstracten Begriffs-

bildung, zur wissenschaftlichen Auffassung war. Gleichzeitig sammelte er, vielfach mit jenen Vorstellungsobjecten
beschäftigt, die ersten Kenntnisse über deren Eigenschaften
und Beziehungen ein, an welche später eine wissenschaftliche
Behandlung anknüpfte, welche jene Kenntnisse ordnete, verband, vermehrte.

Man begreift hienach, dass es schwer hält, den Eintritt
dieser wissenschaftlichen Periode, so charakteristische Formen
sie auch auf der Höhe ihrer Entwickelung hat, genau zu
fixiren; und thäte man es, so würde ohne Verständniss der
Vorbedingungen die Bedeutung dieses Zeitpunctes nicht gehörig gewürdigt werden können. Ein allgemeineres Interesse
an der Stellung der Mathematik im gesammten Geistesleben
des Menschengeschlechtes treibt dazu, auch nach der Ent-
wickelungsgeschichte des Wissens von Zahl und Grösse und
Raum in seiner Kindheit zu forschen, und so habe ich es
versucht, in das ferne Alterthum hinabzusteigen, um auch
dort jene uns so vertrauten Begriffe aufzusuchen.

Dieses vorwissenschaftliche Stadium der Mathematik fällt
zum grössten Theile vor die eigentlich historische Zeit der
alten Culturvölker oder betrifft die jetzige Entwickelungs-
stufe uncultivirter Völker. Die untere Grenze ist mir der
Zeitpunct gewesen, in dem eine wissenschaftliche Behandlung des mathematischen Stoffes beginnt, ein Zeitpunct, der
im Allgemeinen mit dem Eintritte der Griechen in die Geschichte der Mathematik zusammenfällt, in einzelnen Zweigen
aber auch wohl etwas später oder früher anzusetzen ist.

Entstehung der Zahlwörter.

Die erste mathematische Thätigkeit des Menschen war
das Zählen, insofern es nicht nur eine gewisse Menge bestimmter, bekannter Individuen zusammenfasst — denn auch
die Ente zählt ihre Jungen —, sondern von dem concreten
Inhalt des Gezählten abstrahirt und ein einzelnes Merkmal
einer Gruppe von Individuen, nämlich deren Zahl, zum
Bewusstsein bringt. Wenn, wie man annimmt, der Sprache
in Lauten eine Geberdensprache voranging, so wird das
Zählen zuerst an den Fingern (und Zehen) geschehen sein,

indem man einen einzelnen Finger als Stellvertreter eines einzelnen der zu zählenden Dinge ansah. Wir werden unten sehen, wie allgemein verbreitet das Zählen und Rechnen an den Fingern bei allen Culturvölkern gewesen ist; dasselbe wissen wir von allen uncivilisirten Völkern unserer Zeit, denen die Finger nicht selten auch das hauptsächliche Mittel der Mittheilung von Zahlen sind. In der That kann mittels des Aufhebens der Finger der Begriff der Zahl vollkommen dargestellt werden, insofern das zu bezeichnende Merkmal einer Gruppe von Dingen, ihre Zahl, an den Fingern vollständig wiedergegeben werden kann; — vielleicht das einzige Beispiel, dass die Geberdensprache einen abstracten Begriff zum scharfen Ausdruck bringt.

Als der menschliche Geist seinen wahren Ausdruck in der Sprache fand, wurden auch die vorhandenen Vorstellungen bestimmter Mengen bezeichnet durch Zahlwörter, deren Ursprung der frühesten Periode der Sprachbildung anzugehören scheint. Man kann zum Beweise dieser Behauptung hinweisen auf die grosse Uebereinstimmung der Zahlwörter bei allen sprachverwandten Völkern, die in dem Grade stattfindet, dass die Sprachforscher in der Vergleichung der Reihe von Zahlwörtern zweier Völker das willkommenste und sicherste Mittel sehen, um über ihre Urverwandtschaft zu entscheiden. So kann, abgesehen von allem anderen, allein die evidente Verwandtschaft der Zahlwörter des Sanskrit, des Zend, des Persischen, des Griechischen, Römischen, Keltischen, Germanischen, Slavischen u. s. w. als sicherer Beweis dienen, dass alle diese Sprachen sich aus einer gemeinsamen Ursprache, jede nach ihrem individuellen Gesetze, entwickelt haben, dass alle diese Völker einen einzigen Sprachstamm, den indogermanischen oder arischen bilden. Diese vollständige Uebereinstimmung der Zahlwörter in Sprachen und bei Völkern, welche seit Jahrtausenden weit von einander getrennt sind, zeigt auf's Bündigste, dass die Zahlwörter bereits jener Urzeit angehören, in welcher sich die Trennung des Stammes in verschiedene Völker noch nicht vollzogen hatte.

Man kann zum Beweise des hohen Alters der Zahlwörter ferner ihre etymologische Natur benutzen. Es ist bisher nicht möglich gewesen, die Zahlwörter des Indogermanischen und Semitischen als aus anderen Wort-Stämmen abgeleitete zu erweisen. Die Etymologen sind einstimmig darüber, dass Verbalstämme nicht in ihnen vorhanden sind; einige haben aber versucht, wenigstens die Zahlwörter für 1, 2, 3 zu erklären, indem sie in ihnen die drei Pronomina Ich, Du, Er nachweisen zu können glaubten. Der Gedanke, die abstracten Zahlwörter mit den ebenso abstracten Pronominibus zu vergleichen, ist gewiss geistreich „aber nicht einmal von Seiten des Lautes nur in Einer von dem Tausend der Sprachen der Erde in erträglicher Weise wahrscheinlich gemacht".*)

Andere wieder haben in den Zahlwörtern Bezeichnungen concreter Mengen von Dingen gesucht, wie wenn 2 durch „Flügel", 3 durch „Kleeblatt", 5 durch „Hand" u. s. w. ausgedrückt würde. Allein so reich auch eine spätere Periode an solchen Symbolisirungen zu sein pflegt, wie denn in Indien eine solche Darstellung in Zahlen durch Wörter sogar bei den Mathematikern consequent durchgeführt wird, so haben sich doch nur in einigen Sprachen uncivilisirter Völker solche bildliche Bezeichnungen als den Zahlwörtern zu Grunde liegend nachweisen lassen: So wird in den malayischen Sprachen die Zahl 5 häufig durch „Hand" ausgedrückt, in einer amerikanischen Sprache heisst 11, 12 „Fuss eins", „Fuss zwei", weil man nach Abzählen der 10 Finger an den Zehen weiter zählt; 20 heisst „Mensch" oder „ganzer Mensch". Zuweilen werden auch Bezeichnungen, wie „Haufen", „Berg" später zu bestimmten Zahlwörtern, wie hiefür afrikanische Sprachen einige Beispiele liefern.

Man bemerkt, dass diese Beispiele sich auf die Sprachen roher Völker beschränken. Nationen mit höheren Geistesanlagen scheinen schon früh den wesentlich abstracten Charakter der Zahlen gefühlt und das concrete Bild, an welches das Zahlwort vielleicht erinnerte, möglichst zurückgedrängt zu haben. Damit aber fielen die Zahlwörter dem Processe

---

*) Pott, Die quinäre und vigesimale Zählmethode bei Völkern aller Welttheile. Halle 1847, welches Werk nebst seinem Nachtrag: Die Sprachverschiedenheit in Europa aus den Zahlwörtern nachgewiesen, sowie die quinäre und vigesimale Zählmethode. Halle 1868, mir das Material zu meiner Behandlung der Zahlwörter gegeben hat.

rein lautlicher Zersetzung anheim, der im Verlaufe der Zeit ihre Abstammung allmählich vergessen werden liess.*)

Princip des Zahlensystemes.

Es wäre eine Unmöglichkeit, alle Zahlen bis zu einer einigermassen beträchtlichen Höhe hinauf durch besondere, selbstständige Wörter zu bezeichnen. Es müssen in der unterschiedslosen Reihe von Zahlen gewisse Ruhepuncte, von denen aus man sich orientiren kann, und feste Regeln gegeben werden, nach denen man jeden einzelnen Punct in der Zahlreihe erreichen soll; es müssen die Zahlen in ein System gebracht werden, welches die ideale Forderung zu erfüllen hat: jede Zahl nach einem festen Principe mit klarster Anschaulichkeit aus möglichst wenigen feststehenden Zahlen darzustellen.

Dieses in solcher Allgemeinheit schwierige Problem hätten die Völker, als sie die Zahlen über das unterste Gebiet hinaus zu bezeichnen begannen, nicht durch abstracte Speculation zu lösen vermocht; glücklicher Weise jedoch gab ihnen die gewohnte Art der Abzählung an den Fingern die Lösung der Aufgabe an die Hand, noch ehe sie an die Aufgabe selbst nur gedacht hatten. Wenn man nämlich die Finger einer oder beider Hände, oder wo es Gebrauch war, auch die Zehen durchgezählt hatte, so machte man sich zur Erinnerung eine Marke, entweder einen Strich in den Sand, oder man legte, wie es die Neger thun, ein Steinchen, ein Maiskorn bei Seite und begann wieder von Neuem an den Fingern zu zählen. Kam man nochmals zu Ende, so machte man eine zweite Marke u. s. f.

Als es nun galt, ein System von Zahlwörtern aufzustellen, war es nur nöthig, dies Verfahren in Wörtern nachzubilden, also zunächst die an den Fingern selbst abzuzählenden Mengen, die Einer mit besonderen Namen zu bezeichnen. Das letzte dieser Zahlwörter gab dann zugleich die durch jene Marke repräsentirte Grundzahl, die wir allgemein X nennen wollen. Die folgenden Zahlen wurden nun, ent-

*) W. v. Humboldt, Kawisprache t. I. p. 22.

sprechend jener Zählweise, nach dem Schema $X + 1$, $X + 2$, dargestellt, und diese Aggregation durch eine bestimmte grammatische Form ausgedrückt; so ging es fort bis $X + X = 2X$; und es lag in der ganzen Auffassungsweise, dass man grammatisch diese Zahl, sowie $3X$, $4X$, durch eine gewisse Verbindung der Zahlwörter für die Einer 2, 3, 4 mit dem für die Grundzahl X wiedergab. Von $2X$ ging man wieder durch Aggregation von 1, 2 zu $2X + 1$, $2X + 2$ fort und konnte so nach einem festen Principe alle Zahlen bis $X . X$ unzweideutig bezeichnen. Die um X grössere Zahl $X . X + X$ aber konnte man entweder nach diesem Schema (im decimalen Systeme: zehnzig und zehn) oder nach dem Schema $(X + 1) X$ (im decimalen System elfzig) darstellen — von der Wahl, die man traf, hing der gesammte systematische Aufbau der Zahlen ab. Man nahm mit glücklichem Griffe das erste Schema, indem man die Grundzahl X ähnlich wie 1, als eine Einheit nur von anderer Ordnung oder Stufe ansah, welche nicht über das Xfache hinaus vervielfacht werden dürfe. Dieser Gedanke, wenn auch damals nicht zu klarem Bewusstsein gekommen, leitete nun die weiteren Schritte: Die Zahl $X . X$ galt in ähnlicher Weise wieder für eine Einheit, welche mit den Einern nach dem Schema $2(X . X)$, $3(X . X)$, wiederum grammatisch verbunden wurde, um ihre Vielfachen zu bezeichnen. Mit jenem wunderbaren Instincte, der sich in der Ausbildung der Sprache und in anderen Culturfortschritten der frühesten Periode des Menschengeschlechts so oft offenbart, erhielt man, in dieser Weise consequent fortschreitend, ein obiger idealer Forderung vollständig entsprechendes Zahlensystem, dessen Idee wir in reiner, abstracter Form so darstellen können:

Ein Zahlensystem mit der Grundzahl X ist diejenige Anordnung der Zahlen, wonach diese durch ein **Aggregat** nach dem Schema:

$$a_0 + a_1 X^1 + a_2 X^2 + a_3 X^3 + \cdots$$

ausgedrückt werden, welches nach Potenzen von X fortschreitet mit Coefficienten a_0, a_1, a_2, $a_3 \ldots$, welche sämmtlich kleiner als X sind.

Die Zahlen von 1 bis $(X - 1)$ mögen **Einer** heissen, die Potenzen X^0, X^1, X^2 Einheiten oder **Stufenzahlen**

0ter, 1ter, 2ter Stufe und jede aus deren Vielfachen additiv zusammengesetzte Zahl eine aggregirte.

Mit Ausnahme der rohesten, aller Cultur unzugänglichen,
namentlich afrikanischen Völker, die sich in den untersten
Zahlen allein bewegen, die kaum bis 20, zuweilen thatsächlich nicht bis 5 zählen können, haben es alle Völker
zu einem Zahlensysteme gebracht — und alle haben dabei,
wenigstens in der Hauptsache, das eben entwickelte Princip
angewandt. Dies scheint mir eine der Beachtung sehr würdige Thatsache. Denn es findet hier eine Uebereinstimmung
statt, die keineswegs der Natur der Sache nach nothwendig
war: auf gar mancherlei Weise hätte man das Bedürfniss,
die Zahlen systematisch zu ordnen, befriedigen können; es
hat aber hier auch kein Austausch unter den Völkern stattgefunden, wie das Alter und die Volksthümlichkeit der
Zahlwörter, vor allem aber die Verschiedenheit der Grundzahl X genügend beweist. Wir stehen hier einem jener
Puncte gegenüber, wo die Einheit des Menschengeschlechtes
alle individuelle Verschiedenheit überwindet.

Die durch kein Princip geregelten Bezeichnungen der
Einer und der Grundzahl wurden allerorts auf das Verschie-
denartigste gewählt und ihre Uebereinstimmung bei zwei
Völkern beweist deren Stammverwandtschaft. Was aber die
Zusammensetzung dieser absoluten Zahlwörter betrifft, so
leuchtet ein, dass diese überall wesentlich gleich ausfallen
musste. Ueberall musste sowohl die Aggregation, als die
Vervielfachung durch je eine bestimmte grammatische Verbindung der Zahlwörter der beiden Theile und zwar so ausgedrückt werden, dass z. B. sowohl in $X + 8$ als auch in
$8X$ die beiden Zahlwörter für X und 8 deutlich erkennbar
sind; denn nur dann wurde der Charakter des Systems erhalten und damit der Zweck erreicht, den dessen Ausbildung
überhaupt hatte.

Mit Ausnahme einer einzigen Sprache aus dem inneren
Afrika (Bornu), welche die Multipla von zehn durch specifische, mit den Zahlwörtern von 1 bis 10 nicht zusammenhängende, neue Wörter ausdrückt, finden wir diese Forderung, so weit unsere Kenntniss reicht, überall der Hauptsache nach erfüllt.

Die Art und Weise aber, wie man jene beiden Zahlwörter grammatisch mit einander verband, um einmal ihre
Aggregation, das andere Mal ihre Multiplication auszudrücken,
war gänzlich dem frei waltenden Sprachsinne überlassen und
hat sich daher bei den verschiedenen Völkern auch auf sehr
verschiedene Weise gestaltet. So interessant es auch wäre,
diese Mannigfaltigkeit, welche fast alle Möglichkeiten umfasst, näher kennen zu lernen, so würden wir uns doch damit weiter in das Gebiet der Sprachforschung begeben, als
uns der Raum gestattet.

Zahlwörter für die Stufenzahlen.

Wir müssen dagegen noch hinzufügen, dass alle Sprachen
das Bedürfniss empfunden haben, die unmittelbar gegebene
aber schleppende Bezeichnung der höheren Stufenzahlen X^2
durch X mal X, X^3 durch X mal X mal X u. s. f. durch eine
einfachere zu ersetzen und diesen Stufenzahlen besondere
Namen beizulegen. Nicht selten mögen zu diesen Namen
Wörter gebraucht worden sein, welche ursprünglich eine
unbestimmte Vielheit ausdrücken, wie „Menge", „Haufen"
u. s. w.; in der That bedeutet im Griechischen das Zahlwort für zehntausend zugleich auch eine unbestimmte grosse
Menge; denn die Verschiedenheit des Accentes ($\mu\acute{v}\varrho\iota o\iota$ und
$\mu v\varrho\acute{\iota}o\iota$) in diesen beiden Bedeutungen darf man wohl für
eine spätere Erfindung der Grammatiker halten. Die Be-
zeichnungen von Hundert in den indogermanischen Sprachen,
(sanskr. çata, goth. hunda, centum, $\dot{\varepsilon}\varkappa\alpha\tau\acute{o}v$ u. s. w.) hat
man neuerdings versucht*) aus einem nach dem Schema
„zehn Zehner" gebildeten hypothetischen Worte der Ursprache (dakanta — dakanta), abzuleiten, wie denn in der
That das Gothische die zweite Stufenzahl so benennt.

Die Reihe der Stufenzahlen, die man in dieser Weise
absolut bezeichnete, wird vermuthlich mit dem erweiterten
Gebrauche selbst sich auch erweitert haben. Als Beispiel
hiefür kann man die interessante Thatsache anführen, dass
in den verschiedenen indogermanischen Sprachen die Zahl-

---

*) Schleicher, Compend. d. vergl. Grammatik II. p. 397 ff.

wörter für 1000 durchaus keine Aehnlichkeit mit einander haben, während die für die Zahlen 2—9, 10, 100 eine deutliche Verwandtschaft zeigen, so dass man wohl annehmen darf: die auseinandergehenden Zweige dieses Sprachstammes haben als gemeinsames Erbtheil nur die Zahlwörter bis 100 besessen und erst nach ihrer Trennung unabhängig von einander das Zahlwort für 1000 geschaffen.

Ueber die Einheit 3ter Stufe geht die einfache Bezeichnung der Stufenzahlen in älterer Zeit nur in einer kleinen Anzahl von Sprachen hinaus (so im Griechischen $\mu\nu\varrho\iota o\iota$ = 10000).

Für die höheren Stufen haben sich bei den europäischen Völkern erst allmählich, wie es das Bedürfniss verlangte, Zahlwörter gebildet. Die „Million", welche im Italienischen ursprünglich ein concretes Maass, 10 Tonnen Goldes bezeichnet zu haben scheint*), finde ich als abstractes Zahlwort zuerst 1494 in einer weit verbreiteten italienischen Arithmetik.**) „Billion", welches sich dort noch nicht findet, ist neben „Trillion" u. s. w. im Anfange des 17. Jahrh. erfunden, jedoch erst im vorigen Jahrhundert von Astronomen und Mathematikern häufiger gebraucht worden. Das Wort „Milliarde", welches in Frankreich etwa seit einem halben Jahrhundert als bestimmtes Zahlwort in der Sprache der Finanzwelt erscheint, ist auch in Deutschland in neuerer Zeit heimisch geworden.

Das einzige Volk, welches schon seit alter Zeit, jedes mögliche Bedürfniss überschreitend, aus einer besonderen Neigung für das Ungeheure eine grosse Reihe von Stufenzahlen ausgebildet hat, ist das der arischen Inder, das bereits in mythischer Zeit volksthümliche, selbst poetisch verwendbare Zahlwörter bis zur 17 ten Stufe hinauf besitzt.***)

Es ist unzweifelhaft, dass die consequente Durchführung

---

*) Baltzer, Ber. d. Sächs. Ges. d. Wiss. Math.-phys. Cl. 1865. p. 2.

**) Pacioli, Summa d. arit. fol. 18. mille migliaria, che fa secondo el volgo el milione.

***) Im Mahâbhârata, dem viele Jahre v. Chr. entstandenen Nationalepos kommen diese Zahlwörter in decimaler Progression bis 100000 Billionen vor. A. Weber, Zeitschr. d. D. morgenl. Gesellsch. XV. 1861. p. 182.

des Principes des Zahlensystemes in der Sprache auch specifische Namen der Stufenzahlen bis zu der Grenze verlangt, bis zu welcher man Zahlen auszusprechen beabsichtigt, weil es nur so möglich ist, den Verstoss gegen die Reinheit des Systemes, den z. B. wir Deutsche in Ermangelung von besonderen Namen für die Stufenzahlen 5. und 6. Ordnung in den Zahlwörtern dreissigtausend oder dreihunderttausend u. s. w. begehen müssen, zu vermeiden und überall das Vervielfachen der Stufenzahlen über das 10fache hinaus zu vermeiden. Wie verschieden aber die Durchsichtigkeit einer Zahl sein kann, je nach der Weise, wie sie ausgesprochen wird, das mag ein Beispiel beweisen: Es handle sich darum, die Zahl 86789325178 auszusprechen.

1) Adam Riese, der berühmte deutsche Rechenmeister, theilt sie zu diesem Zwecke so ab: 86·7·89·3·25·178 und spricht:*) „Sechsundachtzigtausent, tausent mal tausendt, sieben hundert tausendt mal tausendt, neun vnnd achtzig tausendmal tausend, dreihundert tausent, fünff vnnd zwantzig tausend, ein hundert, acht und siebentzig.‟

2) Mit Hilfe des neuen Zahlwortes „Million‟ wird die 86789·325178 geschriebene Zahl jetzt so ausgesprochen: Sechs und achtzig tausend, sieben hundert neun und achtzig Millionen, drei hundert fünf und zwanzig tausend, ein hundert acht und siebzig.

3) Der Inder gebraucht gar keine vorläufige Gruppierung der Ziffern; er liest 8 kharva, 6 padma, 7 vyarbuda, 8 kôti, 9 prayuta, 3 laksha, 2 ayuta, 5 sahasra, 1 çata, 7 daçan, 8.

Wie viel diese Einfachheit im wörtlichen Ausdruck grosser Zahlen dazu beigetragen hat, den Indern selbst vor der Erfindung ihres späteren Ziffersystemes das Rechnen mit grossen Zahlen zu erleichtern, werden wir später nachweisen; hier mag aber noch bemerkt werden, dass die indischen Gelehrten noch weit über jene oben bezeichnete Grenze Namen für die Stufenzahlen geschaffen haben, welche freilich ohne jeden praktischen Gebrauch geblieben sind.**)

---

*) Rechenung auff d. Linien u. Federn. 1535.
**) Der Araber Al-Biruni, der im Anfange des 11. Jahrh. Indien besuchte, führt die Namen der Stufenzahlen bis 10^{17} auf, sagt aber, „die

Es hängt diese zwecklose Uebertreibung eines an sich ganz richtigen Gedankens auf's Engste zusammen mit einer den Indern überhaupt eigenthümlichen Richtung auf das Maasslose, Phantastische, Unendliche, dessen Vorstellung man in rascher Progression durch die einzelnen Stufen gleichsam zu erhaschen und in ungeheuren Zahlen zu ergreifen suchte. Bereits die älteste Literatur der Brahmanen, die Veda's*) enthalten nicht wenige Beispiele davon; im Mahâbhârata gibt ein König seine Reichthümer, im Affect sich selbst in decimaler Progression steigernd, auf 100000 Billionen an, und in dem etwas späteren Râmâyana stellt der Affenfürst seinem Feinde 10000 Sexillionen (d. h. 10^{40}) Affen im Kampfe entgegen!

Aber das alles bleibt noch weit hinter dem zurück, was an hohler Phantastik die Buddhisten geleistet haben. Dreissig Millionen Göttersöhne, sechs hundert tausend Millionen Söhne der Buddha's, vierundzwanzig tausend Billionen Gottheiten — unter solchen Bildern denken sie sich das Erhabene. Von dem dritten oder grossen Systeme von Zahlen, deren Grundzahl 10^{17} ist, sagt ein späterer Schriftsteller**), „dass sie Buddha allein begreifen konnte, und dass sie eine Idee erwecken sollen von dem, was da ist, von der unerschöpflichen unbegrenzten Natur, von den reinen Verdiensten der Weisen, von den Zeiträumen der Existenzen, welche das Schicksal der veränderten Geister durchläuft, von dem Ocean der Wünsche, welche für das Glück der lebenden Wesen gebildet werden, und von der Verkettung der Gesetze, welche die unendliche Entwickelung der Welten bilden." Eben um dieses erbaulichen Charakters willen, welchen man den grossen Zahlen beilegte, mag man auch dem Religionsstifter Buddha selbst die Fortsetzung der Reihe von Namen der Stufenzahlen über die gewöhnliche Grenze hinaus bis zur 54ten in den Mund gelegt haben. Und dies ist, fügt Buddha hinzu, nur Eine

---

Hinzufügung höherer Ordnungen ist nichts als eine Uebertreibung der Pedanten". Wöpcke, Journ. as. Paris 1863, p. 275 — 290.

*) A. Weber, Vedische Angaben über Zeittheilung und hohe Zahlen. Z. d. D. morg. Ges. XV. 1861. p. 135.

**) S. Abel Remusat, Mél. posth. d' hist. Paris 1843. p. 68.

Zählung; über dieser gibt es noch eine, über dieser abermals eine und über dieser noch fünf oder sechs andere.*) Ja, als ob dies alles nicht genügte, so hat man in buddhistischen Schriften später noch Namen**) gebildet für die Stufenzahlen, welche wir, $m = 10^7$ setzend, schreiben können $m, m^2, m^4, m^8, \ldots m^{(2^{128})}$, so dass also die Anzahl der Ziffern, mit welcher die letzte Stufenzahl zu schreiben wäre, selbst durch eine etwa 40stellige Zahl ausgedrückt wird!

Einen ähnlichen Trieb, das Unendliche unter dem Bilde grosser Zahlen zur Anschauung zu bringen, wie er bei den arischen Indern nationale Anlage war, von dem Buddhismus weiter ausgebildet, und mit diesem auch den Nachbarvölkern in Thibet und China imprägnirt worden ist, finden wir sonst nirgends.

Den Griechen fehlte in ihrer klassischen Zeit überhaupt der Zug zum transscendentalen Unendlichen. In der Poesie halten sich die Zahlen in mässigen Grenzen, und wenn Homer***) den verwundeten Ares wie 10000 Männer schreien oder den vom Olymp herabgeschleuderten Hephästos einen Tag lang bis zur Erde herab fallen lässt, so hat dies mehr einen humoristischen als erhabenen Charakter. Die Zahlenangaben übersteigen niemals Myriaden von Myriaden, und erst Archimedes schuf in rein wissenschaftlichem Interesse ein System zum Ausdruck grösserer Zahlen.

Die pythagorischen und platonischen Mystiker suchten zwar auch Geheimnisse in den Zahlen, aber nicht in deren Grösse, sondern in ihren Eigenschaften und Formen.

In etwas anderem Sinne dient dem semitischen Geiste die Zahl zum Symbol geheimnissvoller Beziehungen von Realitäten und ist in dieser Weise systematisch in der Kabbala verwendet worden. sie ist aber nur selten das Mittel, um das Erhabene darzustellen, und selbst die mystisch-prophetischen Schriften der Bibel gehen nicht über Myriaden von Myriaden†) hinaus.

---

*) In dem Lalitavistara, s. Wöpcke, Journ. as. Paris 1863, 1 p. 255.
**) Schiefner, Bullet. de l'Ac. d. scienc. Petersburg 1863. t. V. p. 299.
***) Ilias V, 860; I, 590.
†) Daniel VII, 10. Apokal. V, 11; IX, 16.

Soll die Phantasie zum Unendlichen erhoben werden, so wird sie hingewiesen auf die Sterne am Himmel, die nur Jehovah zählen könne, oder den Staub auf Erden.*) Bei den Indern findet sich, wie wir sehen werden, der erste Versuch, den Staub zu zählen; aber auch hier ist es Buddha selbst, der diese erhabene Aufgabe löst.

Die Verschiedenheit der Grundzahlen.

Durch das oben aufgestellte Princip eines zweckmässigen Systemes der Zahlen ist alles Wesentliche bestimmt, bis auf die Grundzahl. Theoretisch genommen hat jede Zahl gleiches Recht auf diesen Ehrenplatz; doch tritt auch hier wieder die Forderung auf, aus möglichst wenigen Elementen das ganze System aufzubauen. Da man sicherlich nicht die grösseren Primzahlen, wie 7, 11 als Grundzahlen benutzen wird, indem man nicht gewohnt ist, die Dinge nach solchen Gruppen von je 7 oder je 11 zusammenzufassen, so bieten sich als Grundzahlen am natürlichsten etwa 2, 3, 4, 5, 6, 10, 12, 20 dar. Wählt man eine der kleineren Zahlen, so braucht man zwar wenig Einer, dafür aber desto mehr Stufenzahlen absolut zu benennen; bei grösseren Grundzahlen umgekehrt. Wollte man z. B. ein binäres System ausbilden, so brauchte man, um die Zahlen bis gegen 1000, wohin die meisten Sprachen nur zu gehen pflegen, auszudrücken, ausser dem Zahlwort „eins" noch besondere Namen für die zehn Stufenzahlen 2, 4, 8, 16, 32, 64, 128, 256, 512, 1024; im decimalen Systeme sind Namen für die neun Einer nebst den Stufenzahlen 10, 100, 1000 nothwendig, im ersten Falle also 11, im zweiten 12 ursprüngliche Zahlwörter. Es würden für die

Grundzahlen	2	3	4	5	6	10	12	20
bis Tausend	11	8	8	8	9	12	13	21
bis Million	21	15	12	13	13	15	17	24

einfache Zahlwörter nothwendig sein. Wollte man die möglichst geringe Menge dieser als einziges Motiv zur Wahl der Grundzahl gelten lassen, so würden hienach, selbst wenn

---

*) I. Mos. XIII, 16; XV, 5. IV. Mos. XXIII, 10. Psalm 147. v. 4.

man das Zahlengebiet bis auf 1 Million erweitert, die Systeme mit den Grundzahlen 4, 5, 6 den Vorzug haben, die sich noch ausserdem der bequemen Eigenschaft erfreuen, dass in ihnen das Einmaleins, welches man beim Rechnen nothwendig im Kopfe haben muss (und das sich beim binären Systeme sogar in die einzige Formel $1 \cdot 1 = 1$ zusammenzieht), von sehr geringem Umfange wäre. Doch haben diese Grundzahlen auch wieder den Nachtheil, eine einigermassen grosse Zahl in zu viele Theile zu zersplittern und dadurch ihren wörtlichen (und schriftlichen) Ausdruck gar zu schleppend zu machen. So wird man denn wohl zu einer grösseren Grundzahl greifen, und um das Einmaleins nicht gar zu sehr anschwellen zu lassen, etwa dem decimalen oder duodecimalen Systeme den Vorzug geben.

Doch hatten die Völker bei der Ausführung ihres Zahlensystems nicht solche abstracte Betrachtungen anzustellen, die ihrer Natur gar nicht entsprachen. Der Weg, den sie bei der Bildung ihres Zahlensystems einzuschlagen hatten, war ihnen durch ihre geistige und leibliche Natur bestimmt vorgezeichnet. Denn wie es schon in einem Kinderverse heisst: „Zehn Finger hab' ich, an jeder Hand fünf, und zwanzig an Händen und Füssen"; diese Glieder ihres Leibes hatten sie bereits zum Zählen benutzt, und so waren ihnen die Grundzahlen 5 oder 10 oder 20 von Natur angeboren. In der That hat kein Volk auf der ganzen Erde*) je von einer anderen Grundzahl, als einer der genannten aus, sein Zahlensystem mit einiger Consequenz ausgebildet — in welcher Thatsache man zugleich den schlagenden Beweis finden wird, dass die Systeme der Zahlwörter durchgehends an die ältere Zählung mit den Fingern anknüpfen.

Die Grundzahl 10 ist die am meisten verbreitete; alle Culturvölker mit wenigen, bald zu erwähnenden Ausnahmen

---

*) Die Nachricht (Pott, d. quin. Zählm. p. 75), dass die Neuseeländer die Missgeburt eines folgerichtigen Systemes mit der Grundzahl 11 zu Tage gefördert hätten, ist zu wenig verbürgt, als dass wir sie glauben könnten. Die von Leibnitz ausgehende Behauptung, dass die Chinesen sich neben dem decimalen noch des binären Systemes bedienten, beruht auf einem Irrthume.

besitzen das decimale System, das auf dem Gebrauche beider
Hände zum Abzählen beruht.

Bei den uncivilisirten Völkern trifft man etwa eben so
oft, wie das decimale, auch das quinäre System, hervorgegangen aus der Gewohnheit nur die Finger Einer Hand
zum Zählen zu benützen, wenigstens darin ausgesprochen,
dass einfache Zahlwörter nur bis 5 existiren und die folgenden Zahlwörter nach dem Schema $6 = 5 + 1$, $7 = 5 + 2$,
$8 = 5 + 3$, $9 = 5 + 4$ gebildet werden. Nirgends aber wird
10 durch 2.5 ausgedrückt, sondern überall durch ein einfaches Zahlwort; und so fällt die Zählung schliesslich immer
wieder in die decimale zurück.

Das vigesimale System, welches aus dem, uns „gestiefelten"
Völkern freilich fremdartig erscheinenden Gebrauch der Finger
und Zehen zum Zählen zu erklären ist, darum aber keineswegs auf einen niedrigen Culturzustand hinweist, findet sich
in der That nicht nur in einigen afrikanischen und oceani-
schen Sprachen in unvollkommener Ausbildung, sondern
auch bei anderen Völkern höherer Geistesanlage; so vor
allem in grösster Folgerichtigkeit bei den altcultivirten Azteken Mexico's und den Maya-Indianern Yucatan's: die
Zahlen bis 19 sind bei ihnen decimal oder quinär gebildet;
20 besitzt ein eigenes Zahlwort, aus dem dann nach dem
Schema $30 = 1.20 + 10$, $31 = 1.20 + 11$, $40 = 2.20$,
$50 = 2.20 + 10$ u. s. w. die folgenden Zahlen bis $399 = 19.20 + 19$
gebildet werden. Die Stufenzahlen $400 = 20^2$, $8000 = 20^3$,
ja bei den Maya's sogar $160000 = 20^4$ haben jede ihr eigenes Zahlwort. Merkwürdiger Weise sind auch zwei Zweige
des indogermanischen Sprachstammes, der kaukasische und
der keltische von dem vigesimalen System, welches ausserdem nur eine sehr geringe Verbreitung in Asien und Europa
hat, ergriffen worden. Von dem noch heute in der westlichen Bretagne gesprochenen keltischen Basbreton hat es
sich in das Französische eingeschlichen, wo es die sonstige
decimale Zählung von $60 =$ soixante an verdrängt, wie
$70 =$ soixante-dix, $71 =$ soixante-onze und deutlicher:
$80 =$ quatre vingts, $90 =$ quatre vingt dix beweist. Auch
$120 =$ dix vingts, $140 =$ sept vingts, $160 =$ huit vingts,
$300 =$ quinze vingts werden noch, wenn auch weniger häufig

gebraucht. Seltsam genug sind Spuren dieser Zählweise auch im Dänischen zu finden, wo 50 durch „drittehalbmalzwanzig", 70 und 90 ähnlich ausgedrückt werden, während alle übrigen Bezeichnungen rein decimal sind.

Nicht immer bilden selbst hoch stehende Sprachen ihre Zahlwörter ganz consequent nach dem System aus. Wir bemerkten schon, dass die quinären und vigesimalen Systeme oft in das decimale überschlagen; ebenso finden sich in letzterem Systeme zuweilen Zahlwörter abnormer Bildung, namentlich solche, welche auf die Grundzahlen 3 oder 4 oder eine durch diese theilbare hinweisen. Es ist nur zu verwundern, dass solche nicht häufiger erscheinen, da wir doch beim Zählen gewohnt sind, die Dinge in Gruppen zu je 3 oder je 4 zusammenzufassen und uns das Halbiren und Vierteln die anschaulichsten und natürlichsten Theilungen sind. So haben denn auch in den Bruchrechnungen und in den Maassen, Münzen und Gewichten, in denen es wesentlich auf das Theilen ankommt, überall die durch 3 und 4 theilbaren Grundzahlen, namentlich die 12 die Hauptrolle gespielt, während decimale Theilung fast nirgends erscheint. So darf man wohl das quaternäre oder duodecimale System als das der geistigen Natur des Menschen vorzugsweise entsprechende bezeichnen, welches jedoch in dem Gebiete der ganzen Zahlen das durch leibliche Bedingungen gegebene decimale System nirgends zu besiegen vermochte. Ja in neuester Zeit wird — mit welchem Rechte wollen wir hier nicht untersuchen — das duodecimale von dem decimalen immer weiter aus seinem bisher behaupteten Gebiete verdrängt.

Die reguläre Ausbildung des Systems der Zahlwörter wird aber nicht allein durch das Eindringen fremder Grundzahlen, sondern zuweilen, wenn auch in minderem Grade, dadurch gestört, dass neben der Addition und Multiplication, wie sie dem systematischen Grundgedanken eigentlich entsprechen, auch Subtraction und Division (z. B. im Vaskischen 50 = halb Hundert, im Dänischen 50 = drittehalbmalzwanzig) zur Bildung der Zahlwörter verwandt werden.

Ein interessantes Beispiel, welches die verschiedenen

normalen und abnormen Bildungen aufzeigt, gibt die Zahl
18; sie wird nach den Schematen

$$10 + 8 \quad \text{im Latein.} \quad \text{decem et octo}$$
$$8 + 10 \quad \text{„ Griech.} \quad \text{ὀκτω-καί-δεκα}$$
$$10,8 \quad \text{„ Franz.} \quad \text{dix-huit}$$
$$8,10 \quad \text{„ Deutsch. acht-zehn}$$
$$20 - 2 \quad \text{„ Latein.} \quad \text{duo-de-viginti}$$

in decimalen, und entsprechend den Formen:

$$3.6 \quad \text{im Basbreton} \quad \text{tri-omc'h}$$
$$2.9 \quad \text{„ Welsch.} \quad \text{deu-naw}$$
$$15 + 3 \quad \text{„ Aztekisch. caxtulli-om-ey}$$

in sonst vigesimalen Systemen gebildet.

Ziffern in der vorwissenschaftlichen Periode.

Entstehung der Zifferschrift.

Wir treten in das Zeitalter ein, in dem sich gleichzeitig mit den Anfängen einer städtischen Cultur die Völker jenes wunderbare Mittel schufen, ihre Gedanken und Vorstellungen dem Flusse der Zeit zu entreissen: die Schrift. Tiefstes Dunkel liegt auf dieser gewaltigen Entwickelungsperiode des menschlichen Geistes. Durch welche Stufen musste er hindurchgehen, um das zu erreichen, was uns als fertige Schrift vorliegt? Begann er mit Bilderschrift, um allmählich zu der Buchstabenschrift durchzudringen? Oder kam man zur Schrift erst, als die Lautanalyse vollendet war, und begann mit der Lautschrift? Könnte die Wissenschaft hierauf gewisse Antwort geben, wir würden ihr dankbar sein, denn auch uns interessirt hier ein Theil der Schrift: die Zahlzeichen, die Ziffern.*)

Vielleicht könnten sie gerade jenes Dunkel aufzuhellen beitragen; denn diese unscheinbaren Zeichen bergen manches Geheimniss in sich. In einer Schrift, wie die der ägyptischen Hieroglyphen, welche, so viel sie allmählich das phonetische Element aufnahm, doch immer ihren Ursprung als Bilderschrift deutlich bezeugte, in einer Wortschrift, wie die chinesische, sind die Ziffern der übrigen Schrift gleichartig; in jeder Lautschrift aber, in der Buchstabenschrift sind sie

---

*) Eine reiche Zusammenstellung von Zahlzeichen gibt das äusserst elegant ausgestattete Werk von A. P. Pihan: Exposé d. signes d. numération, usit. chez l. peupl. orient. anc. et mod. (Paris 1860). Ich habe in meiner Behandlung die Anwendung aller anderen Zahlzeichen, ausser den römischen und modernen vermieden, um das Wesentliche der Methoden um so klarer hervortreten zu lassen.

eigenartige Fremdlinge, welche in der ganzen Schrift sonst nicht ihres Gleichen haben. Ihre Zeichen haben keine Beziehungen zu den Lautelementen des Wortes, welches ihnen entspricht. Völker der verschiedensten Sprachen und Schriften können die Ziffern von einander entlehnen, ohne dem Organismus ihrer Schrift zu schaden. Sie sind in der Schrift, die alles in Buchstaben zerfällt hat und nur den Laut darstellt, einheitliche lautlose Zeichen, die eine abstracte Anschauung, die der Zahl, im Geiste hervorrufen sollen.

Nimmt man an, dass sich die Buchstabenschrift überall aus einer Bilderschrift entwickelt habe, wie man dies an der ägyptischen Schrift glaubt nachweisen zu können, so wird man die Ziffern als Reste jener ursprünglichen Bilderschrift anzusehen haben, welche vermöge der besonderen Natur der Zahlenbegriffe von der allgemeinen Veränderung der Schrift unberührt geblieben sind. Mit der entgegengesetzten Ansicht aber, dass Buchstabenschrift überall, wo sie sich findet, primitiv und nicht aus Bilderschrift entstanden ist, wird sich das der Lautschrift widersprechende Wesen der Zahlzeichen nur dann vereinigen lassen, wenn man diesen Widerspruch für nicht ursprünglich erklärt und annimmt, dass auch die Ziffern Buchstaben, nämlich Anfangsbuchstaben von Zahlwörtern oder wenigstens aus Buchstaben entstanden, nämlich Abbreviaturen jener Wörter seien — eine Annahme, welche durch die Beobachtung, dass die Ziffern eines Volkes mit den Buchstaben seines Alphabetes grosse typische Aehnlichkeit zu haben pflegen, an Wahrscheinlichkeit gewinnen muss.

In diesem Sinne hat man denn auch vielfach versucht, in den Ziffern verschiedener Völker Buchstaben ihres Alphabetes zu erkennen, namentlich hat man in den ältesten Sanskritziffern die Anfangsbuchstaben der betreffenden Zahlwörter wiederzufinden geglaubt. Abgesehen aber davon, dass die Aehnlichkeit jener Ziffern und Buchstaben eine sehr zweifelhafte ist, so verlieren diese Vergleichungen dadurch völlig ihren Werth, dass, wie spätere Untersuchungen gezeigt haben, man jene Zahlzeichen überhaupt unrichtig gelesen hatte. Wir kennen nur eine Zifferschrift, welche sich der Anfangsbuchstaben gewisser Zahlwörter consequent als Zahlzeichen bedient: die altgriechische, von der bekannten alphabetischen

Zifferschrift später verdrängte Bezeichnung*) von 5, 10, 100, 1000, 10000 durch die Anfangsbuchstaben der Zahlwörter. Ausserdem ist in keiner Sprache ein solcher durchgehender Zusammenhang zwischen Ziffern und Zahlwörtern nur wahrscheinlich gemacht worden, wenngleich nicht abzuleugnen ist, dass einzelne Zeichen, wie die römischen C, M ihre schliessliche Form durch Accommodation an die Anfangsbuchstaben der betreffenden Zahlwörter erhalten haben.**)

Was sonst noch von Aehnlichkeit der Formen der Buchstaben und Ziffern übrig bleibt, dürfte sich sehr natürlich daraus erklären, dass es ein und dasselbe ästhetische Stylgefühl war, aus dem ein Volk die Formen seiner Buchstaben und seiner Ziffern schuf.

Unzweifelhaft ist freilich die Verwendung der Buchstaben in ihrer alphabetischen Reihenfolge als Ziffern für 1, 2 ... 9, 10, 20 ... 100, 200 u. s. f. bei den Griechen und Semiten in späterer Zeit, doch wird durch diese Thatsache der fremdartige Charakter der Ziffern in einer Buchstabenschrift in keiner Weise vermindert, insofern eben die Buchstaben, wenn sie in jener Reihenfolge als Zahlzeichen benutzt werden, ihren lautlichen Charakter gänzlich einbüssen.

Wenn es nun hienach unmöglich erscheint, die Ziffern als Zeichen für Laute anzusehen, so könnte man sie wenigstens noch als eine Wortschrift ansehen wollen, indem sie nichts weiter als Stellvertreter der Wörter wären, erfunden, um das umständliche Schreiben der langen Zahlwörter abzukürzen. Diese Ansicht ist jedoch im Allgemeinen durchaus unstatthaft; denn das in der Zifferschrift liegende System ist mit einer einzigen Ausnahme in der Bildung der Multipla der Grundzahl und auch in anderen Beziehungen so verschieden von dem in den Zahlwörtern ausgesprochenen, dass jede Entstehung ersterer aus letzteren unmöglich ist. Jene einzige Ausnahme aber machen die Chinesen, zugleich das einzige der von mir in diesem Abschnitt berücksichtigten Völker, welches auch sonst eine Wortschrift besitzt.

---

*) Franz, Elementa epigraphices graecae. Berlin 1840. p. 347.
**) F. R. Ritschl, Zur Gesch. d. lat. Alph. (Rhein. Mus. 1869).

Soweit bis heute unsre Kenntniss reicht, sind demnach die Ziffern überall Zeichen oder Symbole für Begriffe, nicht aber für Laute oder Wörter, und stehen demnach auf einer andern Stufe als die Buchstaben- oder Wortschrift, nämlich einer Ideen- oder Begriffs-Schrift.

Man ist von vorn herein sehr geneigt zu glauben, dass die Zeichen einer solchen Schrift nicht willkührliche sein können, sondern in irgend einer symbolischen oder bildlichen Weise den durch sie bezeichneten Begriff andeuten werden, und somit eine Ideenschrift sich wesentlich nicht von einer Bilderschrift unterscheidet. Die Ziffern eignen sich vermöge der Einfachheit der durch sie dargestellten Ideen vortrefflich, um die Richtigkeit dieser Annahme zu prüfen.

Die älteste und natürlichste Art, Zahlen zu bezeichnen, ist sicherlich die durch eine entsprechende Anzahl von Strichen; so finden wir sie bei den Wilden Nordamerika's, und in den Kerbhölzern u. dergl. hat sich diese Sitte bis heute noch in Europa gehalten. Wie allgemein sie bei den Völkern der alten Welt gewesen sein muss, geht daraus hervor, dass sie so häufig in die Schrift übergegangen ist; die Aegypter in ihren Hieroglyphen, die Baktrer in ihrem Pali*), die Babylonier in ihrer Keilschrift, die Griechen in ihrer ältesten Zifferschrift und die Römer in ihrer von den Etruskern entlehnten Schrift bezeichnen die Zahlen bis 10 (resp. bis 15) durch eine gleiche Anzahl verticaler Striche. In anderen Schriften werden wenigstens die ersten drei Einer in derselben Weise bezeichnet, so im Chinesischen und in den ältesten indischen Ziffern die Zahlen 1, 2, 3 durch die entsprechende Anzahl horizontaler Striche. Für dieselben drei Zahlen wurden schon bei den Aegyptern in ihrer hieratischen Schrift jene horinzontalen oder verticalen Striche zu einem geläufigen Zug verbunden. Die aus den horizontalen Strichen entstandenen Zifferformen für 1, 2, 3 erinnern lebhaft an die neuern Sanskrit- und an unsre modernen Ziffern. Die aus den Verticalstrichen entstandenen hieratischen Ziffern für 1, 2, 3 finden sich fast unverändert in dem Pehlevi oder

---

*) J. Dowson, On a new descr. Bactrian Pali Inscrip. Journ. as. soc. gr. Brit. vol. XX, 1863. S. 221 ff.

Huzvaresch, welches zur Zeit der Sassaniden die Gelehrten-
sprache in Persien war, und bei den orientalischen Arabern
nach der Eroberung Persiens wieder. Schlüsse auf eine Abhängigkeit dieser Formen von einander zu ziehen, wie es
mehrfach geschehen ist, scheint uns allzu gewagt, da jenes
Verfahren die Ziffern zu bilden so natürlich ist, dass es
recht wohl an verschiedenen Orten unabhängig von einander
entstehen konnte.

Wenn sich so eine Anzahl Ziffern unzweifelhaft als
Hieroglyphen der Zahlenvorstellungen erklären und somit
die Hypothese, dass die Ziffern überhaupt aus Buchstaben entstanden seien, zurückweisen, so liegt es nahe genug, auch in
den anderen Ziffern ein Symbol der Idee, welche sie darstellen, zu suchen. In dieser Hinsicht haben sich die
römischen Ziffern viel gefallen lassen müssen*), ohne dass
bis jetzt etwas erreicht wäre. Auch unsere modernen Ziffern
werden nicht selten so lange gedrückt und gepresst, bis sie
die entsprechende Anzahl gerader Linien darstellen, oder
als Bestandtheile einer und derselben geradlinigen Figur
nachgewiesen werden. Ueber alle solche theils lächerlichen,
jedenfalls aber willkührlichen Hypothesen glauben wir einfach
mit der Bemerkung hinweggehen zu müssen, dass auf diesem
Gebiete nicht unhistorische Speculation, sondern nur sorg-
fältige archäologische Forschungen zu einem Ergebnisse
führen können.

Das einzige mir bekannte Beispiel einer solchen Ziffer,
welche eine, wenn auch unbestimmte Zahlenvorstellung in
ihrer Form zeigt, ist das Zeichen für 1000 in den ägyptischen Hieroglyphen, welches eine Lotusblume, das Symbol
der Fruchtbarkeit, deutlich darstellt. —

Es liegt somit auf der Entstehung der Ziffern dasselbe
Dunkel, wie auf der Schrift überhaupt. Ob der Charakter
der Ziffern als lautlose Zeichen für Begriffe gar auf eine
frühere Zeit, als die in welcher die Buchstabenschrift entstand, hinweist, wagen wir nicht zu beantworten; dass sie
aber mindestens gleichzeitig mit der Lautschrift erfunden

---

*) Friedlein, die Zahlzeichen und das elementare Rechnen d.
Griechen u. Römer. Erlangen 1869. p. 27.

sein müsse, beweist die Thatsache, dass bereits auf den allerältesten Inschriften Ziffern erscheinen, welche die Lebensdauer eines Königs, die Grösse seines Reiches und seiner Armee, die Zahl seiner Kriegsgefangenen u. dergl. verzeichnen.

Schon diese früheste Verwendung der Ziffern kann die vielfach verbreitete Ansicht, dass das Bedürfniss des Handels die Ziffern hervorgerufen habe, stark erschüttern. Nehmen wir aber hinzu, dass, wie wir im Folgenden sehen werden, das Bedürfniss des praktischen Lebens nirgends nur den kleinsten Fortschritt im Ziffersystem und in den Rechnungsweisen hervorgerufen hat, dass z. B. das eminent praktische Volk der Römer bis an sein Ende sich in diesen Beziehungen der dürftigsten Mittel bedient hat, so werden wir zu der Erkenntniss geführt, dass nicht die Noth, sondern ein freies ideales Bedürfniss des Menschen die Triebfeder dieser geistigen Schöpfung gewesen ist.

Die lebendige Sprache ist hervorgegangen aus einem inneren, unbewussten, fast instinctiven Drange des Menschen. Die Schrift verdankt ihre Entstehung einem nicht weniger mächtigen geistigen Drange, der indess, wenn uns von einem Theile aus Rückschlüsse auf das Allgemeine gestattet sind, nicht mehr jenen Charakter der Naivetät, sondern schon den der Reflexion an sich trägt. In den Ziffern der Völker wenigstens zeigt sich bereits eine ihres Zweckes bewusste Klugheit, ein eigenthümlicher Scharfsinn, von dem ich nichts finde in den Zahlwörtern, dem Erzeugnisse frei waltenden Sprachsinnes. Während die Bildung der Zahlwörter fast überall nach demselben Principe erfolgt ist, so zeigen die Ziffersysteme der verschiedenen Völker die grösste Mannigfaltigkeit; während die Zahlwörter jeder Sprache nach Einem einheitlichen Principe gebildet und ihrem Zwecke durchaus angemessen sind, so zeigen die Zahlzeichen eines Volkes nicht selten so wechselnde Principien, dass wir den klügelnden Verstand, der die Schwierigkeiten der Sache allmählich zu überwinden suchte, fast vor uns zu sehen glauben; und doch hat kein Volk in der Periode, die wir jetzt behandeln, einen höheren Grad der Vollkommenheit in seinem Ziffersysteme erreicht. Es war erst wissenschaftliches Denken bei einer für Zahlenverhältnisse besonders begabten Nation, welches spät zu einem vollkommenen Ziffersysteme geführt hat.

Die allgemeine Bedeutung der Zifferschrift.

Die der Erfindung der Schrift überhaupt zu Grunde liegende Idee, Vorstellungen und Begriffe durch Zeichen mitzutheilen, hat eine in ihrer Weise vollkommene Lösung in der Buchstabenschrift gefunden, welche das gesprochene Wort unmittelbar nachahmt, ebendeshalb aber auch die Mängel theilt, welche die Sprache nothwendig besitzt. Ich meine jene gewisse Unbestimmtheit in der Bedeutung der Wörter, jenes leise Schwanken, durch das sie bald nach da, bald nach dorthin neigen, jene Veränderlichkeit der Stimmung, mit der sie bald in diesem, bald in jenem Ton erklingen — Eigenschaften, welche der Sprache zwar ihren eigenthümlichen Reiz geben und sie zur Poesie fähig machen, andererseits aber für den Gebrauch der Wörter in der Wissenschaft und im streng logischen Syllogismus gefährlich sind. Eine Zeichen- oder Hieroglyphenschrift, welche, wie die chinesische, durch völlig abgeschliffene, nicht an Sinnliches erinnernde Zeichen, ohne Vermittelung des Lautes, Begriffe selbst bezeichnet, würde, eben weil sie nicht die Sprache selbst darstellt, diese Mängel nicht theilen, wenn ihre Begriffe selbst scharf und bestimmt wären. Da dies jedoch aus leicht begreiflichen Gründen bei keiner volksthümlichen Schrift dieser Art der Fall ist, so fehlt es der abstracten Wissenschaft an einer für ihren Ausdruck völlig geeigneten Schrift; eine solche, eine logisch-systematische, allgemeine Charakteristik zu schaffen, in der alle zusammengesetzten Begriffe durch Zeichen ausgedrückt werden, welche aus gewissen einfachen conventionellen Zeichen weniger Elementarbegriffe gesetzmässig gebildet sind, war eine jener grossartigen Ideen, mit denen sich Leibnitz sein Leben lang getragen hat. Die Mathematik ist so glücklich, seit Langem solche pasigraphische Zeichen zu besitzen, welche, völlig bestimmt in ihrem Begriffe, fähig sind, alle zusammengesetzten Begriffe innerhalb eines bestimmten Ideenkreises auf eine unzweideutige Weise systematisch darzustellen: einerseits die von der Wissenschaft ausgebildeten algebraischen Zeichen, andererseits die bereits von Alters her überlieferten Ziffern, die einzigen Hieroglyphen und Begriffszeichen unserer Schrift.

Von dieser universellen Charakteristik, welche überdem eine von der Sprache unabhängige Weltschrift zu werden bestimmt war, wie es die Ziffern bereits sind, glaubt sich nun Leibnitz einen ähnlichen Nutzen für Logik, Metaphysik und jede abstracte Wissenschaft versprechen zu dürfen, wie ihn der algebraische Calcul in der That der Mathematik gewährt. Nach Analogie dieses, meint er, werde sich mit diesen einmal gefundenen Begriffszeichen operiren lassen, indem man von den einfachsten Relationen der Begriffe unter einander ausgeht, diese transformirt, mit einander verknüpft und so zu neuen Relationen, d. h. Schlüssen und Urtheilen gelangt. Die Richtigkeit derselben sei dann nur davon abhängig, ob man die Regeln dieses logischen Calculs richtig angewandt habe. „In dieser Sprache kann man nur die Wahrheit reden", fügt er begeistert hinzu. *)

Wir glauben auf keine bessere Weise die eigentliche Natur der Ziffern erläutern zu können, als wenn wir hier auf diese interessante Idee verweisen, welche selbst durch das Genie eines Leibnitz nicht hat realisirt werden können, während eine alle jene Forderungen erfüllende Zeichensprache in dem Gebiete der Grössen bereits in der Kindheit des Menschengeschlechtes fast ohne Reflexion geschaffen wurde. Worin liegt der frühe Erfolg auf diesem Gebiete? Wir denken, die Antwort wird sich unschwer geben lassen. Die Zahl der philosophischen Grundbegriffe ist eine zu grosse, ihre Auffindung selbst eine zu schwierige, ja die vollkommene Erkenntniss bereits voraussetzende Arbeit; der Grundbegriff dagegen, aus dem im Grössengebiete alle zusammengesetzten hervorgehen, nur ein einziger, der der mehrfach gesetzten Einheit. Begriffe im Allgemeinen unterliegen einer sehr grossen Anzahl von Verbindungen, welche Logik und Syntax lehren: Grössenbegriffe nur den 4, der Natur des menschlichen Geistes angemessenen Verknüpfungen, welche man die 4 Species nennt. Während man daher einerseits auf

---

*) Näheres s. Guhrauer, Biogr. von Leibnitz I. p. 820.

eine Begriffsschrift verzichten muss, sieht man andererseits, wie es möglich ist, streng genommen aus dem Zeichen einer einzigen Grösse, der Einheit oder wenigstens aus einer ganz geringen Menge von willkührlich gewählten Ziffern, ein Ziffersystem auszubilden, in dem jede Zahl ihren bestimmten symbolischen Ausdruck findet. An ein solches Ziffersystem wird man, wenn es seinem Zwecke, die Operationen mit den Zahlen möglichst zu fördern, entsprechen soll, die ideale Forderung stellen müssen: In grösster Kürze und klarster Anschaulichkeit mit möglichst wenig willkührlichen Zeichen jede Zahl nach ihrem Begriffe, d. h. nach ihrer Entstehung im Zahlensysteme darzustellen.

Nur dunkel haben die alten Weisen, denen die Erfindung der Ziffern bei den verschiedenen Völkern zuzuschreiben ist, diese Forderungen erkannt, und kein Volk hat sie in jenen Urzeiten, von denen wir reden, alle zu erfüllen gewusst. Das einzige System, welches dem Ideale völlig entspricht, ist das heute in dem grössten Theile der cultivirten Welt angenommene, etwa im dritten Jahrhundert unserer Zeitrechnung von den Brahmanen Indiens erfundene System, welches die theoretische Richtigkeit des Leibnitzischen Gedankens insofern bestätigt, als es einen höheren Grad der Vollkommenheit, als das beste und klarste aller Systeme von Zahlwörtern besitzt. Alle andern sind nur die Vorstufen zu diesem letzten absolut vollkommenen, welches jedoch, wie es scheint, wissenschaftlicher Reflexion seine Entstehung verdankt und daher erst später zu behandeln sein wird.

Es ist nun unsere Aufgabe, die Principien aufzusuchen, nach denen man in den verschiedenen Zeiten und bei den verschiedenen Völkern ein Ziffersystem zu gestalten versucht hat.

Die Principien der Ziffersysteme.

Die erste wesentliche Bedingung, unter der ein Ziffersystem allererst möglich wird, ist die, dass es die Principien des Zahlensystemes annimmt und sich bestrebt, diese zum Ausdruck zu bringen. Dies ist denn zunächst bei allen Völkern, deren Ziffern wir kennen, insoweit geschehen, dass sie ihr Ziffersystem auf dieselbe Grundzahl gebaut haben, als das System der Zahlwörter; also auf die Zahl Zehn, mit Ausnahme der Mexicaner, welche in der That ein vigesimales Ziffersystem besitzen*); — von den anderen vigesimal und von quinär zählenden Völkern sind Ziffern überhaupt nicht erfunden worden.

Ferner finden wir, dass, entsprechend den Principien des Zahlensystems, überall in den decimalen Systemen die Elemente des Zahlensystemes, nämlich die Zahlen 1, 2 ... 9 und die Stufenzahlen X, C, M, ... mit einfachen, specifischen Zeichen belegt worden sind — jedoch mit der Einschränkung, dass die Einer nicht selten ohne besondere Ziffern, einfach durch die entsprechende Wiederholung des Einheitszeichens, eines Striches, dargestellt werden. Von einer organischen Erzeugung der Zeichen für die Stufenzahlen X, C, M, ... aber aus Einem Elemente sind vor der Erfindung des neuen indischen Systemes nur Spuren vorhanden.

Und doch hätte gerade hierin die Zifferschrift dem Ideale eines Zahlensystemes einen Schritt näher kommen können, als es thatsächlich bei allen Sprachen in ihren Wörtern für die Stufenzahlen, deren ursprüngliche etwa systematische Bildung überall längst verloren gegangen, der Fall ist.

Es entspricht ferner der nothwendigen Forderung, welche man an ein Ziffersystem stellen muss, dass bei allen Völkern eine aggregirte Zahl niemals durch ein einfaches Zeichen dargestellt, sondern stets in ihre Theile verschiedener Stufen zerlegt wird. Die Aggregation wird überall dadurch ausgedrückt, dass man die Zahlen verschiedener Stufen unmittelbar nebeneinanderstellt, und es ist ein allgemeines Gesetz, dass dabei die höhere Stufe der niederen (im Sinne der Schrift) vorangeht.**)

So steht bei den Chinesen, die von oben nach unten in Columnen schreiben, die grösste Zahl oben; bei den Griechen in der Zeit, wo sie, wie wir, von links nach rechts schreiben,

---

*) Al. v. Humboldt, Ueb. d. b. versch. Völkern übl. Zahlzeichen. Crelle, Journal t. IV. p. 212.

**) Sehr eigenthümlich und einzeln stehend ist die subtractive Zifferbildung bei den Römern durch das Voranstellen der kleineren Zahl.

die grössere Zahl links, bei den Phönikiern, die bekanntlich
von rechts nach links schrieben, steht der Hunderter rechts,
dann folgt der Zehner und am weitesten links der Einer. Man
hat sonderbarer Weise häufig geglaubt, den semitischen Ursprung der modernen sogenannten arabischen Ziffern aus dem
Umstande beweisen zu können, dass man beim Addiren und
Multipliciren mehrziffriger Zahlen von rechts nach links fortschreiten muss, also in der unserer Schrift entgegengesetzten
und dem Sinne der semitischen Schrift entsprechenden Richtung.
Ziffern sind aber zunächst nicht zum Rechnen, sondern zum
Schreiben erfunden worden, und nach unserem erwähnten
Gesetze sind wir berechtigt, aus dem Umstande, dass die
Araber ihre Ziffern in derselben absoluten Ordnung wie wir,
also in einer ihrer Schrift entgegengesetzten schreiben, zu
schliessen, dass das Ziffersystem mit 9 Ziffern und der Null
nicht arabischen Ursprunges, sondern von einem Volke erfunden ist, welches von links nach rechts schrieb. Und zur
Bestätigung können wir hinzufügen, dass sobald die Araber
mit ihren eigenen Ziffern, den Zahlbuchstaben, Zahlen
schreiben, sie ihrem Volksgeiste folgend die grössere Zahl
rechts, die kleinere links setzen. Jene scheinbare Ausnahme
bestätigt demnach nur das obige Gesetz, welches ohne Ausnahme für alle Zifferschriften gilt.

Wir müssen ferner von unserem Standpuncte aus die
Forderung erheben, dass die Multipla der Stufenzahlen durch
eine Verbindung der Zeichen für X, C, M ... mit den
Ziffern 1, ... 9, niemals aber durch neue, absolute, specifische Zeichen dargestellt werden.

In dieser Beziehung entfernen sich die Zifferschriften am
meisten von den theoretischen Postulaten, wie denn überhaupt die verschiedenen Ziffersysteme hauptsächlich sich nur
in den Methoden unterscheiden, nach welchen sie die Vielfachen der Stufenzahlen darstellen. Diese vollständig vorzuführen wird jetzt unsere Aufgabe sein.

I. Die unsystematische Bezeichnung.

Man bezeichnet die Zehner, Hunderter u. s. w. mit
willkührlichen unsystematischen d. h. solchen Zeichen, welche

die rationelle Bildung derselben als Vielfache der Stufenzahlen nicht erkennen lassen.

Hier ist zuerst eine Gruppe von Völkern zu erwähnen,
welche die Buchstaben ihres Alphabetes der Reihe nach als
Zeichen für die Zahlen 1, 2, ... 9, 10, 20, ... 90, 100,
200, ... gebrauchen. Als Haupt derselben werden fast allgemein die Phönikier angegeben; und doch ist an dieser
festen Tradition kein wahres Wort; auf keiner der zahlreichen phönikischen oder punischen Inschriften *), auf keiner
Papyrushandschrift **) hat sich je eine Spur einer solchen
alphabetischen Zifferbezeichnung gefunden. Die Phönikier
haben sich ebenso wie ihre Nachbarn, die Palmyrener, stets
der unter II zu beschreibenden Ziffern bedient; auch die
Hebräer haben ursprünglich dasselbe System befolgt, und
nicht früher als 137 v. Chr. ist das erste Auftreten der
später bei ihnen ganz allgemein gewordenen alphabetischen
Bezeichnung der Zahlen bis 1000 auf den Münzen nachzuweisen. ***)

Es ist merkwürdig, dass auch andere Völker, welche
ursprünglich ein nach dem additiven Principe gebildetes Ziffersystem besassen, später zu der Bezeichnung der Zahlen durch
die Buchstaben des Alphabetes, welche ihnen als eine ausserordentlich bequeme erschienen sein muss, übergegangen sind,
so vor allem die Griechen†) im 5. Jahrhundert v. Chr.,

---

*) P. Schröder, d. phönik. Sprache. 1869.

**) J. J. L. Bargès, Papyr. égypto-aram. Paris 1862.

***) Nach einer Mittheilung des Hrn. Dr. Euting.

†) Bekanntlich ist die Reihe der griechischen Zahlzeichen

$\alpha \beta \gamma \delta \varepsilon \varsigma \zeta \eta \vartheta \iota \varkappa \lambda \mu \nu \xi o \pi \varrho \varrho \sigma \tau \upsilon \varphi \chi \psi \omega$ ϡ
worin $\alpha = 1$, $\iota = 10$, $\varrho = 100$, ϡ $= 900$, von dem später allgemein
geltenden s. g. ionischen Alphabete, wie man es heute in den Schulen
lernt, nur durch die drei s. g. Episemen ς, ϙ, ϡ verschieden. Diese
merkwürdigen Zeichen und ihren Ort in der Reihe der Buchstaben hat
man durch allerlei sonderbare und historisch unmögliche Hypothesen,
namentlich aber durch die vorgeblich altphönikische Verwendung der
Buchstaben zu Ziffern zu erklären gesucht. Ohne hier in eine ausführliche Widerlegung jener Hypothesen einzugehen, wird sich, wie ich
hoffe, die richtige Erklärung von selbst ergeben, wenn wir die neuesten
„Studien zur Geschichte des griechischen Alphabetes" (Berlin, 2. Aufl.
1869) von A. Kirchhoff benutzen.

Nach diesen ist das phönikische Alphabet in seiner alten Anordnung

dann die Syrer etwa im 7. Jahrhundert n. Chr. und die

---

der Buchstaben zunächst ohne sehr erhebliche Aenderung der Formen und Namen der Schriftzeichen von den Griechen angenommen worden, jedoch so, dass einige Buchstaben sofort in anderer lautlichen Bedeutungen, wie sie der von dem semitischen so verschiedene Charakter der griechischen Sprache erforderte, gebraucht wurden. Um von anderen solchen Accommodationen, die uns hier nicht näher interessiren, zu schweigen, so war namentlich der Reichthum an Sibilanten, den das phönikische Alphabet besitzt, im Griechischen nicht zu verwerthen. So nahm man denn willkührlich eines dieser vier Zeichen für ζ, ein anderes für ξ, und verwandte die zwei anderen Zeichen nebeneinander zur Bezeichnung des einfachen Zischlautes. Allmählich jedoch verdrängte das eine Zeichen, welches das σ lieferte, das andere, welches von der Form M war und bis dahin das phönikische Schin (gr. σάν) nach Franz (Elem. epigr. graec. p. 16), nach Kirchhoff aber das Zade vertreten hatte; infolge davon wurde ein Platz im Alphabete frei und es fiel die ursprünglich auf das π folgende Sibilans aus dem griechischen Alphabete aus. In den Tabellen, welche Kirchhoff seiner Abhandlung beigegeben hat, finde ich jenes Zeichen M zum letzten Male aus dem Jahre 496 v. Chr.

Bemerken wir ferner, dass schon in früher Zeit die Buchstaben υ, φ, χ, ψ, ω dem nur bis τ reichenden phön.-griech. Alphabete angehängt wurden, so ergibt sich für das 5. Jahrhundert v. Chr. ein Alphabet, welches sich von dem ionischen:

$$α\ β\ γ\ δ\ ε\ ζ\ η\ ϑ\ ι\ κ\ λ\ μ\ ν\ ξ\ ο\ π\ ϱ\ σ\ τ\ υ\ φ\ χ\ ψ\ ω$$

ausser in der Form mehrerer Zeichen nur dadurch unterscheidet, dass es noch zwei Buchstaben mehr als letzteres besitzt, nämlich hinter dem ε noch das phön. Vav, griech. βαῦ (lat. F, V), das alte Digamma, welches später als Laut ganz aus dem klassischen Griechisch verschwand, und vor dem ϱ das κόππα (lat. Q.), welches als mit dem κ wesentlich zusammenfallend allmählich veraltete.

Das ionische Alphabet, welches alle die erwähnten Modificationen zum Abschluss brachte, das βαῦ und κόππα entschieden ausschloss, gelangte etwa um das Jahr 400 in Athen, bald danach auch im übrigen Griechenland zur Herrschaft. —

Um nun zu den Episemen zurückzukehren, so kann es keinem Zweifel unterliegen, dass das erste ς, obgleich es seiner Form wegen später στίγμα genannt wurde, nichts anderes als das alte βαῦ ist, dessen Stelle es in der Reihe der Buchstaben auch einnimmt. Ebenso ist das ϙ, welches den Namen κόππα beibehielt, jener alte Buchstabe an seiner alten Stelle. Das letzte Episemon ϡ, welches später wegen seiner vorgeblich durch Zusammenziehung von σ und π entstandenen Form den Namen σαμπῖ erhalten haben soll (übrigens weder auf Münzen noch Inschriften angetroffen wird), erinnert durch seine Bezeichnung an

Kopten.*) Ebenso haben die Armenier und Georgier, dann die Aethiopier, welche Völker erst in späterer Zeit ihre Schrift erhielten, von Anfang an die alphabetischen Ziffern besessen. So hat denn dies wenig rationelle Ziffersystem, welches kaum auf den Rang eines Systemes Anspruch machen kann, über ein Jahrtausend das gesammte Gebiet des einstigen oströmischen Reiches beherrscht, fast das ganze Gebiet, dem Phönikien unmittelbar oder mittelbar seine Schrift gegeben hat — und doch hat das Mutterland selbst niemals dies System gekannt!

Ausserhalb dieser Gruppe von Völkern finden wir die alphabetischen Ziffern nirgends, wohl aber andere unsystematische und unerklärbare Zeichen für die Zehner: in der hieratischen und demotischen Schrift der Aegypter, theilweise im Pehlevi, in Indien noch heute bei den Einwohnern Ceylon's; und, was im Hinblick auf die spätere Entwickelung des Ziffersystemes merkwürdig genug ist, im Alterthume bei der arischen Bevölkerung Hindustan's sogar für die Zehner und Hunderter.

---

jenen ausgefallenen Zischlaut σάν, ohne jedoch dessen Platz im Alphabete einzunehmen.

Den Umstand aber, dass diese Episemen in der Reihenfolge der Buchstaben, sie theilweis unterbrechend erscheinen, wird man hienach sehr natürlich so erklären: Zu der Zeit, als das βαῦ und κόππα noch regelmässige Bestandtheile des Alphabetes waren, jener vierte Sibilant aber bereits ausgefallen war, entstand der Gebrauch, die Buchstaben in ihrer alphabetischen Reihenfolge als Zahlen zu benutzen; man reichte jedoch so nur bis 800; um nun aber noch den letzten Platz auszufüllen, zog man einen veralteten Buchstaben, das σάν wieder hinzu, ohne ihm jedoch seine längst durch Nachrücken der folgenden Buchstaben besetzte Stelle im Alphabete wiederzugeben. Diese Zahlenbezeichnung muss also nach Ausfall jenes Zischlautes, jedenfalls aber vor der allgemeinen Einführung des ionischen Alphabetes, demnach also im 5. Jahrhundert entstanden sein, wo auch die Erinnerung an den letzteren Laut noch nicht ganz erloschen sein mochte.

Inschriftlich ist bis jetzt die Zeit, in welcher diese Reihe der Zahlzeichen zur Herrschaft kam, nicht bestimmt worden (s. Franz, a. a. O. p. 350); wie denn überhaupt hier noch manche, der Untersuchung wohl würdige Frage dem Philologen zu lösen übrig bleibt.

*) Rödiger, Zeitschr. d. d. morg. Ges. t. XVI p. 577.

II. Additives Princip.

Man bildet nur specifische Zeichen für Stufenzahlen X, C, M . . . aus und wiederholt deren Zeichen, um ihre Multipla auszudrücken, in entsprechender Anzahl.

So bei den Azteken, in den Hieroglyphen, in dem baktrischen Pali, der Keilschrift, der phönikischen, römischen und der älteren griechischen Zifferschrift.*) Um das häufige Wiederholen desselben Zeichens zu vermeiden, hat man fast überall noch abkürzende Zeichen eingeführt: so z. B. im Phönikischen für 20; bei den Römern und in jener griechischen Schrift bezeichnet man das Fünffache der Stufenzahlen, indem man deren Zeichen in das Zeichen für 5 ($\pi\acute{\epsilon}\nu\tau\epsilon$), nämlich Π hineinsetzt.

Ohne Zweifel ist dies System das einfachste unter allen und erinnert an das Zählen mit Marken, an die Zeit der Kerbhölzer und Knotenschnüre, indem es von dem in den Zahlwörtern schon erreichten Standpuncte, die Wiederholung der Stufenzahlen als eine Multiplication aufzufassen, herabsinkt zu dem ursprünglichen, welcher diese Zusammenfassung noch nicht kannte. Es ist rational bis zum Trivialen und hat einen eigenen Anklang an das Barbarische.

Die Aegypter haben in ihrer hieratischen Schrift ebenso, wie die Griechen, dies System schon früh aufgegeben; nur die Römer haben es bis zu Ende beibehalten.

---

*) Der Anwendung der Zahlbuchstaben in der oben (p. 35) beschriebenen Weise ging bei den Griechen historisch ein System voraus, in dem die Anfangsbuchstaben der Zahlwörter $\pi\acute{\epsilon}\nu\tau\epsilon$, $\delta\acute{\epsilon}\varkappa\alpha$, $H\acute{\epsilon}\varkappa\alpha\tau o\nu$. $\chi\acute{\iota}\lambda\iota o\iota$, $\mu\acute{\nu}\varrho\iota o\iota$ nämlich Γ, Δ, H, X, M zur Bezeichnung der betreffenden Zahlen, ein einfacher Strich I zur Bezeichnung der Einheit additiv gebraucht wurden, so dass z. B. die Zahlen folgendermassen geschrieben werden:

I = 1   II = 2   III = 3   IIII = 4 Π = 5 ΠI = 6 ΠII = 7 Δ = 10
$\Delta\Delta$ = 20 $\Delta\Delta$I = 21 Γ = 50 $\Gamma\Delta$ = 60   H = 100 Γ = 500
X = 1000 Γ = 5000   M = 10 000 Γ = 50 000 $\Gamma\Gamma$HHHHΔI = 55411.

Dies System, welches noch vor Kurzem wenig bekannt war, findet sich regelmässig auf älteren griechischen Inschriften (vergl. Franz, Elementa epigraphices graecae p. 347).

III. Multiplicatives Princip.

Um die Zehner, Hunderter u. s. w. zu bezeichnen, fügt man den Zeichen der Stufenzahlen X, C, M ... die entsprechende Ziffer aus der Reihe der Einer 1 ... 9 multiplicativ hinzu.

Damit sich jener Einer als multiplicativ von einem additiv genommenen unterscheide, darf er seiner Stufenzahl jedenfalls nicht nachfolgen. Thatsächlich geht er der Stufenzahl meist als Coefficient vorher, so dass nach diesem Principe die jetzt laufende Jahreszahl 1871 geschrieben werden würde 1M8C7X1.

Erst in dieser Methode ist im Ziffersysteme wieder dieselbe Stufe erreicht, auf der man sich im gesprochenen Zahlensysteme überall längst befand, indem man die Multipla der Stufenzahlen in den Zahlwörtern auch durch eine multiplicative Verbindung der Einer mit jenen bezeichnete. Man könnte daher geneigt sein, zu vermuthen, dass dies multiplicative Princip in den geschriebenen Zahlen ein allgemein verbreitetes, ja das gemeinste sein werde. Und doch verhält es sich thatsächlich ganz anders; nur bei den Chinesen*) finde ich dasselbe consequent auch schon bei der Bildung der Zehner angewandt. Es ist dieser Mangel einer übereinstimmenden Bildungsweise der Zahlwörter und Ziffern ein schlagender Beweis dafür, dass letztere nicht zur Darstellung von Zahlwörtern erfunden wurden, sondern von Anfang an Bilder oder Zeichen für Vorstellungen, ohne Vermittelung der Sprache, gewesen sind.

Verbreiteter ist der Gebrauch des multiplicativen Princips zur Bezeichnung der Hunderter und Tausender; so findet es sich bei den Singhalesen, im Huzvaresch, in den Keilschriften, bei den Phönikiern und, in buntester Weise mit anderen Principien gemischt, in der hieratischen und demotischen Schrift der Aegypter; und wenn die Römer, welche die Tausender gewöhnlich durch das Wort milia von

---

*) Und bei zwei dunkelfarbigen Völkern Dekhan's, den Malabaren und Tamulen. Doch bin ich nicht im Stande zu erweisen, dass bei letzteren diese Methode alt und nicht erst unter dem Einflusse des indischen Zahlensystemes entstanden ist.

den anderen Ziffern abtrennen, zuweilen das Wort zu M abkürzen und z. B.*) XIIMDCCCCLIV == 12954 schreiben, so wird man hieraus erkennen, wie nahe überhaupt diese Bezeichnungsweise lag.

Die nach dem multiplicativen Principe consequent gebildeten Ziffern haben vor den nach dem ersten oder zweiten Principe geschriebenen den grossen Vorzug, leicht übersichtlich und wahrhaft genetisch dargestellt zu sein und infolge davon auf eine planmässige, elegante Weise der Rechnung unterzogen werden zu können. Denn jede Operation mit ihnen reducirt sich wesentlich auf die mit Einern, also mit 9 immer wiederkehrenden Ziffern, welche nur noch mit den nöthigen Stufenzahlen zu versehen sind.

Jedoch gewährt dies Princip diesen Vortheil nur, wenn es in consequenter Weise angewandt wird, wie bei den Chinesen, wo noch über M hinauf 11 Zeichen für die folgenden Stufenzahlen existiren. Wenn dagegen, wie dies bei den anderen oben genannten Völkern der Fall ist, über M oder gar über C hinaus keine weitere Stufenzahl eine specifische Bezeichnung erhält, so muss zum Ausdruck grösserer Zahlen die letzte Stufenzahl um mehr als das zehnfache vergrössert werden und es treten demnach als Coefficienten nicht nur Einheiten, sondern wieder aggregirte Zahlen auf, die alle Vortheile, welche das multiplicative Princip im Ziffersysteme gewähren könnte, wieder illusorisch machen. Werden nun ausserdem die Einer, Zehner nach dem additiven Principe bezeichnet, so wird die Rechnung auch hier so schwerfällig, als bei den früheren Ziffersystemen, wie man sich zur Genüge an folgenden aus Keilschriften entnommenen Zahlen überzeugen wird, in denen, ohne dass etwas Wesentliches geändert wäre, nur römische Ziffern an Stelle der Gruppen von Keilen gesetzt sind**):

$$\left.\begin{array}{l} \text{VIIIC M VIC} \\ \text{8.100.M+6.C} \end{array}\right\} = 800600, \quad \left.\begin{array}{l} \text{IIM IIIIC LXV} \\ \text{2.M+4.C+65} \end{array}\right\} = 2465,$$

$$\left.\begin{array}{l} \text{XI M I C III} \\ \text{11.M+1.C+3} \end{array}\right\} = 11103.$$

*) Friedlein, Die Zahlzeichen. Erlangen 1869. p. 29.
**) Joachim Ménant, Gramm. assyrienne. Paris 1868. p. 88, 89.

IV. Elevatorisches Princip.

Um die Multipla von Stufenzahlen zu bezeichnen hängt man an den in Ziffern 1, ... 9 geschriebenen Multiplicator einen jene Stufenzahl bezeichnenden Index.

Man wird also hienach die Zahl 300 nicht wie vorhin durch 3 C oder etwa $\overset{3}{C}$, sondern durch ein Zeichen, wie $\overset{c}{3}$ darstellen, indem man die 3 als Basis, die Ziffer C nur als Marke ansieht, die dann auch durch ein anderes Zeichen, etwa durch 2 Puncte, insofern $100 = 10^2$ ist, ersetzt werden kann. Es ist also hier das Verhältniss das umgekehrte, als vorhin, wo die Stufenzahl die Basis und der Multiplicator nur der Coefficient war; dort war so zu sagen der Hunderter C das Genus, das durch den multiplicirenden Einer 3 nur specificirt wurde; hier ist der Einer 3 das Genus, welches durch den Index c nur in seiner Stufe erhöht wird. In diesem Sinne ist denn auch das elevatorische Princip, so nahe verwandt es dem multiplicativen ist und so unwesentlich es erscheint, ob man in einem Producte dem Multiplicator oder dem Multiplicandus den wichtigsten Platz einräumt, doch gegen das vorhergehende ein wesentlicher Fortschritt; denn erst in ihm tritt der Begriff der Ordnung oder Stufe einer Zahl, der in dem modernen Ziffersysteme ein so wesentlicher ist, und die Thatsache in aller Schärfe hervor, dass die Rechnungsregeln für die Einer auf allen Stufen der decimalen Progression dieselben sind.

Thatsächlich ist von dem elevatorischen Principe nur geringer Gebrauch gemacht worden. Die Römer bezeichnen die Multipla von Tausend zuweilen, indem sie über den Multiplicator einen Horizontalstrich setzen und die Hunderttausender, indem sie ausserdem den Multiplicator noch einklammern, so dass z. B. sich auf einer römischen Tafel findet *): $|\mathrm{X}\,\overline{\mathrm{CLXXX}}\,\mathrm{DC} = 1\ 180\ 600$. Die Griechen, welche mit ihren alphabetischen Ziffern nur bis 900 reichen, verwenden für 1000 bis 9000 die Zeichen der Einer, welche

nebst anderen Beispielen. Ueber die Zahlzeichen in Keilschriften sind die verschiedenen Autoritäten dieses Faches in Uebereinstimmung.

*) Friedlein, Die Zahlzeichen u. s. w. p. 30.

sie vorn mit einem Verticalstrich versehen, gehen aber damit nur bis zu einer Myriade (10000). Aehnlich verfahren die Hebräer. Den ausgedehntesten Gebrauch von solchen Marken aber machen die Syrer, die mit ihrer alphabetischen Bezeichnung nur bis zu 400 reichen; sie erheben durch gewisse Puncte und Striche ihre Einer zu Hundertern, Tausendern, Zehntausendern, Hunderttausendern, ja selbst noch höher hinauf.*)

V. Princip der Columnen.

Die Zahlen können nicht frei, sondern nur auf einer Tafel geschrieben werden, welche eine Reihe von Columnen enthält, die nach ihrer Folge die Stufenzahlen I, X, C, M ... als Ueberschriften enthalten. Zum Schreiben einer Zahl sind dann nur die Ziffern 1 ... 9 nöthig, welche, in eine Columne gesetzt, das entsprechende Vielfache der darüber stehenden Stufenzahl bezeichnen.

In diesem, nur im früheren Mittelalter in Europa nachweislichen Systeme ist, wie man sieht, die Bezeichnung noch mehr vereinfacht, als bei Anwendung des elevatorischen Principes; zur höchst möglichen Kürze aber kommt sie durch

VI. Das Princip der Position.

Die Multiplicatoren der Stufenzahlen werden ohne weiteres Unterscheidungszeichen ihrer Ordnung nach nebeneinander gestellt, so dass ihre Position sogleich ihre Stufe anzeigt, indem an Stelle jeder in der vollständigen Progression ausgefallenen Stufe ein besonderes Zeichen, die Null tritt.

So wie dies System historisch das letzte ist, so schliesst

---

*) Man hat neuerdings mehrfach behauptet, die sogenannten gobār-Ziffern der Araber seien nach dem elevatorischen Principe gebraucht worden, indem man, um die Zehner, Hunderter u. s. w. zu bezeichnen, ein, zwei u. s. w. Puncte über die Einer gesetzt habe. Wöpcke hat aber (Journal asiatique. 1863. 1. sem. t. I p. 244) gezeigt, dass die gobār-Ziffern ebenso, wie die gewöhnlichen arabischen Ziffern, von denen sie sich nur durch ihre Gestalt etwas unterscheiden, nach dem Positionsprincipe zur Bezeichnung von Zahlen angewandt werden, und dass jene Erhebung der Einer zu Einheiten höherer Ordnung durch darüber gesetzte Puncte, wo sie vorkommt, nur zur Erläuterung des Positionsprincipes dienen soll, nicht aber zum praktischen Gebrauch.

es auch an sich die Entwickelung ab; das Ideal einer Zifferschrift ist erreicht, die theoretische Forderung völlig erfüllt;
denn es stellt eine nach dem reinen Schema des Zahlensystemes

$$\ldots + a_4\, X^4 + a_3\, X^3 + a_2\, X^2 + a_1\, X + a_0$$

gebildete Zahl, wenn darin die Coefficienten a Einer oder
die Null bedeuten, auf die denkbar einfachste Weise dar
durch:

$$\ldots a_4\, a_3\, a_2\, a_1\, a_0.$$

Es zeigt sich hiebei unsere anfänglich gehegte Erwartung
in der That bestätigt, dass in Zeichen ein vollkommeneres
Zahlensystem geschaffen werden kann, als es in Wörtern
möglich oder thunlich ist. Die Einführung besonderer Zeichen
für die Stufenzahlen hat sich als überflüssig erwiesen, während
die Sprache nicht wohl besonderer Wörter für dieselben entbehren kann. Es ist jetzt möglich mittels zehn Zeichen jede
mögliche Zahl auf eine systematische Weise zu bezeichnen;
der Raum in seiner a priori gegebenen Unendlichkeit bietet
das Mittel, die unbegrenzte Zahlenreihe bis zu jeder beliebigen Grenze fortzusetzen.

Dass die Erfindung des Ziffersystemes mit Stellenwerth
und der Null den Indern zufällt, steht ausser allem Zweifel.
Die gewöhnliche Bezeichnung unseres modernen Systemes
als „arabisches"[*] ist ein neuerer Irrthum, der sich aus dem
Umstande erklärt, dass es dem Occidente durch die Vermittelung der Araber allerdings zukam. Die allgemeine
Tradition bei den Arabern selbst, bei den Byzantinern und
den Italienern noch während der Renaissance führt das
System mit Stellenwerth durchaus auf die Inder zurück.
Wir wollen auf diese später noch vorzuführenden Zeugnisse
einer unkritischen Zeit nicht allzuviel Gewicht legen; aber
soviel ist jedenfalls gewiss, dass ausser den Indern kein
anderes Volk je die geringsten Ansprüche auf die Erfindung
dieses Systemes gemacht hat.

Ueber die Entwickelung des Ziffersystemes in Indien
und deren Zeit können wir leider nur sehr dürftige Nachrichten beibringen. Dass die ältesten bekannten Sanskrit-

---

[*] S. o. p. 33. Die Brahmanen schrieben in der Zeit, auf die es
hier ankommt, von links nach rechts.

ziffern keineswegs Stellenwerth besassen, wie ihr Entdecker Prinsep im Jahre 1838 meinte*), scheint nach neueren, an umfassenderem Materiale angestellten Untersuchungen des Herausgebers E. Thomas von Prinsep's Essays**) und des indischen Gelehrten Bhau Daji***) ausgemacht, welche in jenen Ziffern ebenso wie in den 1821 von Rask entdeckten älteren Ziffern der Cinghalesen†), neben den Zeichen für die Einer noch besondere, specifische Zeichen für 20, 30, ... 90, für 100 und 1000 fanden. Nur die Multipla von 100 und 1000 sind nach dem multiplicativen Systeme, jedoch theilweise sehr unvollkommen gebildet worden. Das vierte Jahrhundert n. Chr. scheint der letzte Zeitpunct zu sein, zu welchem diese älteren Ziffern in Hindostan auf Münzen oder Inschriften erscheinen.

Durch welche Zwischenstufen sich nun aus diesem älteren inconsequenten Ziffersysteme das Positionssystem in seiner Klarheit entwickelt hat, ist uns noch ein Räthsel; ob man zunächst das in jenen älteren Ziffern theilweise angewandte multiplicative Princip vollkommen durchgeführt, ob man durch das elevatorische Princip oder ob man durch die Rechnung in Columnen hindurchgegangen ist, das alles sind noch ungelöste Fragen.††)

---

*) Essays on indian antiquities. London 1858. t. II, p. 70—84.

**) E. Thomas ebd. und Journ. as. Paris 1863, 2. sem. tom. II. p. 379.

***) Journ. as. soc. of Bengal, t. 22. 1863. p. 161—167.

†) Pihan, sign. d. numer. p. 140 und Brockhaus, Zeitschr. f. Kund. d. Morg. t. IV. p. 74—83.

††) Doch ist man vielleicht berechtigt, sich für die zweite dieser Möglichkeiten zu entscheiden, wenn man dabei eine in dieser Hinsicht noch nicht benutzte Stelle des Kitāb al Fikrist, herausgegeben von Flügel, Leipzig 1871. t. I. p. 18—19 berücksichtigt: der arabische Verfasser dieser, Ende des 10. Jahrhunderts geschriebenen Literaturgeschichte erzählt da von den Schriftzeichen der Inder nach dem Berichte eines Augenzeugen, den er aber offenbar gänzlich missverstanden hat. Denn anstatt der indischen Schriftzeichen der Inder gibt er die 9 indo-arabischen Zahlzeichen, freilich in ziemlich schlechter Nachbildung und bemerkt, dass, wenn man bis zum letzten gelangt sei, man das erste Zeichen wiederhole und einen Punct darunter mache. Sei man so bei 90 angekommen, so fange man wieder von vorn an und setze unter jedes Zeichen zwei Puncte u. s. f. Der Irrthum des arabischen Compilators erklärt sich leicht: Er be-

Inschriftlich kann der Gebrauch indischer Ziffern mit
Stellenwerth im Westen Hindostan's nach E. Thomas nicht
vor dem 7. Jahrhundert unserer Zeitrechnung nachgewiesen
werden. Immerhin aber ist möglich, dass, während sich
hier das ältere System länger erhielt (wie noch heute bei
den Gelehrten in Ceylon), das neue Princip in dem höher
cultivirten Gangesthale bereits zum Durchbruch gekommen
war. Letzteres aber wird auf das Schlagendste dadurch erwiesen, dass ein Mathematiker des 7. Jahrhunderts*) den
Gebrauch der Null beim Rechnen mit solcher Nüchternheit
auseinandersetzt, dass man deutlich sieht, die Null war für
ihn und seine Zeitgenossen nichts Neues und Ueberraschendes mehr.

Wenn aber auch das Positionssystem bei unseren Stammverwandten jenseits des Indus scheinbar ohne alle Entwickelung plötzlich, gewappnet und gerüstet, wie Pallas dem
Haupte des Zeus entsprang, so fehlt es doch keineswegs an
Beziehungen, welche gerade die Inder als das für diese Erfindung prädestinirte Volk erscheinen lassen.

Wir haben schon oben auf die grosse Klarheit, mit
welcher die Inder die decimale Progression der Stufenzahlen
in den Zahlwörtern geltend zu machen wissen, ferner auf
die entschiedene Neigung, sich mit grossen Zahlen zu beschäftigen, aufmerksam gemacht. Wenn uns auch letztere
als eine wunderliche Spielerei erscheinen mag, wird sie doch
neben jenem ersten Umstande einen beträchtlichen Einfluss
auf die Ausbildung ihres Ziffersystemes gehabt haben, wie
auch Archimedes durch eine ähnliche Spielerei dazu veranlasst wurde, die Principien des Zahlensystemes zu untersuchen und die Grenzen desselben zu erweitern. Wenn aber
selbst das Genie eines Archimedes in dieser Beziehung weit
hinter den Leistungen der indischen Brahmanen zurückblieb,
so wird dies neben anderen Umständen auch daraus zu er-

---

merkte nicht, dass die in jenem Berichte zur Erläuterung der indo-arabischen Zeichen gebrauchten arabischen Buchstaben als Zahlbuchstaben
zu nehmen sind.

*) S. Colebrooke, Algebra with arithmetic and mensuration. London
1817. p. 339.

klären sein, dass es den Griechen überhaupt an dem Sinn gebrach, sich für häufig wiederkehrende Formeln abgekürzte Zeichen, kurz einen Formalismus zu schaffen, während den Indern ein solcher Sinn ganz besonders eigen war, wie wir bei der Geschichte dieses Volkes selbst noch ausführlich nachweisen werden.

Wohl mögen auch anderwärts Mathematiker auf den Gedanken gekommen sein, beim Rechnen statt einer etwa multiplicativ bezeichneten Zahl 1M8C7X1 abkürzend 1871 zu schreiben; immer aber wird die allgemeine Einführung dieser Abbreviatur an dem Umstande gescheitert sein, dass man 1M8C7X nicht zu bezeichnen wusste. Wie dieser Schwierigkeit entgehen? Die Antwort scheint uns so einfach, und doch ist der Gedanke, das Fehlen von Einheiten einer bestimmten Stufe durch ein besonderes Zeichen sichtbar zu machen, eine jener epochemachenden Ideen, die, wie eine Offenbarung von oben, nur den grössten Geistern zuweilen eingegeben werden. So wurde die Null erfunden; und wenn irgend eine Erfindung echt indischen Charakter trägt, hat man geistreich bemerkt*), so ist es die, dem Nichts einen Werth zu geben und durch das Nichtsein erst die Vollendung des Etwas zu bewirken.

Es gehört das indische Positionssystem in seiner wunderbaren Einfachheit zu jenen Erfindungen, welche, wenn sie einmal gemacht sind, so schnell und leicht in den allgemeinen Gebrauch übergehen, dass man bald vergisst, wie beschwerlich und künstlich das frühere Verfahren gewesen ist, und wie nur ein Genie im Stande war, eine solche der Natur der Sache völlig angemessene Idee zu fassen. Nur an der Hand der Geschichte können wir uns heute die Grösse dieser Idee an und für sich vergegenwärtigen; ihr praktisch grosser Erfolg liegt jedem Auge offen da. Alle indogermanischen und semitischen Völker von der Südspitze Indiens durch Persien und Kleinasien hindurch, die Aegypter, alle europäischen Nationen und deren Colonien bedienen sich tagtäglich jener Frucht indischer Speculation; ihre Kinder lernen schon in den Schulen die Weisheit der Inder. Wohl gibt es kaum

---

*) Brockhaus, Zeitschrift f. Kunde des Morgenlandes. t. IV. p. 74—83.

ein anderes Resultat klar bewussten abstracten Denkens, welches so weit verbreitet und so in den Gebrauch Aller aufgenommen ist. Und wenn jetzt in Mitteleuropa ein wahrer Enthusiasmus erwacht ist, bei allen Maassen das decimale System einzuführen, auch wo die historische Erfahrung gegen dessen Zweckmässigkeit spricht, was ist dies anderes, als die Fortsetzung des Processes, der in vorgeschichtlicher Zeit mit der decimalen Gestaltung der Zahlwörter begann, dann zu einer decimalen Zifferschrift führte und jetzt endlich die concreten Maasse materieller Grössen sich unterwerfen will?

Das praktische Rechnen in der vorwissenschaftlichen Periode.

Das Rechnen.

Nachdem wir die Mittel kennen gelernt haben, durch die man in den ältesten Zeiten die Zahlen in Wort und Schrift bezeichnete, wird es unsere nächste Aufgabe sein, zu untersuchen, in welcher Weise man die gemeinen Rechnungsarten an diesen Zahlen zu vollziehen verstand. Denn dass man überhaupt seit den ersten Anfängen einer Civilisation Rechnungen ausführte, bedarf keines Beweises: Nicht nur der Handel bedurfte ihrer, sobald er regelmässige Formen annahm; auch die Verwaltung der alten Culturländer mit ihrer mehr oder minder geregelten Steuererhebung, Münz-, Maass- und Gewichtsregulirung und vor allem die Feststellung des Kalenders und der Chronologie, welche im engsten Zusammenhange mit der ersten Ausbildung der Astronomie stand, konnte ohne die Elemente der Rechenkunst nicht geschehen.

Wir werden indessen nicht irren, wenn wir die Aufgaben, an welche man sich im höheren Alterthume wagte, als sehr einfache und deren Lösungen als sehr primitive voraussetzen; denn es ist gewiss, dass sich bei den alten Culturvölkern von allen ihren geistigen Anlagen die Fähigkeit zum abstracten Denken am langsamsten und spätesten entwickelt hat. Dazu kam die Unvollkommenheit der Hilfsmittel; in jener Zeit, wo das Schreiben wenig verbreitet und äusserst schwerfällig, das Schreibmaterial kostspielig war, vollzog man Rechnungen meistens im Kopfe und es ist leicht begreiflich, wie unter diesen Umständen grössere Rechnungen unausführbar wurden.

Zur Erleichterung des Rechnens, wohl besonders zur Fixirung grösserer Zahlen bediente man sich wohl allgemein einer von der früher erwähnten ursprünglichen Art verschiedenen Bezeichnung der Zahlen durch die Finger, welche man verschiedenartig streckte oder einbog oder bis zur Handfläche umlegte.*) So ist uns von einem späteren Autor die griechische, noch bis ins Mittelalter hinein übliche Methode überliefert, bei welcher mit der linken Hand alle Einer und Zehner und zwar die Einer mit den drei letzten, die Zehner mit den zwei ersten Fingern und mit der rechten Hand die Hunderter und Tausender in entsprechender Weise durch Strecken, Beugen und Umlegen der Finger bezeichnet wurden — was sicherlich eine lange Uebung voraussetzt und eine Gewandtheit der Finger, wie sie etwa der heutige Italiener beim Moraspiel in erstaunlichem Grade zeigt.

Wie mir scheint, war jedoch diese Bezeichnung, welche man häufig „Fingerrechnung" zu nennen pflegt, nichts weiter, als eine Hilfe für das Gedächtniss, keineswegs aber ein Rechnungshilfsmittel.

Selbst die Ziffern, deren Niederschreiben man doch bei grösseren Rechnungen nicht wohl zu entbehren vermochte, können vermöge ihrer grossen Unvollkommenheiten kaum als ein solches bezeichnet werden.

So war es denn natürlich, dass man alle vorkommenden Rechnungen möglichst zu vereinfachen, die Maasse und Münzen möglichst anschaulich einzutheilen, die Zahlenverhältnisse, welche im bürgerlichen Leben, im Steuerwesen, in der Baukunst, bei der Anlage von Städten oder der Vertheilung von Grundbesitz u. s. w. herkömmlich oder gesetzlich waren, möglichst abzurunden und nach einem festen Typus zu bilden suchte. In dieser Beziehung spielte z. B. bei den Römern die Zahl 12 eine hervorragende Rolle. Das stärkste Beispiel eines solchen consequent durchgeführten Typus zeigen die Babylonier, welche nicht nur ihre Maasse, Gewichte und Münzen, sondern auch die Grade am Himmel

---

*) Friedlein, die Zahlzeichen, p. 6.

und die Zeitstunde in 60 Theile und jeden dieser Theile wiederum nach demselben Principe eintheilten, wovon noch heute jedes Zifferblatt unsrer Uhren, jeder getheilte Gradbogen Zeugniss ablegt. Auch die Angaben der Babylonier über die Grösse ihrer Städte, deren Mauern u. s. w. zeigen überall dies sexagesimale System. Aber noch mehr: Der Mensch ist das Maass aller Dinge; die ihm gewohnten Zahlen, so meinte er, sollten nicht nur seine zweite, sondern auch die äussere Natur sein und so suchte er jene festen, ihm wohl vertrauten typischen Zahlen auch in den Entwicklungsperioden der Geschichte, in der astronomischen Chronologie, ja in allen Himmelserscheinungen wiederzufinden. So rechneten die Chaldäer die Zeit von Erschaffung der Welt bis zur Sündfluth auf 20.60.60, die Zeit von da ab bis auf Cyrus auf 10.60.60 Jahre, und besassen einen astronomischen Cyklus von 600 und vielleicht eine Schaltperiode von 120 Jahren.*)

So wurden denn jene subjectiv gewählten Zahlen allmählich mit einem mystischen Schimmer umgeben und am Ende galten sie für heilige Zahlen göttlichen Ursprungs. Dieselbe subjective Entwickelung finden wir in der allgemein verbreiteten Idee, dass die Dinge der Natur einfachen, rationalen Zahlenverhältnissen unterworfen seien und dasjenige, was unserer Vernunft als einfach erscheint, auch der objectiven Vernunft der Natur entspreche, eine Idee, welche, von Pythagoras und Plato in die Wissenschaft eingeführt, die wichtigsten Folgen gehabt hat und noch heute nicht erloschen ist.

Die Addition und das Rechenbrett.

Die primitivste Art, zwei Zahlen z. B. 17 und 8 zu addiren, ist ohne Zweifel die, dass man zunächst soviel Marken vor sich legt, als der eine der Summanden, etwa der kleinere 8, Einheiten enthält; und dann an diesen entlang von 17 an weiter zählt: 18, 19 u. s. f. bis man bei 25 die letzte dieser Marken berührt. Die griechische und latei-

*) S. J. Brandis, das Münz-, Maass- und Gewichtswesen in Vorderasien. I. Abth.

nische Bezeichnung des Rechnens = $\psi\eta\varphi i\zeta\epsilon\iota\nu$ = calculare
(von $\psi\tilde{\eta}\varphi o\varsigma$ = calculus = Steinchen) beweist genügend
einen solchen Gebrauch, der sich noch jetzt bei uncivilisir-
ten Völkern findet, deren Handelsleute wohl zu diesem Behufe ein Säckchen mit Maiskörnern bei sich führen. Auch
die Finger sind als Marken in diesem Sinne ganz geeignet;
eine andere griechische Bezeichnung für Zählen = $\pi\epsilon\mu\pi\acute{a}\zeta\epsilon\iota\nu$
(von $\pi\acute{\epsilon}\mu\pi\epsilon$ = fünf) beweist ihre Verwendung für diesen
Zweck, die wir noch heute bei jedem Kinde beobachten
können. Aber selbst bei ungeübten Rechnern auf dem Papier können wir heute diese primitive Methode noch wahrnehmen; es pflegen nämlich solche die zu addirenden Einer,
die in Ziffern vor ihnen stehen, durch eine übersichtliche
Gruppe von Puncten (etwa wie auf den Kartenblättern) zu
ersetzen, und an diesen Puncten die Summe abzuzählen
(die Kinder nennen dies Verfahren ,,Tippeln").

Eine andere Methode, Zahlen zu addiren, gibt es überhaupt nicht, wenn man nicht das Eins und Eins, d. h. die
Summen von je zwei Einern ein für allemal dem Gedächtnisse eingeprägt hat; das ist aber schwer auf andere
Weise, als durch einen in früher Jugend begonnenen Rechenunterricht möglich. Dass aber den Kindern ein eigentlicher
solcher Unterricht ertheilt worden sei, wissen wir nur von den
Römern aus der Kaiserzeit*), und wir werden daher annehm-
men dürfen, dass im ganzen Alterthume nur besonders ge-
wandte Kaufleute, ferner Priester, welche sich vorzugsweise
mit Astronomie beschäftigten, später die mathematisch Gebildeten über jenen kostbaren Schatz von Regeln, die im
Eins und Eins enthalten sind, frei verfügt haben werden.

Der nächste Fortschritt über jene roheste Art zu addiren,
wird der gewesen sein, dass man aggregirte Zahlen bei ihrer
Addition in Theile nach ihren Stufen zerlegte, und die Einer,
dann die Zehner u. s. f. der zu addirenden Zahlen einzeln
summirte. Wir werden wohl annehmen dürfen, dass alle
alten Culturvölker diesen Fortschritt gemacht haben. Aus
dem 5. Jahrh. n. Chr. besitzen wir eine Sammlung von

---

*) Horaz, de arte poetica v. 325.

Rechentafeln *), wie sie etwa in den römischen Rechenschulen zum Auswendiglernen und Nachschlagen gebräuchlich waren; und unter diesen eine Tafel, welche nicht nur die Summen aller Einer, sondern in derselben Weise auch die der Zehner und Hunderter enthält — Beweis genug, wie unvollkommen damals das Princip des Zahlensystemes in Fleisch und Blut übergegangen war.

Wenn die Grösse der Zahlen oder die Menge der Summanden dazu zwang, zur Tafel zu greifen und schriftlich zu rechnen, so konnte von einem eigentlichen regelmässigen Rechnen, wie wir es mit unseren Ziffern gewohnt sind, kaum die Rede sein in jenen unvollkommenen Systemen, bei denen die Bezeichnung der Multipla in den verschiedenen Stufen oft eine ungleichmässige und es fast unmöglich war, die Grössen gleicher Stufe genau unter einander zu setzen. Man denke nur, wenn folgende Zahlen $|\text{X}|\overline{\text{CLXXX}}$ DC ($=1\,180\,60$), LX CCCIX $=$ ($60\,309$), $\overline{\text{II}}$DXL $= 2540$, oder in griechischen Ziffern etwa**) $\overset{\vartheta}{M}$ ($= 900\,000$), $\overset{\nu}{M}\,\vartheta$ ($= 39000$), $\overset{\alpha}{M}\varkappa\varepsilon$ ($= 10025$), $,\alpha\varphi$ ($= 1500$), $\sigma\varkappa\varepsilon$ ($= 225$), $\psi\nu$ ($= 750$), $\lambda\vartheta$ ($= 39$) zu addiren waren! Wahrlich man begreift, warum in jenen Zeiten die Fertigkeit im gemeinen Rechnen für etwas Grosses galt.

Es musste, wo möglich, Abhilfe getroffen werden. Sie hätte geschehen können durch Ausbildung eines consequenten Ziffersystemes; indessen die Ziffern waren einmal da, und so half man sich auf andere Weise. Man verwarf die Ziffern als Rechnungshilfsmittel und kehrte wieder auf den ursprünglichen Stand zurück: die Einer durch ebensoviele Marken, die Zehner durch Marken anderer Art u. s. w. darzustellen. So konnte man mit je 9 Marken für die Einheiten 0ter, 1ter, 2ter Stufe jede beliebige Zahl darstellen

---

*) Calculus des Victorius, herausg. v. Friedlein, Schlömilch's Zeitschrift f. Math. 1871. p. 42 ff.

**) In dieser von Eutocius (im 6. Jahrhundert nach Chr.) gebrauchten Bezeichnung gilt die über $M = \mu\nu\rho\iota\alpha\delta\varepsilon\varsigma = 10000$ stehende Ziffer als deren Multiplicator.

4*

und jede andere leicht und sicher durch blosses Zuzählen der Einheiten jeder Stufe, fast mechanisch addiren.

Ein Unterschied der Marken konnte liegen: entweder in ihrer Farbe und Gestalt, wie bei den heutigen Spielmarken, oder in ihrer Grösse und ihrem Gepräge, wie bei den im Mittelalter zu praktischen Rechnungen viel gebrauchten Rechenpfennigen (abbey-counters), oder auch nur in deren Ortsverschiedenheit, indem man die Marken auf einer Schaar von parallelen Linien anordnete, welche der Reihe nach den verschiedenen Stufen entsprachen. Aber auch in letzterem Falle konnte die Construction noch verschieden ausfallen.

Es konnten zunächst auf einer Tafel die den verschiedenen Stufen entsprechenden Linien verzeichnet sein, auf welche man frei bewegliche Marken in der nöthigen Anzahl legte. Eine hiezu geeignete, jedenfalls zum Rechnen bestimmte marmorne Tafel*) ist zu Salamis aufgefunden worden. Auch haben uns griechische Schriftsteller soviel mitgetheilt, dass man sich einer ἄβαξ oder ἀβάκιον genannten Tafel, auf welcher man mit Steinchen (ψῆφοι) den Zahlenwerth bezeichnete**), zum Rechnen bediente. Ob diese gewöhnlichen Tafeln aber nach Art der salaminischen eingerichtet waren, lässt sich nicht ausmachen, da letztere auch als Spiel- und Rechentafel bei einem Würfel- oder Zahlenspiel gedient haben kann.

Sehr verbreitet waren solche hölzernen Rechenbretter, auf denen man mit frei beweglichen Marken rechnete, im 16. Jahrhundert in Deutschland, wo der Rechenunterricht gewöhnlich mit dem „auff der Linien" begann, welchem erst später der „auff der Federn" d. h. die Zifferrechnung nachfolgte.

Sowohl diese Rechenbretter, als auch die salaminische Tafel haben, um eine zu grosse Anhäufung der Marken auf einer Linie zu vermeiden, die Einrichtung, dass sich zwischen den Hauptlinien noch andere befinden, welche der auf ihnen

*) S. Cantor, math. Beitr. z. Cult. d. Völker. Halle 1866. p. 132 ff.
**) Friedlein, d. Zahlz. p. 5.

liegenden Marke einen Werth ertheilen, der das fünffache von dem beträgt, den sie auf der vorhergehenden Linie darstellen würde, eine Methode, welche, wie man sieht, vortrefflich zu der ältesten griechischen Zifferschrift passt und den Vortheil hat, dass die grösste Anzahl Marken, welche sich auf einer Hauptlinie befinden können, 4, auf einer Nebenlinie 1 beträgt, indem, sobald diese Zahlen bei der Rechnung überschritten werden müssten, eine Uebertragung auf die nächst höhere Linie vorzunehmen ist.

Wesentlich übereinstimmend hiemit sind die römischen Rechentische*) (abacus), welche sich von jenen nur dadurch unterscheiden, dass die frei beweglichen Marken ersetzt sind durch Knöpfe, welche in Schlitzen eines metallenen Tisches verschiebbar sind und nur an dem einen Ende der Schlitze einen Rechenwerth haben, während sie an dem anderen Ende bloss zum Gebrauch aufbewahrt werden; die Zahl der Schlitze beträgt, neben den zur Bruchrechnung bestimmten, sechs. Auch diese Rechenbretter haben Haupt- und Nebenlinien mit je vier und einem Knopfe in der erörterten Weise. Der Gebrauch von Rechenbrettern, welche vermuthlich weniger als sechs Schlitze hatten, sonst übrigens nach demselben Principe construirt sein mochten, scheint in Rom ziemlich allgemein verbreitet gewesen zu sein.**)

Ob sich die orientalischen Völker im Alterthume bereits solcher instrumentaler Hilfsmittel zum Rechnen bedient haben, wissen wir nicht. Nur in China finden wir bereits im 6. Säc. v. Chr. einen Rechenknecht***) erwähnt, welcher

---

*) Ausser den drei von Cantor (Math. Beitr. p. 138) erwähnten Exemplaren ist noch in Rom ein viertes vorhanden, welches bei Becker-Marquardt, Röm. Alterth. t. V. 1. p. 100 abgebildet ist. Uebrigens ist die Frage, ob diese Abaci auch echt römischen Ursprunges seien, noch gar nicht aufgeworfen und daher auch nicht beantwortet worden; wenn nicht archäologische Gründe dagegen sprechen, können sie recht wohl aus dem früheren Mittelalter stammen.

**) S. Marquardt, a. a. O. und Friedlein, d. Zahlz. p. 22, wo man zugleich nähere Anweisung zu dem Rechnen auf dem Abacus findet.

***) Laó-tse im Taó-tĕ-kīng (übers. v. V. v. Strauss. Leipzig 1870, p. 136) c. 27: „Ein geübter Rechner braucht keinen Tscheŭ-thsĕ". Tscheŭ = rechnen, thsĕ = ein mit dem Griffel beschriebener Bambus. Vielleicht aber war dieser Tscheŭ-thsĕ ein geschriebener Rechenknecht.

vielleicht identisch ist mit dem unter dem Namen Suán-p'huân*) bei Chinesen und Tataren jetzt im Verkehr sehr gebräuchlichen Instrumente, das sich im Princip nicht von den obigen unterscheidet. Es besteht aus einer Reihe von Drähten oder dünnen Stäbchen, die parallel mit einander in einem Rahmen befestigt, verschiebbare Kugeln tragen. Ein fester, durch jene Drähte oder Stäbchen transversal gehender Querstab theilt sie in zwei Theile, welche je 2 und 5 Kugeln enthaltend, den Haupt- und Nebenlinien des römischen Abacus entsprechen; eine Kugel auf der einen Hälfte bedeutet 1, auf der anderen Hälfte 5. „Geübte chinesische Rechner agiren mit den vier Fingern der rechten Hand auf ihrem Rechenbrette, wie auf einem musikalischen Instrumente und greifen ganze Zahlenakkorde."*)

Auch in Russland ist dasselbe, nur mit der Abänderung, dass sich auf jedem Stab zehn Kugeln befinden und jener Querstab wegfällt, in jedem Kaufmannsladen unter der Benennung Stschjotü zu finden; von dort wurde es durch Poncelet, der es während seiner russischen Kriegsgefangenschaft kennen lernte, in die französischen Elementarschulen

---

*) Suán = rechnen, p'huân = Wanne.

**) J. Goschkewitsch i. d. Arb. d. Kais. Russ. Gesandtsch. z. Peking über China. A. d. Russ. Berlin 1858 t. I. p. 296. — Bei der Division wird zur möglichsten Raumersparniss jeder Stab, der durch die successive Tilgung der Ziffern des Dividenden von links nach rechts frei wird, sofort benutzt, um die nächste Ziffer des Quotienten auf ihm anzulegen. Da bei der chinesischen Art zu dividiren Reste bis 17 hinauf vorkommen können, so würde häufig Confusion entstehen, wenn sie nicht ihr Rechenbrett so eingerichtet hätten, dass auf jedem Stabe 15 angelegt werden können; nur in den nicht häufigen Fällen, wo 16 oder 17 als Rest bleibt, muss dann vorübergehend der Rest im Kopfe behalten werden.

Bei dem russischen Rechenbrette, auf dem man nur 10 Einheiten anlegen kann, wird sich bei fast jeder solchen Division der Uebelstand ergeben, dass man Ziffern im Kopfe behalten muss, und es ist daher diese Methode unbrauchbar. „Man hat, sagt Goschkewitsch, bei uns mehrfache Methoden der Division auf dem Rechenbrette in Vorschlag gebracht, doch haben sich alle, soviel ich weiss, für die Anwendung unbrauchbar erwiesen, weil sie immer eine Operation auf zwei, selbst drei Rechenbrettern oder auf Rechenbret und Papier zugleich nöthig machen."

eingeführt, wo es den Namen boullier erhielt. In Deutschlands Schulen ist dasselbe erst vor wenigen Jahrzehnten unter dem sehr unpassenden Namen „Zählmaschine" eingeführt worden.

Die Multiplication.

Wenn uns auch directe Nachrichten darüber, in welcher Weise man im höhern Alterthume die Multiplication ausführte, nicht überliefert sind, so können wir doch nicht daran zweifeln, dass man sie als wiederholte Addition ansah. In dieser primitiven Weise finden wir diese Operation noch in einer für den Gebrauch der Cleriker bestimmten Schrift*) aus dem Jahre 944 genau geschildert. Um z. B. 409 mit 15 zu multipliciren, wird zunächst 5 mal 400 genommen, indem man die Reihe 400, 800, 1200, 1600, 2000 bildet; dann ist 10 mal 400 gleich 4000 und somit 15 . 400 = 6000. Ferner 9, 18, 27, 36, 45, also 5 . 9 = 45; 10 . 9 = 90, also 15 . 9 = 135 und somit durch Addition 15 . 409 = 6135.

In anderer Weise kann man überhaupt die Multiplication nicht ausführen, wenn man nicht eine Tabelle der Vielfachen, das Einmaleins, vor sich liegen oder im Gedächtnisse hat. Solche Tabellen, wie sie z. B. auch das oben erwähnte Rechenbuch des Victorius in nöthiger Ausdehnung enthält und wie sie im Mittelalter unter dem Namen des Pythagorischen Abacus vorkommen, mögen nicht viele immer zur Hand und nur wenige sicher im Kopfe gehabt haben, wozu immer ein längerer Schulunterricht gehört. In den römischen Rechenschulen allerdings ist dasselbe tüchtig eingeübt worden.**)

Die gesammte Literatur des Alterthums gibt uns erst

---

*) De argumentis lunae, eine unechte Schrift des Kirchenlehrers Beda (Patrologia ed. Migne, t. 90 p. 702). Das wahre Datum der Schrift ist in ihr selbst enthalten, p. 719 B.

**) Im Mittelalter scheint man selbst in den höheren Schulen das Einmaleins nicht gelernt zu haben. Die deutschen Rechenmeister des 16. Jahrhunderts empfohlen zwar dringend, dass man es auswendig lerne, setzen jedoch kaum seine allgemeine Kenntniss voraus.

an ihrem äussersten Ende, im 6. Jahrhundert durch Eutocius, den Commentator der Schriften des Archimedes, Beispiele von Multiplicationen mehrziffriger Zahlen.*) Ein solches, durch Uebertragung in unsere Ziffern erläutertes Beispiel wird zeigen, wie unbequem und unelegant sein Verfahren war:

$$\overline{\sigma \xi \varepsilon} \qquad \qquad 265$$
$$\overline{\sigma \xi \varepsilon} \qquad \qquad 265$$

$\overset{\delta \;\; \ddot{}}{M \dot{M}, \beta, \alpha}$	40000 , 12000 , 1000
$\overset{\alpha}{\dot{M}, \beta, \gamma \chi \tau}$	12000 , 3600 , 300
$_{,\alpha} \; \tau \chi \varepsilon$	1000 , 300 , 25
$\overset{\zeta}{M \; \overline{\sigma \chi \varepsilon}}$	70225

Wenn es Eutocius für nöthig hält, in seinem nur für wissenschaftlich gebildete Mathematiker bestimmten Commentare alle bei Archimedes vorkommenden Multiplicationen in dieser Weise zu erläutern, so kann man einen Schluss auf den Zustand machen, in welchem sich die populäre Rechenkunst im oströmischen Reiche befand.

Wie umständlich hiernach eine Division ausfallen musste, ist leicht zu ermessen. Eutocius hat uns kein Beispiel einer solchen hinterlassen; aus jener Schrift vom Jahre 944 aber mag man ersehen, wie man in nicht mathematischen Kreisen hierbei verfuhr. Es handele sich darum, 6152 durch 15 zu dividiren: Bilde die Reihe der Vielfachen von 15 bis 6000 mit einigen Abkürzungen, nämlich: 15, 30, 60, 90, 120, 150, 180, 210, 240, 270, 300, 600, 900, 1200, 1500, 1800, 2100, 2400, 2700, 3000, 6000, bleibt 152; dies dividire durch 15 so: 15, 30, 60, 90, 120, 150; es bleiben 2.

Das Dividiren aber führt uns auf die Brüche.

Rechnung mit Brüchen.

Die Schwierigkeit, welche die Rechnung mit Brüchen erfahrungsmässig noch jetzt dem grössten Theile unseres

---

*) In Torelli's Ausgabe der Werke des Archimedes, Oxford 1792, p. 208 ff.

Volkes zu machen pflegt, ist in der Periode vor einer eigentlich wissenschaftlichen Rechenkunst überhaupt nicht überwunden worden. Fast überall hat man dem praktischen Bedürfnisse wenigstens dadurch zu genügen gesucht, dass man
an Stelle der abstracten numerischen Einheit eine concrete,
benannte Maass - oder Münzeinheit setzte, welche in eine
bestimmte Zahl kleinerer, benannter Einheiten zerfiel, deren
jede wiederum in derselben Weise eine Anzahl neuer, benannter Einheiten enthielt u. s. w., und an Stelle abstracter
Brüche nun diese benannten Zahlen einführte und in der
Rechnung verwendete. Es versteht sich, dass nur eine sehr
beschränkte Anzahl von Brüchen in diesen, durch bestimmte
Theilung der concreten Einheit entstehenden benannten Zahlen
ausgedrückt werden kann, sobald nicht jene Theilung bis
in's Unendliche fortgesetzt wird; da dieselbe aber meistens
nichts weniger als unendlich ist, sondern, wie es in der Natur der Sache liegt, sehr bald ihre Grenze findet, so entstehen durch Reduction der Brüche auf jene bestimmten
Theilgrössen der concreten Einheit im Allgemeinen Fehler
und fast nirgends erhält man ein vollständiges, theoretisch
reines Resultat. So schädlich dieser Umstand auch auf den
Sinn für Sauberkeit und Sicherheit der Rechnung wirken
musste, so wollte er doch, bei der Unsicherheit, welche den
angewandten Daten meistens zukam, praktisch nicht gar
viel bedeuten, gegenüber dem Vortheil, dass man jetzt
Brüche mit Leichtigkeit addiren konnte. Freilich, was man
hier gewann, verlor man andererseits, insofern die Multiplication solcher auf benannte Zahlen reducirten Brüche jede
Anschaulichkeit einbüsste.

Als Beispiel mag die römische Rechnung mit Brüchen
(minutiae)*) dienen: Seit alter Zeit war der As, ursprünglich
eine Kupfermünze von ein Pfund Gewicht, die Rechnungseinheit; sie zerfiel in 12 Unciae, jede Unze wieder in 4 Si-
cilici, in 24 Scripuli u. s. w.; jede Mehrheit von Unzen
hatte wieder einen besonderen Namen, und so konnte man
folgende abstracte Brüche durch benannte Zahlen ausdrücken.

---

*) Ausführlich behandelt von Friedlein, d. Zahlzeichen p. 33 ff.
u. p. 87 ff.

$1 \qquad = \text{as}$

$\frac{11}{12} = \text{deunx (de uncia, nämlich as weniger uncia)}$

$\frac{5}{6} = \frac{10}{12} = \text{dextans (de sextans, nämlich as weniger sextans)}$

$\frac{3}{4} = \frac{9}{12} = \text{dodrans (de quadrans, ,, \quad ,, \quad ,, quadrans)}$

$\frac{2}{3} = \frac{8}{12} = \text{bes (zwei Theile des As)}$

$\frac{7}{12} = \text{septunx (septem unciae)}$

$\frac{1}{2} = \frac{6}{12} = \text{semis (halb)}$

$\frac{5}{12} = \text{quincunx (quinque unciae)}$

$\frac{1}{3} = \frac{4}{12} = \text{triens (Drittel)}$

$\frac{1}{4} = \frac{3}{12} = \text{quadrans (Viertel)}$

$\frac{1}{6} = \frac{2}{12} = \text{sextans (Sechstel)}$

$\frac{1}{8} \qquad = \text{sescuncia (1}\frac{1}{2}\text{ uncia)}$

$\frac{1}{12} = \text{uncia}$

$\frac{1}{24} = \frac{1}{2} \text{ uncia} = \text{semuncia}$

$\frac{1}{48} = \frac{1}{4} \text{ ,, } = \text{sicilicus}$

$\frac{1}{72} = \frac{1}{6} \text{ ,, } = \text{sextula}$

$\frac{1}{144} = \frac{1}{12} \text{ ,, } = \text{dimidia sextula}$

$\frac{1}{288} = \frac{1}{24} \text{ ,, } = \text{scripulus.}$

Durch diese Minutien, deren jede, wie ihr besonderes Wort, so auch ihr besonderes Zeichen hatte, wurden nun, obgleich sie selbst eigentlich benannte Zahlen sind, doch Theile benannter Grössen bezeichnet; so heisst es bei Frontinus „digiti semunciam", d. i. $\frac{1}{24}$ Zoll, bei Livius „septunx jugeri", d. h. $\frac{7}{12}$ Morgen Landes u. a. m.

Die Rechnungen mit diesen Brüchen bildeten nun den Haupttheil im Rechenunterrichte, und wir begreifen, wenn

Horaz, vielleicht in Erinnerung an seine eigene Schulzeit ausruft (de arte poet. v. 325):

Romani pueri longis rationibus assem
discunt in partis centum diducere. „Dicat
filius Albini, si de quincunce remotast
uncia, quid superat? poteras dixisse." ‚Triens.' „Eu
rem poteris servare tuam. redit uncia, quid fit?"
‚Semis.' —

So führt er uns eine römische Schule vor.

Die Addition solcher Brüche war eben keine schwierigere Operation, als etwa für uns das Zusammenzählen zweier in Thalern, Gulden, Groschen, Kreuzern und Pfennigen angegebenen Summen, wie man selbst in einem grösseren Beispiele leicht finden wird. Denn die Addition der benannten Zahlen

17 asses, quincunx, sicilicus, 2 sextulae $\left(= 17 \; \frac{5}{12} \; \frac{1}{48} \; \frac{2}{72} \right)$

24 asses, triens, semuncia, 2 sextulae $\left(= 24 \; \frac{4}{12} \; \frac{1}{24} \; \frac{2}{72} \right)$

41 asses, dextans, sicilicus,   sextula $\left(= 41 \; \frac{10}{12} \; \frac{1}{48} \; \frac{1}{72} \right)$

ist jedenfalls eine, für den an diese Bezeichnung gewöhnten leichtere Operation, als die der abstracten Brüche.

Entsetzlich aber ist die Multiplication*) der Minutien.

---

*) Um die Sache zu veranschaulichen, nehme man den Thaler zur Rechnungseinheit, die in 30 Groschen zerfällt, so dass der abstracte Bruch $\frac{1}{30}$ als Groschen bezeic'met wird; 20 Groschen nenne man einen Gulden, 8 einen Frank, 10 eine Mark, 15 einen Halben u. s. f. Ferner theile man einen Groschen in 10 Pfennige, so dass $\frac{1}{300}$ = Pfennig, und einen Pfennig in 4 Heller; nenne dann etwa 8 Pfennige einen Mariengroschen, 3 Pfennige einen Dreier u. s. f., führe weiter für diese benannten Zahlen noch besondere Zeichen ein, so hat man ein deutliches Bild von der römischen Rechnung.

Wie viel ist 1 Gr. mit sich selbst multiplicirt? Da 1 Gr. = $\frac{1}{30}$ Thlr. so ist 1 Gr. $\times$ 1 Gr. = $\frac{1}{30} \cdot \frac{1}{30}$ Thlr. = $\frac{1}{30} \cdot$ 1 Gr. = $\frac{1}{3}$ Pf. = $\frac{4}{3}$ Heller = $1\frac{1}{3}$ Heller. — Was sind 7 Thlr. $\times$ 11 Gr.? Es ist 7 Thlr. $\times$ 11 Gr. = 77 Gr. = 2 Thlr. 17 Gr. Was ist das Verhältniss der Quadrate

So ist z. B. das Quadrat einer uncia eine dimidia sextula. Da nämlich die uncia nur den abstracten Bruch $\frac{1}{12}$ as vertritt, so ist ihr Quadrat $\frac{1}{144}$ eines as, also eine dimidia sextula. Man wird hienach eine Regel wie: „Si deunx in dextantem ducatur, dodrans et sextula respondebitur" leicht ableiten können; es ist das Product deunx $\times$ dextans $=$ 11 uncia $\times$ 10 uncia $=$ 110 dimidiae sextulae $=$ 55 sextulae $=$ 9 unciae $+$ 1 sextula. Man sieht, wie die Ausrechnung jedes einzelnen Productes immer eine Aufgabe für sich war und dass daher, wenn man nur einige Fertigkeit im Rechnen erreichen wollte, man durchaus alle die Producte dieser Minutien im Kopfe haben musste. Der Calculus des Victorius enthält eine solche ausführliche Productentabelle, aus der z. B. jene angegebene Regel entnommen ist.

Der grösste Uebelstand dieser Rechnungsweise aber lag darin, dass man in jenen benannten Zahlen zwar die im täglichen Leben gewöhnlichen Theilungen einer Einheit durch Zahlen wie 2, 3, 4, 6, 12, 24 u. s. w. genau ausführen konnte; nicht aber Theilungen durch 5, 7, 11 u. s. w.; und so musste man sich neben jenen Minutien einer schleppenden Bezeichnung von Brüchen bedienen, wie z. B.*) „dierum duum et viginti pars undesexagesima" $\left(=\frac{22}{59}\text{ Tage}\right)$ oder „diei pars MDCXXIII" $\left(=\frac{1}{1623}\text{ Tag}\right)$. Wollte man diese vermeiden, so blieb nichts übrig, als sich mit einer ungenauen Darstellung dieser Brüche durch die Minutien zu begenügen.

Man wird alle Eigenthümlichkeiten dieser Rechnungsart

---

von $1\frac{1}{3}$ und $1\frac{1}{4}$? Es ist $\left(1+\frac{1}{3}\right)^2 : \left(1+\frac{1}{4}\right)^2 = \left(\frac{16}{15}\right)^2 =$ (1 Thlr. $+$ 2 Gr.)² $=$ 1 Thlr. $+$ 4 Gr. $\times$ Thlr. $+$ 4 Gr. $\times$ Gr. $=$ 1 Thlr. 4 Gr. $5\frac{1}{3}$ Heller. — Sonderbar genug nehmen sich diese Sätze freilich aus; man wird aber so am besten einsehen, wie man mit diesen Brüchen rechnen konnte.

*) Censorinus (im 3. Jahrh. n. Chr.), de die natali, ed. Hultsch, p. 40.

an folgendem Beispiele*) übersehen können, welches von allen in der römischen Literatur vorkommenden vielleicht das complicirteste ist. Es soll das Verhältniss der Quadrate von $1\frac{1}{4}$ zu $1\frac{1}{3}$ bestimmt werden. Als Resultat wird angegeben: „unum et octava hoc est sescuncia et scripuli tres et bes scripuli $\left(= 1 + \frac{1}{8} + \frac{3\frac{3}{4}}{288}\right)$. Die Ausrechnung, welche leider nicht mitgetheilt wird, glaube ich ganz im Geiste römischer Rechnungen so herstellen zu müssen: Es ist

$$\left(1\frac{1}{3}\right)^2 : \left(1\frac{1}{4}\right)^2 = \left(\frac{16}{15}\right)^2 = \left(1 + \frac{1}{15}\right)^2 = \left(1 + \frac{1}{5} \text{ triens}\right)^2 =$$

$1 + \frac{2}{5}$ triens $+ \frac{1}{25}$ triens $\times$ triens. Nun wusste ein Römer, dass uncia $\times$ uncia $=$ dimidia sextula und daher triens $\times$ triens $= 16$ dimidiae sextulae $= 32$ scripuli; ferner ist $\frac{2}{5}$ triens $= \frac{1}{5}$ bes $= 1$ uncia $+ \frac{1}{5}$ quadrans, und $\frac{1}{5}$ quadrans $=$ semuncia $+ \frac{1}{10}$ uncia, also $\frac{2}{3}$ triens $=$ sescuncia $+ \frac{1}{10}$ uncia; und somit $1 + \frac{2}{5}$ triens $+ \frac{1}{25}$ triens $\times$ triens $= 1 +$ sescuncia $+ \frac{1}{10}$ uncia $+ \frac{32}{25}$ scripuli. Wird nun $\frac{1}{10}$ uncia $= \frac{24}{10}$ scripuli gesetzt, so ist: $\frac{1}{10}$ uncia $+ \frac{32}{25}$ scripuli $= 3$ scripuli $+ \left(\frac{2}{5} + \frac{7}{25}\right)$ scripuli, und da $\frac{2}{5} + \frac{7}{25} = \frac{17}{25}$ nahezu $= \frac{16}{24} = \frac{3}{3}$, so hat man in der That $1 +$ sescuncia $+ 3\frac{2}{3}$ scripuli, das obige nahezu richtige Resultat.

Denkt man sich hierin noch unsere bequeme Bezeichnung der Brüche durch die umständliche römische, also z. B. $\frac{32}{25}$ scripuli durch „sextularum duarum et triginta pars XXV" ersetzt, so wird man ein Bild davon haben, wie weitschweifig und peinlich solche Rechnungen waren. Wenn aber die römischen Ingenieure und Feldmesser trotz der zahlreichen Rechnungen, zu welchen sie durch ihre umfassenden

*) J. Frontinus (Ende des 1. Jahrh. n. Chr.), de aquis urb. Romae, ed. Bücheler, I, 26.

technischen Aufgaben veranlasst wurden, bei dieser, der gemeinsten bürgerlichen Praxis allenfalls genügenden, höchst unerfreulichen Methode stehen geblieben sind, so haben sie damit den stärksten Beweis gegeben, dass es ihnen an wissenschaftlichem Sinne und mathematischer Anlage gänzlich gebrach.

Wie die Griechen in der gemeinen Praxis zu rechnen pflegten, ist uns nur ungenügend bekannt; doch scheint es, als ob auch sie die Brüche in der Form benannter Theile einer concreten Rechnungseinheit*) benutzt hätten.

Die griechischen Feldmesser**) dagegen bedienten sich nicht, wie die römischen, derselben Methode, sondern rechneten mit abstracten Brüchen; nur dass sie dieselben consequent in eine Reihe von Stammbrüchen mit dem Zähler 1 auflösten; so schreiben sie z. B. statt $\frac{5}{12}$ stets $\frac{1}{3} + \frac{1}{12}$, setzen $\frac{3}{5} = \frac{1}{2} + \frac{1}{10}$ und zerlegen z. B. $\frac{12}{13}$ in $\frac{1}{2} + \frac{1}{3} + \frac{1}{13} + \frac{1}{78}$, wozu sie etwa so gelangt sein werden: der grösste in $\frac{12}{13}$ enthaltene Stammbruch ist $\frac{1}{2}$; wird dieser abgesondert, so erhält man $\frac{12}{13} = \frac{6\frac{1}{2}}{13} + \frac{5\frac{1}{2}}{13} = \frac{1}{2} + \frac{5\frac{1}{2}}{13}$. Der grösste in dem letzten enthaltene Stammbruch ist $\frac{1}{3}$; man setzt demnach $\frac{5\frac{1}{2}}{13} = \frac{4\frac{1}{3} + \frac{1}{3} + \frac{1}{6}}{13} = \frac{1}{3} + \frac{1}{13} + \frac{\frac{1}{6}}{13} = \frac{1}{3} + \frac{1}{13} + \frac{1}{78}$.

Man sieht hierin, wie in allen anderen Beispielen, die Regel streng beobachtet, dass aus jedem gegebenen Bruche immer der grösstmögliche Stammbruch ausgesondert wird, so dass die Reihe, in welche jener zerlegt wird, in den meisten Fällen schnell abnimmt, und ihre letzten Glieder häufig vernachlässigt werden können — und hierin scheint der wesentliche Vortheil dieser eigenthümlichen Zerlegung zu liegen.

Die Griechen stehen mit dieser Methode in völliger Abhängigkeit von den Aegyptern, welche überall, in ihren

---

*) Des Obolus, wie die Inschrift der salaminischen Tafel zeigt.
**) So Hero von Alexandrien überall.

hieroglyphischen Urkunden auf Tempelwänden und ihren demotischen Schriften auf Papyrus, die Brüche durch Reihen von Stammbrüchen, welche nach der angegebenen Regel berechnet sind, ausgedrückt haben, und ebenso, wie die Griechen, besondere Zeichen für die einfachsten Stammbrüche besitzen.*)

So reduciren die meisten Völker die Brüche gern auf eine bestimmte Reihe von Stammbrüchen; die Babylonier auf solche mit dem Nenner 60, so dass sie statt $\frac{2}{3}$ vielmehr $\frac{40}{60}$ schreiben, wobei sie noch überdem den constanten Nenner wegzulassen pflegen. Die Tamulen, eines der dunkelfarbigen vorarischen Völker Ostindiens, drücken alle Brüche durch $\frac{1}{2}$, $\frac{1}{4}$, $\frac{1}{16}$, $\frac{1}{40}$, $\frac{1}{80}$, $\frac{1}{960}$ aus und haben für letztere besondere Zeichen und Wörter.

Consequente Systeme von Brüchen.

Alle die eben geschilderten Versuche, die Rechnung mit Brüchen übersichtlicher und einfacher zu gestalten, beruhen auf der Idee, die doppeltunendliche Mannigfaltigkeit der möglichen rationalen Brüche in ein bestimmtes Schema zu zwingen; eine Idee, die nur einer klaren und consequenten Ausführung bedurft hätte, um denselben und noch grösseren Nutzen zu bringen, als ihn die systematische Anordnung der ganzen Zahlen für Rechnung mit diesen gewährte. Ein solches System von Brüchen aber erhält man durch die einfache Erweiterung des Principes im Zahlensysteme, indem man die geometrische Reihe der Stufenzahlen X^0, X^1, X^2, rückwärts fortsetzt und durch die Stammbrüche X^{-1}, X^{-2}, X^{-3} von 1ter, 2ter, 3ter Stufe jeden echten Bruch in der Form:

$$a_{-1} X^{-1} + a_{-2} X^{-2} + a_{-3} X^{-3} +,$$

wo a_{-1}, a_{-2}, a_{-3} sämmtlich $< X$, ausdrückt. Der einzige Nachtheil, der durch diese systematische Darstellung der Brüche entsteht, dass nämlich, wie man auch die Grundzahl X annehme, immer gewisse Brüche nur durch eine un-

---

*) Brugsch, Grammaire démotique. Berlin 1855. und Pihan, Exposé d. sign. d. num. p. 38 ff.

endliche Reihe jener Form dargestellt werden können, wird durch die grosse Vereinfachung der Rechnung aufgewogen, und tritt überdem bei praktischen Anwendungen, deren Genauigkeit überall ihre natürliche Grenze findet, gar nicht hervor.

Nimmt man $X = 10$, so erhält man die Decimalbrüche, an deren Einführung in den gemeinen Gebrauch des Volkes man erst jetzt denkt, nachdem auch die Maasse consequent decimal getheilt sind. — Zum ersten Male überhaupt kommen sie, soviel wir bis jetzt wissen, im 13. Jahrhundert bei den Arabern vor.

Der Grund ihres so überraschend späten Auftretens ist darin zu suchen, dass, wie schon bemerkt, die Theilung eines Ganzen in zehn Theile nirgends als eine natürliche erschien. Viel älter und dem Volksgebrauch entsprossen sind Systeme mit anderen Grundzahlen.

Die römischen Brüche sind wesentlich duodecimale und es würden die Vortheile der schematischen Anordnung trotz aller sonstigen Mängel der römischen Methode hervorgetreten sein, wenn das System consequenter durchgeführt worden wäre.

So wie diese Brüche einer duodecimalen Theilung der Gewichte, Münzen und Maasse ihren Ursprung verdanken, so das bei einigen dunkelfarbigen Völkern Ostindiens, den Telinga's oder Telugu's und den Karnaten consequent durchgeführte quaternäre Bruchsystem*) einer entsprechenden Theilung der Münzen und das regelmässige binäre System, welches die Aegypter in ihrer Feldmessung anwenden**), der entsprechenden Theilung der Längenmaasse in $\frac{1}{2}, \frac{1}{4}, \frac{1}{8}, \frac{1}{16}, \frac{1}{32}$.

Unter allen diesen Systemen ist keines für die Mathematik von so grosser Bedeutung geworden, als das an die gleiche Eintheilung aller Maasse anknüpfende sexagesi-

---

*) Pihan, Exposé d. sign. d. numér. p. 113 ff.
**) Lepsius, Ueb. e. hieroglyph. Inschrift u. s. w., Phil.-hist. Abhandlungen d. Berliner Ak. d. Wissensch. a. d. J. 1855.

male der **Babylonier***), welches dort und bei den Assyrern so populär war, dass es überall auf den Inschriften erscheint, wo $\frac{1}{2}$, $\frac{1}{3}$ u. s. w. durch 30, 20 bezeichnet werden, indem „Sechzigstel" dem Leser hinzuzusetzen überlassen bleibt.

Wie klar sich die Chaldäer über die hiebei angewandten Principien waren, geht daraus hervor, dass sie dasselbe System auch in den ganzen Zahlen, die sonst in Wort und Schrift decimal ausgedrückt sind, fortsetzen; sie nennen die Grundzahl 60 einen Sossos, deren Quadrat einen Saros u. s. w. und bezeichnen z. B. die Zahl 3721 in ihrem Systeme durch 1 Saros 2 Sossos 1 Einer.

Das sexagesimale System in seiner Beschränkung auf Brüche hat zuerst unter allen griechischen Astronomen **Ptolemäus** von den Babyloniern übernommen und consequent angewandt. Von da an sind die Sexagesimalbrüche, bis sie im 16. Jahrhundert von den decimalen verdrängt wurden, in allen astronomischen und mathematischen numerischen Rechnungen herrschend geblieben. Jedes Ganze wird als ein Grad angesehen und sexagesimal in Minuten (minuta prima), Secunden (min. secunda), Tertien (min. tertia) u. s w. getheilt. So z. B. drückt Ptolemäus die Seite des einem Kreise eingeschriebenen Zehnecks (die für einen Durchmesser = 1 im decimalen Systeme 0,30902 ist), indem er den Durchmesser des Kreises $= 2 \cdot 60^0$ setzt, aus durch $37^0\,4'\,55''$.

Was uns aus dem griechischen Alterthume von ausgeführten Divisionen und Wurzelausziehungen, überhaupt an grösseren Rechnungen aufbewahrt ist, beruht auf Sexagesimalbrüchen. Es wird, obgleich wir damit bereits die Grenze überschreiten, welche uns jetzt gesteckt ist, erlaubt sein, zum Schlusse wenigstens ein Paradigma solcher Division aus Theon's Commentar zum Almagest des Ptolemäus in alter Form, wenn auch in modernen Ziffern, mitzutheilen, welches keiner weiteren Erläuterung bedarf, wenn man sich nur erinnert, dass z. B. Minute mit Minute, d. h. ein Stammbruch 1ter Stufe mit sich selbst multiplicirt, einen Stammbruch 2ter Stufe, d. h. eine Secunde ergibt.

---

*) Vergl. J. Brandis, d. Münz-, Maass- und Gewichtswesen in Vorderasien. Berlin 1866. I. Abschn.

Hankel, Gesch. d. Mathem.   5

Dividend 1515⁰   20'   15" 25⁰ 12' 10" Divisor

$25^0 \times 60^0 = 1500^0$ 60⁰   7'   33" Quotient

Rest	$15^0 = 900'$	
Summa	920'	
$12' \times 60^0 = 720'$		
Rest	200'	
$10'' \times 60^0$	10'	
Rest	190'	
$25^0 \times 7'$	175'	
Rest	$15' = 900''$	
Summa	915''	
$12' \times 7'$	84''	
Rest	831''	
$10'' \times 7'$	1''	10'''
Rest	829''	50'''
$25^0 \times 33''$	825''	
Rest	$4''$	$50''' = 290'''$
$12' \times 33''$		396'''

Theoretische Arithmetik.

Wenn wir von den arithmetischen Leistungen des Volkes absehen, dem wir den nächsten Paragraphen gewidmet haben, so ist im Vorstehenden alles Wesentliche mitgetheilt, was uns von der Rechenkunst der alten Völker, bevor diese wissenschaftlich behandelt und durch das indische Ziffersystem vollständig umgewandelt wurde, historisch sicher überliefert ist. Ueberall haben wir nur unvollkommene, zuweilen fast kindliche Versuche getroffen, die abstracten Rechnungsoperationen dem durchaus concret denkenden natürlichen Menschen zugänglich zu machen. Besonders die Rechnung mit Brüchen war jenen alten Völkern mit Schwierigkeiten umgeben, die ein Mathematiker heutzutage kaum begreifen kann, wenn er nicht selbst versucht hat, Kindern diese abstracten Vorstellungen beizubringen. Selbst in Griechenland, wo die „Logistik" geheissene Rechenkunst hinter der theoretischen Arithmetik zurückstand, und wissenschaftliche Köpfe sich überhaupt erst sehr spät mit dieser praktischen Kunst beschäftigten, hat sich die Rechnung mit

Brüchen niemals ganz von den Fesseln befreit, in welche sie einerseits die altherkömmliche bürgerliche Praxis, andererseits die steife Form der Arithmetik mit ihren Proportionen geschlagen hatte; und erst im 4. Jahrhundert n. Chr., bei Diophant finden wir Brüche durch Angabe ihres Zählers und Nenners in Ziffern consequent bezeichnet, und gehandhabt in der Weise, wie wir es gewohnt sind.

Es leuchtet ein, dass nach Allem an eine theoretische Arithmetik, welche die Eigenschaften der Zahlen an sich aus wissenschaftlichem Interesse zu erforschen unternimmt, selbst bei den bedeutendsten Culturvölkern des Orients nicht zu denken ist. Die Griechen führen allerdings mehrfach die Phönikier und die Babylonier als Erfinder der Arithmetik an. Was die ersteren betrifft, von deren Wissenschaft überhaupt nichts bekannt ist, so wird sich jene Nachricht daraus erklären, dass sie die Lehrmeister der Griechen in der kaufmännischen Rechenkunst gewesen sind. Von den Babyloniern aber, die durch die consequente Ausbildung des sexagesimalen Systems uns schon einen überraschenden Grad mathematischer Einsicht gezeigt haben, hat uns ein günstiges Geschick wenigstens zwei authentische Dokumente ihrer Arithmetik aufbewahrt; erstens eine im sexagesimalen Systeme geschriebene Tafel der Quadrate der Zahlen von 1 bis 60 auf Stein, und zweitens eine astronomische Tafel, auf welcher für jeden Tag des Monats die Grösse des erleuchteten Theiles der zu 240 Theilen angenommenen Mondscheibe verzeichnet ist; die Reihe vom fünften bis zum zehnten Tage ist 5, 10, 20, 40, 80, 160, also eine geometrische Progression; von da an aber schreitet die Reihe als arithmetische fort; denn die erleuchteten Theile sind von 10. bis 15. Tage: 160, 176, 192, 208, 224, 240.*) Man kann hienach nicht bezweifeln, dass die Babylonier sich mit solchen Progressionen beschäftigt haben, und eine griechische Notiz**), dass sie die Proportionen gekannt, ja sogar die sogenannte vollkommene oder musikalische Proportion erfunden haben

---

*) Brandis a. a. O. S. 8 u. 595.
**) Jamblichus, Comm. in arith. Nicomachi, ed. Tennulius. 1668. p. 168.

sollen, gewinnt hiedurch an Werth; aber erst die Entziffe-
rung weiterer arithmetischer Reliquien in Keilschrift wird
uns näheren Aufschluss darüber geben können, welchen
Einfluss dies alte Culturland auf die Entwickelung griechischer Arithmetik gehabt hat.

Die Rechenkunst der Inder.

Weit über alles, was alle anderen Völker, was selbst
die Griechen vor Archimedes zu leisten im Stande waren,
geht die Rechenkunst der Inder zu einer Zeit, wo, soviel
uns bekannt, eine eigentliche wissenschaftliche Arithmetik
noch nicht bestand, und das auf Position beruhende Ziffersystem noch nicht erfunden war. Namentlich ist es die
Leichtigkeit, mit grossen Zahlen zu rechnen, welche in Erstaunen setzt, welche aber ihre Erklärung in dem Umstande
findet, dass die Inder durch den Besitz specifischer Namen
für alle Stufenzahlen bis zu einer bedeutenden Höhe *) alle
Rechnung auf die Operation mit Einern beschränken konnten,
deren Ordnung bei der Multiplication oder Division sich bequem als die der Summe oder Differenz der Ordnungen der
Glieder bestimmte.

So wird uns z. B. ein arithmetisches Examen **) vorge-
führt, dem sich Buddha bei der Bewerbung um ein Mädchen
unterziehen musste, um seinen Nebenbuhler zu schlagen.
Nachdem er auf Befragen die Namen aller Stufenzahlen bis
zur 53ten genannt, und dadurch bereits seine Gelehrsämkeit
auf das glänzendste erwiesen hat, wird er zur Belehrung
der Anwesenden noch gebeten, „die Zählung zu geben,
welche vordringt zum Staube der ersten Atome,
und zu sagen, wie viel erste Atome in einer Meile enthalten
sind". Buddha beantwortet diese Frage, deren Lösung der
Orientale nur von göttlicher Intelligenz erhoffte (s. o. p. 16),

---

*) S. o. p. 14.
**) Ebd. und Wöpcke Journ. as. Paris 1863, 1. p. 258—266. Das
Lalitavistara, dem dies entnommen, ist eine kanonische Lebens-
beschreibung Buddha's, welche 246 v. Chr. festgestellt sein soll, deren
Alter jedoch nicht sicher zu ermitteln ist. Siehe A. Weber, Ind. Stu-
dien VIII, p. 326.

indem er festsetzt, dass sieben Staubkörner der ersten Atome
ein sehr feines Staubkorn, sieben sehr feine Staubkörner ein
feines Staubkorn geben und so steigt er in Stufen allmählich
auf bis zur Meile. Die Multiplication aller dieser Factoren
gibt dann für die Anzahl der Staubkörner erster Atome,
welche nebeneinandergelegt eine Meile erfüllen würden, eine
funfzehnstellige Zahl, welche uns allerdings im Texte jenes
Buches nicht richtig überliefert, sondern von den Herausgebern, die ihre Phantasie durch ihre Grösse noch nicht
kräftig genug angeregt fühlten, zu einer neunundzwanzig-
stelligen gemacht worden ist.

Wir wollen gleich hier auf die merkwürdige Analogie
hinweisen, welche zwischen dieser Rechnung und einer
von Archimedes ausgeführten besteht. Zunächst aber wird
uns nicht allein der verhältnissmässig hohe Stand der Rechenkunst in jener alten Zeit, sondern auch der eigenthümliche,
sich sonst nirgends wieder vorfindende Umstand interessiren,
dass arithmetische Aufgaben und Turniere in Indien zu den
gesellschaftlichen Lustbarkeiten gerechnet wurden; noch im
7. Jahrhundert schliesst eine algebraische Schrift*) mit den
Worten: „Diese Aufgaben sind nur zum Vergnügen gestellt; der Weise kann tausend andere erfinden, oder er
kann nach den gegebenen Regeln die Aufgaben anderer
lösen. Wie die Sonne durch ihren Glanz die Sterne ver-
dunkelt, so wird der Erfahrene den Ruhm anderer verdunkeln in Versammlungen des Volkes, wenn er algebraische Aufgaben vorlegt, und noch mehr, wenn er
sie löst." Mit diesem Umstande wird es auch zusammen-
hängen, dass selbst noch die späteren indischen Mathematiker ihre algebraischen Aufgaben in ein bildliches oder
poetisches, zuweilen recht passendes Gewand zu kleiden
lieben, und diese Form der Aufgaben ist, wie sich vermuthen lässt, von Indien aus auch in unsere Rechenbücher
eingedrungen.

Auch in gelehrten Werken, welche sich über andere
Wissenschaften verbreiten, wird Mathematisches gelegentlich
nicht ungern eingestreut. So findet man in einer indischen

---

*) S. Colebrooke, Alg. w. arith. London 1817. p. 377.

Metrik *) aus den ersten Jahrhundorten n. Chr. die Lehre von den Combinationen zur Bestimmung der Anzahl möglicher Verse in ausgedehntem Maasse verwandt. Bestimmte Anordnungen in den Combinationen werden festgesetzt, Mittel angegeben, um jede beliebige Combination der Reihe zu finden, ohne sie ganz zu entwickeln; der Raum wird berechnet, den alle diese Combinationen hinter einander geschrieben einnehmen würden.

Das einzige Analogon, welches wir in der ganzen griechischen Welt, abgesehen von den mathematisch-philosophischen Constructionen der Pythagoräer und der Platoniker, hiezu finden, ist die Bestimmung der Anzahl von Schlussformen aus einer bestimmten Anzahl von Urtheilen, wie sie die Stoiker vornahmen.**) Nirgends aber sehen wir etwas von dieser Popularität arithmetischer Räthselspiele. Wie man sich noch heute an den alten Mährchen erfreut, die uns von den Indern fast unvermerkt zugekommen sind, so mögen auch manche der noch heute in weiten Kreisen beliebten arithmetischen Räthsel indischen Ursprungs sein, so vor allem die bekannte Berechnung der Summe der Waizenkörner, welche auf die 64 Felder des Schachbrettes nach der geometrischen Progression 1, 2, 4 bis 2^{63} gelegt werden könnten. Denn schon jener Metriker kennt die Summation geometrischer Reihen, und die Inder sind die Erfinder des geistreichsten aller Spiele, des Schachspiels.***)

---

*) A. Weber, ind. Studien. t. VIII. p. 432—457. S. auch Colebrooke a. a. O. p. 55—57, 124, 290.

**) Plutarch, de stoic. repugn. c. 19, n. 5, p. 1047 und quaest. conviv. t. VIII, c. 9. n. 11. p. 733 A.

***) Lassen, ind. Alterthumsk. t. IV, p. 905.

Praktische Geometrie der vorwissenschaftlichen Periode.

Die erste Entwickelung räumlicher Anschauungen.

Ebenso, wie die Anschauungen von der Zahl und der Grösse und deren einfachsten Verbindungen in Addition und Multiplication, werden die der einfachsten Raumgebilde, des Punctes, der geraden und krummen Linie, der ebenen und krummen Fläche, des Dreiecks und Vierecks, der Entfernung zweier Puncte u. s. w. von jedem gesund organisirten Menschen, selbst auf der niedrigsten Culturstufe, in früher Jugend ohne Reflexion erlangt und sind später objectiv gegeben. Ja selbst den Thieren fehlen Anschauungen dieser Art durchaus nicht: In gerader Linie fliehen sie nach ihren Schlupfwinkeln, gleich als wüssten sie, dass die gerade Linie der kürzeste Weg zwischen zwei Puncten ist; sie wählen, wenn ihnen an zwei Puncten Beute in Aussicht steht, unter sonst gleichen Verhältnissen die nähere u. s. w.; auch die schönen geometrischen Verhältnisse, welche manche Thiere in ihren Bauten mit wunderbarer Zweckmässigkeit herstellen, wird man nicht als Folge ihrer leiblichen Organisation allein ansehen dürfen.

Man pflegt zwar diese thierischen Vorstellungen als „instinctive" den menschlichen gegenüberzustellen; doch dürfte es schwer sein, den charakteristischen Unterschied zwischen der Raumanschauung des Naturmenschen und jenem Instincte zu entdecken, wenn man ihn nicht in dem allgemeineren sieht, den die Sprache überhaupt zwischen menschlichem und thierischem Intellecte begründet.

Allerdings war die Abstraction, wie sie sich in der sprachlichen Bezeichnung gewisser Klassen von Raumgebilden mit Namen kundgibt, die Vorbedingung einer über der Stufe des Instinctes erhabenen Raumanschauung; jedoch bedurfte es noch langer Uebung und Verfeinerung der letzteren, ehe eine Abstraction, wie sie die Geometrie verlangt, vollzogen werden konnte. Denn jede Art von Anschauungen bleibt so lange latent und daher unvollkommen, als sie nicht ihre Bethätigung findet; erst in ihrer mit Bewusstsein vollbrachten Realisation klärt sie sich, nimmt an Stärke und Wahrheit zu.

Die a priori gegebenen geometrischen Anschauungen zu objectiviren hatte man zuerst in grösserem Maasse Gelegenheit, als es galt, Häuser zu bauen, Tempel und Denkmäler zu errichten. Die elementaren geometrischen Gebilde, die gerade Linie, die Ebene, der rechte Winkel, der Kreis, das gleichseitige und gleichschenklige Dreieck, das Rechteck und die einfachsten geometrischen Körper, das rechtwinklige Parallelepipedum, die Kugel, der Cylinder, das Prisma, die Pyramide fanden dabei eine mehr oder minder häufige Darstellung und wurden so aus dem Nebel einer unbestimmten Vorstellung in das Licht einer klaren sinnlichen Anschauung versetzt; damit aber allererst das Material geschaffen, ohne welches eine Geometrie, d. h. eine Untersuchung der Eigenschaften dieser Gebilde unmöglich gewesen wäre. Die Erfindung des Lineales, der Setzwage, des Cirkels, ohne welche kein Steinbau genau ausgeführt werden konnte, und der häufige Gebrauch dieser Werkzeuge gab schon zu einer abstracteren Vorstellung der Figuren, welche durch sie dargestellt werden sollten, Veranlassung; durch die häufige Anwendung des Maasses wurde der Sinn für Grössenverhältnisse geschärft. Ja es mussten auf diesem Wege schon mancherlei Erfahrungen gesammelt werden, manche Aufgabe über die Inhaltsbestimmung der zum Bauen verwandten Körper musste sich aufdrängen, ohne dass freilich jene Erfahrungen als allgemeine und nothwendige Gesetze räumlicher Gebilde erkannt und diese Aufgaben richtig und vollständig gelöst worden wären.

Der jedem Volke eigene Sinn für Raumverhältnisse wird ohne Zweifel in seiner Baukunst, sobald diese nur die unterste Stufe ihrer Entwickelung überschritten hat, zur Geltung kommen und somit immer der Zustand der Architectur mit dem der Geometrie in gewisser Beziehung stehen. Wir werden behaupten können, dass ein Volk, wie das der Inder, welches die Schönheit seiner Bauwerke in weichen, schwülstigen, phantastischen Formen sucht, unmöglich einen lebhaften Sinn für die Untersuchung der knappen, gesetzlichen Formen der Geometrie haben kann. Unsere Geschichte wird in der Folge den äusserst niedrigen Standpunct dieser Wissenschaft bei diesem Volke darlegen, dem es übrigens an mathematischer Begabung durchaus nicht fehlte.

Andererseits bei den Griechen diese Einfachheit und Regelmässigkeit der in ihren Verhältnissen auf das Feinste bestimmten geometrischen Formen der Architectur! Diese Freiheit der Behandlung bei allem Maass! Ist es nicht derselbe plastische Sinn, den wir in ihren die feinsten Grössenverhältnisse der Figuren behandelnden geometrischen Untersuchungen wiederfinden? Und dieselbe maassvolle Beschränkung, welche sie in einem engen Kreise geometrischer Figuren festhält, aus dem sie nur selten, gleichsam um das Gebäude der Geometrie zu schmücken, leicht hinausschweifen?

Was die übrigen Culturvölker des Alterthums betrifft, so wird uns weder die barocke Bauart der Chinesen, noch die zwar imponirende doch styllose Baukunst der Babylonier, noch die prächtige, aber structurwidrige der Phönikier einen hohen Begriff von der Reinheit ihrer geometrischen Anschauung geben; auch hat bei keinem dieser Völker die Geometrie eine bedeutende Entwickelung gehabt.

Als Mutter der Geometrie wird vielmehr durchgehends Aegypten angesehen, und man kann unmöglich den Zusammenhang verkennen, in dem diese Thatsache mit der grossartigen Entwickelung steht, welche die Baukunst jenes Landes bereits Jahrtausende vor dem Anfange unserer Zeitrechnung zeigt. Jene krystallinische Regelmässigkeit der Bauten, deren Structur frei zu Tage tritt, deren Grundlinien deutlich auslaufen, ohne durch allerlei Schmuck verdeckt zu werden, zeigt einen eigenthümlichen Sinn für die Form selbst, welche keinem anderen barbarischen Volke zukommt.

So hat man denn auch in jenen wunderbaren Bauwerken, den Pyramiden, welche seit mehreren Jahrtausenden das Gemüth jedes Beschauers mit ehrfurchtsvollem Erstaunen

erfüllen, von Alters her sogar bestimmte geometrische Verhältnisse ausgedrückt sehen wollen. Diese ungeheuren Massen
sind nicht mit so erstaunlicher Sorgfalt und Genauigkeit*)
auf einander gethürmt, um irgend einen praktischen Zweck
zu erfüllen; nicht zu Zwecken des Cultus oder gar nur der
Schönheit halber sind sie errichtet; auch als Grabmäler der
Könige zu dienen, scheint ein zu kleiner Zweck für jene
gewaltigen Bauwerke. Wie es aber auch sei, jedenfalls muss
— so meinte man — die Form der Pyramiden irgend einen
bestimmten, geometrischen Grund haben. Eine vermeintliche
Nachricht der Alten**), wonach der Zweck dieser Bauwerke
sei, „dass ihre Seitenfläche das Quadrat ihrer Höhe bilde",
konnte diese Ansicht unterstützen. Denn nach jener Auslegung würde sich ein Winkel der Seitenflächen der Pyramide gegen den Horizont von 51⁰ 50′ ergeben. In der That
beträgt dieser Winkel an der grössten und merkwürdigsten
Pyramide bei dem Dorfe Gizeh, deren Erbauung man auf
den König Cheops zurückführt***), nach den neuesten, sorgfältigen Messungen des Astronomen Piazzi Smyth, die leider
an der ihrer Bekleidung beraubten Pyramide nicht genauer
ausgeführt werden könnten, zwischen 51⁰ 49′ und 51⁰ 51′.
Noch eine andere Hypothese ist neuerdings aufgestellt worden,
dass nämlich der ganze Umfang der Basis der Pyramide gleich
sei dem Umfang eines Kreises, welcher mit deren Höhe als
Radius beschrieben wird, was einem Winkel von 51⁰ 51′
entsprechen würde. Die genaue Orientirung der Pyramide
nach den Himmelsgegenden weist auf astronomische Beziehungen derselben hin und so hat man denn in den
Neigungswinkeln mehrerer nach Norden ausgehenden geraden

---

*) Die Seiten sind um nicht mehr als $\frac{1}{508}$ ihrer Länge von einander,
die Winkel um nicht mehr als 44′ von 90⁰ verschieden, nach den
Messungen Smyth's.

**) Sir John Herschel gibt (Athenäum, 1860. April. p. 582) hiefür
Herodot als Gewährsmann. Doch gestattet die betreffende Stelle, welche
die Masse der Pyramiden gibt (L. II. c. 124 am Ende), diese weit-
gehende Auslegung nicht.

***) Nach Brugsch, aus dessen Histoire d'Égypte (pt. I. Leipzig
1859) ich die Daten der ägyptischen Geschichte entnehme, gehört
Cheops zur IV. Dynastie, die von 3686—3402 regierte.

Gänge theils die Breite von Memphis, theils die Höhe des zur Zeit der Erbauung der Pyramide geltenden Polarsternes α Draconis in seiner unteren Culmination erkennen wollen. Man ist noch weiter gegangen und hat in der Pyramide ein ganzes System von Zahlenbeziehungen zu den genauen, wahren Maassen der Erde, ihrer Axe, ihrer Dichtigkeit u. s. w., in den Kammern innerhalb der Pyramide und in den dort angetroffenen Sarkophagen ein natürliches und genau fixirtes System von Maassen für Länge, Volumen, Masse und Gewicht finden wollen.*) Wir können diese abenteuerlichen Behauptungen für nichts anderes ansehen, als für Nachklänge der schon alten, auch von Isaac Newton getheilten und später von dem Astronomen Bailly auf das Gelehrteste ausgeführten, noch heute in England nicht ungewöhnlichen Ansicht, dass im fernsten Alterthume eine ursprüngliche, auf göttlicher Offenbarung beruhende, hohe Cultur vorhanden gewesen sei, von der selbst uralte Völker, wie die Aegypter, nur geringe Reste gerettet haben, und gegen welche selbst unsere neuere Cultur noch zurückstehe.

Müssen wir aber auch alle jene Beziehungen der Dimensionen der Pyramide zu denen der Erde zurückweisen, weil sie auf künstlichen, willkührlichen Rechnungen beruhen, so darf gleichwohl die Möglichkeit, dass in ägyptischen Bauwerken hie und da astronomische Verhältnisse zum Ausdruck gebracht worden sind, nicht bezweifelt werden; dies beweisen schon die vielen astronomischen Embleme, die sich in den Tempeln vorfinden — ich erinnere nur an den berühmten Zodiakus von Denderah**) —, ferner die genaue Orientirung der Pyramide. Auch ist der Tempel der Hathor in Denderah nach dem Azimuthe des Sirius, der in der ägyptischen Astronomie bekanntlich eine Hauptrolle spielt,

---

*) Vollständige Belehrung über das ganze, hier nur berührte Thema und die genauen Maasse der Pyramide findet man in zwei Abhandlungen von P. Smyth, Edinburgh Transact. vol. 23. part III (1863—64) und vol. 24. part II (1865—66).

**) Aus der grossen Literatur über diesen hebe ich hervor: Letronne, Analyse crit. de reprée. zodiac. de Déndera et d' Esné. Mém. de l' Acad. d. inscript. t. XVI. Paris 1846.

bei dessen Aufgange orientirt.*) Dass endlich in den grossartigen Bauwerken der Aegypter gewisse arithmetische und
geometrische Ideen in mystischer Weise zu religiösen Zwecken
ausgedrückt sein mögen, hat gar nichts Unglaubliches, wenn
wir uns erinnern, dass auch andere Völker des Alterthums,
bei welchen die Mathematik übrigens gar nicht cultivirt
wurde, solche für heilig erachteten und sogar auf göttliche
Offenbarung zurückgeführten Grössenverhältnisse an ihren
Tempeln darstellten.**) Auch die Bauhütten des Mittelalters
haben gewissen Zahlen- und Grössenverhältnissen mystische
Bedeutung beigelegt und einen Einfluss auf die Anlage der
gothischen Kirchen gestattet. Die Geheimnisse, welche die
Meister „in des Zirkels Kunst und Gerechtigkeit" streng
vor jedem Unzünftigen verschlossen und mit in's Grab genommen haben, werden vermuthlich in empirischen Regeln
zur Construction von Grundrissen, Bögen und Ornamenten
bestanden haben, die feiner Formensinn und lange Erfahrung
als die schönsten erwiesen hatten; sie sind zum Theil durch
Reusch, welcher in einer trefflichen Schrift***) die streng
geometrische Construction der Ornamente während der Blüthezeit der Gothik nachgewiesen und erläutert hat, ferner durch
Zeising†), welcher die Theilung nach dem goldenen
Schnitt als principielle in der gothischen Baukunst erkannte,
wieder entdeckt worden.

Die Feldmessung und Astronomie.

Ausser der Baukunst waren es auch andere Zweige der
Technik, welche auf die Entwickelung der geometrischen
Anschauungen und Kenntnisse fördernd einwirkten, so namentlich die Feldmessung. In den Ländern mit geordneter,
regelmässiger Verwaltung war es zum Zwecke der Steuer-

*) Nach den Messungen des Astronomen B. Tiele, mitgeth. von
Nissen, das Templum (Berlin 1869. p. 232); in letzterer Schrift wird
auch die Orientirung der römischen Tempel nachgewiesen.

**) Vergl. die Zahlensymbolik in „des Propheten Ezechiel Gesicht
vom Tempel" (von Balmer-Rinck, Ludwigsburg 1858).

***) E. Reusch, Der Spitzbogen und die Grundlinien seines Maasswerkes.
Stuttgart 1854.

†) A. Zeising, Neue Lehre v. d. Prop. d. menschl. Körp. Leipzig
1854. p. 402 ff.

erhebung, zur Sicherung und rechtlichen Constatirung der
Grenzen alles Grundeigenthums nothwendig, von Obrigkeits
wegen allgemeine Vermessungen und Catastrirungen vor-
nehmen zu lassen.

In Aegypten, wo die jährlich wiederkehrenden Ueber-
schwemmungen des Niles durch die zurückgelassene fruchtbare Schlammdecke die Grenzen der einzelnen Grundstücke
leicht verwischen und der Strom nicht selten Stücke des angrenzenden Landes wegreisst, anderswo Landzungen ansetzt,
wo überdem die Enge und Fruchtbarkeit des Nilthales die
äusserste Zersplitterung des Bodens in die kleinsten, unbe-
schränkt veräusserlichen Parcellen hervorruft, sind schon
seit unvordenklichen Zeiten, theils im Interesse des Einzelnen, theils in dem der Staatsverwaltung, welche von den
Grundstücken eine ihrer Grösse und Güte entsprechende
regelmässige Steuer erhob, Vermessungen durch das ganze
Land vorgenommen worden.*) Lange vor der römischen
Herrschaft hatte sich hier das genaueste System der Beur-
kundung der Grenzen durch Flur- und Lagerbücher gebildet,
welche in jedem Orte von den „Ortsschreibern" geführt
wurden und Lage, Grenzen, Nachbarn, Bonität, Eigen-
thümer jedes Grundstückes auf das Genaueste angaben. In
jedem Gau hatte ein „königlicher Schreiber" die Interessen
der Domänen oder der Staatsverwaltung zu vertreten.**)

So wird denn auch der von den Alten einstimmig nach
Aegypten verlegte Ursprung der Geometrie aus diesem Bedürfnisse, auf welches schon der Name hindeutet, erklärt***); sie
hätten hinzufügen sollen, dass die grossartigen Schleussen und
Kanalbauten, welche die Aegypter mindestens seit einem Jahr-

---

*) Die erste vielleicht unter dem Finanzminister Joseph (nach
Brugsch in der II. Hyksos-Dynastie um 1800), der das ganze Land dem
Pharao eigen machte (Genesis c. 47, v. 20). Die zweite, etwa eine sogenannte „Separation" unter Sesostris (in der XIX. Dynastie um 1400)
nach Herodot II, 109.

**) Rudorff, gromatische Institut. p. 283 in t. II der Schriften d.
röm. Feldmesser von Blume, Lachmann und Rudorff. Berlin 1852.

***) Herodot II, 109. Diodor I, c. 18. Heron (rel. ed. Hultsch)
p. 138. Strabon l. XVII. c. 787. Jamblichus (de pyth. vita) c. 29. n. 158.
Porphyrius de vita Pyth. 6. Proklus. Comm. in Eucl. L. II. c. 5 ed.
Barocc.

tausend besassen, unmöglich ohne ein Nivellement und andere
praktisch geometrische Operationen ausgeführt sein konnten.

Eine ähnliche officielle Bedeutung, wie in diesem Lande
ältester staatlicher Ordnung, hatte die Feldmesskunst in
Rom. Seit den frühesten Zeiten ist den Etruskern, wie
den in ihrer Cultur von diesen abhängigen Römern, eine
mit dem Cultus und der gesammten Weltanschauung eng
zusammenhängende Vorliebe für eine streng gesetzliche,
rechtwinklige und geradlinige Abgrenzung des Grundes und
Bodens eigen, welche in dem Begriffe des Templum ihren
religiösen Ausdruck findet.*) Jede Stadt wird von dem
Augur unter uralten Ceremonien, jede Colonie, jedes Lager
nach dem Kardo (Himmelsangel d. i. Meridian) und dem
Decumanus (d. i. Ost-Westlinie) angelegt. Die Mauern und
Strassen sind diesen parallel und schliessen quadratische
Räume vorgeschriebener Grösse ein. Alles römische Land
war in viereckige Stücke getheilt, deren äussere Form schon,
ob quadratisch oder oblong, dem kundigen Auge die verschiedenen Rechtsverhältnisse der betreffenden Grundstücke
anzeigte; die genau bezeichneten Grenzen sind geheiligt:
Gott Terminus und der Staat schützt dieselben. Eine genaue
Vermessung alles Landes, eine in Erz gegrabene, auf dem
Markte aufgestellte und im Duplicat nach Rom gesandte
Karte, welche die Limitation des Bezirkes wiedergibt,
macht die rechtliche Entscheidung**) aller Grenzstreitig-
keiten möglich, und so konnte Varro mit Recht sagen:
geometriam prius quidem dimensiones terrarum, terminis
positis, vagantibus ac discordantibus populis pacis utilia
praestitisse.***)

Man begreift, wie unter diesen Umständen die Feldmesskunst im römischen Reiche eine grosse Rolle spielen
musste. Die Feldmesser bildeten in den Zeiten der Kaiser,
wo die Eroberung so vieler neuen Provinzen und die Regelung
ihrer Verwaltung, ausserdem die häufige Absendung von
Colonien ihnen die grössten Aufgaben stellten, unter dem
Namen der Gromatici (so genannt nach ihrem Instrumente,

---

*) Nissen, das Templum (Berlin 1869).
**) Rudorff grom. Institut. u. a. O. p. 405.
***) Schrift. d. röm. Feldmesser. t. I. p. 393.

der groma, auch mensores, professores u. s. w.) eine geachtete Zunft, von der man hätte voraussetzen dürfen, dass sie ihre Kunst im Laufe mehrerer Jahrhunderte wesentlich ausgebildet haben würde. Wenn wir uns im folgenden davon überzeugen werden, dass diese Kunst niemals über die roheste Empirie hinausgekommen ist, während sich die Geometrie in derselben Zeit bei ihren Nachbarn, den Griechen, ohne solchen Antrieb auf das Glänzendste entwickelte, so können wir daraus die allgemeine Folgerung ziehen, dass äussere Noth und praktisches Bedürfniss allein die Völker nicht zu einer Erweiterung ihres Wissens und zur Vervollkommnung ihrer Künste treibt, wenn nicht, davon unabhängig, ein ideales Bedürfniss dazu vorhanden ist. Ein solches Bedürfniss des Intellectes aber fehlte den Römern gänzlich, die nur auf den Gebieten menschlicher Cultur, die den Willen direct ergreifen und von ihm ausgehen, Grosses geleistet haben. —

Die Astronomie, deren hohes Alter bei allen Cultur-völkern ebenfalls jenen allgemeinen Satz bestätigt — denn sie verdankt ihren Ursprung sicherlich mehr dem idealen Interesse, welches den Menschen ahnungsvoll zur Sternen-welt emporzieht, als dem praktischen, eine sichere Chronologie zu gewinnen — muss ebenfalls von bedeutendem Einfluss auf die Entwickelung geometrischer Begriffe gewesen sein. Denn allein die Vorstellung des Aequators und seiner Parallelkreise, der Sonnenbahn, dieser unsichtbaren Kreise am Himmelsgewölbe und deren früheste Eintheilung nach Zeichen des Thierkreises oder nach Mondstationen verlangte schon eine gewisse Productivität der geometrischen Phantasie. Kamen dann noch genauere Theilungen oder gar Messungen am Himmelsgewölbe, Bestimmungen der Mittags-linie u. s. w. hinzu, so wurden dadurch nicht allein eine ganze Reihe von Raumanschauungen objectivirt, sondern auch überdem gewisse einfache geometrische Sätze erkannt. So, wenn die Chaldäer die Kreise in 360° eintheilten, den Sonnendurchmesser zu $\frac{1}{2}^0$ (vermuthlich mit Hilfe ihrer Wasser-uhren) bestimmten, Sonnenuhren verfertigten u. s. w. Leider sind die Nachrichten über die älteste Astronomie der Völker, welche ihr eine besondere Pflege schenkten, der Aegypter, Babylonier, Inder, so dürftig und unzuverlässig, dass eine Untersuchung, welche geometrischen Begriffe und Kenntnisse sie voraussetzte, ganz unmöglich ist.

Aelteste Geometrie der Chinesen.

Es ist noch kein Jahrhundert her, dass man, wenn von der ältesten Geschichte der Menschheit die Rede war, vor allem an die Chinesen dachte, deren Literatur und historische Tradition bis in das 3. Jahrtausend vor unserer Zeitrechnung hinaufreichen sollte. Seitdem man aber die Urgeschichte der Völker überhaupt mit kritischerem Blicke zu betrachten gelernt hat, sind diese Behauptungen von dem hohen Alter chinesischer Wissenschaft meist von selbst gefallen und haben das reiche historische Material über Wissenschaft und Literatur dieses Volkes, welches die gelehrten Missionare der Gesellschaft Jesu aus dem Ende des 17. und Anfang des 18. Jahrh. mit einer für jene Zeit sehr anerkennungswerthen Kritik aus chinesischen Quellen gezogen haben, in Misskredit gebracht.*) Das der Zeit des Zopfes und der Schwärmerei für echtes Porcellan wohl anstehende lebhafte Interesse für chinesische Zustände hat sich in weiteren Kreisen in das Gegentheil verkehrt.

Was die chinesische Astronomie betrifft, so hat dieselbe neuerdings nur vorübergehend wieder die Aufmerksamkeit auf sich gezogen durch einige Arbeiten J. B. Biot's**), bei denen er von seinem Sohne Edm. Biot, einem ausgezeichneten Kenner des Chinesischen, unterstützt wurde. Seiner Ueberschätzung der chinesischen Astronomen, denen er z. B. den regelmässigen Gebrauch von Uhren und die Messung der Rectascension mittels Zeitbestimmung des Durchgangs der Sterne durch den Meridian im 24. Jahrhundert

---

*) Fast alles Material über die Geschichte der chinesischen Astronomie verdankt man dem auch sonst den Sinologen wohl bekannten Pater Gaubil in t. II der Observat. mathém. astron. tirées d. anc. livr. p. l. pères d. l. comp. d. Jésus, réd. p. Souciet. Paris 1729—32.

**) Zusammengefasst in Biot's Recherch. s. l'anc. astron. chinoise. Paris 1840.

v. Chr. zuschrieb, trat E. A. Sédillot*) mit der schärfsten
Kritik, aber nicht ohne Voreingenommenheit entgegen, und
seine durch nichts unterstützte Behauptung, dass die älteste
chinesische Astronomie aus griechischen Quellen geflossen
sei, ist nicht weniger abenteuerlich, als Biot's Ansicht von
ihrer um 5 Jahrtausende zurückliegenden selbstständigen
hohen Ausbildung.

Ueber die Echtheit der ältesten Chronik der Chinesen,
des Schu-king, d. h. darüber, dass dieselbe im 6. Säc.
v. Chr. von Khung-fu-tsë (Confucius) aus alten Quellen zusammengestellt worden ist, scheinen alle Sinologen einig;
und es kann uns daher diese etwa bis zum Jahre 2300
hinaufgehende Chronik als historische Quelle dienen, zwar
nicht für jene weit zurückliegenden Epochen, wohl aber für
die letzten Jahrhunderte, die der Zeit ihrer Abfassung
vorangingen.

Da sehen wir denn**), dass man in China seit alten
Zeiten auf die Beobachtung der Himmelserscheinungen,
namentlich der Sonnenfinsternisse, aus religiösen Gründen
grossen Werth legte; dass man Methoden zur Berechnung
letzterer besass, welche freilich durch ihre Ungenauigkeit
und Fehlerhaftigkeit die Hofastronomen oft in die peinlichste
Verlegenheit brachten, wenn eine verkündigte Sonnenfinsterniss nicht eintraf oder unvorhergesehen dies bedeutungsvolle
Phänomen sich zeigte; dass man die Aequinoctien und Solsti-
tien bestimmte und Instrumente construirte, um die 7 Planeten zu beobachten oder um den Weltlauf darzustellen;
dass in China der Kalender in alten Zeiten nach der Jahres-
länge von 365¼ Tag geregelt wurde und zur Ueberwachung
desselben und des Himmels besondere Beamte angestellt
waren. Die Initiative bei allen astronomischen Arbeiten wird
in diesem eigenthümlichen Lande, welches keinen Priester-
stand kennt, überall dem Kaiser zugeschrieben, während in
allen anderen Culturländern die Priesterschaft hierin eines
ihrer geheiligten Privilegien sieht.

*) Matériaux p. servir à l'hist. comparée d. scienc. chez l. Grecs et
l. Orientaux, Paris 1845—49. t. II. p. 563—650.
**) Gaubil in den Observ. t. III. p. 5 ff. Daraus auch in Le
Chou-king, trad. p. Gaubil, revu p. de Guignes, Paris 1770. p. 364—380.

Das ist aber auch fast alles, was sich für jene Zeit sicher ausmachen lässt; erst im 7. Säc. beginnen die regelmässigen Aufzeichnungen der Sonnenfinsternisse. Die Bestimmung der Schattenlänge des Solstitiums etwa im Jahre 1110 v. Chr. unter Tschiu-kung, auf deren Uebereinstimmung mit dem berechneten Werthe selbst Laplace grossen Werth legte, ist nur unzuverlässig verbürgt*); ebensowenig haben die willkührlichen Deutungen, welche man jenen alten einfachen Nachrichten nach dem Vorgange chinesischer Commentatoren gegeben hat, eine Berechtigung. Da wir hier keine Geschichte der Astronomie zu schreiben haben, so sind wir nicht schuldig auf diese langwierigen Controversen, die ohne Kenntniss der Sprache doch nicht definitiv erledigt werden könnten, einzugehen.

Was die Geschichte der Geometrie betrifft, so wissen wir nicht nur, dass in alten Zeiten das ganze chinesische Land in Quadrate, ein Li im Geviert, getheilt war, von denen je das neunte von den umliegenden Familien gemeinschaftlich zum Besten des Kaisers bestellt werden musste**), und können hieraus auf obrigkeitliche Feststellung der Grenzen und somit auch auf die Existenz wenigstens roher agrimensorischer Regeln schliessen, sondern wir sind auch so glücklich, ein authentisches Dokument der Geometrie zu besitzen, welches wenigstens einige Jahrhunderte über den Anfang unserer Zeitrechnung hinaufgeht. Es ist dies ein bei den Chinesen hochgefeiertes, auf die Zeiten jenes Regenten Tschiu-kung zurückgeführtes Schriftstück Tschiu-pi***), dem später ein zweiter Theil entschieden jüngeren Datums hinzugefügt wurde. In dieser Reduction hat dasselbe bereits in den zwei ersten Jahrhunderten n. Chr. Commentare erhalten, so dass für jenen älteren Theil obige Zeitbestimmung keinem Zweifel unterliegt.

*) Observ. t. III. p. 36.

**) Arbeiten d. Kais. Russ. Gesandtschaft z. Peking. A. d. Russ. übers. Berlin 1858. t. I. p. 6.

***) Tschiu = Umkreis, pi = Bein, daher Tschiu-pi = Bein im Umkreis = Gnomon. Doch ist die Uebersetzung nicht unzweifelhaft, da dasselbe Schriftzeichen zugleich „Umkreis" und „die Dynastie der Tschiu" bezeichnet. Die Schrift ist von Ed. Biot übers. u. erläutert Journ. asiat. Paris 1 41. 1. sem. p. 593.

Nimmt man die wenigen Zeilen, welche jenen ersten Theil bilden, selbst zur Hand, so wird man sofort gewahr werden, dass man es hier mit einem Producte aus der ersten Zeit des mathematischen Denkens zu thun hat, in welcher der Gedanke vergebens nach Klarheit und Bestimmtheit ringt und das Geheimnissvolle der in der Aussenwelt zur Erscheinung kommenden Mathematik, das unserem aufgeklärten Zeitalter verloren gegangen ist, selbst den Eingeweihten noch gefesselt hält. Und mit dieser Form steht der Inhalt in voller Uebereinstimmung; dass die Seiten 3, 4, 5 ein rechtwinkliges Dreieck bilden; dass diese in der Beziehung $3^2 + 4^2 = 5^2$ zu einander stehen; dass es möglich ist, mit Hilfe eines rechtwinkligen Lineales, kiii, Entfernungen, Höhen und Tiefen (vermuthlich aus ähnlichen Dreiecken) zu messen: dies ist das wenige, was uns hier im Tone tiefster Weisheit mitgetheilt wird — das erste ein empirisches Resultat handwerksmässiger Erfahrung, das zweite ein Product sinnender Betrachtung, das dritte der erste Versuch, die räumliche Wirklichkeit aprioristischen Gesetzen zu unterwerfen.

In keiner anderen Literatur ist uns aus so früher Periode unserer Wissenschaft ein Denkmal aufbewahrt worden, und so verdient wohl das Tschu-pi eine besondere Beachtung als Typus jener ersten naiven Stufe, auf die wir, an eine so ganz andere Art des Denkens gewöhnt, uns ohne ein solches Dokument nicht zu versetzen vermöchten.

Die Geometrie der Aegypter.

Die Nachrichten, welche uns griechische Schriftsteller über Form und Inhalt der ägyptischen Geometrie, sowie die Zeit ihrer Erfindung durch Götter und Könige hinterlassen haben, sind sämmtlich nur von untergeordnetem Werthe, weil sie theils flüchtig und unkritisch, theils nur gelegentlich gegeben sind, ohne dass die Berichterstatter ein tieferes Verständniss für die Sache zeigen.*) Doch können

*) Ausser den schon früher erwähnten Schriftstellen sind hier noch zu nennen: Diogenes Laert. Proem. 11, ferner VIII, 11. Plato Phaedrus 1. p. 246. Theon aus Smyrna lib. d. astron. ed. Martin p. 270. Diodor, l. 1.

wir aus ihnen mit Sicherheit entnehmen, dass die Geometrie
bei den Aegyptern seit uralten Zeiten nicht nur praktisch
betrieben, sondern auch sozusagen in gelehrter Weise behandelt und zu den Wissenschaften gerechnet wurde, deren
Pflege den Priestern zufiel; und wir dürfen in dem Umstande, dass es in Aegypten eine den Sorgen des täglichen
Erwerbes überhobene, auf geistige Beschäftigung angewiesene
Priesterkaste gab, sicherlich eine der wesentlichen Ursachen
sehen, welche die Förderung der Geometrie über den Zustand roher Empirie hinaus in diesem Lande erklärt.

Es steht ferner fest, dass im 7. Jahrhundert, als sich
bei den Griechen der wissenschaftlich forschende Geist zu
regen begann, die Geometrie der Aegypter bereits eine Entwickelung hinter sich und eine Höhe der Ausbildung erreicht
hatte, welche den Griechen stark imponirte und im Verein
mit der gerühmten philosophischen Weisheit der Priester
eine Reihe der bedeutendsten Männer Griechenlands in jener
Zeit nach Aegypten zog, so Thales im 7., Oenopides und
Pythagoras im 6., Demokrit im 5. und Platon und Eudoxus
im 4. Jahrhundert. Ja noch Demokrit stellte den Aegyptern
das beste Zeugniss aus, wenn er sich rühmte: „in den Constructionen der Figuren und den Beweisen habe ihn Niemand übertroffen, selbst nicht die ägyptischen Feldmesser".[*]

Zuverlässigere und eingehendere Nachrichten über den
Zustand der Geometrie, den Stoff, mit dem sie sich beschäftigte, die Aufgaben, die sie sich stellte, die Form, in
der diese gelöst und die mathematischen Wahrheiten dargestellt wurden, finden sich in den alten Schriftstellern nirgends,
und wir sind in diesen Beziehungen gänzlich auf zwei authentische Dokumente ägyptischer Geometrie angewiesen, die man
in neuester Zeit so glücklich gewesen ist zu entdecken.

Das eine derselben ist eine Papyrushandschrift unbestimmten Alters, welche sich selbst als eine Copie eines viel
älteren Werkes ankündigt, übrigens nicht über das 12. Jahrh.
v. Chr. zurückgeht.[**] Sie enthält unter dem Titel: „Princip

c. 81 und 94. Clemens Alexandrinus Stromata VI, p. 633 ed. Sylburg.
Aristoteles Metaph. I, 1.

[*] Clem. Alex. Strom. I, p. 131. ed. Sylburg.
[**] S. Birch, Geometrie Papyrus (Zeitschr. f. ägypt. Spr. u. Alterth.

zu der Kenntniss der Dinge (oder Grössen) zu gelangen und alle Geheimnisse zu lösen, welche in der Natur der Dinge liegen", eine Reihe von Aufgaben, die Fläche von ebenen Figuren oder den Inhalt von Körpern zu bestimmen. Der Auszug, den Birch aus diesem für die Geschichte der Mathematik so hochwichtigen Papyrus gibt, ist leider so dürftig, dass wir aus ihm nur ersehen können, dass sich jene Aufgaben auf den Inhalt rechtwinkliger Dreiecke und Vierecke, gleichschenkliger Dreiecke und der aus diesen durch eine Parallele mit der Grundlinie abgeschnittenen Paralleltrapeze, ferner von regelmässigen Sechsecken und Kreisen, ausserdem aber auf das Volumen abgestumpfter Pyramiden beziehen. Leider aber wird uns die Lösung keiner einzigen dieser Aufgaben mitgetheilt und wir erfahren nur, dass die Aufgaben selbst nicht allgemein, sondern immer für bestimmte Zahlen gestellt sind, wie z. B.: „Regel zur Bestimmung eines Feldes. Setze voraus, du sagst, es sei ein viereckiges Feld von 10 zu 2 Klaftern gegeben." Dem entsprechend sind denn auch die Lösungen beschaffen; es bleibt dem Leser überlassen, sich aus der Rechnung an den speciellen Zahlen das Verfahren im Allgemeinen zu abstrahiren.

Die ägyptische Aufgabensammlung stimmt hienach nach Form und Art des Inhalts mit den praktisch-geometrischen Schriften Heron's überein, welche dieser Mathematiker um 100 v. Chr. in Alexandrien zum Gebrauch der Feldmesser entwarf. Sollte nun jener Papyrus jünger als Heron und somit abhängig von dessen Schriften entstanden sein, so verlöre er allen Werth; lässt sich aber sein höheres Alter mit Sicherheit behaupten, so gibt er uns werthvolle Aufschlüsse über die eigenthümliche und von der echt griechischen so grundverschiedene Art und Form altägyptischer Geometrie. Es dürften sich somit an die eingehende Untersuchung des Rhind'schen Papyrus die weitreichendsten Resultate knüpfen, und wir bedauern lebhaft, dass dies kostbare Material uns noch nicht weiter aufgeschlossen worden ist.

hor. v. Lepsius, 1868. Sept.-Oct. p. 108—110): der Papyrus ist aus der Hinterlassenschaft von Mr. Rhind in das britische Museum übergegangen.

Viel sicherer sind wir in Beziehung auf ein authentisches Stück echt ägyptischer Feldmessung*): An den äusseren Mauern des berühmten Tempels zu Edfu befinden sich sehr umfangreiche hieroglyphische Inschriften, zwischen 107 und 88 v. Chr. geschrieben, welche Grundstücke bezeichnen, die der Priesterschaft dieses Tempels eigen waren; sie enthalten die Dimensionen von 52, zu grösseren Complexen sich zusammenschliessenden Parcellen nebst der Angabe ihres Flächeninhaltes.

Als Dimensionen der Vierecke werden überall vier Zahlen in der Verbindung „a zu b, c zu d" gegeben, aus denen der Flächeninhalt stets nach der Formel $\frac{a+b}{2} \cdot \frac{c+d}{2}$ berechnet ist. In der überwiegenden Anzahl von Parcellen sind die Zahlen wenigstens eines Paares c, d einander gleich, doch finden sich auch Beispiele von grosser Ungleichheit nicht selten, wie z. B. ein Viereck mit den Dimensionen „5 zu 8, 20 zu 15" erscheint, als dessen Flächeninhalt $113\frac{1}{2}\frac{1}{4}$ angegeben wird; ja dreieckige Parcellen werden ausgedrückt, indem die eine Dimension als „Nichts" angesetzt wird; so finden sich solche bestimmt durch „0 zu 5, 17 zu 17", wobei jedoch dann immer die Zahlen des anderen Paares gleich sind; die Fläche solcher Figuren wird aus der allgemeinen Formel, in der a = 0 gesetzt wird, bestimmt; z. B. in jenem Beispiele = $42\frac{1}{2}$.

Was aber sind dies für Dimensionen des Vierecks? Betrachtet man Reihen aneinander hangender Parcellen, z. B.

$8\frac{1}{8}$ zu 5 , 11 zu 10   macht $68\frac{1}{2}\frac{1}{4}\frac{1}{8}\frac{1}{16}$

5   zu $2\frac{1}{2}$, 5 zu 5   macht $18\frac{1}{2}\frac{1}{4}$

$2\frac{1}{2}$ zu $\frac{1}{2}$, 6 zu 5   macht $7\frac{1}{2}\frac{1}{16}$,

so sieht man, wie 5, $2\frac{1}{2}$ die Längen der gemeinschaftlichen Grenzen anstossender Grundstücke, also Seiten des Vierecks

---

*) Lepsius, Ueb. e. hieroglyph. Inschr. a. Tempel zu Edfu. Abh. d. phil.-hist. Klasse d. Akad. Berlin a. d. J. 1855.

sind, und es scheint mir keinem Zweifel zu unterliegen*),
dass auch die anderen beiden Zahlen gegenüberliegende Seiten
der Vierecke sind, welche, wie auch der Rhind'sche Papyrus
lehrt, mit Vorliebe als Paralleltrapeze mit gleichen Flanken
oder wenigstens als Trapeze mit einem Paar gleicher gegen-
überliegender Seiten bei der Parcellirung construirt wurden.

Diese Berechnungsweise der Fläche eines Vierecks aus
seinen Seiten ist eine von den Aegyptern ohne Zweifel
selbstständig gefundene; denn die griechischen Geometer
waren schon sehr früh darüber völlig im Klaren, dass ein
Viereck durch seine vier Seiten allein keineswegs bestimmt
ist. Frägt man nach dem Ursprung der sonderbaren ägyptischen Methode, so mag man ihn etwa in einem rohen Versuche einer Approximation suchen: dass der Inhalt eines
Rechtecks das Product seiner Seiten sei, war der Ausgangspunct; bei Vierecken, die von einem Rechteck nur wenig
abwichen, glaubte man den Unterschied der Seiten etwa so
compensiren zu können, dass man das arithmetische Mittel
aus zwei gegenüberliegenden Seiten nahm. Was so innerhalb gewisser Grenzen in der That leidlich genau ist, wurde
dann ohne klares Bewusstsein auch ausserhalb jener Grenzen
gebraucht und so merkwürdig verallgemeinert, dass man
sogar den Fall, dass eine Seite verschwindet, unter jene
Formel zu bringen sich nicht scheute. Man würde es indessen unbegreiflich finden, wie eine solche Methode, deren
Unrichtigkeit schon an dem Parallelogramme so handgreiflich
nachzuweisen ist, sich hat ausbilden und erhalten können,
wenn man nicht beachtete, dass die ägyptischen Feldmesser
das Abstecken von Figuren, welche stark vom Rechtecke
abwichen, im Allgemeinen vermieden haben werden, und
die empirische Controle über die Richtigkeit des Flächeninhaltes überall fehlte; freies Denken aber ist immer nur
Sache Weniger gewesen.

*) Trotz der entgegenstehenden Ansicht von Lepsius, der die Rich-
tigkeit der Formel durch eine sehr künstliche Hypothese über die Bedeutung von c und d zu retten sucht. Für meine Annahme spricht
ausser ihrer Einfachheit ins Besondere die Analogie mit der bei den
Römern üblichen Berechnung der Vierecke, die sich merkwürdiger Weise
auch bei einem indischen Autor des 7. Jahrh. vorfindet (Colebrooke
Algebra with arith. London 1817 in der Brahmahiddh. c. XII. art. 21).

Mathematik der Griechen.

I. Periode.

Von Thales bis auf die Gründung der alexandrinischen Schule.

600 — 300.

Die ionischen Mathematiker.*)

Von dem Momente an, wo griechische Philosophen anfangen unsere Aufmerksamkeit durch ihre mathematischen Leistungen auf sich zu ziehen, verändert sich das Bild, welches die Mathematik zeigt, von Grund aus. Haben wir bei jenen alten Culturvölkern nur Handwerk und Routine gesehen, nur herkömmliche Regeln gefunden, welche vereinzelt, unbegriffen, aus handgreiflicher Empirie entstanden einer rohen Praxis dienten, so erkannte der griechische Geist im ersten Augenblicke, wo er diesen Stoff kennen lernte, dass in ihm ein weit über jene Zwecke hinausgehender, des

---

*) Von den spärlichen Quellen, welche uns für die Geschichte der Mathematik bis auf Platon fliessen, habe ich geglaubt, die Nachrichten später Compilatoren durchaus als höchst unsicher ansehen zu müssen, so dass uns als zuverlässige Quelle, ausser vereinzelten Notizen in Platon's und Aristoteles' Schriften, nur die Geschichten der Arithmetik und Geometrie von dem Aristoteliker Eudemus von Rhodos (300 v. Chr.) übrig bleiben, der in der Zeit jener Periode nahe genug steht und einen nüchternen, kritischen Sinn zeigt. Leider sind uns jene werthvollen Schriften nur in einzelnen Bruchstücken erhalten, welche uns verschiedene Commentatoren überliefert haben, namentlich Proklus in seinem Commentar zum 1. Buche von Euklid's Elementen (griech. mit den Elem. 1533. Basel, lat. von Barocci. 1560. Venedig); ein grösseres dieser Bruchstücke (p. 19 ed. Basiliensis) s. bei Bretschneider, d. Geom. vor Euklid. (Leipzig 1870.) p. 27.

besonderen Nachdenkens werther, in allgemeiner Form aus-
zusprechender, kurz — ein wissenschaftlicher Inhalt
verborgen sei.

Das ist das hohe Verdienst der ersten griechischen
Mathematiker und man braucht nicht zu fürchten, dass dasselbe verkleinert wird, wenn man zugibt, dass sie ihren
Rohstoff der uralten ägyptischen Cultur entlehnten.*) Dass
eine ganze Reihe der älteren griechischen Geometer (namentlich Thales, Oenopides, Pythagoras, Demokrit und noch im
4. Jahrhundert Platon und Eudoxus) Aegypten besucht und
sich mit den mathematischen und astronomischen Kenntnissen
der Priester vertraut gemacht hat, ist wohl verbürgt und
über allen Zweifel gewiss. Schon die astronomischen Kenntnisse jener alten Griechen, welche wie die berühmte Vor-
herverkündigung der Sonnenfinsterniss im Jahre 585 v. Chr.
durch Thales eine längere Dauer vorhergegangener Beobachtungen voraussetzten, beweisen, dass sie nicht einer eben
erst entstehenden Cultur entsprossen sein können. Dazu
kommt, dass die Kenntnisse der ältesten Mathematiker wohl
ihrer Form, nicht aber ihrem Inhalte nach über das Maass
dessen hinausgehen, was wir oben bei den Aegyptern vorgefunden haben; und die meisten Sätze, deren Erfindung
die Tradition jenen alten Griechen zuschreibt, waren ohne
Zweifel den Aegyptern bereits bekannt.

Thales aus Milet (um 600 v. Chr.) gilt als der erste
Mathematiker Griechenlands, zugleich als erster der sieben
Weisen Griechenlands, als der erste Philosoph: „Er ist
wenigstens der Erste, von dem uns bekannt ist, dass er in
allgemeiner Richtung nach den natürlichen Ursachen der
Dinge gefragt hat, während sich die Früheren theils mit
mythischer Kosmogenie, theils mit vereinzelter, ethischer
Reflexion begnügt hatten."

---

*) Die uns anerzogene Neigung, die Cultur des hellenischen Volkes
als eine primitive, selbstständige zu betrachten, und zu übersehen, wie die
Griechen überall an das von den Barbaren überkommene anknüpften,
ist neuerdings auf dem Gebiete der Kunstgeschichte lebhaft und schlagend
von Semper bekämpft worden: „Die hellenische Kunst ist secundäre
Schöpfung; nicht der Stoff, wohl aber die Idee ist neu, die sie belebt"
Semper, der Stil. Frankfurt 1860, t. I. p. 150, 219 und passim).

Unter den mathematischen Leistungen des Thales war im Alterthume vorzugsweise berühmt die Lösung einer der praktischen Geometrie angehörenden Aufgabe: Die Messung der Höhe der Pyramiden aus ihrem Schatten. Nach dem einen Berichte*) mass Thales den Schatten der Pyramide in dem Augenblicke, in welchem der Schatten eines daneben in den Boden gesteckten Stabes dessen Länge gleich befunden wurde. Die Höhe der Pyramide war dann ihrer Schattenlänge gleich. Wenn ein anderer Bericht**) ihn dieselbe Aufgabe lösen lässt, indem er aus dem Verhältnisse der Länge des Stabes und seines Schattens zu irgend einer Zeit und aus der Länge des Pyramidenschattens die Höhe bestimmt, so ist dies nur eine weitere Ausschmückung jenes durch seine Einfachheit glaubwürdigeren Berichtes.

Eudemus***) erzählt ferner, dass Thales eine Methode besessen habe zur Messung der Entfernung der Schiffe auf dem Meere vom Lande. Welcher Art diese gewesen sei, deutet er jedoch nur dadurch an, dass er sagt, Thales habe sich dabei des Satzes bedienen müssen, dass zwei Dreiecke congruent seien, wenn eine Seite und zwei Winkel in beiden übereinstimmen. Es geht hieraus wenigstens soviel hervor, dass er sich bei seiner Bestimmung einer gemessenen Standlinie bediente.

Wenn ferner berichtet wird, dass die Sätze von der Gleichheit der Scheitelwinkel†) sowie von der Gleichheit der Winkel an der Basis eines gleichschenkligen Dreiecks††) Erfindungen des Thales seien, so dürfen wir hieraus wohl einen Schluss ziehen, worin die Bedeutung des letzteren für die Geschichte der Geometrie besteht. Die Anschauung und unbewusste Ueberzeugung, dass zwei gleich lange Stäbe, welche man mit ihren oberen Enden verbunden auf den Boden stellt, gegen die Horizontale gleich geneigt sind, besass bereits der erste Mensch, der zwei solche Stäbe zum Bau eines Zeltes oder Dachgiebels verwendete; es war aber

---

*) Hieronymus aus Rhodos bei Diogenes Laert. I, 27.
**) Plutarch, conviv. sept. sapient. c. 2.
***) Proklus, a. a. O. Comment. ad prop. 26 lib. I. Euclid.
†) Nach Eudemus bei Prokl. ad prop. 15.
††) Wahrscheinlich nach Eud. a. a. O. ad prop. 5.

das Verdienst jenes Philosophen, diese unmittelbare Ueberzeugung zuerst zum Bewusstsein, jene Anschauung zu einem
abstracten Ausdruck zu bringen und so den Anfang zu einer
wissenschaftlichen Behandlung der Raumverhältnisse zu
machen, indem er die mehr oder minder verworrenen und
unbewussten Anschauungen analysirte und in die Form
fester, von dem Verstande zu erfassender Begriffe und Lehrsätze brachte.

Thales wird auch als der Erfinder des Satzes genannt,
dass alle Winkel im Halbkreise rechte sind.*) Die Nachricht aber, er habe zuerst bewiesen, dass ein Kreis von
seinem Durchmesser halbirt wird**), scheint mir denn doch
durch die Auffassung der späteren an Euklid's Formen gewöhnten Geometer allzustark beeinflusst zu sein. Denn
dieser Beweis würde schon einen Grad von Abstraction und
ein so ausgebildetes System von Begriffen voraussetzen, dass
wir ihn kaum in diese erste Periode wissenschaftlichen
Denkens verlegen können, wo auch in der Philosophie noch
kein Zweifel auftaucht, dass das durch naive Anschauung
Erkannte unmittelbar gewiss sei. Ja nicht einmal Euklid
hat einen Beweis jenes Satzes für nöthig gehalten.***)

In Bezug aber auf alle dem Thales zugeschriebenen
mathematischen Sätze muss man immer festhalten, dass
selbst die besten Berichterstatter, wie Eudemus, ausser
Stande waren, das, was jener selbst entdeckt, von dem zu
unterscheiden, was er einfach von den Aegyptern entlehnt hatte.

Aehnliches gilt in Betreff der astronomischen Entdeckungen des ersten der ionischen Philosophen und seiner
Nachfolger. Und wenn z. B. berichtet wird, dass Oenopides von Chios†), der ebenfalls Aegypten besucht hatte††),

---

*) Pamphila bei Diog. I, 24. Daselbst jedoch auch dem Pythagoras
zugeschrieben.

**) Prokl. ad def. 17.

***) Euklid hat ihn vielmehr, wenn auch unmethodisch, in die def. 17
verlegt.

†) Sein Zeitalter ist unbestimmt. Jedenfalls muss er, zufolge der
Angaben des Eudemus, früher als Anaxagoras sein, als dessen Zeitgenossen man ihn nach Diog. IX, 37, 41 ansehen will.

††) Diodor I, 96.

zuerst die Aufgaben: von einem Puncte auf eine Gerade eine
Senkrechte zu fällen, und an eine Gerade in einem Puncte
einen gegebenen Winkel abzutragen, gelöst habe *), so kann
es wohl keinem Zweifel unterliegen, dass Oenopides die entsprechenden Constructionen bei den Aegyptern kennen gelernt hat.

Wenn aber die Lösung solcher Aufgaben noch längere
Zeit nach Thales erwähnenswerth schien, so leuchtet ein,
dass sich noch damals die Mathematik in dem ersten Kind-
heitszustande befand und die von Thales gegebene Anregung
zum Studium geometrischer Figuren in seinem Vaterlande
ohne erhebliche Früchte blieb; die ionischen Philosophen,
ganz einer Erklärung der Natur aus wirkenden Ursachen
zugewandt, mochten sich zu der abstracten Mathematik
nicht besonders hingezogen fühlen und sich mit ihr nur
nebenbei, soweit es etwa für ihre astronomischen Speculationen und rohen Beobachtungen nöthig war, beschäftigen.

Pythagoras und seine Schule.

Umfassend dagegen und in selbstständigem Interesse
wurde bald nach der Zeit des Thales die Mathematik in
den dorischen Colonieen Grossgriechenlands betrieben.

Pythagoras von Samos (etwa 580—500) darf als der
Vater der Mathematik bezeichnet werden. „Die Pythagoriker
waren die Ersten, welche die Mathematik weiter förderten." **)
Wenn es sich nun darum handelt, die Stellung dieses Mannes
und seiner Schule in der Geschichte der Mathematik treu
darzustellen, so befinden wir uns angesichts der Nothwendigkeit uns kurz zu fassen in einer nicht geringen Verlegenheit. Denn einerseits sind die Berichte über das Leben, die
Lehren und Entdeckungen des Pythagoras und seiner Schule
bei den älteren, sonst glaubwürdigen Schriftstellern so mager
und lückenhaft, dass nicht allein wir Neueren uns kein aus-
reichendes Bild von der so ausserordentlich interessanten
mathematisch-philosophischen Schule bilden können, sondern auch annehmen müssen, dass die Berichterstatter selbst

---

*) Eudemus a. a. O. ad prop. 12 und 23.
**) Aristoteles, Metaph. I, 5. 985, a, 23.

nur sehr unvollkommene Kenntniss von ihr gehabt haben;
— andererseits zeichnen uns zwar spätere Schriftsteller ein
farbenreiches und lebendiges Bild dieses wunderbaren Philosophen, indess erweist sich dies vielfach als ein tendentiöser
Roman.

Unter den verschiedenen Strömungen, von welchen der
griechische Geist nach Erschöpfung seines specifischen Inhaltes in den eigentlich klassischen Jahrhunderten durch seine
Berührung mit dem orientalischen Geiste ergriffen wurde,
tritt bereits vom 1. Jahrh. v. Chr. an eine ethisch-religiöse,
mystisch-speculative immer mächtiger hervor.

Unter allen griechischen Philosophen war Pythagoras
der einzige gewesen, welcher ähnliche Züge zeigte: er hatte
eine Schule gegründet, welche mehr als eine Akademie war,
welche ihre Schüler zu einem festen Verbande einigte, der
durch strenge Disciplin, durch Askese, geheimnissvolle
Gottesdienste und religiöse Speculation zugleich Verstand
und Gemüth bilden und erheben sollte. So ist es begreiflich, wie jene neue Richtung an ihn anknüpfen und sich
selbst nur als eine Erneuerung der alten, lange unbeachteten
und missverstandenen pythagorischen ansehen konnte. Alexandrien war der Ausgangspunct dieser s. g. neupythagorischen Schule, welche im Laufe der Zeit mehr und mehr
jüdische, persische und bald auch indische religiös-mystische
Vorstellungen in wunderlichem Synkretismus in ihren Ideen-
kreis aufnahm. Es konnte nicht fehlen, dass sie die grosse,
schon von Herodot hervorgehobene Verwandtshaft entdeckten,
welche nicht wenige uralte metaphysische und ethische Lehren
der pythagorischen Schule mit ägyptischen und persischen
Speculationen zeigen; eine alte Ueberlieferung erzählte von
einem langen Aufenthalte des Pythagoras in Aegypten; und
so kam es, dass die Philosophen dieser Richtung bald Orientalisches und Pythagorisches bis zur Verwirrung mit einander
vermischten.

Es ist begreiflich, dass die Neupythagoriker, um ihren
historischen Zusammenhang mit jener alten Zeit zu erhalten,
darauf bedacht sein mussten, die äusserst lückenhafte Tradition zu vervollständigen. So entstanden denn bereits im
1. Jahrh. v. Chr. zahlreiche sogenannte pythagorische Schriften

und fabelhafte Biographien des Altmeisters, welche von Jahr
zu Jahr stärkere orientalische Färbung annahmen, ja sogar
später in der Absicht, Christo gegenüber heidnische Heilige
zu schaffen, sich nicht scheuten, ihrem Pythagoras und
selbst neueren Pythagorikern, wie dem Apollonius von Tyana,
zahlreiche Wunderthaten, ja selbst dem Meister göttlichen
Ursprung anzudichten. Wir müssen bezüglich einer weiteren
Schilderung dieser neupythagorischen Richtung auf die Werke
über Geschichte der Philosophie verweisen; hier darf diese
eigenthümliche Erscheinung nur insoweit angedeutet werden,
als sie eben jene Thatsache zu erklären vermag, dass die
Quellen über das Leben und die Lehre des alten italischen
Philosophen um so reichlicheren Stoff liefern, je weiter man
sich von der Zeit des Pythagoras entfernt. Es gibt freilich
auch Historiker*), welche in der That die Neupythagoreer
als eine neue Blüthe einer Jahrhunderte lang latent gewesenen
Schule betrachten, und diese späten Berichte, wenn auch
nicht für ganz rein, doch als aus der wahren Tradition entsprungen ansehen. Ich halte mich nicht für berufen, diese
Ansicht als irrige zu bekämpfen; doch scheint mir eine
Herausschälung des Wahren aus diesen späten Dichtungen,
wenn nicht ganz unmöglich, so doch bisher nicht gelungen.

Nur das Eine geht aus Allem unzweifelhaft hervor, dass
bereits die alte Pythagorische Lehre einen stark orientali-
sirenden Zug im Allgemeinen und im Einzelnen zeigt, der
aus einem Zufall oder einer Naturanlage des Meisters nicht
erklärt werden kann, sondern nothwendig hinweist auf eine,
wahrscheinlich durch seinen Aufenthalt in Aegypten erlangte
Bekanntschaft mit orientalischer Priesterweisheit, die noch
Jahrhunderte später ein Platon und ein Eudoxus sich anzueignen nicht verschmähten.

In Bezug auf die einzelnen mathematischen Leistungen
der Pythagoriker, zu deren Darstellung ich mich nun wende,
ist es, glaube ich, nothwendig, sich durchaus an die alten
und sicheren Zeugnisse zu halten.

Was zunächst die Geometrie betrifft, so ist es keinem
Zweifel unterworfen, dass den Pythagorikern die Ehre ge-

---

*) Röth, Gesch. uns. abendl. Philosophie. Theil II.

bührt, die beiden wichtigsten Theoreme der Elementargeometrie entdeckt zu haben. Zuerst den Satz, dass die
Winkelsumme in jedem Dreieck gleich zwei Rechten ist,
wie Eudemus berichtet*), der zugleich hinzufügt, dass sie
ihn bewiesen, indem sie durch die Spitze des Dreiecks eine
Parallele mit der Grundlinie zogen und
die beiden so an der Spitze entstehenden
Winkel mit denen an der Grundlinie verglichen. Nehmen wir hiezu die durchaus
verbürgte Notiz**), dass „die Alten für
jede besondere Form des Dreiecks das
Theorem der zwei Rechten speciell bewiesen, zuerst für das
gleichseitige, dann für das gleichschenklige und zuletzt für
das ungleichseitige", so haben wir hier die erste Stufe der
Entwickelung, während uns Eudemus in jenem eleganten,
die ganze Parallelentheorie voraussetzenden Beweise offenbar die zweite vorführt.

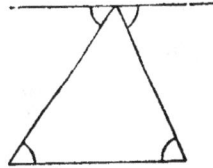

Es hat für uns etwas Befremdliches, jenen einfachen
Satz von den Winkeln im Dreieck in drei specielle Fälle
zerlegt zu sehen. Indess ist der Fortschritt vom Besonderen
zum Allgemeinen überhaupt der Entwickelungsgang der
Wissenschaft; ausserdem aber ist die Zerstückelung der
Theoreme jener ersten Periode der griechischen Mathematik
ganz besonders eigen, wie wir noch mehrfach wahrnehmen
werden.

Es schien mir von Interesse den Versuch zu machen,
die Methode, nach welcher man diesen Satz zuerst gefunden
und bewiesen haben mag, zu reconstruiren:

Die Pythagoriker haben sich viel mit der Construction
regulärer Polygone und Polyeder beschäftigt, die in ihrer
Kosmologie als die Grundformen der Elemente und des
Weltalls eine wesentliche Rolle spielten. Es mag ausdrücklich bemerkt werden, dass sie die dabei verwendeten gleichseitigen Dreiecke aus zwei rechtwinkligen Dreiecken zu-
sammensetzten. ***) Den ersten Anfang dieser mathematischen

---

*) Prokl. ad prop. 32.
**) Geminus in Eutoc. Comm. zu Apollonii Conica ed. Halley. p. 9.
***) Platon, Timaeus. 53. C. Wie weit jedoch die Pythagoriker in
diese Theorie eingedrungen sind, namentlich ob sie die geometrische

Speculationen finden wir in dem als pythagorisch bezeugten*) Satze ausgesprochen, „dass die Ebene um einen Punct herum durch sechs gleichseitige Dreiecke, vier Quadrate oder drei regelmässige Sechsecke vollständig erfüllt sei".

Ich nehme nun an, dass dieser Satz beim constructiven Experimentiren mit gleichseitigen Dreiecken zuerst gefunden und dann nach einem Beweise dafür gesucht worden ist, dass jeder Winkel in einem solchen Dreieck $= \frac{2}{3} R$. War nun die Zerlegung in rechtwinklige Dreiecke überhaupt schon vorgenommen, so lag nichts näher, als, um in dem gleichseitigen Dreiecke ABC den Winkel ABC mit $ABD = R$ zu vergleichen, das Perpendikel CE zu fällen und das Rechteck zu vervollständigen.

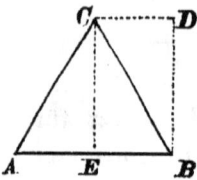

Nun wird Niemand bezweifeln, dass die Existenz einer Figur mit vier rechten Winkeln, welche jeder Stein in der Mauer lehrte, als eine unmittelbar gewisse Thatsache von den ältesten Geometern ohne Beweis angenommen sein wird, ebenso die andere, dass ein Rechteck durch seine Diagonale in zwei congruente Hälften zerfällt.

Daraus aber geht in dem jetzigen Falle hervor, dass der Winkel $CBD = BCE = \frac{1}{2} C = \frac{1}{2} BCA = \frac{1}{2} ABC$; da nun $ABC + CBD = R$, so ist $ABC = \frac{2}{3} R$.

Man mochte dann weiter bemerken, dass man eine ganz ähnliche Figur auch für ein gleichschenkliges Dreieck mit der Spitze C zeichnen könne, an welcher dieselbe Betrachtung zu dem Satze $A + \frac{1}{2} C = R$ führte. Indem man diesem Satze die elegantere Form $A + B + C = 2R$ gab, mag man überhaupt erst auf die Winkelsumme im Dreieck aufmerksam geworden sein, und es entstand die weitere Aufgabe, das Analogon auch für das ungleichseitige Dreieck zu finden. Dazu bedurfte es einer Abänderung der Construction in beistehender Weise.

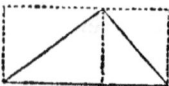

Construction des Fünfecks und des Pentagondodekaeders gekannt haben, lässt sich nicht mit Sicherheit ermitteln.

*) Prokl. ad prop. 15.

So war denn in diesen drei Schritten jenes schöne Fundamentaltheorem gefunden; nach der Ausbildung der Parallelentheorie aber erkannte man, dass die drei Perpendikel in der letzten Figur überflüssig seien und das blosse Ziehen einer Parallele mit der Grundlinie genüge.

Das ist mein Versuch, den Weg der Alten an der Hand der überlieferten Notizen zu verfolgen.

Mit geringerer Sicherheit als der Satz von den Winkeln im Dreieck ist der heute allgemein als pythagorisch bezeichnete Satz von dem rechtwinkligen Dreieck auf diese Quelle zurückzuführen. Der erste Schriftsteller, der diesen Satz als von Pythagoras gefunden bezeichnet, ist Vitruv *), schwerlich ein zuverlässiger Zeuge; von da an verbreitete sich diese Angabe allgemeiner, aber immer in Verbindung mit jener bekannten Hekatombe, welche Pythagoras vor Freude über die Entdeckung jenes Lehrsatzes dargebracht haben soll — eine Anekdote, welche die Glaubwürdigkeit der ganzen Nachricht stark beeinträchtigt. Denn dies Opfer verträgt sich nicht mit dem strengen Verbote alles blutigen Opfers, welches uns aus den pythagorischen Ritualgesetzen die Schriftsteller derselben Zeit, ja oft dieselben **) überliefert haben, die anderswo von der Hekatombe erzählen. Schon Cicero ***) nahm daher an jener Anekdote Anstoss und in der spätesten Tradition der Neupythagoriker wird das blutige Opfer durch das eines „aus Mehl geformten Ochsen" ersetzt. †)

Jene berühmte Erzählung nebst den vielen witzigen Versen, zu denen sie Veranlassung gegeben hat, wird man demnach aufgeben müssen; doch möchte ich nicht so weit gehen, den Lehrsatz selbst dem Pythagoras abzusprechen, obgleich keine einzige, nur einigermassen glaubwürdige Nachricht darüber vorhanden ist. ††)

---

*) De architect. IX. praef.
**) Diog. VIII, 12, 22. vergl. ferner I, 24.
***) De nat. deor. III, 36.
†) Porphyrius, de vit. Pyth. 36.
††) Proklus, ein einsichtiger Schriftsteller, drückt sich auffallend unbestimmt so aus (Comm. ad prop. 47): „Wenn wir die, welche alte Geschichten erzählen wollen, hören, so finden wir, dass sie dieses

Was nun den Weg zur Erfindung dieses Lehrsatzes betrifft, so glauben wir, dass Pythagoras zuerst durch die empirische Kenntniss von dem rechtwinkligen Dreieck 3, 4, 5, vielleicht auch anderer, durch geometrisches Experiment gefundener rechtwinkliger rationaler Dreiecke, sodann durch die in nebenstehender Figur erläuterte Wahrnehmung, dass das Quadrat über der Diagonale eines Quadrates das Doppelte des letzteren, d. h. dass das Quadrat über der Hypotenuse eines gleichschenkligen rechtwinkligen Dreiecks das Doppelte von dem Quadrate einer Kathete sei, zu der Vergleichung der Kathetenquadrate mit dem Hypotenusenquadrate überhaupt veranlasst worden sei. Zu dem allgemeinen Beweise würde dann die folgende von Bretschneider*) aufgestellte Betrachtung geführt haben, gegen die sich freilich einwenden lässt, dass sie durchaus kein specifisch griechisches Colorit trägt, vielmehr an die indische Art erinnert.

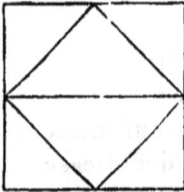

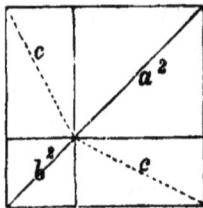

Wurde in beigezeichneter Weise ein Quadrat in zwei Quadrate a^2, b^2 und die beiden Rechtecke ab zerlegt, dann jedes der Rechtecke durch die Diagonalen c in Dreiecke zerschnitten und diese vier Dreiecke, wie es die zweite Figur zeigt, in das grosse Quadrat hineingelegt, so lassen sie in der Mitte ein Quadrat c^2 frei, welches $= a^2 + b^2$ sein muss; zugleich aber ist c die Hypotenuse jener rechtwinkligen Dreiecke, deren Seiten a und b sind. q. e. d.

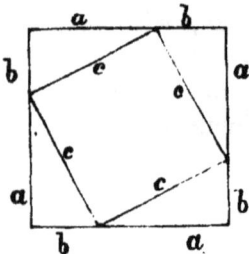

Es wird uns ferner berichtet, dass die Pythagoriker sich bereits mit der Aufgabe beschäftigten, einen gegebenen Flächenraum an einer gegebenen Strecke zu entwerfen ($\pi\alpha\rho\alpha\beta\acute{\alpha}\lambda\lambda\epsilon\iota\nu$, applicare), d. h. in ein Rechteck zu verwandeln, dessen eine Seite

Theorem auf Pythagoras zurückführen." Auch ihm war, wie hieraus hervorgeht, keine sichere Quelle bekannt.

*) Bretschneider, die Geom. v. Eukl. p. 82.

jene gegebene Strecke ist. *) Das Entwerfen an einer
gegebenen Strecke ($\pi\alpha\varrho\alpha\beta o\lambda\dot{\eta}$) hatte aber im Alterthume
als Aufgabe des Zusammenstellens noch einen allgemeineren
Sinn, indem man darunter die Aufgabe verstand, an eine
gegebene Strecke AB einen gegebenen Flächenraum als
Rechteck AY so anzulegen, dass ein Quadrat BY übrig
bleibt ($\ddot{\varepsilon}\lambda\lambda\varepsilon\iota\psi\iota\varsigma$) oder überschiesst ($\dot{\upsilon}\pi\varepsilon\varrho\beta o\lambda\dot{\eta}$). Diese von
Euklid VI, 28, 29 behandelten Aufgaben, welche, wenn
man $AB = a$, $BX = x$ und den gegebenen Flächenraum
$= b$ setzt, unserer Auflösung der quadratischen Gleichungen
$ax \mp x^2 = b$ entsprechen, hatten ebendeshalb für das
Alterthum eine hohe Bedeutung, besonders nachdem man
die Kegelschnitte zu betrachten anfing und bemerkte, dass
die Aufgabe aus einer gegebenen Ordinate y derselben
die zugehörige Abscisse x zu finden, auf eine der drei vorstehenden Aufgaben zurückführte, wie der moderne Leser
sogleich aus den Gleichungen $ax = y^2$, $ax - x^2 = y^2$,
$ax + x^2 = y^2$ erkennt. Höchst interessant ist nun die Nachricht des Eudemus **), wonach die Pythagoriker bereits jene
drei Aufgaben gekannt und mit den Namen der Parabel,
Ellipse, Hyperbel gekennzeichnet haben. Diese wenigen,
von einem unverdächtigen Zeugen überlieferten Worte geben
uns einen hohen Begriff von den gewaltigen Leistungen
dieser Schule. Denn einerseits verlangen diese Aufgaben zu
ihrer Lösung bereits die Kenntniss einer Menge geometrischer
Lehrsätze, andererseits sind sie nicht, wie etwa der Satz
vom Quadrat der Hypotenuse, an sich interessante Resultate
einer Entwickelungsreihe, vielmehr die Anfangsglieder einer
Entwickelung, deren Ende leider in den allgemeinen Nebel
verläuft, der die pythagorische Schule einhüllt.

Fassen wir alles, was hienach an geometrischen Sätzen
als Eigenthum der pythagorischen Schule beglaubigt ist,
zusammen, so sehen wir: Es ist wesentlich der Inhalt der
zwei ersten Bücher von Euklids Elementen, welcher auch
historisch den Anfang der Geometrie gemacht hat.

Wir haben ferner zwei Lehren zu erwähnen, welche

---

*) S. Eukl. Elem. I, 44.
**) Prokl. ad prop. 44.

aus der Verbindung der Zahlen mit den Raumgrössen entstehen.

Die erste derselben ist die Formel zur Bildung rationaler
rechtwinkliger Dreiecke, des ersten Anfanges der von Diophant ein Jahrtausend später glänzend ausgebildeten unbestimmten Analytik. Nach einer glaubwürdigen Tradition
des Alterthums*) entdeckte Pythagoras, dass wenn a eine
ungerade Zahl bedeutet, dann die Längen a und $\frac{1}{2}(a^2 - 1)$
die Katheten eines rechtwinkligen Dreiecks bilden, dessen
Hypotenuse $\frac{1}{2}(a^2 + 1)$ ist. Diese Formel, welche, sobald
man dem a jeden beliebigen rationalen Werth geben darf,
in der That alle rationalen rechtwinkligen Dreiecke umfasst,
jedoch immer nur in jener Beschränkung auf ungerade a
angewandt wird, scheint mir ihren Ursprung noch deutlich
an der Stirn zu tragen. Aus dem Oriente (s. o. S. 94)
mochte Pythagoras die Erfahrung mitgebracht haben, dass
man aus drei Stäben von den Längen 3, 4, 5 ein rechtwinkliges Dreieck bilden kann; diese Thatsache konnte ihm
interessant genug sein, um ihn zu einem Versuche einer
Verallgemeinerung zu veranlassen. Aus seinen arithmetischen
Untersuchungen (s. u. S. 104) war ihm bekannt, dass die
Differenzen der Quadrate aufeinanderfolgender Zahlen die
Reihe der ungeraden Zahlen geben; jede ungerade Quadratzahl (z. B. 25) wies ihn dann auf zwei Quadrate (144 und
169) hin, deren Differenz sie ist. Der Satz von dem Quadrate
der Hypotenuse liess ihn dann in diesen Dreiecken sofort
rechtwinklige erkennen.

In engster Verbindung mit dem Satze von dem Quadrate
der Hypotenuse steht ferner die Lehre vom Irrationalen,
welche der pythagorischen Schule zugesprochen wird.**)

In der That, sobald nur selbst im einfachsten Falle
eines gleichschenkligen rechtwinkligen Dreiecks die Relation
zwischen den Quadraten der Seiten entdeckt war, konnte
es den Pythagorikern bei ihrer Neigung, die Zahlenlehre

---

*) Der älteste Zeuge ist Heron, Heron Alex. geometr. reliqu. ed.
Hultsch.

**) Eudemus bei Prokl. p. 19 ed. Basil. p. 38 Barocc.

auf Geometrie anzuwenden, nicht entgehen, dass die Hypotenuse nicht, wie in dem Dreiecke mit den Katheten 3, 4 leicht durch eine Zahl dargestellt werden konnte, sondern vielmehr aller Bemühungen spottete. Man mochte die Kathete jenes gleichschenkligen Dreiecks $= 1$ oder $= 2$ oder $= \frac{3}{2}$, oder $= \frac{5}{4}$, oder wie man wollte setzen, immer ergab sich keine Zahl für die gesuchte Diagonale. Immer und immer wieder wird man diese Aufgabe, welche Anfangs so leicht schien und nun so unerwartete Schwierigkeiten bereitete, angegriffen, sich in den für jene Zeit so beschwerlichen Zahlenrechnungen abgemüht haben, bis endlich einer jener seltenen Geister, denen es vergönnt ist, in glücklichen Augenblicken sich von dem Niveau menschlichen Denkens mit Adlersflug zu erheben — wohl mag es Pythagoras selbst gewesen sein — von dem Gedanken erfasst wurde: hier handelt es sich um ein absolut unlösbares Problem. Damit aber war so gut wie Alles geschehen; denn um die Richtigkeit dieser Idee streng zu erweisen, war zwar noch eine schwierige Deduction nöthig, die gewiss ein grosses Talent erforderte; indess der Weg war gezeigt, es bedurfte nur der Energie des Denkens und des Gebrauchs gewöhnlicher Logik, um die Heerstrasse zu bauen, die uns jetzt so bequem zugänglich ist. Aber man beachte nur, von welcher ausserordentlichen Kühnheit jener Gedanke war, anzunehmen, dass es unter den ganz homogenen geraden Linienstrecken auch solche geben könne, welche sich von anderen nicht nur durch ihre Länge, also ihre Quantität, sondern durch eine Qualität unterscheiden, welche zwar wesentlich, doch aber sinnlich absolut unerkennbar, zwar unzweifelhaft gewiss, doch aber mit der Vorstellung unerreichbar und nur im reinen Begriffe zu fassen ist. Wenn wir weiter unten sehen werden, welche ausserordentliche Schwierigkeit das Alterthum in dem Gedanken des Stetigen fand und wie in dieser Incongruenz der Reihe der stetigen Grössen und der der Zahlen selbst bis auf heute noch ein ungelöster Widerspruch liegt, so müssen wir diese die Bedeutung eines einzelnen Satzes weit übertreffende Idee des Irrationalen für eine der grössten Entdeckungen des Alterthums halten.

Wir begreifen dann, wie man im Sinne der alten Philosophen in dem Irrationalen ($\overset{\text{'}}{\alpha}\lambda o\gamma o\nu$ = ohne Verhältniss) ein tiefes Mysterium sah, den Doppelsinn des Wortes $\lambda\acute{o}\gamma o\varsigma$ benutzend, das Irrationale als das Unausgesprochene, das Unbegreifliche fasste, das Bildlose ($\alpha\nu\varepsilon\acute{\iota}\delta\varepsilon o\nu$) nennen konnte. Und wenn die ältesten Pythagoreer wirklich diese Idee entdeckt hatten, so ist es in der That nicht unwahrscheinlich, dass sie diese als ein Geheimniss sorgfältig bewahrten, wie uns denn in später Zeit erzählt wird, „dass derjenige, welcher zuerst die Betrachtung des Irrationalen aus dem Verborgenen in die Oeffentlichkeit brachte, durch einen Schiffbruch umgekommen sei, und zwar: weil das Unaussprechliche und Bildlose immer verborgen werden sollte, und dass der, welcher von Ungefähr dieses Bild des Lebens berührte und aufdeckte, in den Ort der Mütter versetzt und dort von ewigen Fluthen umspült wurde. Solche Ehrfurcht hatten diese Männer vor der Theorie des Irrationalen."[*])

Der alte Beweis von der Incommensurabilität der Diagonale eines Quadrates gegen die Seite bestand in einer deductio ad absurdum, die zeigte, „dass, wenn man den Durchmesser (die Diagonale) als commensurabel annimmt, gerade und ungerade Zahlen einander gleich sein müssen."[**]) Verhalten sich nämlich Diagonale und Seite wie zwei ganze zu einander prime Zahlen $p : q$, so muss $p^2 = 2q^2$, folglich p^2 und somit auch p eine gerade Zahl sein; dann aber ist q jedenfalls keine gerade Zahl, weil sie sonst mit p den gemeinschaftlichen Theiler 2 hätte. Da nun p gerade ist, so kann $p = 2r$ gesetzt werden, also ist $2r^2 = q^2$, also q^2 und somit auch q eine gerade Zahl, was dem zuvor Bewiesenen widerspricht.

Man sieht, wie dieser Beweis durchaus nur auf die Irrationalität der Diagonale des Quadrates geht; um zu beweisen, dass die Seite eines Quadrates, welches dreimal so

---

*) Proklus, Scholia ad l. X bei Knoche, Unters. üb. d. Scholien d. Prokl. Herford 1865. p. 9.

**) Aristoteles, An. prior. I, 23. 41, a, 26 und c. 44. 55, a, 37. Euklid hat uns diesen Beweis El. X, 117 wohl nur aus historischem Interesse aufbewahrt, da die Irrationalität aus X, 9 schon von selbst hervorgeht und der 117. Satz überhaupt nur ein Anhang ist.

gross als ein anderes ist, nicht durch die Seite des letzteren
gemessen werden kann, muss eine völlig neue Betrachtung
angestellt werden. In der That erfahren wir*), dass noch
hundert Jahre nach dem Tode des Pythagoras einzeln bewiesen wurde, dass die Seite eines Quadrates, welches 3
oder 5 oder 7 u. s. f. bis 17 Quadratfuss enthält, in Fussen
nicht ausgedrückt werden kann; woraus deutlich hervorgeht,
dass das allgemeine Princip: dass zwei Grössen, deren
Quadrate sich wie zwei nichtquadratische Zahlen verhalten,
incommensurabel sind, auch nicht mit Einem Schlage entdeckt, sondern erst, nach der Weise jener Zeit, aus speciellen Fällen entwickelt worden ist.**)

„Die Arithmetik scheint Pythagoras vor Allem werth
gehalten und hauptsächlich dadurch weiter gefördert zu
haben, dass er sie aus dem kaufmännischen Geschäfts-
bedürfnisse hervorzog und alle Dinge unter der Form der
Zahl betrachtete‟***), und wenn wir der neupythagorischen
Schule glauben wollen, die sich vorzugsweise mit reiner
Arithmetik beschäftigt hat, so hätte die älteste Schule des
Pythagoras in dieser Wissenschaft bereits sehr beträchtliche
Fortschritte gemacht. Der Eifer jedoch, mit welchem die
neuere Schule seit ihrer Begründung durch den Arithmetiker
Nikomachus in dieser wissenschaftlichen Disciplin an die
älteste Schule anzuknüpfen sucht†), macht ihre Zeugnisse
verdächtig; und so bleiben nur eine kleine Zahl älterer
gelegentlicher Nachrichten übrig, welche kein eben sehr
durchsichtiges Bild liefern. Wir erfahren aus diesen nichts
von einer praktischen Rechenkunst, welche die Aufgaben
des bürgerlichen und kaufmännischen Lebens zu lösen, zu
begründen und zu vereinfachen bestrebt gewesen wäre, vielmehr ausschliesslich von Untersuchungen im theoretischen

*) Plato, Theaetet. Dialog. ex rec. Bekkeri. P. II. V. I. p. 186.
**) Wenn dies Theorem später dem Theätet zugeschrieben wird
(Prokl. Schol. bei Knoche a. a. O. p. 24), so scheint mir diese Nach-
richt wesentlich auf jener Stelle Platon's zu beruhen, die jedoch die
Auslegung nicht gestattet, dass dem Lehrer des Theätet, dem Pytha-
goriker Theodoros aus Kyrene jenes allgemeine Theorem unbekannt ge-
wesen sei.
***) Aristoxenus, Fragm. in Stob. Ecl. phys. l. I. p. 16.
†) Nikom. Introd. arith. an mehreren Orten.

Interesse. Die Eintheilung der Zahlen in gerade, ungerade, gerad-ungerade, in Quadrat- und Nichtquadratzahlen, wohl auch noch nach anderen Gruppirungen, von denen die späteren Arithmetiker einen so grossen Reichthum hatten, spielten bei ihnen eine bedeutende Rolle. Mit Summationen von Zahlenreihen haben sie sich viel beschäftigt; sie entdeckten dabei, dass die Summe der aufeinanderfolgenden ungeraden Zahlen immer eine Quadratzahl gibt und erläuterten dies geometrisch, indem sie die einzelnen Einheiten als Punkte in ein quadratisches Netz setzten und die ungeraden Zahlen als „Gnomone" um die ursprüngliche 1 und die Quadrate 4 u. s. w. herumsetzten; wie z. B. aus 4 Puncten durch Umränderung mit 5 Puncten ein neues Quadrat 9 entsteht. *) Ebenso bemerkten sie, dass durch Addition der geraden Zahlen die Reihe 2, 6, 12, 20 entsteht, deren jede in das Product zweier um eine Einheit verschiedenen Zahlen zerfällt, wie denn $2 = 1.2$, $6 = 2.3$, $12 = 3.4$, $20 = 4.5$ u. s. w. Diesen Zahlen legten sie einen so besonderen Werth bei, dass sie ihnen einen eigenen Namen den der „Heteromeken ($=$ ungleichseitigen)" gaben. Ob sie in der Untersuchung weiter fortschritten und auf die höheren Polygonalzahlen eingingen, mit denen sich die neupythagorische Schule gern beschäftigte, lässt sich nicht constatiren.

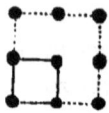

Dass ferner die Pythagoreer nach einer anderen Seite hin die Arithmetik förderten, dass sie nämlich die Lehre von den Proportionen ausbildeten, kann, obgleich Nikomachus hiefür der einzige directe Zeuge ist**), deswegen kaum bestritten werden, weil zu Platon's Zeiten bereits die drei Proportionen wohlbekannt waren; man nannte vier Grössen a, b, c, d in arithmetischer Proportion stehend, wenn $a — b = c — d$, in geometrischer, wenn $a : b = c : d$; an die besonderen Fälle der „stetigen" Proportionen $a — b = b — c$ und $a : b = b : c$ reihete man dann als eine dritte Art die harmonische Proportion $(a — b) : (b — c) = a : c$ an; man unterschied für zwei Zahlen a, b die Werthe $\frac{a + b}{2}$,

---

*) Aristoteles, Phys. III, 4. 203, a.
**) Intr. arith. II, c. 22 ff.

$\sqrt{ab}$ und $\frac{2ab}{a+b}$ als arithmetisches, geometrisches und harmonisches Mittel.

Ja es ist wohl glaublich, dass Pythagoras bereits gewusst hat, dass zwischen zwei Zahlen, ihrem arithmetischen und·harmonischen Mittel die geometrische Proportion

$$a : \frac{a+b}{2} = \frac{2ab}{a+b} : b$$

stattfindet, welche, weil sie alle früheren in sich zusammenfasst, die „vollkommenste" oder die „musikalische" genannt wird. Was wir mit der Nachricht*), dass diese Proportion bereits den Babyloniern bekannt und von Pythagoras nur nach Griechenland gebracht worden sei, anfangen sollen, muss ich dem Urtheile des Lesers überlassen.

Das wäre etwa alles, was wir von der rein mathematischen Thätigkeit der pythagorischen Schule bis in die Mitte des 5. Jahrhunderts v. Chr. ziemlich sicher wissen. Der Name jener letzten Proportion aber wird den Leser bereits erinnert haben an die wunderbare arithmetische Natur der musikalischen, harmonischen Tonintervalle. Wenn wir den Neupythagoreern glauben, so war es Pythagoras selbst, welcher, lange mit dieser Idee beschäftigt, endlich durch angemessene Experimente mit gespannten Saiten die Entdeckung des grossen Gesetzes machte, dass alle, unserem Ohre harmonisch erklingenden Intervalle mit den einfachsten rationalen Zahlenverhältnissen in realem Zusammenhange stehen: bekannt ist, dass die Hälfte einer Saite in der Octave, eine Länge von $\frac{2}{3}$ derselben in der Quinte des Tones erklingt, den die ganze Saite angibt u. s. w. Man entdeckte in diesen Accorden z. B. C, G, c noch weitere Eigenthümlichkeiten; es bilden deren Saitenlängen $1, \frac{2}{3}, \frac{1}{2}$ eine harmonische Proportion, denn es ist

$$1 : \frac{1}{2} = \left(1 - \frac{2}{3}\right) : \left(\frac{2}{3} - \frac{1}{2}\right).$$

Dies eine Beispiel mag genügen, um zu zeigen, in welcher Weise man die durch die Consonanzen und die Tonleiter

---

*) Jamblich. Comm. ad Nik. Arith. ed. Temml. p. 168.

gegebenen Zahlenverhältnisse weiter analysirte und bearbeitete. Man begreift, wie unter diesen Umständen das Streben nach einer theoretischen Grundlage der Musik einen bedeutenden Einfluss auf die Entwickelung der betreffenden Lehren der Arithmetik, namentlich der Proportionen haben musste. Die Arithmetik wurde von da an eine Vorbereitungswissenschaft für das Studium der theoretischen Musik und somit ein Bestandtheil jeder höheren Bildung.

Zu engherzig wäre es jedoch, wollten wir jene Entdeckung von der Rationalität harmonischer Tonverhältnisse nur insoweit betrachten, als sie der Arithmetik und deren Verbreitung einst nützlich gewesen ist; sehr zweifelhaft ist es freilich, wie hoch wir den Gewinn, welchen die praktische Musik der Griechen durch jene theoretische Grundlage und die daran anknüpfenden abstracten Speculationen der Arithmetiker davon trug, anschlagen dürfen, da unsere heutige Kenntniss der von den Griechen wirklich ausgeübten Musik eine sehr unvollkommene ist und sich bereits unter Aristoxenus, einem Schüler des Aristoteles, eine empirische Schule gegenüber den Prätensionen der Mathematiker in der Musik erhob; — weit über allem diesem vergänglichen Nutzen steht aber die Bedeutung jener Entdeckung für eine philosophische Weltanschauung.

Es ist schon früher darauf hingewiesen, dass, sobald nur einmal Lineal und Senkloth erfunden war, in der heiligen Baukunst sich gewisse bestimmte Zahlenverhältnisse traditionell als canonisch, oft sogar als von den Göttern geoffenbarte und gebotene festsetzten. Bei der freien Stellung, welche die Griechen schon sehr früh gegenüber religiöser Tradition einnahmen und dem wunderbaren Sinn für klare Schönheit, der sie seit den ältesten Zeiten auszeichnet, dürfen wir annehmen, dass sie bereits im 6. Jahrh. v. Chr. jene canonischen Zahlenverhältnisse in den Tempelbauten ihres mystischen Charakters entkleidet und sie in ihrer rein ästhetischen Bedeutung klar erkannt hatten. Die andere religiöse Kunst, die Musik, führte ihren Ursprung ebenfalls auf göttliche Offenbarung zurück; denn Hermes hatte dem Orpheus einst die viersaitige Leyer übergeben und ihn spielen gelehrt. Im Laufe der Zeit erhielt dieses älteste einfache

Instrument mehr Saiten, die in der Musik angewandten
Tonfolgen und Harmonien wurden, nicht ohne Widerstand
der conservativen Spartaner, mannigfaltiger und reicher;
und es wird auch in dieser Kunst bald die reine Schönheit
der Tonverhältnisse das einzig Maassgebende gewesen sein.
Indessen scheint in diesem Gebiete die Freiheit gar zu subjectiv gebraucht worden zu sein, und daher das praktische
Bedürfniss, eine feste, gleichmässige Scala zu schaffen, die
auch theoretisch hoch interessante Frage dringender gemacht
zu haben: ob nicht die Grundlagen aller Musik, die Tonintervalle ebenso unabänderlich bestimmt werden können,
als man mit Lineal, Loth und Maassstab die Bausteine bestimmt, und ob nicht auch in der Musik gewisse Zahlenverhältnisse die Grundbedingungen aller Schönheit sind.

Die Antwort hierauf aber gab jene Entdeckung, aus
welcher Pythagoras mit philosophischem Sinn sofort den
allgemeinen Schluss zog, dass das Wesen aller Schönheit in
inneren Zahlenverhältnissen der Dinge beruhe. Der Begriff
der Harmonie, bisher so schwankend und unfassbar, hatte
eine bestimmte, mathematisch feste Gestalt gewonnen: Harmonie ist nichts, als jene geheimnissvolle Zahlenbeziehung,
deren äussere Wirkung offenbar, deren inneres Wesen nur
Wenigen bekannt. Ueberall, wo Harmonie, da sind Zahlen;
und wo Zahlen, da ist Harmonie. Damit aber war Harmonie
weit über alles Menschlich-subjective erhoben und ein Gött-
lich-objectives geworden. Konnte es anders sein, als dass
Pythagoras das Princip aller Ordnung und Schönheit der
Welt in jener Harmonie fand? So war das grosse Problem
aller priesterlichen Weisheit des Orientes auf eine Weise,
wie sie nie in eines Orientalen Sinn gekommen, durch den
griechischen Geist gelöst: „Gott hat alles nach Maass, Zahl
und Gewicht geordnet."*) Wer will dem Pythagoras einen

---

*) Diese einzige Stelle der Bibel, in welcher man, freilich den
Zusammenhang im Texte vernachlässigend, eine Andeutung von mathematischen Gesetzen in der äusseren Natur findet, ist nicht jüdischen Ursprungs; sie steht in dem apokryphen Buche der Weisheit
(XI. 22), das nicht früher, als im 2. Jahrh. v. Chr. von einem alexandrinischen, mit griechischer Philosophie wohl vertrauten Juden geschrieben ist.

Vorwurf daraus machen, wenn er mit jugendlicher Frische diesen grossen Gedanken erfasste? wenn er die Zahlenverhältnisse des Septachords auch in den weiten Räumen des Himmels wieder fand und in den Bewegungen der 7 Planeten eine wunderbare, nur dem geistigen Ohre wahrnehmbare Sphärenharmonie erkannte?

Aber nicht nur im Reiche des Schönen und dem lichten Kosmos der Natur, auch in jenen geheimnissvollen Gebieten, in denen der Mensch guten und bösen Dämonen unterworfen ist, herrscht die Zahl. Durch die ganze Welt geht eine uralte Zahlenmystik, ein felsenfester Glaube an Tage und Stunden, die glücklich oder unglücklich, an Zahlen, die heilig oder unheilig sind, sei es, dass sie in sich selbst wunderbare dunkle Eigenschaften tragen, sei es, dass sie das innere Wesen einer Gottheit im Bilde darstellen, sei es beides. Auch die pythagorische Schule, die unter einem Volke voll Glaubens an die althergebrachte Weisheit der Tage- und Stundenwähler, in einem Lande vielfacher Uebung des Zeichendeutens aufgekommen war und von ihrem Meister die Ehrfurcht vor der alten Zahlenmystik des Orientes ererbt hatte, musste in allem diesem nur immer stärkere Gründe sehen, um nicht wie die ionische Philosophie in der Materie, sondern vielmehr in den Zahlen das Wesen, das Princip aller Dinge zu sehen.

So denke ich begreiflich gemacht zu haben, wie dieser Satz in der gesammten Weltanschauung der Pythagoreer das centrale Princip werden konnte, in dem Alles zusammenläuft und aus dem sich wieder Alles entwickelt. Die Ausdrücke, welche die Schule jenem grossen Grundgedanken gegeben hat, decken ihn nie ganz und scheinen mannigfach von einander abzuweichen. Indessen dürfen wir nicht vergessen, dass man im 5. Jahrhundert v. Chr. noch keine strenge Unterscheidung zwischen einem materialen und formalen, zwischen einem realen und einem Erkenntnissprincip erwarten darf. Alles dies umfasst das Princip der Pythagoriker, und ob sie sagen, dass die Zahl das Wesen aller Dinge, dass Alles seinem Wesen nach Zahl sei, oder dass die Dinge aus Zahlen bestehen, die Dinge aber nicht nur Eigenschaften einer dritten Substanz, sondern unmittelbar an sich selbst Substanzen seien, dass die Zahlen zugleich Stoff und Eigenschaft der Dinge seien, oder dass die Dinge durch Nachahmung der Zahlen und nach derem Muster gebildet waren oder dass Alles Harmonie ist*) — in allem diesem ist doch nichts anderes zu finden, als der „Eindruck, welchen die erste Wahrnehmung einer durchgreifenden und unabänderlichen Gesetzmässigkeit im Kosmos auf den frischempfänglichen Geist machen musste", als der Ausdruck überwältigender Ueberzeugung von der allerengsten Beziehung der Dinge zu den Zahlen.

Wir können uns in der Geschichte der Mathematik glücklicher Weise der dem Geschichtsschreiber der Philosophie so lästigen Mühe entschlagen, aus einer Reihe von unzureichenden Notizen ohne Kenntniss des eigentlichen Schlüssels darzustellen, wie die pythagorische Schule aus jenem Grundsatz ihre Metaphysik deductiv entwickelte. Nur einige, mit unserer Wissenschaft sich eng berührende Puncte müssen wir hier noch hervorheben.

An der Hand der Zahlen ging man vor: Alle Zahlen zerfallen in gerade und ungerade, das Ungerade aber ist zugleich begrenzt, das Gerade unbegrenzt**); die ungeraden Zahlen aber sind nach altem Volksglauben heilige, die geraden daher unheilig. So mochte man weiter in ziemlich loser Gedankenfolge zu dem Schema folgender 10 Gegensätze kommen: 1) Grenze und Unbegrenztheit, 2) Ungerades und Gerades, 3) Eins und Vieles, 4) Rechtes und Linkes, 5) Männliches und Weibliches, 6) Ruhendes und Bewegtes, 7) Gerades und Krummes, 8) Licht und Finsterniss, 9) Gutes und Böses, 10) Quadrat und Hetcromekes. Eine wunderliche Mischung! Am auffälligsten in der Reihe der Kategorieen ist das letzte Paar. Man hat dasselbe aus jenen Summationen (s. ob. S. 104) ableiten wollen und sich auch sonst vielfach bemüht, dessen Bedeutung zu ermitteln, ohne

---

*) Alle diese Sätze sind aus der Physik und Metaphysik des Aristoteles entnommen.

**) Arist. Met. I, 5, 986, a. 17. Phys. III, 4, 203, a. 10. Nikom. Intr. arith. II, 20. Worauf diese Vergleichung des Ungeraden mit dem Begrenzten ursprünglich und ob sie auf der Theorie der Gnomonen (s. o. S. 104) beruht haben mag, lässt sich schwerlich noch ermitteln.

indessen zu einer nur leidlichen Erklärung gelangt zu sein.*)

Mit den mathematischen Kategorieen jenes Schemas operiren nun die späteren Pythagoreer, nicht selten spielend, in ihrer Arithmetik fortwährend, ohne indess damit mehr zu leisten, als dass sie das Interesse an dieser Disciplin so lange wach hielten, bis an Stelle jener inhaltlosen Schatten die eigentliche Wissenschaft trat.

Und weiter führte die detaillirte Ausbildung des dem ganzen System zu Grunde liegenden grossen Gedankens zu dessen Carricatur. Hatten die Pythagoreer die Zahl als oberstes Gesetz der Welt erkannt, so sollte nun auch jedem Dinge eine bestimmte Zahl zukommen. So sagten sie etwa, die Gerechtigkeit bestehe in der Quadratzahl, weil sie Gleiches mit Gleichem vergilt und sie nannten deshalb weiter die 4 oder die 9 die Gerechtigkeit, die 5, als die Verbindung der ersten männlichen und weiblichen Zahl, nannten sie die Ehe, die 2 die Meinung u. s. w. Doch überlassen wir es den Geschichtsschreibern der Philosophie, diese Spielereien weiter zu verfolgen**), welche immerhin der Schule des Pythagoras die Ehre nicht rauben können, die Mathematik zuerst gründlich als Wissenschaft behandelt und grossartig gefördert zu haben. —

Pythagoras hat nicht allein das erste umfassende System theoretischer Philosophie geschaffen; die Harmonie, das oberste Gesetz der Welt, auch im Leben des Einzelnen und der Gesammtheit zu realisiren, war auch der Ausgangspunct seiner praktischen Philosophie. In einem auf das strengste Autoritätsprincip begründeten Bunde mit strenger Disciplin, besonderen Cultusvorschriften und enger Abgeschlossenheit gegen die Welt suchte der Meister seine ethischen

---

*) Vielleicht findet meine Erklärung einigen Beifall. Wenn die Pythagoriker die Theorie des Irrationalen entdeckt und deren hohe Bedeutung erkannt haben, so muss es, wie man sofort zugeben wird, sehr auffällig erscheinen, dass die so nahe liegenden Gegensätze von Rational und Irrational in ihrer Tafel keinen Platz haben. Sollten diese nicht unter dem Bilde Quadrat und Rechteck enthalten sein, welche bei der Quadratwurzelausziehung eben auf jene Begriffe geführt hatten?

**) Siehe die ausführliche Darstellung bei Zeller, Gesch d. Philos., I. Th., p. 285 ff.

Anschauungen zur That zu machen; jeder Egoismus sollte schweigen, jede individuelle Leistung der Schule als Ganzes zu Gute kommen. So erklärt es sich, wie es unmöglich ist, die Entwickelung der Lehre innerhalb der Schule zu verfolgen, zu trennen, was dem Meister und was seinen Schülern zukommt; und es begreift sich, wie die tieferen mathematischen Theorieen, welche in der Schule behandelt wurden, nur geringe Verbreitung ausserhalb derselben fanden, auch ohne dass wir, der Ueberlieferung späterer Schriftsteller folgend, ein eigentliches Gelübde des Schweigens anzunehmen brauchen.

Die Mathematiker im 5. Jahrhundert.

Jene corporative Verfassung der Schule war von ihrem Gründer zugleich dazu bestimmt, seine politisch-ethischen Ideen in den Republiken Grossgriechenlands zu verkörpern; eben hieran aber scheiterte dieser eigenthümliche Versuch, orientalische Einrichtungen auf hellenischen Boden zu übertragen. Bald nach dem Tode des Stifters durchzog ganz Unteritalien eine stark demokratische Strömung, die allenthalben in blutigen Revolutionen die Aristokratie und mit ihr die pythagoreischen Gemeinschaften niederwarf, vernichtete und aus dem Lande vertrieb. So finden wir in der Mitte des 5. Jahrhunderts in allen Ländern griechischer Zunge versprengte Pythagoriker, welche nun, jenen eigenthümlichen corporativen Einflüssen entzogen, mit ihrem Wissen ebenso frei schalteten als andere Philosophen. Von dieser Zeit an erst fand die Mathematik in Griechenland allgemeinere Verbreitung; das erste Lehrbuch der Elemente der Geometrie ist in dieser Zeit von einem Pythagoriker, Hippokrates aus Chios, geschrieben*), der, wie es scheint, zuerst in Athen, der Stadt, die von nun an eine Zeit lang der Mittelpunct mathematischen Lebens sein sollte, Geometrie vorgetragen hat.

Das Glück hat es gewollt, dass uns ziemlich umfangreiche Stücke einer mathematischen Abhandlung dieses Hippokrates**) aufbewahrt sind, welche uns eine Vorstellung von

---

*) Eudemus bei Prokl. p. 19. ed. Basil.

**) Aus Eudemus in Simplic. Comm. in Arist. Phys. (Venedig 1526)

dem Stande der Geometrie in der Mitte des 5. Jahrhunderts geben können.

Da zeigt sich denn zunächst die höchst überraschende Thatsache, dass dieses älteste Fragment griechischer Geometrie, welches 150 Jahre älter als die Elemente Euklid's ist, bereits den durch letztere typisch fixirten Charakter trägt, welcher der Geometrie der Griechen so eigenthümlich ist. Dahin gehört vor Allem die äusserste Sorgfalt in der Construction der Figur, die keinen Schritt vorwärts thut, ohne ausdrücklich, durch oft langwierige und meist unerquickliche Schlussreihen zu zeigen, dass er auch immer möglich ist, dass sich gewisse Linien wirklich schneiden, die eine Strecke in der That länger als jene andere ist u. s. w. Um ein Beispiel davon zu geben, in welchem Grade schon in dieser frühen Zeit die unmittelbare geometrische Anschauung ignorirt wurde, bemerke ich z. B.: Hippokrates glaubt den Satz, dass um ein Trapez, welches aus einem gleichschenkligen Dreiecke durch eine Parallele mit der Basis abgeschnitten wird, ein Kreis beschrieben werden kann, durch eine umständliche Betrachtung congruenter Dreiecke beweisen zu müssen. Es hängt hiemit eine andere Eigenthümlichkeit der griechischen Geometer eng zusammen: der Mangel an allgemeinen Principien und leitenden Ideen in der Darstellung; die Sätze, welche in dem interessanten Fragmente entwickelt werden, sind, wie sich zeigen lässt, offenbar aus einem und demselben Grundgedanken hervorgegangen; anstatt nun diesen anzudeuten und so das Verständniss des Wesens der Sätze zu erleichtern, scheint der alte Geometer fast absichtlich jede Spur eines Zusammenhanges verwischt zu haben und stellt also jene Sätze neben einander, als ob sie aus den Wolken gefallen seien.

Mit dieser Zerstückelung des Gedankens in seine kleinsten Bestandtheile hingen dann aber die charakteristischen Vorzüge der griechischen geometrischen Methode eng zusammen: die genaue Erkenntniss der Bedingungen eines Theorems, die Strenge der Schlussfolgerung, die Sicherheit des Resultates,

---

fol. 12 ff. Bretschneider hat sich das Verdienst erworben, den verdorbenen Text zu emendiren und die Figuren hinzuzufügen. (Geom. vor Eukl. p. 100—121.)

und in allen diesen Beziehungen gibt Hippokrates den späteren klassischen Geometern nichts nach. Das einzige, worin er sich von ihnen unterscheidet, ist die etwas gelockerte· Form, die noch nicht die Euklidische feierliche Gliederung eines Satzes kennt, sondern Construction und Beweis in Eins verflechtend, die Bedingungen des Theoremes nach einander, wo es nöthig wird, einführend, den Lehrsatz selbst bald zuerst, bald zuletzt beibringend, die später sogenannte synthetische und analytische Methode noch ungetrennt anwendet.

Was nun den Umfang des mathematischen Wissens jener Zeit betrifft, so können wir ihn aus einem Fragment einer speciellen Abhandlung nicht völlig ermessen. Doch finden wir bei Hippokrates zum ersten Male die Lehre von der Aehnlichkeit der Figuren in ihren Anfängen. Aus der Gleichheit der Winkel an der Grundlinie zweier gleichschenkligen Dreiecke wird auf Proportionalität der Seiten geschlossen. Ob aber damals schon die Bedingungen der Aehnlichkeit ungleichseitiger Dreiecke bekannt waren, lässt sich nicht ausmachen.

Die Lehre von der Aehnlichkeit erforderte die Uebertragung der Proportionen von den Zahlen, auf welche man sie bis dahin bezog, zu den Grössen. Uns Neueren scheint dies leicht genug; man leitet die Gesetze für die Proportionen an Zahlen ab und überträgt sie ohne Weiteres auf Grössen, indem man incommensurabele Grössen zwischen benachbarte rationale Zahlen einschliesst und so allmählich dazu gelangt, aus der ihrer Natur nach discreten Zahlenreihe eine stetige Reihe zu erzeugen.

Wenn auch nicht geläugnet werden kann, dass in dieser Erzeugung des Stetigen aus dem Unstetigen ein gewisser unnatürlicher Zwang und ein innerer, im Begriffe des Unendlichkleinen besonders hervortretender Widerspruch liegt*), so gehört doch diese Idee der stetigen Zahlenreihe, der Zahlgrösse, wie ich es nenne, zu den wichtigsten Errungenschaften der neueren Mathematik gegenüber dem gesammten

---

*) S. meine Vorl. üb. d. complexen Zahlen (Leipzig 1864). p. 46 und 65.

Alterthume, dem, so weit wir es kennen, die beiden Begriffe der Zahl und der Grösse völlig getrennt neben einander standen. In Euklid's Satze: „Incommensurabele Grössen verhalten sich nicht wie Zahlen zu einander" kommt diese Kluft in ihrer ganzen Schärfe zum Vorschein.

So stützt sich denn auch bei Euklid die Lehre von den Proportionen der Grössen nirgends auf die von den Proportionen der Zahlen (XIII, def. 20), hat vielmehr ihre eigene Definition (V, def. 5): „Grössen a, b, c, d sind in einerlei Verhältniss, wenn bei Vergleichung eines jeden Gleichvielfachen von a und c mit einem jeden Gleichvielfachen von b und d es sich jedesmal findet, dass, wenn das Vielfache von a grösser oder gleich oder kleiner als das Vielfache von b ist, alsdann auch das Vielfache von c grösser oder gleich oder kleiner als das Vielfache von d ist"; und auf dieser wird nun in geistreicher Weise die Lehre von den Proportionen der Grössen und der Aehnlichkeit der Figuren selbstständig aufgebaut.

Wir werden sehen, dass diese Methode nicht erst von Euklid geschaffen, sondern schon in der Platonischen Schule üblich war. Auch können wir nicht annehmen, dass im 5. Jahrhundert etwa unsere heutige Art und Weise, die Proportionslehre zu begründen, angewendet worden sei, da es nicht glaublich wäre, dass nachher diese so viel einfachere Methode verlassen und die Idee der stetigen Zahlenreihe aufgegeben worden sei. Man wird daher nicht umhin können, dem 5. Jahrhundert die ersten Schritte auf dieser Bahn zuzuschreiben, die das ganze Alterthum nicht wieder verlassen hat; und diese Vermuthung wird nicht wenig dadurch bestätigt, dass die Griechen, denen es niemals gelungen ist, den Begriff der Zahl mit dem der Länge zu vereinigen, in jener Zeit selbst die verschiedenen Arten von Grössen nicht unter Einen Begriff zu fassen wussten. Denn es wird uns authentisch berichtet*): „Der Satz, dass die Glieder einer Proportion sich vertauschen lassen, wurde ehemals für Zahlen, Linien, Körper, Zeit besonders bewiesen, obgleich es möglich ist, dasselbe von allen durch Einen

---

*) Aristot. An. post. I, 5. 74. a. 17.

Beweis zu zeigen. Weil man aber keinen gemeinschaftlichen Namen hatte, worunter alles dies begriffen werden kann, Zahl, Länge, Körper, Zeit, und weil hier von einander verschiedene Arten gegeben sind, so nahm man jede besonders." So schwer werden Verallgemeinerungen in der Wissenschaft errungen!

Eine neue Erwerbung des 5. Jahrhunderts sind ferner Sätze vom Kreise, von denen bei den älteren Pythagorikern noch keine Spur zu entdecken ist. Hippokrates betrachtet schon als „ähnliche" Kreissegmente solche, welche den gleichvielten Theil eines Kreises einnehmen und daher ähnliche eingeschriebene gleichschenklige Dreiecke haben. Ihm selbst verdankt man wahrscheinlich den Satz, dass sie sich wie die Quadrate ihrer Sehnen, also Kreisflächen, wie die Quadrate ihrer Durchmesser verhalten. Der schöne Satz dagegen, dass die Peripheriewinkel über demselben Bogen constant gleich dem halben Centriwinkel sind, war ihm entschieden unbekannt, von anderen Sätzen, deren spätere Erfindung historisch überliefert ist, zu geschweigen.

Die Quadratur des Kreises und die Exhaustionsmethode.

Die besprochene Schrift des Hippokrates ist hervorgegangen aus der Beschäftigung mit dem Probleme der Quadratur des Kreises, welches im Verein mit noch zwei anderen Problemen das Interesse der gelehrten Kreise Athen's fast ein Jahrhundert lang vorzugsweise auf sich zog. Dass es überhaupt gestellt werden konnte, setzt voraus, dass man mit der Flächenbestimmung des Dreiecks und der Verwandlung aller geradlinig begrenzten Flächen in Quadrate völlig im Reinen war. Nun galt es eben, den einfachsten krummlinigen Flächenraum mit einem Quadrate zu vergleichen. Aber wie die Sache anfangen? Man wandte das Problem hin und her, Anaxagoras*) vertrieb sich (um 440) den Kummer über seine Gefängnisshaft mit Speculationen über diese Aufgabe, ohne sie angreifen zu können.

Die Sophisten, deren Blüthezeit mit dem Aufkommen dieses Problems zusammen fällt, warfen sich auf dasselbe.

---

*) Plutarch. de exil. c. 17.

Einige hatten von cyklischen Zahlen gehört (die Arithmetiker nannten diejenigen, wie 5 oder 6, deren Quadrate 25
oder 36 wieder auf dieselben Zahlen endigten, cyklisch),
und „nun glaubten sie, dass sie die Quadratur des Cyklus
in Grössenmaass gefunden hätten, wenn sie eine cyklische
Quadratzahl nachwiesen". Leider können wir nicht annehmen, dass diese Lösung der Quadratur des Kreises nur
ein Scherz gewesen sei. *)

Andere Sophisten werden behauptet haben, die Quadratur sei überhaupt nicht zu finden; denn wie könne man
Krummes und Gerades, da es doch entgegengesetzt und
qualitativ verschieden sei, mit einander vergleichen? und
wiesen durch solche lustige geistreiche Speculationen, wie
es auch wohl heute noch geschieht, ein für sie zu tiefes
Problem zurück. Andere wieder werden bemerkt haben,
dass eben ein Kreis doch sicherlich eine ganz bestimmte
Fläche hat, die sich der Schmied mit Gold bezahlen lässt,
wenn er einen kreisrunden Schild liefert. Ein Sophist aber,
Antiphon, machte seinem Stande Ehre, indem er bemerkte:
Wenn man einem Kreise ein Quadrat einbeschriebe, über
den Seiten desselben gleichschenklige Dreiecke und somit
ein Achteck, dann über dessen Seiten ein Sechszehneck
einbeschriebe „und dies immerfort wiederholte, bis dadurch
der Kreis völlig erschöpft würde, so würde dem Kreise ein
Vieleck einbeschrieben werden, dessen Seiten ihrer Klein-
heit halber mit dem Kreisumfange zusammenfallen würden.
Nun könne man aber zu jedem Vielecke ein gleichflächiges
Quadrat construiren; folglich würde man, da dem Kreise
ein gleichflächiges Vieleck substituirt ist, durch dessen Gleichsetzung mit dem ihm gleichen Quadrate ein dem Kreise
gleichflächiges Quadrat construiren **)". Wenn Antiphon

---

*) Bretschn. p. 106. Vielleicht ist diese Narrheit erst späteren
Datums, obgleich sie lebhaft an die Sophisten erinnert, die auch bewiesen, „dass Homer's Poesie eine geometrische Figur sei", weil sie
ein (Sagen-) Kreis ist. „τὰ ἔπη κύκλος, ὁ κύκλος σχῆμα, τὰ ἔπη
σχῆμα." Aristot. An. post. I, 12. 77, 6, 32.

**) Bretschn. p. 101 und 125, wo mehrere gelegentliche Notizen
von Scholiasten zu Aristoteles, der vielfach von den Methoden der
Quadratur spricht, zusammengestellt sind.

glaubte, das Problem hiedurch gelöst zu haben, so täuschte
er sich freilich; gleichwohl hat er hiemit als der erste den
völlig richtigen Weg betreten und den Flächeninhalt eines
krummlinigen Raumes zu ermitteln versucht, indem er ihn
durch Vielecke von · immer wachsender Seitenzahl zu erschöpfen (exhaurire) suchte. Man hat aber schon damals
gegen Antiphon mit Recht bemerkt, dass, wie weit man
auch gehen möge, immer das Vieleck von dem Kreise, die
Sehne von dem Bogen verschieden sei und daher auf diese
Weise der Flächeninhalt nicht völlig genau erhalten werden
könne. Es wird dies ohne Zweifel ein sehr viele Disputationen veranlassender Streitpunct in Athen gewesen sein;
denn in eben derselben Zeit (um das Jahr 450) waren die
Fragen über die Theilbarkeit und Stetigkeit der Grössen
durch die berühmten Beweise des Eleaten Zeno gegen die
Vielheit und die Bewegung in den Vordergrund wissenschaftlicher Beschäftigung gestellt worden. Es haben diese
Paradoxa Zeno's, des „Erfinders der Dialektik", einen so
bedeutenden Einfluss auf die Entwickelung der griechischen
Geometrie gehabt, dass wir nicht umhin können, wenigstens
einige derselben hier vorzuführen.*)

Um einen Widerspruch in dem Begriffe der Bewegung
nachzuweisen, verfährt Zeno so: Ehe der bewegte Körper
am Ziel ankommen kann, muss er erst in der Mitte des
Weges angekommen sein; ehe er in dieser ankommt, in der
Mitte seiner ersten Hälfte u. s. f. ins Unendliche. Jeder
Körper müsste daher, um von einem Puncte zu einem
anderen zu gelangen, unendlich viele Räume durchlaufen;
das Unendliche lässt sich aber in keiner gegebenen Zeit
durchlaufen. Mithin ist die Bewegung unmöglich.

Auf ähnlichem Grunde beruht der bekannte Beweis
Zeno's, dass Achilles das Langsamste, die Schildkröte, nicht
einzuholen im Stande sei, wenn letztere irgend einen Vor-
sprung hat, weil er, um sie einzuholen, erst jeden der
unendlich vielen Puncte erreichen müsste, die sie vorher
einnahm.

Beide Beweise aber kommen, wie schon Aristoteles

---

*) S. das Nähere Zeller, Gesch. d. gr. Phil. I, **425 ff.**

bemerkt, auf den einen Schluss hinaus: Wenn es Bewegung gibt, so muss das Bewegte in begrenzter Zeit unendlich Vieles treffen; dies ist unmöglich, also gibt es keine Bewegung.

Durch denselben Schluss kann man offenbar auch die Möglichkeit widerlegen, eine Länge fortgesetzt halbiren, überhaupt bis ins Unendliche theilen zu können. Es ist unmöglich, dass im Endlichen Unendlichvieles enthalten sei, das ist der positive Satz, auf dem Zeno's Argumente beruhen.

Diese Schlussreihen in ihrer schneidenden Logik galt es nun zurückzuweisen, wenn anders man die gegebene Anschauung von dem Raume und die Wirklichkeit der Bewegung retten wollte. Eine Auskunft, auf die man verfiel, war die, die unendliche Theilbarkeit, damit aber auch die absolute Stetigkeit des Raumes aufzugeben und diese Grössen als aus untheilbaren Elementen in endlicher Zahl zusammengesetzt zu betrachten. Gerade jenen ersten Zenonischen Beweis sah man als hiezu zwingend an, wie uns Aristoteles lehrt, der noch ein Jahrhundert später eine Schrift „über die untheilbaren Linien*)" schrieb, um deren mathematische und logische Unmöglichkeit darzuthun. Auch unser Antiphon liess, wie Eudemus bezeugt**), „den Grundsatz von der unendlichen Theilbarkeit bei Seite" und meinte, dass wenn man nur jene Construction der Vielecke weit genug fortsetze, man endlich zu einem gelange, welches sich von dem Kreise nicht mehr unterscheide, da gerade und krumme Linien aus denselben untheilbaren Elementen zusammengesetzt seien.

Andere werden diese atomistische Zerstückelung bekämpft haben, indem sie sich auf die unmittelbare Anschauung beriefen, wonach jedes noch so kleine Linienstück beliebig theilbar und auch in einem solchen noch der Unterschied von Gerade und Krumm vorhanden ist.

Aber auch weitere philosophische Erörterungen führten zu demselben Ziel; Plato erkannte sowohl in den Ideen als

---

*) περὶ ἀτόμων γραμμῶν, de insecabilibus lineis. p. 968, a. ed. Bekker.

**) S. Bretschneider a. a. O. p. 102.

in dem sinnlich Wahrnehmbaren das Unendliche an, sowohl nach der Seite des Kleinen als des Grossen.*) Doch war erst des Aristoteles scharfe Dialektik im Stande, in diese Verwirrung Licht zu bringen. Er leitete die Unmöglichkeit, dass Stetiges aus untheilbaren Stücken zusammengesetzt werden könne, aus dem Begriffe des Stetigen ab; „denn stetig (συνεχές) sei ein Ding, wenn die Grenze eines jeden zweier nächstfolgenden Theile, mit der dieselben sich berühren, Eine und die nämliche wird, und, wie es auch das Wort bezeichnet, zusammengehalten wird".**) Und gegen Zeno's erstes Paradoxon bemerkte er sehr richtig: Wir können zwar nicht in unserem Geiste unendlich Vieles in endlicher Zeit zählen; das Bewegte aber bewegt sich nicht zählend; denn Zählen ist eine discrete Operation, die bei jeder Zahl anhält und gewissermassen einen Ruhepunct macht; das Bewegte aber hält nicht bei jedem einzelnen Ruhepuncte an.***) Und ferner erwiderte er: Allerdings durchläuft der Punct in begrenzter Zeit unendlich viele Linientheile; aber diese Zeit enthält auch unendlich viele Zeittheile; denn die Zeit ist ebenso unendlich theilbar, als der Raum; wenn also in unendlich vielen Zeittheilen auch unendlich viele Raumtheile durchlaufen werden, so hört jedes Paradoxon auf.†)

Auch über den Begriff des Unendlichen (ἄπειρον) selbst hat Aristoteles die ersten tieferen Untersuchungen angestellt. Er findet, dass das Unendliche nur der Möglichkeit, der Potenz nach (δυνάμει) existirt, jedoch nicht so, dass es einmal eine Verwirklichung als ein bestimmtes Unendliches fände, welches actuell (ἐνεργείᾳ) unendlich wäre; sondern es existirt nur immer in einem Entstehen und Vergehen, und wenn auch jedesmal begrenzt, ist es doch immer und immer wieder ein Verschiedenes.††) Dieses potentiell Unendliche existirt zwar so in der Zeit und dem Zählen, sowie in der Theilung der Grössen, wo das jedesmal Gesetzte

---

*) Aristot. Phys. l. III. c. 4. 203, a, 9.
**) Ebd. c. 3. 227, a, 10.
***) Arist. de insec. lin. 969, a, 30.
†) Phys. VI, 2. 233, a, 21.
††) Ebd. III, c. 6. 206, ʙ, 18.

wieder vergeht, wenn man weiter fortschreitet, nicht aber in Bezug auf die Zunahme der Grössen.*) Denn was potentiell sein kann, kann auch actuell sein. Da es nun keine unbegrenzte, sinnlich wahrnehmbare Grösse gibt**), so ist es auch nicht möglich, dass es ein Hinausgehen über alle bestimmte Grösse gäbe; denn sonst würde es etwas geben, was grösser wäre als das Himmelsgebäude."***)

Doch ist sich Aristoteles hiebei wohl bewusst, wesentlich von der physikalischen Grösse zu handeln. Denn er sagt: „Vielleicht ist die Untersuchung, ob das Unendliche auch in der Mathematik und in dem Denkbaren und in demjenigen, was keine Grösse hat, existire, eine weit allgemeinere."†) Sollte aber auch im Denken etwas Unendliches existiren, so folgt daraus nichts für das Wirkliche. „Denn nicht deshalb ist etwas über die bestimmte Grösse, weil es Jemand so denkt, sondern weil es so ist. ... Die Grösse aber wird nicht durch Vermehrung in Gedanken eine unendliche."††)

Da, wie man hieraus ersieht, selbst der grösste Dialektiker des Alterthums nicht im Stande war, alle dem Begriffe des Unendlichen anhaftenden Dunkelheiten zu beseitigen, ja durch eine eigenthümliche nationale Beschränktheit selbst sich in' neue Schwierigkeiten verwickelte, ist es begreiflich, dass die griechischen Mathematiker, nachdem durch die Paradoxien der Eleaten dies Feld einmal der Dialektik anheimgefallen war, allen diesen Schwierigkeiten aus dem Wege gingen, indem sie ein für allemal den Begriff der Veränderung und Bewegung aus der Wissenschaft verbannten, ebenso den des Unendlichen, auch des potentiell Unendlichen, also des unendlich Wachsenden oder unendlich Abnehmenden, den sie durch den des beliebig Grossen und Kleinen ersetzten.†††). Sie begnügten sich, das Axiom zu constatiren,

---

*) Ebd. c. 7. 207, 6, 1.
**) Ebd. c. 5, wo aus physikalischen Gründen die Unbegrenztheit der Welt als unmöglich darzuthun versucht worden ist.
***) Ebd. c. 7. 207, 6, 17.
†) Ebd. c. 5. 204, a, 34.
††) Ebd. c. 8. 208, a, 17.
†††) Wie Aristot. Phys. III, 7. 207, 6, 27 ausdrücklich hervorhebt.

dass jede Grösse beliebig theilbar sei. Der Begriff des actuellen Unendlichgrossen fand, wie schon Aristoteles' Läugnung einer actuellen Unendlichkeit beweist, überhaupt keine Nahrung in dem klassisch-griechischen Geiste; er verdankt seine Entstehung erst der späteren Richtung des Geistes auf das Transscendente. In dem Begriffe des actuellen Unendlichkleinen aber fanden sie unlösbare Widersprüche: Ein Unendlichkleines vergrössert eine Grösse nicht, wenn es zu ihr hinzutritt. „Was aber zu Anderem hinzukommend dieses nicht vergrössert, und von ihm hinweggenommen es nicht verkleinert, ist Nichts" — hatte schon Zeno*) gesagt; und doch sollte das Unendlichkleine Etwas sein, insofern es mit anderen Unendlichkleinen in bestimmtem Verhältniss stehen sollte. Ja sie schlossen diesen Begriff ausdrücklich durch das Axiom aus: „Wenn zwei Flächenräume ungleich sind, so ist es möglich, den Unterschied, um welchen der kleinere von dem grösseren übertroffen wird, so oft zu sich selbst zu setzen, dass dadurch jeder endliche Flächenraum übertroffen wird."**) Danach aber kann es keinen unendlich kleinen Unterschied geben, der nach seinem Begriffe vervielfältigt niemals einen endlichen Flächenraum übertreffen kann.

Mit welcher Vorsicht, ja uns unbegreiflicher Aengstlichkeit man in der Wahl solcher Axiome vorging, mag man aus der Rechtfertigung ersehen, die noch mehrere Jahrhunderte später Archimedes, als er dieses λῆμμα (angenommener Satz), wie er es nennt, benutzt, hinzufügen zu müssen glaubt: „Auch die früheren Geometer haben sich dieses Lemma bedient; dass nämlich Kreise im quadratischen Verhältnisse ihrer Durchmesser zu einander stehen u. s. w., ist mit seiner Hilfe dargethan worden. Nun ist aber jeder der angeführten Lehrsätze keineswegs minder annehmbar befunden, als solche, die ohne Zuziehung jenes Lemma dargethan sind, und somit hat dasjenige, was ich jetzt darlege, dieselbe Annehmbarkeit für sich."

Wenn nun Archimedes jenes Lemma mit dem Satze

*) S. Zeller, a. a. O. p. 425.
**) Archim. De quadr. parabol. Praef.

von dem Verhältnisse der Kreisflächen in solche Verbindung bringt, und andererseits Eudemus letzteren Satz als von Hippokrates erfunden und bewiesen bezeugt*), so dürfen wir auch annehmen, dass Hippokrates jenes von Archimedes wieder aufgenommene Axiom aufgestellt habe, welches in einer oder der anderen Form die Grundlage der Exhaustions- methode der Alten, d. h. der Methode, durch ein- und um- geschriebene Vielecke den Inhalt einer krummlinigen Figur zu erschöpfen, bildet. Denn diese Methode bedarf noth- wendig eines solchen Grundsatzes**), um zu erweisen, dass durch jene Vielecke die krummlinige Fläche auch in der That erschöpft wird, d. h. dass man durch weitere Verviel- fältigung der Seitenanzahl nicht nur der krummlinigen Fläche immer näher, sondern ihr so nahe kommt, als man will. War demnach des Hippokrates Beweis des Satzes von den Kreisflächen richtig, wie wir nach Eudemus' Bericht glauben müssen, so war es in diesem zunächst seine Aufgabe nach- zuweisen: Es gebe keinen noch so wenig von der Kreisfläche K verschiedenen Flächenraum $K-\varepsilon$, dass nicht eines jener nach Antiphon's Weise eingeschriebenen Vielecke zwischen K und $K-\varepsilon$ fiele. Dazu war nöthig, nachzuweisen, dass der Unterschied eines Vielecks vom Kreise kleiner sei, als die Hälfte des Unterschiedes des vorhergehenden Vielecks vom Kreise. War dies geschehen und es hat an der Figur keine Schwierigkeit, so konnte man weiter so verfahren:

Wenn es nicht möglich wäre, durch die Vielecke der Kreisfläche K näher zu kommen, als $K-\varepsilon$, so verdoppele man ε so oft, dass es die Kreisfläche übertrifft, was nach dem Grundsatze zulässig ist, und beschreibe eben so viele Vielecke vom Quadrat an durch Verdoppelung der Seiten- zahl in den Kreis. Dann ist nach Voraussetzung das letzte mehr als ε von K verschieden, das vorhergehende, nach dem bereits Bewiesenen, um mehr als 2ε, das diesem vor-

---

*) Bretschneid. p. 110.

**) Auch Euklid hat einen von jenem nicht wesentlich verschiedenen Grundsatz implicite. Elem. I, def. 3 und 4 und XII, prop. 1. Elemente, V. Buch, 3. und 4. Def., den man explicite so ausdrücken könnte: Eine Grösse kann immer so oft vervielfältigt werden, dass sie jede andere übertrifft.

hergehende um mehr als 4ε, .. und endlich das Quadrat um mehr als jene durch wiederholte Verdoppelung von ε erhaltene Grösse. Diese aber soll die Kreisfläche übertreffen, und es wäre also das Quadrat um mehr als die Kreisfläche kleiner als die Kreisfläche selbst, was unmöglich. Also kommen die Vielecke der Kreisfläche beliebig nahe.

Es kann nicht geläugnet werden, dass dieses Verfahren noch etwas Unbefriedigendes hat. Der Gedanke, dass man, wie weit man auch in der Reihe der Vielecke gehen möge, jene Kreisfläche nie erreicht, obgleich man ihr immer näher und ganz beliebig nahe kommt, spannt das vorstellende Denken in dem Maasse, dass es um jeden Preis diese Lücke, welche gleichsam zwischen der Wirklichkeit und dem Ideal liegt, auszufüllen strebt, und psychologisch gezwungen ist, den — unendlich kleinen oder unendlich grossen? — Schritt zu machen und zu sagen: Der Kreis ist ein Polygon mit unendlich vielen kleinen Seiten. Die Alten aber haben diesen Schritt nicht gethan; so lange es griechische Geometer gab, sind dieselben immer vor jenem Abgrunde des Unendlichen stehen geblieben und haben niemals die Grenze der klaren Anschauung und des völlig widerspruchsfreien Begriffes überschritten.

Wir neueren Mathematiker pflegen nun, um zur Vergleichung von Kreisflächen zurückzukehren, sofort weiter zu schliessen, dass, weil sich ähnliche Kreispolygone wie die Quadrate der Durchmesser verhalten, auch die Kreise selbst, als Polygone mit unendlich vielen Seiten, ebenso verhalten müssen. Die griechischen Mathematiker werden eine ähnliche Vorstellung auch im Geiste gehabt haben und gewiss aus dem Verhältniss der Vielecke sofort mit völliger innerer Gewissheit auf das entsprechende der Kreisflächen geschlossen haben; indessen war diese innere Gewissheit ihnen nicht genügend; sie strebten nach einem unangreifbaren, logisch völlig strengen Beweise, der hier, wo der Weg, auf dem sich der Satz genetisch ergab, nicht unangreifbar war, nur ein indirecter sein konnte. So findet sich denn an dieser Stelle der Exhaustionsmethode überall ein Beweis der Unmöglichkeit, dass das constante Verhältniss der ein- oder umbeschriebenen Vielecke von dem der betreffenden krummlinigen Flächen verschieden sei.

In unserem Falle kann dieser apagogische Beweis nicht wesentlich anders [geführt werden, als ihn Euklid (Elem. XII, 2) gibt.

Es seien r, r' die Radien, K, K' die Flächen zweier Kreise, dann ist

$$r^2 : r'^2 = K : K'.$$

Denn angenommen, es sei nicht der Fall, so sei etwa

$$r^2 : r'^2 = K : Z'.$$

1) Es sei $Z' < K'$. Dann aber kann man in den Kreis jedenfalls ein Vieleck einschreiben, dessen Fläche V' der Kreisfläche näher kommt als Z'. Ist dann V das entsprechende Vieleck in K, so ist:

$$V : V' = r^2 : r'^2 = K : Z', \quad V : K = V' : Z'.$$

Da nun $V' > Z'$, so müsste auch $V > K$, was unmöglich.

2) Es sei $Z' > K'$. Um die Unmöglichkeit dieses Falles zu beweisen, konnte man ihn entweder auf den vorigen reduciren, indem man ein $Z < K$ aus

$$K : Z' = Z : K'$$

bestimmt und dann auf die Proportion:

$$r'^2 : r^2 = Z' : K$$

genau die vorigen Schlüsse anwendete; oder konnte ihn, wie später Euklid, mit Vielecken führen, die dem Kreise umgeschrieben sind. Denn dass bereits damals auch diese angewandt wurden, beweist der Vorschlag eines zeitgenössischen Sophisten Bryson*), die Kreisfläche zu quadriren, indem man sie dem Mittel der ein- und umgeschriebenen Vielecke gleichsetzt.

War nun so bewiesen, dass weder $Z' > K'$ noch $Z' < K$ sein kann, so ist damit in aller Strenge erwiesen, dass $Z' = K'$ sein muss. Diese Exhaustionsmethode **) zur Er-

---

*) Bretschneider p. 126.

**) Ich muss annehmen, dass diese Methode sich bereits in der Mitte des 5. Jahrh. in ihren wesentlichen Theilen ausgebildet hatte. Denn es gibt keinen anderen Weg, um jenen Satz des Hippokrates streng zu beweisen, und Eudemus, der sonst die Kritik nicht scheut, bemerkt nicht, dass Hippokrates einen Fehler bei dem Beweise begangen habe.

mittelung der Verhältnisse zweier krummlinigen Flächenräume K, K', die auch ohne Schwierigkeit auf die zweier
Körperräume übertragen werden kann, besteht hienach aus
drei Theilen: I. Der Construction der ein- und umschriebenen
Vielecke V_n, V'_n und der Ermittelung des constanten, d. h.
von der Seitenzahl unabhängigen Verhältnisses $V_n : V'_n = \alpha : \beta$
dieser. II. Dem Nachweise, dass die Vielecke die Flächenräume K, K' erschöpfen. Wir haben annehmen zu müssen
geglaubt, dass der erste Nachweis ein indirecter gewesen
ist; Euklid hat mittels des allgemeinen Lehrsatzes (Elem.
X, 1), dass man durch fortgesetzte Halbirung einer Grösse
immer zu einer beliebig kleinen Grösse gelangen kann, es
möglich gemacht, diesen Nachweis in einfacheren Fällen
direct zu führen. III. Der Uebertragung des Verhältnisses
$V_n : V'_n$ auf die K, K', indem $K : K' = \alpha : \beta$ gesetzt und
die Unmöglichkeit gezeigt wird, dass es anders sein könne.
Dieser Theil des Beweises ist von allen griechischen Geometern stets durch eine reductio ad absurdum geführt worden,
weil sie den zwischen den Vielecken und den krummlinigen
Flächen vermittelnden natürlichen Grenzbegriff der unendlichen Fortsetzung der Reihe der Vielecke nicht besassen
und daher einen indirecten Weg einschlagen mussten.

Es wäre nun aber möglich gewesen, diesen sich bei
jeder einzelnen Untersuchung wiederholenden Theil des Beweises ein für allemal zu erledigen, wenn man folgenden
Lehrsatz aufgestellt und auf die oben angegebene indirecte
Art bewiesen hätte:

Wenn die Glieder zweier beliebig weit fortzusetzender
Reihen von Grössen

$$V_1 , V_2 , V_3 \ldots$$
$$V'_1 , V'_2 , V'_3 \ldots$$

in dem constanten Verhältnisse:

$$V_1 : V'_1 = V_2 : V'_2 = V_3 : V'_3 = \ldots = \alpha : \beta$$

stehen, und es kommen die V einer Grösse K, die V' einer
Grösse K' beliebig nahe, so ist auch

$$K : K' = \alpha : \beta.$$

Einen solchen Satz findet man aber bei den Alten nirgends. Obgleich Euklid im XII. Buche seiner Elemente fünfmal

hintereinander Exhaustionen vornimmt, auf welche dieser Lehrsatz, der den III. Theil des Beweises ganz erspart, anwendbar wäre, so führt er doch fünfmal jene deductio ad absurdum vollständig durch. Archimedes, der sich mit besonderer Vorliebe und ausgezeichnetem Erfolge mit den Problemen der Quadratur und Kubatur beschäftigte, hat die Exhaustionsmethode auf mannigfache Weise modificiren müssen, weil jener Euklidische Lehrsatz in seinen Aufgaben nicht ausreichte, um den II. Theil des Beweises zu führen, aber niemals ist es ihm eingefallen, seine geschickten Kunstgriffe zu gleichförmigen Methoden auszubilden, welche, nachdem einmal der Faden angesponnen ist, ihn so zu sagen selbstständig weiter abwickeln. Von einer Exhaustionsmethode zu sprechen ist sonach insofern kaum zulässig, als die Alten niemals ihr Verfahren der Quadratur oder Kubatur unter einem allgemeineren Gesichtspuncte, wie er etwa hier gegeben ist, dargestellt und zu dem Range einer wissenschaftlichen Methode erhoben haben.

Um nun zum Schlusse zu der speciellen Quadratur des Kreises zurückzukehren, so galt es, nachdem die Beziehung der Fläche zu dem Durchmesser festgestellt war, sie zu ermitteln. Es ist wohl anzunehmen, dass dies, nachdem Antiphon und Bryson einmal den Weg gezeigt hatten, geschehen sein wird, indem man die successiv ein- oder umgeschriebenen Vielecke in Quadrate verwandelte. Indess werden die hiezu nöthigen complicirten Constructionen, welche wohl die Kräfte der Geometer jener Zeit überstiegen, bald von diesem Wege abgeschreckt haben; wenigstens erfahren wir nichts von weiteren Versuchen in dieser Richtung; und das Problem numerisch und mit einer gewissen Annäherung zu lösen lag, wie wir noch weiter sehen werden, jener Zeit ganz fern.

Erst Archimedes ging etwa 250 Jahre später auf diese Weise vor und brachte es trotz seiner vom ganzen Alterthum angestaunten Rechenkunst doch nur dahin, aus den berechneten Umfängen eines ein- und eines umgeschriebenen 96-Eckes zu schliessen, dass das Verhältniss des Umfanges zu dem Durchmesser des Kreises zwischen $3\frac{1}{7}$ und $3\frac{10}{17}$ läge. Andere Geometer, namentlich Apollonius, sollen nach ihm die Annäherung weiter getrieben haben.

Wenn man nun auch bis auf Archimedes keinen Schritt vorwärts zur Quadratur des Kreises zu thun vermochte, so entdeckte doch Hippokrates bei seinen einschlägigen Untersuchungen wenigstens krummlinige begrenzte Flächenräume, welche construirbaren geradlinigen Figuren gleich sind; und zwar mondförmige Räume (Menisken), die von zwei über einer Sehne stehenden Kreisbögen begrenzt sind, deren Centriwinkel sich wie $1:2$ oder $1:3$ oder $2:3$ verhalten.*) Er knüpfte an diese überraschenden Entdeckungen grosse Erwartungen und zeigte, dass wenn es in solcher Weise gelingen sollte, bestimmte andere Monde zu quadriren, damit auch das Problem der Quadratur des Kreises gelöst sei. So war wenigstens ein Weg gezeigt; freilich einer, der nie zum Ziele geführt hat.

Die Platonische Schule.
(Viertes Jahrhundert.)

Die letzten Jahrzehnte des 5. Jahrhunderts, in denen Athen, das jetzt auch in der Mathematik die Führerschaft übernommen hatte, durch den peloponnesischen Krieg schwer heimgesucht wurde, waren für die Förderung unserer Wissenschaft unfruchtbar. Ausserhalb Athens ist der einzige namhafte Mathematiker der bekannte Demokrit (geb. c. 470), der seine mathematischen Schriften, von denen uns jedoch leider nur die theilweise unverständlichen Titel**) überliefert sind, in dieser Zeit geschrieben haben mag.

Eine neue Epoche ihres Glanzes aber beginnt mit dem 4. Jahrhundert, als sich alle mathematischen Talente jener Zeit in der Akademie vereinigten. Platon (429—348), mit einer umfassenden Kenntniss der Mathematik und einer bedeutenden Begabung auch für dies Gebiet reiner Speculation ausgerüstet, theilte nicht die spiessbürgerliche Ansicht seines Lehrers Sokrates***), „dass man Geometrie nur soweit

---

*) Bretschneider p. 109—121. Es ist interessant, dass diese von Hippokrates quadrirten Menisken in der That die einzigen sind, deren Flächenraum sich mit Hilfe von Lineal und Cirkel, also elementar construiren lassen. (Vergl. Clausen, Crelle, Journ. t. 21. p. 375.)

**) Diog. IX, 47.

***) Diog. II, 32.

treiben dürfe, bis man Land mit dem Maasse austheilen oder annehmen könne". Er hat von den Pythagoreern, mit denen er in Grossgriechenland und Athen viel verkehrt hatte, nicht nur mathematisches Wissen, sondern auch die Anschauungen von der allgemeinen realen Bedeutung der Zahl- und Raumverhältnisse angenommen.

Die Seele der Welt ist ihrer ganzen Substanz nach in den festen Verhältnissen des harmonischen und astronomischen Systems getheilt*); sie begreift alle Zahlen und Maassverhältnisse von Ewigkeit her ursprünglich in sich, sie ist ganz Zahl und Harmonie, von ihr stammt alle Zahlenbestimmtheit und alle harmonische Gesetzlichkeit der Welt, sie ist das mathematische Princip selbst. Die Astronomie, wenn sie recht betrieben wird, hat die Aufgabe, diese ewigen Ideen aus ihrer realen Erscheinung zu ergründen und so zu der Erkenntniss der reinen Ideen vorzubereiten. Die Elemente der körperlichen Welt sind selbst nach geometrischen Vorbildern geschaffen, die regulären Körper der Geometrie sind ihre Formen.**). Und wie die äussere Natur, so soll auch die menschliche Gemeinschaft in allen ihren Lebensbeziehungen nach festen arithmetischen Verhältnissen, welche den geheimnissvollen Beziehungen der in jenen zum Ausdruck kommenden Ideen entsprechen, geordnet sein. Platon's Idealstaat enthält genug Beispiele solcher für uns meist unverständlicher, immer aber nach Proportionen der verschiedenen Art, durch Wurzelausziehungen und Quadrirungen erhaltener Zahlenbestimmungen für die Eintheilung des Staates und die Regelung des bürgerlichen Lebens.***) Die Geometrie ist nach Platon „die Erkenntniss des immer Seienden"†), wenn sie nicht um des praktischen Gebrauches willen betrieben, sondern vom Sinnlichen in das Reich des Gedankens übergeführt wird. Zwischen dem ewigen, unveränderlichen wahren Sein der Ideen und dem Unwirklichen, dem Nichtsein der Materie, welche nur durch eine „Theilnahme" an den Ideen in den sinnlichen Dingen ein

---

*) Timaeus, 35. A. ff.
**) Tim. 53. C. ff.
***) Polit. 546.
†) Polit. 527.

veränderliches Werden und Dasein erlangt, steht das Mathematische in der Mitte, jedoch mit einer Annäherung an das Ideale. Und, während ihm früher die Zahlen nur ein Schema zum Ausdruck des rein Begrifflichen sein sollten, so wurden ihm später die Ideen selbst zu Zahlen, die sich von den mathematischen nur dadurch unterscheiden, dass letztere aus lauter gleichartigen Einheiten bestehen, so dass jede mit der anderen zusammengesetzt werden kann, während dies bei den Idealzahlen nicht der Fall ist.*)

Wir können hier nicht auf eine nähere Darstellung dieser vielfach an die Pythagoreischen Lehren erinnernden, halb phantastischen Beziehungen eingehen, in die Platon das Mathematische, also Zahl, Raum, Zeit, zu seiner Ideenlehre setzte; wir begreifen aber, wie er bei der Eröffnung seiner Vorträge in der Akademie (im Jahre 389) das berühmte Wort: „Kein der Geometrie Unkundiger trete unter mein Dach" [μηδεὶς ἀγεωμέτρητος εἰσίτω μοῦ τὴν στέγην**)] als Losung ausgeben konnte.

Doch war es nicht nur dies theoretische, sondern auch ein praktisches Interesse, welches sich für ihn an die Mathematik knüpfte. Er glaubte beobachtet zu haben, „dass die, welche von Haus aus Mathematiker sind, sich auch in allen anderen Kenntnissen schnell fassend zeigen; die von Natur langsamen aber, wenn sie in der Mathematik unterrichtet und geübt sind, sollten sie auch weiter keinen Nutzen daraus ziehen, wenigstens darin alle gewinnen, dass sie in schneller Fassungskraft sich selbst übertreffen".***) Und diejenigen, welche den praktischen Nutzen der Astronomie für die Schifffahrt, die Chronologie u. s. w. hervorhoben, verspottete er ihrer Nüchternheit wegen: „Das aber, fügte er hinzu, ist die Sache und nichts Geringes, jedoch schwer zu verstehen, dass durch jede dieser Kenntnisse ein Sinn der Seele gereinigt wird und aufgeregt, der unter anderen Beschäftigungen verloren geht und erblindet, da doch an dessen Erhaltung mehr gelegen ist, als an tausend Augen; denn durch ihn

---

*) Vergl. Zeller, Gesch. d. gr. Phil. II, 1. p. 430 ff.
**) Tzetzes, Chil. VIII, 972.
***) Platon, Polit. 526.

allein wird die Wahrheit gesehen."*) In noch höherem
Grade aber fand er diesen Nutzen bei dem Studium der
Mathematik, welche den Geist von dem Sinnlichen abziehe
und ihn fähig mache, das Ideale zu begreifen. Die „Erkenntniss der in den Gestirnen waltenden Vernunft und mathematisches Wissen" sind in seinem Idealstaat unentbehrliche
Erfordernisse eines jeden, der unter die Gebildeten aufgenommen sein will.

Wenn Platon damit auch im Wesentlichen nur das wiederholt, was wohl schon die Pythagoreische Schule ausgesprochen
hatte, so hat er doch dadurch sich das grosse Verdienst erworben, diese Ansichten zur thatsächlichen Geltung gebracht
und die Mathematik zu einem nothwendigen Theile der höheren
Bildung für seine und alle Folgezeit gemacht zu haben. Denn
wenn von den Schulmännern bis heute, auch in den Zeiten
des einseitigsten Humanismus, der Mathematik auf den Ge-
lehrtenschulen überall wenigstens ein Plätzchen zugestanden
worden ist, so verdanken wir dies vor Allem der Autorität
Platon's, dessen Behauptungen über den pädagogischen Werth
der Mathematik sich wenigstens noch in der verblassten Phrase
von ihrem „formalen" Nutzen bis heute erhalten haben.

Um nun zur Akademie zurückzukehren, so hatte die
Anregung, welche Platon zu mathematischen Studien gab,
nicht allein jenen gewünschten formalen, sondern noch weit
mehr den realen Nutzen, dass die Mathematik durch die
vereinten Bestrebungen und den Wetteifer so vieler unter
Einer Leitung stehenden jungen Männer mächtig gefördert
wurde. Als Platon seine Schule eröffnete, war der Pythagoreer Archytas von Tarent († 365) der einzige namhafte
Geometer Griechenlands. Alle anderen Männer, von denen
uns bis gegen das Ende dieses Jahrhunderts mathematische
Leistungen berichtet werden**), waren entweder Freunde
und Genossen der Akademie, wie Leodamas von Thasos,
Theaetetus von Athen, später Neoklides und dessen Schüler
Leon, der wenig älter ist, als Eudoxus von Knidos (410—357),

---

*) Ebd. 527.
**) S. über diese Eudemus in Prokl. Comm. p. 19 ed. Basil. oder
Bretschneider p. 29, 30.

der Schüler des Archytas*), oder waren eigentliche Schüler Platon's, wie Amyklas von Heraklea, das Brüderpaar Menaechmus und Dinostratus, Theudius von Magnesia, Kyzikenus von Athen und etwas später Hermotimus von Kolophon, Philippus von Mende.

Fortschritte in den Elementen.

Wir fassen nun zunächst zusammen, was diese Gruppe von Männern für die Förderung der zu jener Zeit bereits in Angriff genommenen Theile der Mathematik geleistet hat.

Was zunächst die A r i t h m e t i k und a l l g e m e i n e Grössenlehre betrifft, so werden dem Platon selbst die Lehrsätze zugeschrieben: „Zwischen zwei Quadratzahlen fällt eine, zwischen zwei Kubikzahlen fallen zwei mittlere Proportionalzahlen"; d. h. sind a, b zwei ganze Zahlen, so lassen sich auch x und y in den Proportionen

$$a^2 : x = x : b^2$$
$$a^3 : x = x : y = y : b^3$$

immer als ganze Zahlen bestimmen. Diese Theoreme gehören zu der ganzen Gruppe engverbundener Sätze, welche Euklid**) im VIII. Buche seiner Elemente vorträgt, und welche somit wohl schon den Platonikern im Wesentlichen bekannt gewesen sein werden.

Wie wir wissen (S. 100), hat Pythagoras zur Bildung ganzzahliger rechtwinkliger Dreiecke die Formel

$$a^2 + \left[\frac{a^2-1}{2}\right]^2 = \left[\frac{a^2+1}{2}\right]^2$$

gegeben, worin er jedoch a als u n g e r a d e voraussetzen musste. Platon***) hat dieser Formel folgende zur Seite gestellt, welche von einer g e r a d e n Zahl a ausgeht:

$$a^2 + \left[\left(\tfrac{a}{2}\right)^2 - 1\right]^2 = \left[\left(\tfrac{a}{2}\right)^2 + 1\right]^2,$$

deren Ableitung aus der älteren für uns zwar einfach genug ist (wir brauchen nur letztere mit 4 zu multipliciren und $2a$

---

*) Diog. VIII, 86.
**) Nikom. Introd. arith. II, 24. S. Eukl. Elem. VIII, 11, 12.
***) Aeltester Zeuge: Heron, rel. ed. Hultsch p. 56.

durch a zu ersetzen), jedoch in jener Zeit immerhin nicht ohne Schwierigkeiten war.

Weniger der Platonischen, als der in Archytas noch fortlebenden Pythagorischen Schule wird man die Weiterführung der Lehre von den Proportionen zu verdanken haben. Zu den drei älteren Proportionen (s. S. 104) soll Archytas und ein nicht näher bestimmbarer Pythagoriker Hippasus noch folgende drei, aus der harmonischen hervorgegangene erfunden haben*):

$$a : c = (b - c) : (a - b)$$
$$b : c = (b - c) : (a - b)$$
$$a : b = (b - c) : (a - b)$$

Nach Eudemus hat Eudoxus, der Schüler des Archytas, diese Proportionen erfunden**), und er scheint sich mit der wichtigsten aller Proportionen, der geometrischen, eingehend beschäftigt zu haben; wenigstens wird uns berichtet***), dass die eigenthümliche Behandlung, welche Euklid im V. Buche seiner Elemente diesen Proportionen angedeihen lässt, um rationale und irrationale Grössen gleichzeitig zu umfassen, von Eudoxus herrühre. Hierher gehört auch die Nachricht†), dass erst Theaetet den allgemeinen Satz, dass „Quadrate, welche sich nicht wie Quadratzahlen verhalten, in Länge incommensurabele Seiten haben", erfunden habe.

In dem Raume dreier Dimensionen waren bis hieher die 5 regelmässigen Körper allein Gegenstand einer wohl nicht tief eindringenden Untersuchung gewesen, so dass Platon sagen konnte „mit der Stereometrie steht es noch lächerlich; sowohl weil kein Staat den rechten Werth darauf legt, wird hierin nur wenig erforscht bei der Schwierigkeit der Sache, als auch bedürfen die Forschenden eines Anführers, ohne den sie nicht leicht etwas entdecken werden, und der wird sich nicht so leicht finden; und fände er sich, so

---

*) Jambl. comm. in Nik. arith. ed. Tennul. p. 142, 159, 163.

**) Bretschn. p. 29.

***) Im sogenannten Scholium des Adelos (abgedruckt in der Ausgabe Euclidis Elem. graece ab E. F. August. ps. II Berolini 1829. p. 329), das Knoche (Unters. üb. d. Schol. d. Proklus Herford, Programm von 1865, p. 10) dem Proklus zuschreibt.

†) Eb. p. 24. S. jedoch oben p. 103.

würden ihm, wie die Sache jetzt steht, die, welche in diesen Dingen forschen, nicht gehorchen, weil sie sich selbst zu viel dünken".*) Doch wagte er es, selbst die Führerschaft zu übernehmen und der Erfolg belohnte es: Nicht allein wurde die Theorie der regelmässigen Körper weiter gefördert**), auch die unregelmässigen einfachen Körper, das Prisma, die Pyramide, der gerade Cylinder und Kegel wurden untersucht. Die Sätze, dass Pyramide und Kegel der dritte Theil eines Prismas und Cylinders von gleicher Grundfläche und Höhe sind (und vielleicht auch der Satz, dass Kugeln im kubischen Verhältnisse ihrer Radien stehen), wurden nach Archimedes' Bericht von Eudoxus entdeckt und mittels des Axioms S. 121 bewiesen.***) Auch das Problem, die Seite eines Würfels zu finden, dessen Inhalt doppelt so gross ist, als der eines gegebenen, das Platon bei seinen Klagen über den niedrigen Stand der Stereometrie†) wesentlich mit im Auge hatte, machte durch seine Anregung bedeutende Fortschritte. Die grösste Leistung in der Stereometrie aber war die Erfindung der Schnitte des Kegels durch seinen Schüler Menaechmus.

Doch damit treten wir bereits in die höhere Geometrie ein, die uns später beschäftigen soll. Zuvor jedoch noch eine Bemerkung.

Man sieht, wie Plato selbst an der eigentlich mathematischen Arbeit sich direct nur wenig betheiligte. Der Antheil, den ihm das ganze Alterthum an den Entdeckungen seiner Schule zuspricht, wird sich daher mehr auf die Anregungen beschränkt haben, die sein reicher, mathematisch begabter Geist freigebig nach allen Seiten ausstreute, auf geniale Aperçus, die seine Schüler emsig verfolgten, auf die Begeisterung und den Wetteifer, den er unter seinen Genossen für diese edle Wissenschaft zu erwecken wusste. Näher lag ihm bei seinen sonstigen Speculationen noch der philosophische, sowohl metaphysische als logische Theil der Mathematik. Kaum kann es bezweifelt werden, dass ihn die

---

*) Polit. VII, 528.

**) Durch Theaetet (Suidas s. v. Theaet.).

***) Arch. quad. parab. praef.

†) a. a. O. περὶ τὴν τῶν κύβων αὔξην καὶ τὸ βάθους μετέχον.

Untersuchung der Methode*) und der Grundbegriffe der Mathematik, die nicht lange nachher bei Euklid ihren Abschluss gefunden hat, beschäftigt haben muss.

Wir haben zwar gesehen, dass die Beweisführung der griechischen Geometer bereits im 5. Jahrhundert in Bezug auf ihre streng logische Form der späteren im Wesentlichen gleicht, und mussten in der Exhaustionsmethode, welche muthmasslich schon jener Zeit zufällt, ein wahres Meisterstück feiner Logik bewundern. Doch aber kann es keinem Zweifel unterliegen, dass diese strengen Methoden ohne weitere Reflexion über deren Wesen aus dem eigenthümlich hiefür organisirten griechischen Geiste hervorgewachsen sind, und dass man ohne Bedenken die Anschauungen der gegebenen geometrischen Objecte, des Punctes, der Linie, der Fläche u. s. w. und deren nächstliegender Eigenschaften in die Geometrie aufgenommen haben wird, ohne sich mit formellen Definitionen abzumühen. Denn wenn auch schon die Pythagoriker erklärten, dass der Punct eine Einheit sei, welche einen Ort einnehme**), dass der Punct der Einheit, die Linie der Zweiheit, die Fläche der Dreiheit, der Körper der Vierheit entspreche***), so war dies nicht eine eigentliche Definition, sondern eine metaphysische Behauptung.

Ueberhaupt ist ja erst durch Sokrates im Gegensatze

---

*) Er liebt es, mathematische Beispiele zur Erläuterung philosophischer Methode zu benutzen. So: Euthyph. 82 ff., Theaet. mehrmals; ferner in der berühmten Stelle Menon 22, deren Dunkelheit und Kürze schon unzählige Erklärungsversuche veranlasst hat. Der neueste Versuch dieser Art (A. Benecke, Ueber die geometrische Hypothesis in Platon's Menon, Elbing 1867) scheint endlich die Schwierigkeiten in der Hauptsache gelöst zu haben, obgleich auch er noch einigen Bedenken Raum lässt. Denn wenn die ὑπόθεσις wirklich die von Benecke vermuthete überaus einfache war, dass die Seite des Quadrates (τὸ χωρίον) gleich dem Radius des Kreises sein müsse, warum drückte Platon dies in der schwerfälligen, unnütz weitläufigen Weise aus? εἰ μέν ἐστι τοῦτο τὸ χωρίον τοιούτῳ χωρίῳ, οἷον παρὰ τὴν δοθεῖσαν αὐτοῦ γραμμὴν παρατείναντα ἐλλείπειν τοιούτῳ χωρίῳ, οἷον ἂν αὐτὸ τὸ παρατεταμένον ᾖ. Und wie konnte die der Aufgabe wesentliche Bedingung, dass das an dem Durchmesser zu beschreibende Dreieck ein rechtwinkliges, gleichschenkliges sein müsse, gänzlich unausgesprochen bleiben?

**) Prokl. Comm. ad def. 1.

***) Ebd. def. 2.

zu der früheren dogmatischen Behandlung die Begriffs-
bildung als die Grundlage jeder Wissenschaft dargethan
worden. Dass sein Schüler Platon, auf dieser Grundlage
weiter bauend, es nicht unterlassen haben wird, die Principien der Mathematik zu untersuchen und die Definitionen
ihrer Grundbegriffe festzustellen, ist von vornherein wahrscheinlich, wird aber auch durch historische Zeugnisse unterstützt. Wir erfahren, dass, nachdem schon Hippokrates
Elemente (στοιχεῖα) der Mathematik zusammengestellt hatte,
auch ein Zeitgenosse Platon's, Leon solche schrieb, die
jene an Menge und Brauchbarkeit des Bewiesenen übertrafen;
ferner die Determination (διορισμός) erfand, „wann ein vor-
gelegtes Problem möglich ist, wann unmöglich", dass ferner
Platon's Schüler Theudius von Magnesia „sehr gute Elemente verfasste, wobei er vieles Specielle verallgemeinerte".*)
Wenn nun Aristoteles zerstreut in seinen Schriften mathematische Definitionen als allgemein recipirte anführt und
bespricht, so kann kein Zweifel obwalten, dass diese der
Platonischen Schule entstammen. Er erzählt uns, „dass Platon
den Begriff des Punctes als eine geometrische Fiction (δόγμα)
bekämpfte und dafür häufig 'Anfang der Geraden' oder 'un-
theilbare Linien' gesagt habe".**) Ferner erwähnt er, dass
man den Punct***), die Linie, die Fläche†) als „Grenzen"
beziehungsweise der Linie, der Fläche, des Körpers anzusehen pflege.††) Er gibt ferner die zu seiner Zeit üblichen
Definitionen der Linie, als „einer Länge ohne Breite"†††),
des Geraden: „Gerade ist, dessen Mittleres die Grenzen

---

*) Eudemus bei Bretschn. p. 29, 30.

**) Met. I, 9. 992, a, 20

***) Bei Arist. στιγμή, bei Späteren σημεῖον.

†) Bei den Pythagorikern heisst die Fläche χροιά, bei Aristoteles
noch ἐπίπεδον, während dies später nur die Ebene bezeichnet. Diesen
Gebrauch und zugleich die neue Bezeichnung ἐπιφάνεια für die Fläche
soll Platon aufgebracht haben. Diog. III, 24.

††) Τὸ μὲν γὰρ γραμμῆς, τὸ δ' ἐπιπέδου, τὸ δὲ στερεοῦ φασι
πέρας εἶναι. Ar. Top. VI, 4. 141, b, 19. Vergl. Eukl. I, def. 3, 6; XI,
def. 2: Γραμμῆς πέρατα σημεῖα, ἐπιφανείας πέρατα γραμμαί, στερεοῦ
πέρας ἐπιφάνεια.

†††) Οἱ τὴν γραμμὴν ὁριζόμενοι μῆκος ἀπλατὲς εἶναι. Top. VI, 6.
143, b, 12. Vergl. Eukl. I, def. 2: Γραμμὴ μῆκος ἀπλατές.

verdeckt"*), nämlich wenn man an der Linie entlang sieht, der
Fläche, als welche „aus dem Breiten und Schmalen entsteht"**),
des Körpers, als „das drei Dimensionen Habende"***) u. s. w.
Wir sind berechtigt, alle diese Definitionen, von denen die
meisten später in Euklid's Elemente übergegangen sind, der
Platonischen Schule, ja theilweise dem Meister selbst zuzuschreiben.

Derselben Quelle, nämlich der in dieser Schule natürlichen Verbindung philosophischer und mathematischer Speculation, entsprang auch der durch Euklid's Elemente allgemein bekannte Gebrauch, an die Spitze der Mathematik
gewisse Grundsätze, „Axiome"†), zu stellen, auf welche
man sich als ausgemachte Wahrheiten im Verlaufe der Entwickelung berufen kann, wie: „Gleiches von Gleichem abgezogen lässt Gleiches"††) u. a. ähnliche.

Aus alledem ersehen wir, welche hohe Stufe die zu
Aristoteles' († 322) Zeiten bekannten Lehrbücher der Elemente von Leon und Theudius einnahmen und wie sie bereits
die Form derselben wesentlich fixirt hatten, welche man seitdem, ohne die Geschichte zu befragen, immer als die Erfindung Euklid's angesehen hat. Die Elemente des Alexandriners aber haben die seiner Vorgänger so völlig verdrängt,
dass wir nicht mehr im Stande sind, die Verdienste letzterer
von seinen eigenen zu trennen.

---

*) Τὸ εὐθύ, οὗ τὸ μέσον ἐπιπροσθεῖ τοῖς πέρασιν. Top. VI, 11.
148, b, 29. Diese wird von Prokl. Comm. ad def. 4 ausdrücklich dem
Platon zugeschrieben.

**) Ἐκ πλάτεος καὶ στενοῦ. Met. I, 9. 992, a, 12, so die „Plato-
niker".

***) Σῶμα τὸ ἔχον τρεῖς διαστάσεις. Top. VI, 5. 142, b, 24. Vergl.
Eukl. XI, def. 1. Στερεόν ἐστι τὸ μῆκος καὶ πλάτος καὶ βάθος ἔχον.

†) Τὰ ἐν τοῖς μαθήμασι καλούμενα ἀξιώματα. Met. IV, 3. 1005,
a, 20.

††) Ἀπὸ τῶν ἴσων ἴσων ἀφαιρουμένων ἴσα λείπεσθαι. An. post.
I, 11. 77, a, 31. Met. XI, 4. 1061, b, 17 und noch unzählige Male;
zuweilen mit dem Zusatze ἢ τῶν τοιούτων ἄττα, so An. post. I, 11.
77, a, 31 und II, 11. 88, a, 36. Vergl. Eukl. I, ax. 2: Ἐὰν ἀπὸ ἴσων
ἴσα ἀφαιρεθῇ, τὰ καταλειπόμενά ἐστιν ἴσα.

Die analytische Methode.

Noch nach einer andern Seite hin, als der einer wissenschaftlichen Grundlegung der Elemente, hat Platon die Methodik der Geometer erweitert. Er zeigte ihnen in der sog. analytischen Methode den logischen Weg zur Forschung. *)

Das Wort „analytisch‟ ist seitdem von den Philosophen **) und Mathematikern in so mannigfaltiger Bedeutung verwendet worden, dass es zu einer klaren Auffassung der von den alten Geometern analytisch genannten Methode nothwendig ist, sich ausdrücklich jede andere Bedeutung dieses Wortes aus dem Sinn zu schlagen.

Die älteste Definition der Analysis im Gegensatz zu der bis auf Platon allein gekannten Synthesis findet sich bei Euklid.***)

„Analysis ist die Annahme des Gesuchten als zugestanden durch die Folgerungen bis zu einem als wahr Zugestandenen.

„Synthesis aber die Annahme des Zugestandenen durch die Folgerungen bis zu dem Erschliessen und Wahrnehmen des Gesuchten.‟

Diese unbestimmte Erklärung ist dann in der Schultradition constant geblieben†), und die ausführlicheren Er-

---

*) Dass Platon deren Erfinder sei, bezeugt Prokl. Comm. ad prop. 1 und Diog. III, 24.

**) Ἀναλύειν heisst: Ein Gegebenes auf die Bestandtheile, aus denen es zusammengesetzt ist, oder die Bedingungen, durch die es zu Stande kommt, zurückführen. In diesem Sinne gebraucht Aristoteles ἀναλύειν und ἀνάλυσις stehend für die Zurückführung der Schlüsse auf die drei (logischen) Schlussfiguren, und so steht ἀναλύειν für ζητεῖν in der Bedeutung: untersuchen. (Zeller, Gesch. d. gr. Phil. II, 2, p. 131.) Doch gebraucht Aristoteles jene Wörter mehrmals auch in einer dem technischen Sinne der Geometer sehr nahen Bedeutung (An. post. I, 12. 77, b, 27 und 78, a, 6. Eth. Nik. III, 5. 1112, b, 21).

***) Elem. XIII, 5. Vielleicht aber geht diese Definition nach Bretschneider's scharfsinniger Vermuthung (a. a. O. p. 168) sogar bis auf Eudoxus zurück.

†) Z. B. des Pappus, Coll. math. l. VII am Anfang. Der erste Philosoph, bei dem sich die Unterscheidung analytischer und synthetischer Methode in demselben Sinne zeigt, ist nach Prantl (Gesch. d. Logik, t. I, p. 621) Alexander von Aphrodisias (um 200 n. Chr.).

klärungen späterer Schriftsteller haben sie kaum verständlicher gemacht. Ich habe im Folgenden versucht, das Wesen der analytischen Methode in antikem Sinne genauer zu charakterisiren und zugleich die Bedingungen, unter welchen sie statthaft ist, festzustellen:

Jeder Lehrsatz der Geometrie enthält eine Behauptung, dass wenn einer gewissen Figur eine gewisse Eigenschaft A zukommt, ihr auch nothwendig und allgemein eine andere B zukommt, kurz, dass wenn A ist, auch B sein muss.

Findet nun neben einem solchen Satze noch ein zweiter statt, wonach, wenn A nicht ist, auch B nicht ist, so kann man beide in das eine Urtheil zusammenfassen: A ist die hinreichende und nothwendige Bedingung für B. Da weiter hieraus folgt, dass, wenn B ist, auch A sein muss, so ist in diesem Falle der Lehrsatz unbedingt und allgemein umkehrbar, und jene beiden Eigenschaften A und B stehen daher in dem festen Verhältnisse zu einander, dass eine die andere bedingt und beide stets gleichzeitig, wie an einander gekettet erscheinen.

Im Falle, dass A nicht die nothwendige Bedingung dafür ist, dass B stattfindet, so ist der Satz: A ist B nicht umkehrbar; es folgt aus ihm nur der Satz „B ist A oder Nicht-A“.

In letzterem Falle werden sich alle solche Sätze befinden, bei welchen B eine untergeordnete, in A bereits enthaltene Eigenschaft ist, wie man solche wohl als Hilfssätze in den Beweisen gebrauchen kann. Ein Satz dagegen, der etwas Wesentliches aussagen, d. h. eine Wahrheit A mit einer anderen, nicht logisch in ihr bereits vorhandenen verknüpfen soll, muss allgemein umkehrbar sein, wenn er als definitiver Abschluss einer Theorie gelten soll. Ein Satz, „Wenn A ist, so ist auch B“, der nicht umkehrbar ist, weist stets auf einen anderen umkehrbaren Satz: „Wenn A' ist, so ist B'“ hin, in dem jener als einfache logische Folge enthalten ist, indem entweder A' eine allgemeinere Eigenschaft als A oder B' eine speciellere als B bezeichnet, so dass, während A eine hinreichende Bedingung des Eintrittes von B war, A' auch die nothwendige Bedingung des Stattfindens von B' ist. Erst, wenn so das Subject A zu einem

A' erweitert, das Prädicat B zu einem B' zusammengezogen ist, so dass A', B' zwei in jenem reciproken Verhältniss einander bedingende Eigenschaften bedeuten, hat man die volle Erkenntniss in dem betreffenden Gebiete erlangt.

Es ist hier nicht unsere Aufgabe, den Grund des unserer Wissenschaft eigenthümlichen Vorzuges zu untersuchen, dass wenigstens in allen ihren elementaren Gebieten dies Ziel völlig erreicht ist und somit alle Hauptsätze allgemein umkehrbar sind, wie eine Durchsicht jedes Lehrbuches der Elemente zeigen kann. Doch sind nicht alle Lehrsätze in den Formen, in denen man sie zu geben pflegt, unbedingt umkehrbar. Z. B. der Satz: „Die Spitzen aller Dreiecke mit gemeinschaftlicher Basis, deren Winkel an der Spitze einen constanten Werth hat, liegen auf einem Kreise", gestattet nicht die Umkehrung in den anderen: „Alle Dreiecke mit gemeinschaftlicher Basis, deren Spitzen auf einem Kreise liegen, haben denselben Winkel an der Spitze". Denn einerseits gilt dies nur, wenn der Kreis durch die Endpuncte der Basis geht, andererseits nur für den auf je einer Seite der Basis gelegenen Theil des Kreises. Fügt man aber diese Bedingungen zu jenem Lehrsatze hinzu, so wird er allerdings und zwar unbedingt umkehrbar. Aehnlich verhält es sich mit dem Satze: „Liegen A, B, D, F auf einem Kreise, so ist (unter E den Durchschnitt von AB und DF verstanden) $EA . EB = ED . EF$", dessen Umkehrung offenbar dadurch bedingt ist, dass, je nachdem A und B auf derselben oder der entgegengesetzten Seite von E liegen, auch ED und EF gleich oder entgegengesetzt gerichtet sind.

Sätze dieser Art, welche erst durch die Hinzufügung gewisser bekannter Bedingungen, die man im Lehrsatze der Kürze halber häufig hinweglässt, umkehrbar werden, will ich bedingt umkehrbare nennen.

Um ein Theorem „A ist B" zu erweisen, wendet man in der Regel die Synthesis an, welche darin besteht, dass man zunächst mittels schon erwiesener Lehrsätze und anerkannter Axiome eine Reihe von Sätzen: A ist D, D ist E, ... an einander fügt, bis man zu einem Prädicat F gelangt, von dem es gilt: F ist B. Dann gibt jene Reihe sofort den Schluss A ist B. — q. e. d.

Die Alten haben für ihre Lehrsätze oder zum Beweise der Richtigkeit von Constructionen stets solche synthetische Beweise gegeben, mit Ausnahme der Fälle, wo sie die **apagogische Beweisform** (reductio ad absurdum) anwenden. Ist nämlich auf diese Art zu beweisen „*A* ist *B*", so verfährt man so: Man nimmt an: *A* ist Nicht-*B*; dann bildet man eine synthetische Reihe von Schlüssen: Nicht-*B* ist *C*, *C* ist *D* u. s. f., bis man zu einem Satz mit dem Prädicate *E* gelangt, welches, wenn es nun mit *A* zu dem Satze *A* ist *E* vereinigt wird, einer ausgemachten Wahrheit widerspricht. Daher ist unmöglich, dass *A* Nicht-*B* ist, *A* ist also *B*. q. e. d.

Diese Schlussform, welche man auch im Gegensatze zur obigen synthetischen, als der directen, die indirecte nennt, ist eine natürliche, wenn es sich um die Umkehrung eines bereits erwiesenen Satzes: „Wenn *B*, so ist *A*" handelt und wird in diesen Fällen, wo dann die Anwendung dieses directen Satzes in dem apagogischen Beweise sehr vortheilhaft ist, von den Alten stets angewandt.

Unentbehrlich ist ferner den Alten diese apagogische Beweisform in ihrer Exhaustionsmethode, und auch uns bei einer strengen Begründung der Grenzmethode; darin aber liegt der Beweis, dass es hier an dem organischen Begriffe fehlt, der eine directe synthetische Ableitung gestatten würde. Die Methode des Unendlichkleinen hat diesen vermittelnden Begriff in dem des Unendlichen und führt eben deshalb überall nur directe Beweise.

Um zu dem Beweise eines irgendwie gefundenen oder zur Prüfung vorgelegten Lehrsatzes zu gelangen, bedienen sich die Alten des Verfahrens, das von ihnen **theoretische Analysis** genannt wurde und in Folgendem besteht.

Um zu erweisen „*A* ist *B*", nehmen sie diesen Satz zunächst als zugestanden an, verbinden ihn dann mit anderen ausgemachten Sätzen *B* ist *C*, *C* ist *D*, *D* ist *E* . . . u. s. f., ziehen dies zusammen in *A* ist *C*, *A* ist *D* . . ., bis sie zu einem Satze *A* ist *E* kommen, welcher entweder falsch ist oder ausgemachter Weise von der betreffenden Figur *A* gilt. Im ersten Falle ist der vorgelegte Lehrsatz falsch und der Satz „*A* ist Nicht-*B*" richtig — wir erkennen also in der reductio ad absurdum einen Fall der theoretischen Analysis. Ist aber jener Satz „A ist E" richtig, so wird er zu dem synthetischen Beweise des Satzes führen, wenn wir von „A ist E" ausgehen und nun daran die Schlüsse E ist D, D ist C, C ist B reihen können, woraus dann „A ist B" folgt. Dazu ist, wie man sieht, jedoch nothwendig, dass alle in der Analysis angewandten geometrischen Sätze unbedingt umkehrbar sind.

Eine bei weitem grössere Bedeutung hat die problematische Analysis der Alten, welche den methodischen Weg zur Auflösung von Problemen zeigen soll.

Wenn es sich um die Aufgabe handelt, aus und an gegebenen Bestimmungsstücken (data) eine Figur zu construiren, welche einem gewissen Complexe von Bedingungen genügen soll, so ist es zunächst nothwendig, letzteren so zu transformiren, dass er in eine Reihe von einzelnen Bedingungen und solchen Relationen zwischen den gegebenen (data) und den noch zu suchenden (quaesita) Bestandtheilen der Figur zerfällt, die es möglich machen, mittels bekannter Constructionen letztere aus ersteren successiv zu bestimmen.

Um nun jene Transformation der Bedingungen möglich zu machen, kann man nicht anders verfahren, als dass man zunächst eine allen jenen Bedingungen genügende Figur hypothetisch als gefunden und zugestanden annimmt und nun an dieser mit allen Mitteln der Synthese, d. h. mit Hilfslinien, Hilfsconstructionen und Hilfssätzen so lange operirt, bis man auf zunächst Eine Relation gelangt, welche mit bekannten Mitteln ein zwar bereits hypothetisch angenommenes, ja selbst gezeichnetes, doch in der That gesuchtes Stück der Figur aus den von vornherein gegebenen construirbar ($\pi o \rho \iota \sigma \tau \acute{o} \nu$) macht. Von diesem Augenblicke an gehört auch dieses zu den gegebenen und es muss nun weiter eine Relation gefunden werden, die ein zweites gesuchtes Stück aus den ursprünglich gegebenen und dem neu gefundenen zu bestimmen erlaubt. Wenn diese gefunden ist, so gehört auch dies zweite Stück zu den gegebenen und so hat man fortzugehen, bis alle Stücke der gesuchten Figur gegeben, d. h. durch die ursprünglichen Data der Figur bestimmt sind.

Das ist das Wesen der Analysis (resolutio) der Alten, dieser natürlichen Methode eine gegebene Aufgabe zu lösen (ἀναλύειν). Um sie aber zu diesem Zwecke möglichst geschickt zu machen, musste man immer darauf bedacht sein, ihren Gang von allem unnöthigen Ballast zu befreien. Ein solcher aber war es, wenn man sich, wo es galt die einzelnen Bestandtheile der hypothetisch angenommenen Figur successiv als gegeben nachzuweisen, auch immer die Constructionen vergegenwärtigen musste, durch welche dies geschehen konnte. Wenn man z. B. in der Figur der folgenden Seite, wo die Puncte E, D und der Kreis in ihrer Lage und Grösse die ursprünglichen festen Data sind, erkannt hatte, dass $EB \cdot EA = ED \cdot EF$, so konnte man weiter schliessen, dass weil $EB \cdot EA$ dem Quadrate einer von F an den Kreis gezogenen Tangente gleich ist, letztere aber, wenn E und der Kreis gegeben, immer construirt werden (πορίσασθαι) kann, also gegeben ist, das Product $EB \cdot EA$ trotz der noch unbekannten Lage der Geraden EBA doch als gegeben angesehen werden muss; dann aber ist auch das Product $ED \cdot EF$ der Grösse nach bekannt, und wenn man ein Rechteck von dieser Grösse an der gegebenen ED construirt, so wird die andere Seite EF sein; es ist also somit auch EF der Grösse nach und, da es in der Verlängerung der gegebenen Geraden ED liegt, auch der Lage nach gegeben.

Es konnte nun, ohne Schaden für die Anschaulichkeit und mit Nutzen für die Leichtigkeit der Methode, dieser Weitläufigkeit abgeholfen werden, wenn man eine Sammlung von Sätzen anlegte, welche ein für allemal alle diese einzelnen Schlüsse in sich vereinigten. Euklid, der grösste Systematiker des Alterthums, hat in der That eine solche Sammlung der am häufigsten vorkommenden Theoreme unter dem Titel Data herausgegeben. Dieselbe enthält z. B. folgende Sätze:

prop. 93. Wenn ausserhalb eines, der Lage nach, gegebenen Kreises ABC ein Punct E gegeben und von demselben eine gerade Linie EBA durch den Kreis gezogen wird, so ist das Rechteck aus den abgeschnittenen Stücken $BE \cdot AE$ gegeben.

prop. 57. Wenn ein gegebener Raum an einer gegebenen

geraden Linie ED unter einem gegebenen Winkel (als Parallelogramm) entworfen ist, so ist die andere Seite gegeben,

aus denen sofort unsere obige Folgerung gezogen werden kann.

Man wird nun hienach verstehen, wie, um ein Beispiel zu geben, ein Alter*) die Aufgabe:

„Wenn ein Kreis ABC der Lage nach und zwei Puncte DE ausserhalb gegeben sind, so sollen von D, E aus nach einem Puncte B des Kreises die Linien DB, EB gezogen und bis A, C verlängert werden, so dass AC der DE parallel ist"

durch folgende Analysis lösen konnte:

„Es sei geschehen und die Tangente FA gezogen. Da nun

$$AC \parallel DE,$$

so ist $\widehat{C} = \widehat{CDE}$, aber

auch $\widehat{C} = \widehat{FAE}$, weil FA den Kreis berührt und AE schneidet, mithin $\widehat{FAE} = \widehat{CDE}$, und somit liegen $ABDF$

auf einem Kreise; und es ist Rechteck $AE \cdot EB =$ Rechteck $FE \cdot ED$.

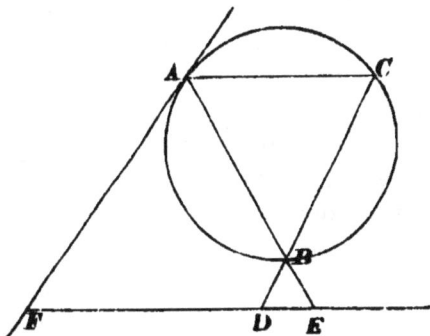

„Es ist aber das Rechteck $AE \cdot EB$ gegeben, weil es dem Quadrate der Tangente gleich ist; daher ist auch das Rechteck $FE \cdot ED$ gegeben, und da ED gegeben ist, auch FE und ebenso nach seiner Lage; es ist aber auch E gegeben, somit auch F selbst. Von dem gegebenen Puncte F ist aber die Gerade FA als Tangente an den nach seiner Lage gegebenen Kreis ABC gezogen worden; also ist FA nach Lage und Grösse gegeben, und da F gegeben ist, auch A. Aber es ist auch E gegeben, und daher AE nach seiner Lage, ebenso wie der Kreis, so dass auch der

*) Pappus, Collect. math. VII. prop. 105 ed. Commandin.

Punct B gegeben wird. Ferner sind gegeben E und D, also werden auch EB und DB der Lage nach gegeben sein."

Jede einzelne Behauptung des ersten Absatzes, den ich die „Transformation" nenne, weil er synthetisch die Eigenschaften der hypothetisch gezeichneten Figur so transformirt, bis deren eines Stück EF als gegeben erkannt wird, hätte durch ein Citat aus den „Elementen" unterstützt werden können, jede Behauptung des letzten Abschnittes, der eigentlichen „Resolution" des Problemes, durch ein Citat aus den „Daten" Euklid's.

Mit dieser Analysis ist nun aber die Lösung des Problemes noch nicht vollendet; vielmehr folgt nun überall noch eine Synthesis (compositio), welche zunächst die „Construction" in strenger Ordnung, wie sie zu geschehen hat, dann deren synthetische „Demonstration" gibt. Die Construction folgt im Allgemeinen, wenn sich nicht zufällig Vereinfachungen ergeben, durchaus dem Gange des zweiten Theiles der Analysis, der „Resolution"; der Beweis aber schlägt den umgekehrten Weg des ersten Theiles der Analysis, der „Transformation", ein. Da in der griechischen Literatur zwar oft die Synthesis der Aufgaben allein, niemals aber nur die Analysis gegeben wird, so möge hier auch noch die Synthesis folgen:

„Es seien ein Kreis ABC und zwei Puncte D, E gegeben, und es werde dem Quadrate der Tangente das unter ED und einer gewissen Linie EF enthaltene Rechteck gleich gesetzt; dann möge von F die Tangente FA an den Kreis ABC gezogen und A mit E verbunden werden. Es werde die Linie DB gezogen und bis C verlängert, auch A mit C verbunden. Ich behaupte, dass $AC \parallel DE$ sei.

„Da nämlich das Rechteck $FE \cdot ED$ gleich ist dem Quadrate der Tangente und diesem auch das Rechteck $EA \cdot EB$ gleich ist, wird $FE \cdot ED = AE \cdot EB$; es liegen mithin F, A, B, D in einem Kreise. Daher $\widehat{FAE} = \widehat{BDE}$, aber es ist auch $\widehat{FAE} = \widehat{ACB}$, nämlich dem Winkel, welcher in dem anderen Theile des Kreises steht; daher $\widehat{ACB} = \widehat{BDE}$ und also gleiche Wechselwinkel. Daher muss nothwendig AC der DE parallel sein." q. e. d.

Ein moderner Leser, der mit dem eigenthümlichen Geiste der griechischen Geometrie noch nicht vertraut ist, wird staunen über diese unnütze Mühe, den ganzen Weg, den man in der Analysis schon mit grosser Langsamkeit gegangen ist, in der Synthesis noch einmal rückwärts zu durchlaufen; für ihn wird diese allein schon völlig ausgereicht haben. Indessen ist diese Mühe doch nicht nur von dem Standpuncte der Griechen aus, welche durch grösste Vorsicht und völlige logische Strenge eine unangreifbare Gewissheit zu gewinnen suchten, sondern auch von einem höheren Standpuncte aus nicht ganz unnütz und überflüssig; es ist in der That nicht zulässig, den Wegfall der ganzen Synthesis durch den Satz: „Jede Analysis ist umkehrbar" zu rechtfertigen. Denn dieser Satz ist nicht allgemein gültig.

Zwar der zweite Theil der Analysis, die „Resolution", worin nachgewiesen wird, dass alle Stücke der Figur gegeben sind, kann immer ohne Weiteres in die Construction selbst umgesetzt werden, da eben gegeben nur das heisst, was nach den Elementen construirt werden kann. Nicht so aber der erste Theil, die „Transformation", wie ich sie genannt habe; denn diese erscheint in der schliesslichen Demonstration in umgekehrter Folge. Wir wissen nun, dass nicht alle Schlussketten, sondern nur solche logisch umkehrbar sind, in denen ausschliesslich rein umkehrbare Sätze erscheinen. Es ist nun aber keineswegs gewiss, dass jener erste Theil der Analysis nur solche Sätze enthält, und zwar kann durch zweierlei Umstände die Umkehrung verboten werden.

Es kann sich nämlich ereignen, dass gewisse Bedingungen der Aufgabe zwar in der hypothetisch gezeichneten Figur als erfüllt angenommen und doch gar nicht zur Bestimmung von gesuchten Grössen verwandt worden sind. Bei complicirten Aufgaben kann sich dies leicht während der Analyse ganz dem Sinn entziehen, und erst die Synthesis würde dann, indem sie nicht beweisen kann, dass diese Bedingungen erfüllt sind, bemerken, dass die Aufgabe sich selbst widersprechend, absolut unmöglich ist. Wenn man z. B. zu den Bedingungen der obigen Aufgabe noch die hinzugefügt hätte, dass AC ausserdem durch einen gegebenen Punct G hindurchgehen solle, so würde man ganz dieselbe Analysis und Construction entwickelt haben; der Beweis aber, dass die so construirte AC durch G hindurchginge, wäre unmöglich gewesen, weil die Aufgabe jetzt eine im Allgemeinen ihr widersprechende Bedingung erhält.

Die Umkehrung der Transformation wird aber auch dann unzulässig, wenn in ihr Sätze angewandt werden, die nur bedingt umkehrbar sind. Es ist also nothwendig, bei der Analysis bereits darauf zu achten, dass zu den Sätzen alle Bedingungen hinzugefügt werden, die zu ihrer Umkehrung nöthig sind, namentlich auch solche, welche einen Satz auf gewisse Lagenverhältnisse einschränken. So könnte man z. B. bei der Construction obiger Aufgabe die Strecke EF statt in derselben Richtung wie ED auch in entgegengesetzter abtragen wollen. Durch den Punct aber, in dem die von diesem F aus an den Kreis gelegte Tangente letzteren berührt, geht keine der Aufgabe genügende Sehne. Dass aber die Analysis nicht sofort die Bestimmung liefert, es müssen ED, EF nach derselben Seite liegen, liegt einfach daran, dass der Satz: „Wenn die Puncte $ABDF$ in einem Kreise liegen, so ist $EA \cdot EB = ED \cdot EF$" nur bedingt umkehrbar ist (s. p. 139).

Oder ein anderes Beispiel: Wäre die Aufgabe gestellt, ein Dreieck zu construiren, in welchem die Basis AB, der Winkel an der Spitze und der Flächenraum gegeben ist, so zeigt die Analysis sofort, dass seine Spitze in dem Durch-schnitte des Kreises ABC, auf welchem alle Dreiecke mit dem gegebenen Winkel liegen, und einer in gegebener Ent-fernung mit der Basis gezogenen Parallelen CC' oder $C'_1 C'_1$

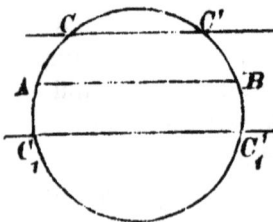

liegen. Es leuchtet aber ein, dass die Dreiecke ACB, $AC'B$ nicht gleich-zeitig mit $AC_1 B$, $AC'_1 B$ die Aufgabe lösen können. Die Vernachlässigung der nöthigen Beschränkungen dieser Art führt, wie man sieht, zu Con-structionen, welche entweder mit dem gestellten Probleme gar nichts zu thun haben, oder im günstigen Falle einem allgemeineren ange-hören, zunächst aber überflüssig und somit schädlich sind.

Endlich ist noch ein Umstand zu erwägen: Es kann

sich nämlich ereignen, dass die hypothetisch gezeichnete
Figur andere Lagenverhältnisse zeigt, als sie der Wahrheit
entsprechen. Es können
z. B. die Puncte $ABDF$,
anstatt wie in der obigen
Figur ein gewöhnliches
Viereck zu bilden, auch
ein überschlagenes geben,
wie in beistehender Figur;
dann wird sich die Be-
weisführung in dem transformirenden Theile der Analysis
etwas ändern müssen; ja es können in der Figur Verhältnisse angenommen sein, die nicht erfüllt sind; so kann z. B.
der Punct F, den wir in der Analysis ausserhalb des Kreises
angenommen hatten, in gewissen Fällen in den Kreis fallen
und dann die Construction einer Tangente nicht ausführbar
sein, so dass also eine Modification der ganzen Analysis
nöthig wäre. Ja es könnte sein, dass die Aufgabe, deren
Lösung wir hypothetisch angenommen und in der Figur ausgedrückt haben, relativ, d. h. bei den gegebenen Grössen-
und Lagenverhältnissen unmöglich*) wäre, während sie bei
anderen recht wohl geometrisch möglich ist.

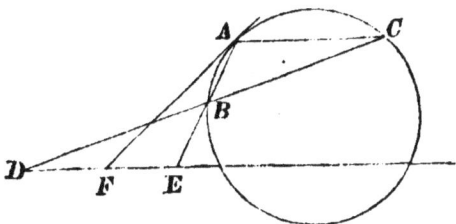

Auf solche Fälle nun wird man allerdings am sichersten
aufmerksam, wenn man die Construction selbst auszuführen
unternimmt und man kann dann, wenn Modificationen der
Construction nöthig sind, in dem synthetischen Beweise diesen
Rechnung tragen. Indess kann der Nachweis, wann ein
Problem möglich ist oder nicht, auch schon bei der Analysis
selbst vollständig erledigt werden.

Jene Nachweisung pflegen die Alten unter dem Namen
des Diorismus (determinatio) am Schlusse hinter dem synthetischen Beweise hinzuzufügen, Das früheste Beispiel eines
solchen finden wir bei Platon selbst**), und Eudemus erzählt
uns, dass dessen Zeitgenosse Leon den Diorismus erfunden,
d. h. wohl zuerst genau beachtet habe.

---

*) In solchen Fällen, welche die Alten allerdings schlechthin un-
möglich nennen, hat die Aufgabe dann anschaulich nicht darstellbare,
sondern imaginäre Lösungen.

**) Menon, 22. d.

10*

Aus allem diesem sehen wir, dass die Analysis allein, wenn sie nicht nur vorläufig und oberflächlich, um sich einigermassen über das Problem zu orientiren, sondern mit Umsicht und Sorgfalt angestellt wird, zur Lösung eines Problems, dem Beweise der Construction und Erörterung ihrer Bedingungen vollständig ausreicht und der Synthesis nicht bedarf. Wenn wir trotzdem in den Schriften der Alten die Synthesis überwiegen und überall, wo eine Analysis gegeben wird, nicht nur diese mit peinlicher Sorgfalt ausgeführt, sondern ihr auch eine vollständig durchgearbeitete Synthesis in feierlichster Weise folgen sehen, die alles in umgekehrter Ordnung noch einmal sagt, so können wir uns dies nur aus der eigenthümlichen Richtung der griechischen Mathematiker erklären, welche ihre Leser weniger in den wissenschaftlichen Gedankengang einzuführen suchten, der sie von selbst zu dem wahren Resultate führen musste, als vielmehr zu der Anerkennung des Resultates mit logischer Gewalt zu zwingen. Es muss diese Maxime der griechischen Philosophen und Mathematiker, ihre Resultate durch einen trockenen dogmatischen Syllogismus zu beweisen und auf dessen formelle und recht handgreifliche Bündigkeit einen hohen Werth zu legen, als eine allgemeine griechische National-eigenthümlichkeit angesehen werden, welche in der bei Gelehrten und Dilettanten früh sich kundgebenden Neigung zu dialektischen Klopffechtereien ihr interessantes Seitenstück hat. Denn dass nur, um ihre Wissenschaft solchen sophistischen Zänkereien zu entziehen, die Mathematiker die höheren Theile der Geometrie mit so schwerfälligen Panzern umgeben und sich selbst mit diesem unnützen Ballast beschwert hätten, ist nicht zu glauben. Die Sache liegt vielmehr so, dass diese, uns so lästige Form ihren Geisteskräften die angemessene war; denn sie besassen mehr scharfsinnigen Verstand, um sich auf schmalem Wege durch alle Hindernisse allmählich hindurchzuwinden, als jenes Vermögen des Geistes, von Einem Puncte aus ein ganzes Gebiet intuitiv zu überschauen. Nur ein Geist, wie Platon, bei dem umgekehrt die Intuition überwog, konnte die analytische Methode ihrer grossen Bedeutung nach erkennen.

So verdient denn auch die Ueberlieferung der Alten,

dass Platon persönlich der Erfinder der Analysis sei, alles
Vertrauen. Zwar kann von einer „Erfindung" kaum die
Rede sein bei einer Methode, welche nicht einen künstlichen,
sondern den natürlichen und einzigen Weg zeigt, um zu der
Lösung vorgelegter Aufgaben zu gelangen. Auch finden wir
in dem ältesten Fragmente griechischer Geometrie bei Hippokrates wiederholt in den schwierigeren Constructionen An-
fänge analytischer Behandlung*), und so wie er müssen
auch andere Zeitgenossen unbewusst bei der Forschung selbst
vorwärts gegangen sein; denn es gibt eben keinen anderen
Weg. Das Verdienst Platon's bestand aber darin, diesen
Weg den Geometern zum Bewusstsein gebracht, ihn als
einen eigentlich wissenschaftlichen nachgewiesen und zu einer
klaren Methode entwickelt zu haben, welche dermassen die
wesentliche und genetische ist, dass sie in weiterem Verlaufe
der grössten und weitreichendsten Disciplin der Mathematik
selbst den Namen gegeben hat. Die griechischen Geometer
würden, wie oft sie auch bei der Lösung von Problemen
einen analytischen Gedankengang eingeschlagen hätten, bis
zuletzt bei der Synthesis allein stehen geblieben sein, hätte
nicht Platon durch seine Schule einen so mächtigen Einfluss
auf sie gewonnen. Platon aber hat durch die Aufstellung
der Analysis als wissenschaftlicher Methode gerade das geleistet, was dem Philosophen zufiel. Erinnern wir uns ferner
der Verdienste, die Platon um die Grundlegung der ersten
geometrischen Begriffe hat, so werden wir ihm, selbst abgesehen von seinen eigentlich mathematischen Leistungen,
eine bedeutende Stelle in der Geschichte unserer Wissenschaft einräumen müssen.

Die Verbindung philosophischer und mathematischer
Productivität, wie wir sie ausser in Platon wohl nur noch
in Pythagoras, Descartes, Leibnitz vorfinden, hat der Mathematik immer die schönsten Früchte gebracht: Ersterem verdanken wir die wissenschaftliche Mathematik überhaupt,
Platon erfand die analytische Methode, durch welche sich
die Mathematik über den Standpunct der Elemente erhob,
Descartes schuf die analytische Geometrie, unser berühmter

---

*) Namentlich in §. 89 bei Bretschneider.

Landsmann den Infinitesimalcalcül — und eben das sind die vier grössten Stufen in der Entwickelung der Mathematik.

Die Kegelschnitte und die Verdoppelung des Würfels.

Nicht geringer als die formalen waren die materiellen Fortschritte, welche die griechische Mathematik innerhalb des sich um Platon sammelnden Kreises von Geometern machte. Nicht nur dass, wie wir gesehen haben, die bereits in der Pythagorischen Schule in Angriff genommenen Theile der Mathematik weiter ausgebildet wurden; es traten überdem ganz neue Zweige hinzu, welche in der Folge als höhere jenen gegenübergesetzt wurden, die man seitdem die „Elemente" der Mathematik genannt hat.

Unter diesen neuen Zweigen ist als bei weitem der wichtigste die Lehre von den Kegelschnitten zu nennen. Menaechmus, der Schüler des Platon und des Eudoxus, erfand die drei Kegelschnitte*), indem er die durch Umdrehung eines spitz- oder recht- oder stumpfwinkligen gleichschenkligen Dreiecks um die Halbirungslinie jenes Winkels entstehenden geraden Kegel durch eine Ebene schnitt, welche senkrecht auf einer Seite des Kegels steht**). Er nannte die drei so erhaltenen Curvenarten den Schnitt des spitzwinkligen, rechtwinkligen, stumpfwinkligen Kegels; erst Apollonius führte die Namen Ellipse, Parabel, Hyperbel ein, nachdem er erkannt hatte, dass je nach der Lage der schneidenden Ebene aus jedem Kegel alle drei Arten erhalten werden können. Wie weit schon in der Platonischen Schule die Theorie der Kegelschnitte ausgebildet wurde, lässt sich aus Mangel an Quellen nicht bestimmen; dass man die Grössenbeziehung zwischen den Coordinaten der Puncte eines Kegelschnittes, die wir heute als Scheitelgleichung bezeichnen, aus seiner Definition abgeleitet haben wird, kann keinem Zweifel unterliegen; aber was bemerkenswerth ist, auch die Asymptotengleichung einer gleichseitigen Hyperbel kannte Menaechmus schon. Am Ende des vierten Jahrhunderts

---

*) Nach Eratosthenes bei Eutoc. Comm. in Archim. de sph. et cyl. L. II. ed. Torelli p. 146 und bei Prokl. Comm. ad def. 4.

**) Geminus bei Eut. Comm. in Apoll. conica, ed. Halley, p. 9 und Pappus, Coll. math. l. VII. ad Apoll. Con.

war der Stoff bereits so weit angewachsen, dass Aristaeus der Aeltere „Elemente der Kegelschnitte" in fünf Büchern schreiben konnte.*)

Durch die Kegelschnitte wurde das Gebiet der Geometrie, welches bisher nur auf die gerade Linie und den Kreis beschränkt war, ausserordentlich erweitert, indem nun überhaupt jene Schranke durchbrochen war.

So ist bereits damals von Dinostratus**), dem Bruder des Menaechmus, eine Curve erfunden worden, welche sowohl das Problem der Quadratur des Kreises löst und daher den Namen der Quadratrix erhielt, wie auch das, wie es scheint, bereits damals aufgetauchte Problem, einen gegebenen Winkel in drei oder überhaupt in beliebig viele Theile zu theilen.

Die Entstehung dieser Curve ist folgende: „In ein Quadrat ABCD sei aus der einen Ecke A als Centrum mit der Quadratseite AB als Halbmesser ein Kreisquadrant BED beschrieben. Man lasse den Halbmesser AB sich um A mit gleichmässiger Geschwindigkeit so drehen, dass der Punct B in einer gewissen Zeit den Bogen BD durchläuft. Genau in derselben Zeit rücke die Gerade BC stets sich selbst parallel mit gleichmässiger Geschwindigkeit aus der Lage BC in die Lage AD. Dann wird der Ort des Durchschnittes dieser Geraden mit dem sich um A drehenden Halbmesser eine Curve BFG liefern, welche die Quadratrix ist." Liegt demnach die Curve gezeichnet vor, so ist für einen beliebigen Punct F, $BH : BA = BE : BD$. Theilt man daher die Strecke BA in eine Anzahl gleicher Theile, errichtet in den Theilpuncten H Senkrechte, welche die Quadratrix in F schneiden, so werden die entsprechenden Radien AF die verlangten Winkeltheilungslinien sein. Die Quadratur des Kreises aber wird durch diese Curve unmittelbar gegeben, indem die dem

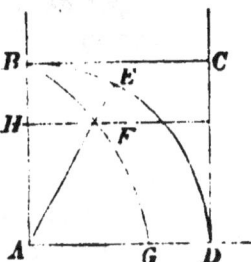

---

*) Papp., Coll. math. p. 249 ed. Comm. p. 30 ed. Gerhardt.

**) Papp. Coll. math. IV. p. 57. Vielleicht auch von einem gewissen Hippias (Prokl. Comm. ad prop. 9 und vor prop. 27), der aber sicherlich nicht der Sophist Hippias aus Elis in der Mitte des 5. Jahrhunderts ist.

Quadranten *BED* gleiche Gerade die dritte Proportionale zu *AG* und *AD* ist.*)

Durch die Einführung dieser und vielleicht noch anderer krummer Linien wurde man auch zu einer Eintheilung der Curven oder „der laufenden Oerter" (τόποι διεξοδικοί), wie man sie auch nannte, in Klassen geführt. Man unterschied die Gerade und den Kreis als „ebene Oerter (τόποι ἐπίπεδοι) von den Kegelschnitten als „körperliche Oerter" (τόποι στερεοί) und setzte diesen die allgemeine Klasse der „linearen Oerter" (τόποι γραμμικοί) gegenüber**), die man wohl auch nach ihrer Erzeugung „mechanische" nannte.

Der Begriff des laufenden oder geometrischen Ortes eines Punctes weist selbst schon auf eine neue Klasse von Problemen hin, welche damals entstand. Zwar lässt jede Eigenschaft einer Curve zugleich dieselbe als geometrischen Ort eines sich unter gewissen Bedingungen bewegenden Punctes erkennen und umgekehrt; und es scheint somit die Lehre von den geometrischen Oertern von einer Theorie der Curven selbst nicht verschieden zu sein. Indess ist doch durch den Begriff des geometrischen Ortes ein neuer Gesichtspunct gegeben und die Frage, welches ist der geometrische Ort unter den und den Bedingungen? wird nicht nur auf neue, bisher noch unbekannte Linien, sondern auch nicht selten auf Eigenschaften von Curven führen können, die rein als solche betrachtet ein geringeres Interesse erregt hätten oder ganz unbeachtet geblieben wären.

Nicht wenig trug zur Belebung der geometrischen Forschungen in dieser Zeit eine Aufgabe bei, die, obgleich schon früher von den Mathematikern gestellt, ja von Hippokrates schon bearbeitet, erst durch folgenden eigenthümlichen Vorfall in den Vordergrund gerückt wurde: Als einst die Insel Delos von einer Pest befallen war, hiess das Orakel zu Delphi den Einwohnern, dass sie, um von dieser befreit zu werden, den Altar des Gottes „verdoppeln" sollten. Sie setzten darauf zwei kubische Altäre aufeinander und als das Uebel noch nicht wich, erhielten sie auf eine erneute Frage

*) Papp. IV, prop. 26.
**) Ebd. VII, praef. ad Apoll. loc. plan.

die Antwort, dass sie den Befehl, den Altar zu verdoppeln, ohne seine Form zu ändern, nicht erfüllt hätten. Die Delier wendeten sich, da sie dies nicht zu machen wussten, an Platon, der ihnen lächelnd vorhielt, „der Gott scheint Euch zu tadeln, dass Ihr so wenig Geometrie treibt“, doch aber selbst nicht im Stande war, eine brauchbare Antwort zu geben. *)

Das aus dieser Veranlassung als das Delische bezeichnete Problem, auf das auch ohne solche die Geometer bei weiterem Fortschritt in der Stereometrie verfallen mussten, besteht demnach im einfachsten Falle in der Verdoppelung (duplicatio) des Würfels, d. h. der Bestimmung der Seite eines Würfels, dessen Kubikinhalt = 2. Dem Leser wird vielleicht nichts leichter scheinen, als diese Aufgabe; denn man braucht nur die Kubikwurzel aus 2 zu ziehen, um jene Seite sofort zu erhalten. Aber eben, wie man dies zu thun habe, war die Frage, welche die Alten in Verlegenheit setzte. Von einer approximativen numerischen Bestimmung war in jener Zeit nicht entfernt die Rede; sowohl, weil die dazu nothwendige Rechnung die Kräfte der damaligen Rechenkunst der Griechen weit überstieg, als auch, weil eine solche Lösung ihres approximativen Charakters wegen doch nicht für genügend angesehen worden wäre, endlich weil die irrationalen Grössen ein für allemal von den Zahlen durch eine weite Kluft getrennt erschienen und eine solche Vermengung der Geometrie mit der Arithmetik für ganz unstatthaft galt.**) Es gehört diese schon mehrfach hervorgehobene scharfe Trennung zweier Gebiete, deren Vereinigung das Wesen der neuen Mathematik ist, zu den charakteristischen Eigenthümlichkeiten der klassisch-griechischen Geometrie, die trotz ihrer Einseitigkeit und eben um ihretwegen wieder für die ge-

---

*) Nach Eratosthenes in Eut. Com. in Arch. II de sphaera et cylind. ed. Torelli, p. 144 und Bernhardi, Fragm. Eratosth. p. 168.

**) „Man kann nicht etwas beweisen, indem man von einem anderen Genus ausgeht, z. B. nichts Geometrisches durch Arithmetik. ... Wo die Gegenstände so verschieden sind, wie Arithmetik und Geometrie, da kann man nicht die arithmetische Beweisart auf das, was den Grössen überhaupt zukommt, anwenden, wenn nicht die Grössen Zahlen sind, was nur in gewissen Fällen vorkommen kann.“ (Arist. An. post. I, 7. 75, a, 38 ff.)

sammte Entwickelung der Mathematik von grösstem Nutzen gewesen ist.

Um eine geometrische Lösung des Delischen Problemes also handelte es sich. Nachdem man diese im Raume selbst zuerst vergeblich gesucht hatte, machte Hippokrates die wichtige Entdeckung, dass die Verdoppelung des Würfels oder allgemein die Aufgabe, einen Würfel von der Seite a im Verhältniss $a : b$ zu vergrössern, also die Länge x aus der Proportion:

$$a^3 : x^3 =: a : b$$

zu bestimmen, gelöst sei, wenn man x und eine neue Unbekannte y so bestimmen könne, dass:

$$a : x = x : y = y : b,$$

also x die mittlere Proportionale zwischen a und y, y aber die zwischen b und x sei.*) Da nun die Bestimmung Einer mittleren Proportionalen eine lösbare Aufgabe ist, so glaubte man hiemit das stereometrische Problem auf ein planimetrisches reducirt zu haben und die Auffindung zweier mittleren Proportionalen ($\tau\tilde{\omega}\nu$ $\delta\acute{\nu}o$ $\mu\acute{\epsilon}\sigma\omega\nu$) ist von jetzt ab der Zielpunct weiterer Arbeiten.

Zunächst stellte Platon**) folgende Betrachtung an: Trägt man die 4 Strecken a, x, y, b, welche in obiger Proportion stehen, auf einem rechtwinkligen Axenkreuz um C so ab, dass $a = CA$, $x = CX$, $y = CY$, $b = CB$, so sind die Dreiecke ACX, XCY, YCB ähnlich, daher ergänzen sich die Winkel bei X zu einem rechten, ebenso die bei Y. Umgekehrt: Kann man eine Gerade XY so zwischen zwei Schenkel eines Axenkreuzes legen, dass die in den Puncten X, Y errichteten Perpendikel durch A und B gehen, so ist die Aufgabe gelöst. Ein sehr einfaches Instrument, bestehend aus einem Lineale, auf welchem sich zwei darauf senkrechte Lineale verschieben lassen, genügt daher, um mittels einigen Probirens die Auf-

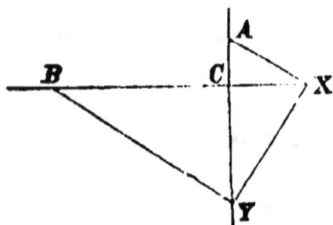

*) Eratosthenes in Eut. Comm. ebd.
**) Eutoc. Comm. p. 135.

gabe zu lösen. Platon selbst[*]) soll ein solches angegeben haben, welches für die Praxis der Architecten, wenn anders diese zur Vergrösserung ihrer Maasse in bestimmtem Verhältniss die Lösung gebrauchten, ganz ausreichend sein mochte. Eine sehr elegante Lösung fand Menaechmus mit Hilfe der Kegelschnitte; er bemerkte, dass die obigen Bedingungen in die Form:

$$x^2 = ay, \quad y^2 = bx.$$

gefasst werden können. Beschreibt man daher durch C zwei Parabeln, die eine mit dem Parameter a und der Axe AC, die andere mit dem Parameter b und der Axe BC, so werden sich dieselben in einem Puncte P schneiden, dessen Coordinaten CX, CY die verlangten Grössen sind.

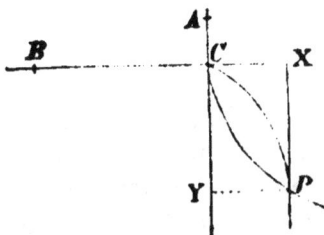

Da auch $xy = ab$, so kann man denselben Punct auch erhalten als Durchschnitt einer jener Parabeln mit der Hyperbel, deren Asymptoten CX, CY und deren Potenz ab ist.

Eine andere merkwürdige Construction des Problemes im Raume „mittels der Halbcylinder" gab Archytas von Tarent[**]), eine dritte, die uns aber nicht näher bekannt ist, Eudoxus.[***])

Sollten diese Methoden praktisch angewendet werden, so mussten zuvor Instrumente erfunden werden, welche jene Curven mechanisch beschreiben liessen. Es ist wohl möglich, dass, wie uns berichtet wird[†]), Platon sich, obgleich er selbst ein Instrument zur Lösung des Problems für die Praxis erfunden haben soll, tadelnd gegen solche instrumentale (ὀργανικαί) und mechanische Constructionen ausgesprochen hat, „weil so der Vorzug der Geometrie verdorben und aufgehoben werde, sofern man sie wieder auf den sinnlichen Standpunct zurückführe, statt sie in die Höhe zu heben und

[*]) Ebd. p. 141.
[**]) Ebd. nach Eudemus p. 143.
[***]) Ebd. nach Eratosthenes p. 144.
[†]) Plutarch, Quaest. conviv. VIII. q. 2. c. 1. und Vit. Marcelli c. 14. § 5

mit ewigen und körperlosen Bildern zu beschäftigen". Denn, der Praxis durchaus abgeneigt, wirft Platon sogar den Mathematikern vor: „Sie reden lächerlich und nothdürftig; denn es kommt heraus, als ob sie etwas ausrichteten und als ob sie eines Geschäftes wegen ihren ganzen Vortrag machten, wenn sie ‚viereckig machen‘, ‚entwerfen‘, ‚aneinandersetzen‘ und was sie sonst für Ausdrücke haben; die ganze Sache aber wird nur der Erkenntniss wegen betrieben."*)

Hievon abgesehen, so hat den grossen Philosophen bei der Verwerfung organischer Constructionen ein richtiges Bewusstsein geleitet. Die Aufgaben, welche mit alleiniger Anwendung des Lineals und des Cirkels gelöst werden können, bilden eine ganz bestimmt abgegrenzte Gruppe, und es ist von der grössten Wichtigkeit, bei jeder Aufgabe die Frage eingehend zu erörtern, ob sie mit Hilfe jener Instrumente lösbar ist, oder nicht; wie in der Algebra, ob eine Gleichung durch Quadratwurzeln aufgelöst werden kann, oder nicht. Wäre aber die Einführung beliebig vieler Instrumente zugelassen worden, so würden eine Menge wichtiger Untersuchungen in dieser Beziehung nicht vorgenommen worden sein. Wir verdanken daher Platon die für die Geometrie so wichtige Beschränkung der geometrischen Instrumente auf jene zwei elementaren. Die anderen, von ihren Erfindern oft mit Pomp angekündigten Instrumente sind heute vergessen, da ihnen jede höhere wissenschaftliche Bedeutung abging.**)

---

*) Plato, Polit. 527.

´**) Von der zweiten Periode der griechischen Geometrie haben sich unter den hinterlassenen Manuscripten des Verfassers nur Bruchstücke vorgefunden, von denen ein grösseres, Euklid betreffend, am Schlusse des Werkes als Anhang abgedruckt werden wird. Dagegen liess sich ein vom Verfasser vollständig bearbeiteter Theil der arithmetischen Periode, welcher über Diophant handelt, in den Text selbst aufnehmen.

d. H.

Allgemeine Arithmetik, Algebra und unbestimmte Analytik der Griechen.

Diophant.

Ueber die Leistungen der Griechen in Arithmetik lässt sich unser Urtheil kurz so zusammenfassen: sie sind nach Form und Inhalt unbedeutend, kindlich, könnte man sagen; und doch sind es nicht die ersten Schritte, welche die Wissenschaft noch unbewusst ihres Zieles, unsicher in der Methode auf schwankem Boden thut, es sind die Leistungen eines Volkes, welches einst einen Euklid, einen Archimed, einen Apollonius hervorgebracht hatte. Es ist Greisenhaftigkeit ohne Zukunft, die uns in diesen Schriften langweilig entgegentritt. Da mitten in dieser traurigen Oede erhebt sich plötzlich ein Mann mit jugendlicher Schwungkraft: Diophant. Woher, wohin, wer sind seine Vorgänger, wer seine Nachfolger? — wir wissen es nicht — alles ein Räthsel. Bei seinem Namen fängt der Zweifel an; wissen wir doch nicht, ob er Diophantus oder Diophantes hiess; er lebte in Alexandrien; sein Geburtsland ist unbekannt; wäre eine Conjectur erlaubt, ich würde sagen, er war kein Grieche; vielleicht stammte er von den Barbaren, welche später Europa bevölkerten; wären seine Schriften nicht in griechischer Sprache geschrieben, Niemand würde auf den Gedanken kommen, dass sie aus griechischer Cultur entsprossen wären; so weit ist sein Sinn und Geist von dem entfernt, der sich in der klassischen Zeit griechischer Mathematik geoffenbart hatte. Er steht durchaus isolirt; ein einziges Mal wird er von einem griechischen Mathematiker citirt; so schwankt denn auch die Bestimmung seiner Lebenszeit um mehrere Jahrhunderte; doch mag man seine Blüthezeit um 360 n. Chr.

ansetzen. Von seinen Werken sind die „Porismen" verloren gegangen, eine kleine Schrift „über Polygonalzahlen" ist uns als Bruchstück überliefert; sein grosses Werk „Arithmetisches" ist uns indess zum Glück ziemlich vollständig erhalten; denn obgleich das Werk, das nach seinem Verfasser 13 Bücher enthalten soll, uns jetzt nur in 6 Büchern vorliegt, so ist doch der Verlust nicht nach dem Verhältnisse 6 : 13 zu messen; jedenfalls kann man mit grosser Wahrscheinlichkeit vermuthen, dass auch die verlorenen Stücke nichts enthalten haben, was erheblich die Stufe dessen übersteigt, was wir kennen.

Sollen wir nun kurz die epochemachende Stellung charakterisiren, die Diophant in der Geschichte der Wissenschaft einnimmt, so müssen wir, so lange uns jede Spur fehlt, dass er Vorgänger gehabt, die zwischen ihm und einem Nikomachus oder Theon stehen, aussprechen: Diophant ist der Vater der Arithmetik und Algebra in dem Sinne, wie wir diese Wissenschaften betreiben; er ist der erste gewesen, der ohne geometrische Repräsentation, ja ohne jede Beziehung zu einer solchen, mit allgemeinen, zusammengesetzten Zahlausdrücken nach den bestimmten formalen Gesetzen der Addition, Subtraction, Multiplication, Division, Potenzirung, Radicirung operirt, d. h. gerechnet hat. Er stellt jene zusammengesetzten Zahlausdrücke ganz wie wir nur in Worten dar, und so leicht es uns erscheinen mag, er als der erste weiss ein Product wie $(x + 1) (x + 2)$ zu berechnen und in $x^2 + 3 x + 2$ zu entwickeln. Bei Producten wie $(x - 1) (x - 2)$ kam er auf das Gesetz: „Eine negative Zahl ($\lambda\varepsilon\tilde{\iota}\psi\iota\varsigma$) mit einer negativen Zahl multiplicirt gibt eine positive Zahl ($\ddot{\upsilon}\pi\alpha\varrho\xi\iota\varsigma$)", welches die Multiplication von Differenzen lehren soll, ohne dass dabei Diophant nur im Entferntesten an Zahlen gedacht hätte, welche an sich negativ sind; nicht nur, dass der griechische Text keine Andeutung hievon enthält, die in der Uebersetzung nicht zu vermeiden ist, so sieht er ausdrücklich rein negative Zahlen als unbrauchbar an. Die ausdrückliche Aufstellung jenes Gesetzes aber gibt ein genügendes Bild von der Reinheit der formalen Auffassung arithmetischer Operationen bei Diophant. Die Identitäten, wie $(a + b)^2$

$= a^2 + 2\,ab + b^2$, welche bei Euklid in der pathetischen Würde geometrischer Lehrsätze erscheinen, sind für ihn die einfachsten Folgen der allgemeinen Verknüpfungsgesetze, deren Wahrheit aus ihrer Entwickelung selbst folgt und keines Beweises bedarf.

In der Anwendung jener Operationen auf verwickelte Ausdrücke zeigt er eine grosse Leichtigkeit und Gewandtheit, die um so bewundernswerther ist, als er nicht durch eine so bequeme und übersichtliche Bezeichnung, wie wir sie heute haben, in deren Ausführung unterstützt wurde. Denn ausser dem Zeichen von ψ oder φ für unser — Zeichen, der unmittelbaren Nebeneinanderstellung als Zeichen der Addition muss er alles durch Worte ausdrücken, hütet sich aber im klaren Bewusstsein seines Zweckes, die Operationen leicht ausführbar zu machen, Quotienten in der fatalen Form von Proportionen zu geben, die einem neueren Leser das Studium der klassischen Geometer nicht selten zur Qual werden lässt.

Wenn ich oben schon hervorhob, dass seine Arithmetik ganz unabhängig von der Rücksicht auf geometrische Constructionen ist, so mag zur Erläuterung bemerkt werden, dass er, wo er herkömmlicher Weise von rechtwinkligen Dreiecken spricht, doch darunter nur drei Zahlen y, k, h versteht, die in der Relation $y^2 + k^2 = h^2$ stehen; dass er ohne Weiteres die Fläche $\frac{1}{2}\,gh$ eines solchen mit einer der Katheten addirt, dass er verlangt, eine Kathete soll ein Kubus sein u. s. w., welche Vorstellungen ganz ausserhalb des Gedankenkreises eines klassischen griechischen Geometers liegen. Auch die lineare Methode Euklid's im VII. Buche wendet er in seinem grossen Werke niemals[*] an, sondern operirt stets mit und an Zahlen und zusammengesetzten Zahlausdrücken nach den Regeln der sog. 4 Species, die er selbst in der Einleitung zu jenem Werke kategorisch angibt.

Bei Diophant treten denn auch zuerst algebraische Gleichungen auf, d. h. Gleichheiten zwischen Grössenausdrücken, welche eine oder mehrere Unbekannte in denselben bestimmen sollen und durch eine passende Aneinanderfolge

---

[*] Mit Ausnahme von V, 13. — gewiss interpolirt.

arithmetischer Operationen explicite darstellen. Um sowohl die Aussprache der Gleichungen selbst als auch ihre Auflösung übersichtlicher zu machen, führte Diophant für die Unbekannte ($\dot{\alpha}\varrho\iota\vartheta\mu\dot{o}\varsigma$) die Abbreviatur ς, für deren Quadrat ($\delta\dot{\nu}\nu\alpha\mu\iota\varsigma$), Kubus ($\varkappa\dot{\nu}\beta o\varsigma$) u. s. w. die Zeichen $\delta^{\tilde{\nu}}$, $\varkappa^{\tilde{\nu}}$ u. s. w. ein. Die absoluten Glieder der Gleichungen werden durch das Zeichen $\mu^{\tilde{o}}$ ($\mu o\nu\acute{\alpha}\delta\varepsilon\varsigma$) kenntlich gemacht. Diese Zeichen gehen den Zahlencoefficienten vorher. An die Einführung von Zeichen für allgemeine Coefficienten, d. h. nicht numerisch bestimmte, aber als gegeben angenommene Zahlen, ist auf dieser Stufe der algebraischen Zeichensprache nicht zu denken. Näher hätte es gelegen, für verschiedene Unbekannte, welche gleichzeitig auftreten, auch verschiedene Zeichen zu verwenden. Diophant hat aber nur jenes eine. In vielen Fällen half er diesem Uebelstande dadurch ab, dass er alle Unbekannten, die in der Aufgabe enthalten sind, möglichst bald durch eine unter ihnen ausdrückte, oder aber, er bezeichnet verschiedene Unbekannte hinter einander mit demselben Zeichen, ein Verfahren, das in der Praxis bei weitem weniger verwirrt, als es von vorn herein scheinen kann, oder endlich: er setzt für die verschiedenen bekannten oder unbekannten Grössen beliebige Zahlen und rechnet mit diesen, erinnert sich aber an den Stellen, wo es nöthig ist, an die Art, wie die erhaltenen Zahlen aus jenen willkührlich angenommenen gebildet sind und gelangt so zu einer Einsicht in den Bau der Formeln und das Resultat der Rechnungen. Ein Beispiel wird hinreichen, dieses Hilfsmittel klar zu legen: IV, 16. „Man soll drei Zahlen von der Beschaffenheit suchen, dass die Summe der ersten und zweiten Zahl mit der dritten multiplicirt das Product 35, die Summe der zweiten und dritten mit der ersten multiplicirt das Product 27, die Summe der ersten und dritten mit der zweiten multiplicirt das Product 32 gebe.“

Lösung:*) „Man setze die dritte Zahl $= x$, so ist die Summe der ersten und zweiten $\frac{35}{x}$. Die erste Zahl sei

*) Ich gebe hier die einfache Uebersetzung des Diophant, wo ich nur das in seinen Zeichen oder in Worten Ausgedrückte in unserer algebraischen Zeichensprache darstelle.

$\frac{10}{x}$, so ist die zweite $\frac{25}{x}$.*) Nun sind aber noch zwei Bedingungen zu erfüllen, nämlich dass die Summe der zweiten und dritten, mit der ersten multiplicirt, das Product 27, und die Summe der ersten und dritten, mit der zweiten multiplicirt, das Product 32 gebe. Aber die Summe der zweiten und dritten mit der ersten multiplicirt gibt zum Product $10 + \frac{250}{x^2}$, folglich ist $10 + \frac{250}{x^2} = 27$.**) Die Summe der ersten und dritten, mit der zweiten multiplicirt, gibt zum Product $25 + \frac{250}{x^2}$, folglich ist $25 + \frac{250}{x^2} = 32$.***) Aber es ist auch, wie wir gesehen haben, $10 + \frac{250}{x^2} = 27$. Nun ist der Unterschied $32 - 27 = 5$†) und der Unterschied

$$25 + \frac{250}{x^2} - \left(10 + \frac{250}{x^2}\right)$$

sollte daher ebenfalls $= 5$ sein. Aber die 25 kommt von dem Ausdrucke für die zweite Zahl, die 10 von dem Ausdrucke für die erste Zahl her und wir müssen also diese Zahlen so wählen, dass ihr Unterschied 5 wird. Die erste und zweite Zahl an sich sind aber nicht willkührlich; sondern ihre Summe soll 35 sein. Ich muss also 35 in zwei Theile theilen, deren Unterschied 5 ist; die eine dieser Zahlen ist 15, die andere 20.

Nunmehr setze ich die erste Zahl $= \frac{15}{x}$, die zweite $= \frac{20}{x}$. Nun gibt die Summe der zweiten und dritten, mit der ersten multiplicirt, das Product $15 + \frac{300}{x^2} = 27$, und die Summe der ersten und dritten, mit der zweiten multiplicirt, das Product $20 + \frac{300}{x^2} = 32$. Nehme ich nun die Gleichung $15 + \frac{300}{x^2} = 27$, so wird $x = 5$. Die erste Zahl ist also 3, die zweite 4, die dritte 5."

---

*) Wir würden hier etwa so verfahren: Sei die dritte Zahl x, die erste $\frac{p}{x}$, die zweite $\frac{q}{x}$, so muss $\left(\frac{p}{x} + \frac{q}{x}\right) x = 35$, $p + q = 35$ sein.

**) $\left(\frac{q}{x} + x\right) \frac{p}{x} = \frac{pq}{x^2} + p = 27$.

***) $\left(\frac{p}{x} + x\right) \frac{q}{x} = \frac{pq}{x^2} + q = 32$.

†) $q - p = 5$.

Es wird schon dies eine Beispiel hinreichen, um zu zeigen, wie ein solches Verfahren, welches man das des falschen Ansatzes nennen könnte, in einfachen Fällen unsere Rechnung mit Buchstaben, wenn auch unvollkommen, zu ersetzen vermag.

Mit diesen formalen Hilfsmitteln ausgerüstet ging nun Diophant daran, arithmetische und algebraische Aufgaben, wie sie vor ihm als solche nur vereinzelt und beiläufig gestellt waren, in grosser Auswahl um ihrer selbst willen aufzustellen und zu lösen. Wir haben schon oben darauf hingewiesen, dass vor ihm — so viel uns bekannt — die Idee einer algebraischen Gleichung nicht vorhanden war; so kann denn auch z. B. von der Auflösung quadratischer Gleichungen vor ihm nicht die Rede sein, wenn auch in Euklid's Elementen und Daten an mehreren Stellen die geometrischen Operationen angegeben sind, welche zur Construction einer solchen führen. Diophant ist aber weit entfernt, seine rein algebraische Lösung derselben, die sich von der heute üblichen nicht unterscheidet, irgendwie auf geometrische Constructionen zu stützen, was um so mehr bemerkt zu werden verdient, als bis in's 18. Jahrhundert hinein bei keinem seiner Nachfolger die algebraische Lösung ohne geometrische Construction für ausreichend gehalten wird; und im 11. Jahrhundert führt ein arabischer Mathematiker die algebraische Methode der Auflösung ausdrücklich als „die Methode des Diophant" an, während er der geometrischen den Vorzug zu geben scheint.

Dass Diophant negative Wurzeln der Gleichungen überhaupt verwirft, werden wir ihm nicht zum Vorwurf machen; wenn er aber auch im Falle, dass eine quadratische Gleichung zwei positive Wurzeln hat, nur eine von diesen erkannte und die nothwendige Zweideutigkeit ganz übersah, obgleich sie auf der Hand zu liegen scheint, würde uns dies unbegreiflich erscheinen, wenn wir nicht schon wüssten, dass den Griechen die Idee von der Vieldeutigkeit einer geometrischen Aufgabe gänzlich fehlte und sie, so zu sagen, des geistigen Organes beraubt waren, eine solche, selbst wenn sie offen vor ihnen lag, zu begreifen — ein interessanter Beweis für den Satz, dass wir nur dasjenige wahrnehmen, wozu wir die Idee schon in uns finden.

Man sieht aus dem Angeführten, dass Diophant, so grosse Verdienste er auch in formaler Hinsicht um die Algebra hat, doch materiell in dieser Disciplin keinen wesentlichen Fortschritt bezeichnet. Die Unsterblichkeit seines Namens und das nicht nur historische Interesse, was sich noch heute an seine Werke knüpft, verdankt er einer von ihm allererst begründeten und ausgebildeten Disciplin, die man früher Analysis indeterminata, unbestimmte Analytik nannte, die aber heute, nachdem ihr für uns werthvoller Inhalt in die höhere Zahlenlehre übergegangen ist, keinen besondern Namen mehr trägt. Das Wesen dieses Zweiges der Algebra oder Arithmetik besteht darin, rationale Werthe der Unbekannten zu bestimmen aus einem Systeme von Gleichungen, deren Anzahl die der in ihnen enthaltenen Unbekannten nicht erreicht. Eine einfache Aufgabe dieser Art wäre (II, 8) x, y als rationale Zahlen aus der Gleichung $a^2 = x^2 + y^2$ zu bestimmen; eine complicirtere (V, 21), x, y, z rational so zu bestimmen, dass, $u = x + y + z$ gesetzt, jeder der 4 Ausdrücke: u, $u^3 + x$, $u^3 + y$, $u^3 + z$ Quadrat einer rationalen Zahl werde; die Anzahl der Unbekannten beträgt hier 7, die der Gleichungen nur 4.

Es ist hier sogleich ein Irrthum zu bekämpfen, der durch einen falschen Namen fixirt und daher, wie ich fürchte, nicht auszurotten ist. Man bezeichnet im Unterrichte die linearen Gleichungen $ax + by = c$, welche in ganzen Zahlen x, y aufgelöst werden sollen, als diophantische. Nun hat nicht nur Diophant die Auflösung solcher Gleichungen, die im Occidente erst im 17. Jahrhundert durch den Commentator dieses Schriftstellers, Bachet, erfunden wurde, nicht gekannt, sondern es ist ihm die Aufgabe selbst völlig fremd, da er niemals die Bedingung festsetzt, dass die Lösungen ganze Zahlen sein sollen, vielmehr sich stets mit rationalen Lösungen völlig begnügt.*)

*) Wenn man überhaupt bei Diophant Lösungen in ganzen Zahlen sucht, so beruht dies auf einer historisch unrichtigen Vorstellung; seine Arbeiten hatten nicht sowohl den Zweck, wie heutige Untersuchungen aus der Zahlenlehre, in die tiefen Geheimnisse des aus so einfachen Elementen aufgebauten Systemes der ganzen Zahlen einzudringen; sie sind vielmehr hervorgegangen aus dem Streben nach einer Ausbildung

11 *

Der Leser wird nun begierig sein, die Klassen von unbestimmten Aufgaben, die Diophant behandelt, und seine
Lösungsmethoden kennen zu lernen. Was das erstere betrifft,
so ist zu bemerken, dass in den etwa 130 unbestimmten Aufgaben, welche Diophant in seinem grossen Werke behandelt,
über 50 verschiedene Klassen von Aufgaben enthalten sind,
die ohne jede erkenntliche Gruppirung aneinander gereiht
sind, ohne dass die Lösung der vorhergehenden Aufgaben
die der folgenden erleichterte. Das I. Buch enthält nur bestimmte algebraische Gleichungen; das II—V. Buch enthält
meistentheils unbestimmte Aufgaben, bei denen Ausdrücke,
die zwei oder mehrere Variabele je in erster oder zweiter
Potenz enthalten, zu Quadraten oder Kuben zu machen sind.
Das VI. Buch endlich beschäftigt sich mit rechtwinkligen
Dreiecken in rein arithmetischer Auffassung, bei denen irgend
eine lineare oder quadratische Function der Seiten zu einem
Quadrat oder Kubus gemacht werden soll. Das ist alles,
was wir über diese bunte Reihe von Aufgaben aussagen
können, ohne jede der 50 Klassen einzeln vorzuführen.

Fast noch verschiedenartiger als die Aufgaben sind
deren Lösungen, und wir sind völlig ausser Stande, nur
eine einigermassen erschöpfende Uebersicht über die verschiedenen Wendungen in seinem Verfahren zu geben. Von
allgemeineren umfassenden Methoden ist bei unserem Autor
keine Spur zu entdecken; jede Aufgabe erfordert eine ganz
besondere Methode, die oft selbst bei den nächstverwandten

der Algebra ohne Anwendung der Geometrie. Irrationale Grössen waren
den Alten keine Zahlen und konnten daher arithmetisch-algebraischen
Verknüpfungen nicht unterworfen, sie konnten nur als actuelle Grössen,
insbesondere als Strecken behandelt werden. Sollte daher eine Algebra
als selbstständige Wissenschaft geschaffen werden, so mussten irrationale
Lösungen gänzlich ausgeschlossen sein; in diesem nicht beachteten Umstande hat man den eigentlichen Grund zu suchen, warum Diophant die
Bedingung stellt, dass die Lösungen in Zahlen (ἐν ἀριθμοῖς) angegeben
werden sollen, und warum die unbestimmte Algebra vor der bestimmten
ausgebildet werden musste, während uns Neueren, die wir die irrationalen
Grössen in die Reihe der Zahlen zu setzen gewohnt sind, jene Forderung
am Anfange der Algebra verfrüht erscheint, da thatsächlich die Schwierigkeiten der Diophantischen Algebra viel grösser sind als die der bestimmten Algebra.

Aufgaben ihren Dienst versagt. Es ist deshalb für einen neueren Gelehrten schwierig, selbst nach dem Studium von 100 Diophantischen Lösungen, die 101. Aufgabe zu lösen; und wenn man den Versuch gemacht hat und nach einigen vergeblichen Anstrengungen Diophants eigene Lösung liest, so wird man erstaunt sein, zu sehen, wie Diophant plötzlich die breite Heerstrasse verlässt, einen Seitenweg einschlägt und mit einer raschen Wendung beim Ziele anlangt — freilich oft bei einem Ziele, an dem wir uns nicht beruhigen mögen; wir glaubten einen beschwerlichen Pfad hinaufklimmen zu müssen, dann aber auch als Lohn eine weite Aussicht zu gewinnen; statt dessen führt uns unser Pfadfinder durch enge, wunderliche, aber glatte Wege auf eine kleine Anhöhe; er ist fertig! Zu einer Vertiefung in ein einzelnes wichtiges Problem fehlt es ihm an Ruhe und intensiver Kraft; und so eilt auch der Leser mit innerer Unruhe von Problem zu Problem, wie in einem Räthselspiele, ohne das Einzelne geniessen zu können. Diophant blendet mehr, als er erfreut. Er ist in bewundernswürdigem Maasse klug, gewandt, scharfsichtig, unermüdlich, aber weder gründlich noch tief in das Innere der Sache eindringend. Wie seine Aufgaben ohne ersichtliches wissenschaftliches Bedürfniss, oft nur der Lösung zu Liebe gestellt scheinen, so fehlt es auch letzteren an Vollständigkeit und tieferer Bedeutung. Er ist ein glänzender Virtuos in der von ihm erfundenen Kunst der unbestimmten Analytik, die Wissenschaft hat jedoch, wenigstens unmittelbar, diesem glänzenden Talente wenig Methoden zu verdanken, weil es ihm an dem speculativen Sinne fehlte, der in dem Wahren mehr als das Richtige sieht.

Das ist der allgemeine Eindruck, den ich von einem eingehenden und wiederholten Studium der Diophantischen Arithmetik erhalten habe. Ihn im Einzelnen ausreichend zu begründen, würde die mir hier gesteckten Grenzen bei Weitem überschreiten; nur sei zur Erläuterung bemerkt, dass Diophant nicht selten durch Einführung ganz specieller Nebenbedingungen die Lösung der ursprünglich gestellten Aufgabe gänzlich verschiebt, so wenn er z. B. in VI, 78 die Aufgabe stellt, w, y, z rational zu bestimmen, so dass $w^3 + z^2$ ein Quadrat, $y^2 + z^2$ ein Kubus wird, und er nimmt ohne

Weiteres $y^2 + z^2 = w^3$ an, so verwandelt er die Aufgabe
in die wesentlich beschränktere $y^2 + z^2$ zu einem Kubus
und $y^2 + 2z^2$ zu einem Quadrat zu machen, oder in die Aufgabe, $w^3 - z^2$ und $w^3 + z^2$ zu Quadraten zu machen. So
wenig aber liegt es ihm an seiner eigentlich gestellten Aufgabe, dass er es nicht einmal für nöthig hält, zu bemerken,
dass sie auf diese Weise in eine speciellere umgewandelt
wird, die er allein lösen kann. Die Determinationen der
gegebenen Constanten, nach ihrer Grösse oder nach ihrer
arithmetischen Natur, für welche seine Auflösung allein statthaft ist, unterlässt unser Autor in sehr vielen Fällen anzu-
geben. Was aber seinen oft überraschend gewandten Lösungen
meistens den höheren wissenschaftlichen Werth raubt, das
ist vor Allem der Umstand, dass Diophant sich ausnahmslos damit begnügt, aus der meist unendlichen Anzahl von
Werthsystemen, welche einer Aufgabe genügen, irgend eines
herauszuheben, ohne auf die anderen Werthsysteme nur
einen Blick zu werfen. Indessen hat man dies nicht so zu
verstehen, als ob hiemit gegen Diophant ein Vorwurf erhoben werden sollte, insofern er seine Lösungen immer in
bestimmten Zahlen angibt; denn da er keine allgemeinen
Zeichen für Zahlen besass, so konnte er auch nicht anders,
und es würde der Forderung, die Mannigfaltigkeit der
Lösungen zu beachten, auch so genügt werden können,
wenn Diophant im Texte bei jeder zum Behufe der Entwickelung eingeführten bestimmten Zahl bemerkt hätte, wie
weit und worin diese willkührlich bleibt; dies geschieht aber
nicht: Wenn z. B. V, 13 auf die Aufgabe $a + b + 1 = x^2 + y^2$
zurückgeführt wird, wo a und b gegebene Zahlen sind, so
hätte Diophant zunächst bemerken sollen, dass die Aufgabe
nur lösbar ist, wenn sich $(a + b + 1)$ in die Summe zweier
Quadrate zerlegen lässt. Nicht nur aber, dass Diophant
diese Determination verschweigt, sondern er wählt auch —
ich möchte sagen, hinter dem Rücken des Lesers — die
Zahlen a, b so, dass $a + b + 1$ ein Quadrat wird und gibt
nun eine Bestimmung der x, y, welche nur in diesem Falle
anwendbar ist, in dem allgemeinen Falle aber ihren Dienst
versagt. So muss man stets auf der Hut sein, nicht durch
Finten getäuscht zu werden. Unser Autor aber ist zufrieden

gestellt, wenn er das Kunststück gelöst und eine Lösung herausgebracht hat; er überrascht, aber er befriedigt nicht.

Der Grund dieses Mangels ist einerseits in der individuellen Anlage Diophants zu suchen, andererseits in jener Eigenthümlichkeit der griechischen Mathematik, die Vieldeutigkeit der Probleme gänzlich zu ignoriren, während auf dem Gebiete der unbestimmten Analytik es neuerdings die erste Aufgabe des Forschers ist, die Bedingungen der Lösbarkeit und die Anzahl der Lösungen zu bestimmen, Methoden zu entwickeln, durch welche aus einer Lösung die anderen abgeleitet werden können, und die ganze Mannigfaltigkeit der Werthsysteme, welche einer Aufgabe genügen, sich vor Augen zu stellen; erst dann und mit dieser Unterstützung pflegt er an die eigentliche Auflösung zu gehen.

Nur an sehr wenigen Stellen, und auch da nur zum ausgesprochenen Zwecke, Eine passende Lösung einer anderen Aufgabe zu finden, löst er Gleichungen allgemein ($\dot{\alpha}o\varrho\dot{\iota}\sigma\tau\omega\varsigma$) auf; so gibt er VI, 12—13, wenn $y = 1$ eine particuläre Lösung der Gleichung $ay^2 + b = z^2$ und $a + b = c^2$ ist, an, dass man die allgemeine finden könne, wenn man $y = x + 1$, $z = dx + c$ setzt, wo dann $ax^2 + 2ax + a + b = d^2x^2 + 2dx + c^2$, also $ax + 2a = d^2x + 2d$ und somit $x = 2\frac{(d-a)}{a-d^2}$, wo d beliebig, die allgemeine Auflösung ist. Aehnlich lehrt er in VI, 16 die Gleichung $ay^2 - b = z^2$ allgemein lösen, wenn die particuläre Lösung $y = p$ bekannt und $ap^2 - b = q^2$ gesetzt wird. Man nehme nämlich $y = x + p$, $z = dx + q$, und wie vorhin wird $x = 2\frac{d-a}{a-d^2}$ gefunden.

Es ist schon oben bemerkt worden, dass man in der Sammlung unseres Autors, die sich selbst als „Arithmetisches" ankündigt, nichts weniger als eine systematische Sammlung von Aufgaben zu sehen hat. Die eben erwähnten, uns so fundamental erscheinenden Aufgaben werden nahe am Ende des Werkes nur ganz gelegentlich behandelt, während die speciellere $a^2y^2 + b = x^2$ bereits von Anfang an durch die Substitution $x = ay \pm c$, also $y = \pm\frac{b-c^2}{2ac}$, und ebenso $ay^2 + \beta^2 = x^2$ durch $x = cy \pm \beta$ also $y = \pm\frac{2\beta c}{a-c^2}$ aufgelöst wird, ohne dass je eine allgemeine Bemerkung in dieser Hinsicht gemacht worden wäre. Ebensowenig wird die allgemeine Theorie der Gleichungen $ay^2 + 2cy + b = z^2$ jemals ausgeführt, obgleich Diophant nicht selten solche Formen behandelt.

Auch von der fundamentalen Aufgabe, die zwei quadratischen Ausdrücke $ax^2 + bx + c$, $a'x^2 + b'x + c'$ gleichzeitig zu Quadraten zu machen, auf welche διπλοισότης (aequatio duplicata) Diophant sehr viele Lösungen zurückführt, findet sich nirgends eine systematische Behandlung. Nur von dem einfachsten Falle, dass $x + a$, $x + a'$ Quadrate sein sollen, wird II, 12 die schöne allgemeine Regel gegeben: „Man nehme den Unterschied der beiden Quadrate $a - a'$ und zerfälle denselben in zwei Factoren $a - a' = \varkappa\varkappa'$, dann ist $x + a = \left(\frac{\varkappa + \varkappa'}{2}\right)^2$, $x + a' = \left(\frac{\varkappa - \varkappa'}{2}\right)^2$ zu setzen.

Das mag genügen, um eine für die historische Entwickelung genügende Uebersicht von dem zu geben, was Diophants grosse Sammlung arithmetischer Aufgaben enthält und nicht enthält. Vielleicht noch berühmter aber als durch dieses Werk ist unser Autor durch ein anderes geworden, das wir nicht mehr besitzen, durch seine Schrift unter dem Titel „Porismen". Aus drei als Porismen von ihm selbst ausdrücklich angeführten Sätzen (V, 3, 5, 19), sowie aus der Bedeutung, welche andere Mathematiker diesem Worte beilegen, dürfen wir schliessen, es habe dies Werk eine Sammlung von algebraischen Identitäten, wie sie zur Lösung unbestimmter Aufgaben nothwendig sind, und eine Reihe von Lehrsätzen enthalten, wie wir sie in der Zahlenlehre vorzutragen pflegen. Was nun die erstere betrifft, so hat Diophant in der That eine Reihe von Identitäten gekannt, welche zu interessanten Sätzen der Zahlenlehre Veranlassung geben, wie III, 22 den Satz, dass

$$(a^2 + b^2)(c^2 + d^2) = (ac - bd)^2 + (ad + bc)^2$$
$$= (ac + bd)^2 + (ad - bc)^2$$

und also das Product zweier Zahlen, welche Summen von Quadraten sind, wieder und zwar auf zweierlei Weise in die Summe zweier Quadrate zerlegbar ist. Es folgt hieraus, da die ungerade Summe von zwei Quadraten niemals von der Form $(4n + 3)$ sein kann, dass keine Zahl, welche einen Factor von dieser Form hat, in die Summe zweier Quadrate zerlegt werden kann. Dies hat Diophant richtig erkannt und gibt·V, 12 als Determination einer Aufgabe, welche auf die Zerlegung einer Zahl in die Summe zweier Quadrate hinauskommt, in der That an, letztere dürfe keinen Factor von der Form $(4n + 3)$ besitzen.*) Aus dieser Bedingung hat man nun — in der Annahme, dass Diophant, wie die klassischen Mathematiker des Alterthums, vollständige Bestimmungen über die Möglichkeit seiner Lösungen gibt — geschlossen, dass Diophant bewiesen haben müsse, dass, im Falle jene Zahl von der Form $(4n + 1)$ ist, sie jedesmal in die Summe zweier Quadrate zerfällbar sei. Wenn er in IV, 31, 32, wo es sich darum handelt, eine Zahl in die Summe von 4 Quadraten zu zerlegen, keine Determination hinzufügt, so schloss man, immer unter jener stillschweigenden Annahme, Diophant habe erwiesen, dass jede Zahl in 4 Quadrate zerlegbar sei. So glaubte man noch aus anderen Determinationen oder aus dem Mangel solcher darauf schliessen zu müssen, dass Diophant eine Reihe der feinsten Lehrsätze aus der Zahlenlehre gekannt habe, welche erst die grössten Mathematiker der letzten beiden Jahrhunderte wieder beweisen konnten; und da man diese Lehrsätze und Beweise in dem vorhandenen Werke nicht fand, so glaubte man sie in dem verloren gegangenen enthalten, und das Ansehen der „Porismen" wuchs in's Unbegrenzte. So sehr wir nun auch in historischem Interesse den Verlust dieses Werkes bedauern, das im 16. und 17. Jahrhundert sicherlich ein sehr lehrreiches gewesen wäre, so sind wir doch der Ansicht, dass man sich in Bezug auf seinen wissenschaftlichen Werth einer Illusion hingegeben hat. Denn es ist zunächst jene Annahme ganz unbegründet, dass Diophant überall die nothwendigen und zureichenden Bedingungen der Lösbarkeit einer Aufgabe genau aufstellte. An vielen Stellen sind die Bedingungen zu eng oder zu weit, und es kommen dabei durchaus nur nega-

---

*) Ich zweifele nicht, dass die von den Mscer. arg entstellte Determination so zu lesen ist: Δεῖ δὴ τὸν διδόμενον μήτε περισσὸν εἶναι, μήτε τὸν διπλασίονα αὐτοῦ ἀριθμὸν μονάδι ᾶ μείζονα μετρεῖσθαι ὑπὸ τοῦ πρώτου ἀριθμοῦ, ὃς ᾶν μονάδι ᾶ μείζων ἔχῃ μέρος τέταρτον.

tive Sätze der Zahlenlehre in Anwendung, wie dass keine
Summe von 2 Quadraten von der Form $4n + 3$, keine von
3 Quadraten von der Form $8n + 7$ sein könne (V, 14) u. s. w.
Diese Sätze, welche überaus leicht zu beweisen sind, erlaubt
sich nun Diophant ohne Weiteres umzukehren und in eine
positive Behauptung zu verwandeln. Dass er aber diese
positiven Sätze nicht beweisen konnte, geht zur Genüge aus
der Fehlerhaftigkeit vieler dieser Umkehrungen hervor, und
wenn zuweilen die Umkehrung richtig ist, so ist Diophant
daran unschuldig. Kurz: Streift man das Vorurtheil ab, dass
alles Griechische klassisch und in sich vollendet sei, und
prüft man unsern Autor an sich selbst, so findet man auch
hier wieder jene Gewandtheit und jenen schnellen Blick
unseres Autors; tiefsinnige Speculationen, welche die Arbeiten
eines Euler, Lagrange, Gauss, Jacobi verdunkeln könnten,
haben diese Porismen ohne Zweifel nicht enthalten.

So müssen wir gegenüber unwahren Ueberschätzungen
von einem objectiven Standpuncte aus den wissenschaftlichen
Werth der Schriften Diophants beurtheilen. Dass wir überhaupt diesen Maassstab an seine Leistungen anlegen, ist
schon genügende Anerkennung; denn wer würde mit diesem
an einen Nikomachus herantreten! Es darf aber daneben
vom historischen Standpuncte ausdrücklich hervorgehoben
werden, dass Diophants Arithmetik zu dem Bedeutendsten
gehört, was uns aus dem griechischen Alterthum überliefert ist,
ja dass an Originalität und Selbstständigkeit seine Leistungen
vielleicht höher stehen, als die irgend eines anderen Mathematikers. Sie sind aus einem anderen Geiste hervorgegangen,
als die klassischen Leistungen der griechischen Geometer,
sie sind nicht mehr klassisch nach Form und Inhalt; „chacun
a les défauts de ses vertus". Der neue Gedankenkreis, aus
dem sie entsprangen, war identisch mit dem der Völker,
welche seitdem die Wissenschaft verbreitet und gefördert
haben. Jener ästhetische Sinn für die Raumformen, der
systematisch strenge Geist der klassischen Geometer ist ein
durchaus griechisches Erbtheil. In der Zeit des untergehenden
Griechenthums musste dieser einem anderen Platz machen,
der in eigenthümlicher Weise an die erste Periode der griechischen Wissenschaft, an die Pythagorische Anschauung

anknüpft. Es ging damit das specifisch Griechische in das allgemein Menschliche über, und wie Pythagoras mit seiner Weisheit sich eng an Orientalisches anschloss, so berührt sich auch Diophants Sinn und Streben wieder auf das Engste mit dem des Orientes, insbesondere des Volkes, das im allgemeinen Entwickelungsgange jetzt an die Spitze mathematischer Thätigkeit tritt, der Inder.

Mathematik der Inder.

Die Inder.*)

Noch mehrfach werden wir in unserer Darstellung die merkwürdige Thatsache hervorzuheben haben, dass die Entwickelung der Mathematik, wenn auch keine gleichmässige und stetige, so doch eine zeitlich ununterbrochene ist; dass sofort, wenn ein Volk die Fähigkeit und Kraft zur mathematischen Forschung verliert, ein anderes eintritt, um für die nächsten Jahrhunderte die weitere Förderung zu übernehmen. In den meisten Fällen tritt das neue Volk die geistige Erbschaft des bisher in der Wissenschaft herrschenden an und baut weiter auf dem schon gewonnenen Grunde. In der Zeit aber, zu der wir jetzt gelangt sind, als die wissenschaftliche Energie des specifisch griechischen Intellectes erschöpft war und sich alle noch vorhandene geistige Kraft der erhabenen Aufgabe, die unerschöpflichen Heilsthatsachen und Heilswahrheiten des Christenthums historisch festzustellen, dogmatisch zu definiren und speculativ zu begreifen, mit einer Hingabe und Ausschliesslichkeit widmete, welche alle anderen Studien als leer und unnütz, ja selbst als schädlich erscheinen liess, suchte sich die aus dem Occidente vertriebene Mathematik eine Zufluchtsstätte fern im Osten, jenseits des Indus. Dort hatte bei der einst aus Mittelasien eingewanderten, nun nach langen Kämpfen fest angesiedelten arischen Bevölkerung bereits einige Jahrhunderte vor dem Anfange unserer Zeitrechnung eine eigenthümliche wissen-

---

*) Die in diesem Abschnitt angewandte Transscription der Wörter aus dem Sanskrit in lateinische Buchstaben ist die heutzutage meist verbreitete. Was die Aussprache betrifft, so mag man die Buchstaben wie deutsche lesen mit Ausnahme von j und ch, welche wie im Englischen, also etwa wie resp. deutsch dsch und tsch auszusprechen sind.

schaftliche und literarische Entwickelung begonnen. Die zahlreiche, in behaglichen Umständen lebende Kaste der Brahmanen schloss eine beträchtliche Zahl genialer, talentvoller und wissbegieriger Männer in sich, welche es für ihren Beruf hielten, die Dinge in der Natur und den Menschen beharrlich zu beobachten, über das Göttliche als den allgemeinen Grund alles Daseins Betrachtungen anzustellen und so die Praxis des bürgerlichen und geistlichen Lebens zu verbessern und zu vertiefen. Die geistvollen, wenn auch oft phantastischen, immer doch tief durchdachten und vielfältig begründeten Anschauungen der indischen Philosophie sind zu bekannt, als dass hier auf sie weiter hingewiesen zu werden brauchte; hat doch der neueste deutsche Philosoph in jenen Speculationen über das Nirwana, den allgemeinen Grund alles Daseins und Nichtseins, die wahre und erhabene Lösung aller Räthsel des menschlichen Lebens zu finden geglaubt. Wie in ihrer Philosophie, so haben auch in allen anderen wissenschaftlichen Gebieten die Brahmanen eine von den Griechen wesentlich verschiedene Art zu denken; sie legen weniger Werth auf die Begründung, als auf das Resultat, weniger auf das Warum als das Wie; sie operiren mehr mit Ideen und Vorstellungen, als mit Begriffen. Was sie dadurch an Schärfe und Bestimmtheit verlieren, gewinnen sie wieder durch grössere Tiefe und Weite; immer aber tritt die Neigung hervor, jene Tiefe in's Grundlose und jene Weite in's Ungeheure phantastisch anwachsen zu lassen. So hat denn Hegel die Natur des indischen Volkes als „maasslos" bezeichnet, und es steht hiemit nicht in unverträglichem Gegensatze, wenn in gewissen isolirten Gebieten des Denkens, die nun einmal der freien Phantasie unzugänglich sind, ein scharfer, vielleicht allzu nüchterner Verstand zur Herrschaft gelangt.

Unter allen wissenschaftlichen Leistungen der Inder sind die grammatischen bisher am meisten zur Anerkennung gelangt. Bei den Griechen begann die Grammatik mit sprachphilosophischen Aphorismen und verlief in eine scharf logische und wohl durchgefeilte Syntax; die Inder dagegen haben ihre Arbeit fast allein der formativen etymologischen Seite der Sprache zugewendet und durch unendlichen Fleiss und

überraschende Beobachtungsgabe deren Gesetze empirisch
festgestellt — mit welchem Erfolge, das zeigt das Urtheil,
welches man über die einige Jahrhunderte v. Chr. geschriebene
Grammatik des Pánini gefällt hat: „sie ist eine so vollständige
Grammatik, wie sie ausser dem Sanskrit keine Sprache der
Welt aufzuweisen hat. Die Aufgabe einer wahrhaft wissenschaftlichen Grammatik, alle Sprachgestalten von gram-
matischem Standpuncte aus zu behandeln und darzustellen,
ist ausnahmslos wenigstens versucht, und wenn nicht in
allen Einzelheiten, doch im Ganzen gelungen."*)

Die wissenschaftlichen Kenntnisse, welche man in der
Mitte des vorigen Jahrhunderts zuerst bei den Brahmanen
entdeckte, waren astronomische. In Indien lebende
Europäer erfuhren, dass die einheimischen Gelehrten verschiedene astronomische Berechnungen, namentlich die der
Sonnen- und Mondfinsternisse, anzustellen verständen. Die
indischen Astronomen vollziehen ihre Rechnung mit grosser
Leichtigkeit, ohne eine Ziffer zu schreiben; statt deren bedienen sie sich kleiner Muscheln, welche sie wie Spielmarken
auf einen Tisch oder den Erdboden auflegen, verschieben
und aufnehmen. Ihre Rechnungsregeln sind in räthselhaften
Versen enthalten, welche sie auswendig wissen und leise
vor sich hin murmeln, während sie ihre Muscheln legen;
von Zeit zu Zeit schlagen sie dabei in einem kleinen Hefte
von Zahlen-Tabellen auf Palmblättern nach. Sie arbeiten
mit einer Kaltblütigkeit, deren ein Europäer unfähig ist,
und verrechnen sich nie; die Resultate ihrer Berechnungen
von Finsternissen sind nicht weit von der Wahrheit entfernt.
Das Erstaunen, bei einem für barbarisch gehaltenen Volke
solche Fertigkeit zu finden, war um so grösser, als man
entdeckte, dass jene fertigen Rechner mit dem Grunde und
der Theorie sehr wenig vertraut waren; es mussten also alte
Methoden sein, welche ihnen aus der Vorzeit, vielleicht nur
unvollständig, überliefert waren. Oder verheimlichten die
indischen Gelehrten ihre, aus heiligen Büchern geschöpften
Lehren den verachteten Mlecha's? Jedenfalls hatte man hier
Reste einer uralten Weisheit, an deren Auffindung man**)

*) Benfey, Gesch. d. Sprachwissenschaft. München 1869. p. 77.
**) Namentlich Bailly, Hist. de l'astron. indienne. Paris 1787,

die glänzendsten Hoffnungen für eine Reform unserer Astronomie knüpfte. Die Epochen, von denen die Inder bei ihren
astronomischen Rechnungen ausgingen, lagen viele Tausende,
ja Zehntausende von Jahren hinter der Gegenwart zurück;
was für einen Schatz mussten die seitdem von ihnen auf-
gezeichneten Beobachtungen abgeben! Waren auch die einzelnen Beobachtungen nur unvollkommen, so mussten sie
doch vermöge ihres Alters zu ausserordentlich genauen Bestimmungen der Perioden himmlischer Bewegungen führen.

Um diese wichtigen Fragen zu erledigen, wandte man
sich, da man von den Pandits (einheimischen Gelehrten)
selbst keine ausreichende Auskunft erhalten konnte, in den
nächsten Decennien dem Studium der alten, im Sanskrit
geschriebenen astronomischen Handbücher, welche den Titel
Siddhânta (= gerader Weg, System) zu führen pflegen, selbst
zu. Da fand man denn freilich manches Ueberraschende, besonders vollständig ausgeführte, durch geschickte Hilfsmittel
erleichterte Methoden zu astronomischen Berechnungen. Man
entdeckte jedoch bald, dass die Rechnungen keineswegs die
vorgegebene Genauigkeit besitzen, welche der unserer Astronomie gleichkäme, dass jene weit zurückliegenden Epochen
in ziemlich später Zeit antedatirt worden, dass die Methoden
zwar verschieden von denen des Ptolemäos sind, aber doch
auf denselben Principien beruhen, wenn diese auch theilweise durch eine Reihe von empirischen Voraussetzungen
entstellt sind.*)

Das hohe Alter indess, welches sich die indische Astronomie beilegt und die thatsächliche starre Abschliessung des
Brahmanenthums gegen alles Fremde liessen immer noch die
Frage offen, ob nicht jene Principien uralte, den Völkern
in unvordenklichen Zeiten gemeinsame gewesen und von den

---

*) Von astronomischen Werken sind bis jetzt vollständig übersetzt:
1) Der Siddhânta-çiromani des Bhâskara, übers. Bibl. indica, new series,
Nr. 13, 28. (Calcutta 1862), von L. Wilkinson und Bâpu Deva Çâstri.
2) Der Sûrya-Siddhânta, durch dessen Uebersetzung und Erklärung sich
Ebenezer Bourgess (Journ. of the Am. orient. soc. t. VI, Newhaven 1860,
p. 141—498) sehr verdient gemacht hat. Die hierin enthaltenen astronomischen Regeln hat Spottiswoode kurz in modernen Zeichen dargestellt
(Journ. of the roy. as. soc. of Gr. Brit. vol. XX, 1858, p. 345).

Griechen etwa den Babyloniern oder Aegyptern oder Indern
selbst entlehnt seien. Jedoch ist in neuerer Zeit unzweifelhaft dargethan worden, dass die indische Astronomie von
der griechischen beeinflusst ist. Die Inder gestehen dies
selbst zu; denn durch alle mythologische Einkleidung über
den Ursprung ihrer älteren Siddhânta's klingt doch die
Tradition hindurch, dass ihnen aus fernem Westen ihre
Astronomie zugegangen sei.*) Als Verfasser des Sûrya-
siddhânta bezeichnet sich selbst Asura (= grosser Dämon)
Maya, ein Name, der vielleicht nur eine Umgestaltung von
„Ptolemäos" ist**); als seine Heimath gibt er die Stadt
Romaka (= Rom) an. Auf dieselbe weist auch der Titel
eines anderen astronomischen Hauptwerkes, der Romaka-
Siddhânta; und der von den Indern selbst genannte Ver-
fasser Pâuliça eines anderen ist sicherlich ein „Paulus".***)
Ja sogar eine Anzahl griechischer Wörter ist in den Gebrauch der brahmanischen Astronomen und Astrologen über-
gegangen.†)

Wie bedeutend dieser Einfluss griechischer Wissenschaft
auf die indische Astronomie gewesen sei, wann und in
welcher Weise er stattgefunden habe, darüber sind die
Meinungen der Gelehrten noch in der Weise unbestimmt,
schwankend und unsicher, dass es unthunlich ist, hier in
Kürze diese Fragen behandeln zu wollen. Nur mag im

---

*) So heisst es in der Gârgi Sanhitâ aus dem 1. Jahrh. v. Chr.
(Kern, Vorrede z. Brhat-Sanhitâ des Varâhamihira [Calcutta 1865]
p. 35): „Nur Barbaren (mlecha) sind die Yavana (= Ἰάονες = Ionier);
bei ihnen diese Lehre ruht, als Weise sie zu ehren sind, um wie viel
mehr ein gottesgelehrter Brahmane!"

**) A. Weber, ind. Studien II, p. 243.

***) Als diesen gibt A. Weber (ebd.) einen Autor unbestimmten Alters,
Paulus Alexandrinus, an, dessen εἰσαγωγή εἰς τὴν ἀποτελεσματικήν
auf die Schriften der späteren Astrologen Indiens einen Einfluss geübt
haben soll. Wissenschaftliche Astronomie aber war aus jenem astrologischen Werke nicht zu lernen. Auch noch andere Schriften werden
auf Griechen zurückgeführt, so auf Yavaneçvara Sphujidhvaja, auf
Manittha (vielleicht Manetho?), s. Kern, Vorrede zur Brhat-Sanhitâ,
p. 51, und Brockhaus, Ueb. d. Algebra d. Bhâskara Ber. d. Sächs.
Ges. d. Wiss. Phil.-hist. Klasse, 1852. p. 19.

†) Ebd. kendra = κέντρον, horâ = ὥρα, liptâ = λεπτή, die griechischen Namen der Planeten und der Bilder des Thierkreises.

Allgemeinen zur Orientirung erwähnt werden, dass die ersten
Beziehungen zwischen Indien und Griechenland von dem
Einfalle Alexanders in den Penjab datiren, auf welchen die
Errichtung der griechisch-baktrischen, ja später die eines
griechisch-indischen Königreiches folgte, das sich in der
Zeit seines kurzen Glanzes von Kabulistan über den Penjab
bis zur Yamunâ ausdehnte.*) Haben während dieser Zeit,
d. h. bis zum Anfange des 1. Jahrhunderts v. Chr., die
Inder astronomisches Wissen von den Griechen erhalten, so
konnte sich dies nur auf die ersten elementaren Anschauungen
beziehen; denn die wissenschaftliche Astronomie der Griechen
beginnt sich erst zu entwickeln, als die Inder keine griechischen Nachbarn mehr hatten.

Viel intensiver wurde die Verbindung Indiens mit der
griechischen Welt unter römischer Herrschaft durch den
Handelsverkehr, der zur See von Alexandrien aus stattfand.
Griechische und römische Kaufleute besuchten alljährlich in
grossen Schaaren die indischen Küsten und selbst das Innere
des Landes; konnte doch Ptolemäos für seine Geographie
zahlreiche Reiseberichte seiner Landsleute benutzen; ja indische Kaufleute scheinen selbst in Alexandrien ansässig
gewesen zu sein. Im Handelsinteresse sandten indische
Fürsten wiederholt Gesandtschaften an den römischen Kaiser,
von denen fünf, an Augustus, an Claudius, an Trajan, an
Antoninus Pius, an Julianus, genauer bekannt sind.**)

In dieser Zeit würde denn auch die Mittheilung wissenschaftlicher Astronomie und in nothwendigem Zusammenhange
hiemit auch der Uebergang mathematischer Theorien an die
Brahmanen stattgefunden haben müssen; in der That kann
keiner der namhaften Astronomen Indiens vor das 5. Jahrh.
n. Chr. gesetzt werden.

Es ist aber von vornherein keineswegs die Möglichkeit ausgeschlossen, dass auch die Griechen in Mathematik
und Astronomie manches von den Indern entlehnt haben.
Wenigstens zeigen gewisse philosophische und theologische
Lehren der Gnostiker, Manichäer und Neuplatoniker so unver-

---

*) Lassen, Ind. Alterthumsk. II. p. 322—344.
**) Lassen, Ind. Alterthumsk. III. p. 1. seq.

kennbare Uebereinstimmungen mit indischen, dass eine Mittheilung letzterer an die Griechen nicht bezweifelt werden könnte, selbst wenn uns keine directen Zeugnisse für den Verkehr gnostischer Philosophen mit jenen indischen Gesandtschaften überliefert wären. *)

Die Wanderung wissenschaftlicher Erkenntniss von einem Volke zu einem anderen ist immer ein geheimnissvolles Ereigniss, welches der Historiker an das helle Tageslicht zu ziehen und in seine einzelnen Glieder zu zerlegen fast niemals vermag; kaum, dass es ihm gelingt, im Dämmerlichte die grossen Züge zu erkennen, welche hinüber und herüber gehen; und wenn bei einem der Völker ein völliger Mangel an historischem Sinne alle überlieferten Traditionen in phantastische Mythen verwandelt, so kann es nur nach langjährigem Studium des ganzen noch vorhandenen Schriftschatzes gelingen, das Dunkel, welches über jenen Beziehungen schwebt, ein wenig zu erhellen. Aber selbst hierauf muss man verzichten, wenn, wie in Bezug auf die uns vorliegende Frage, nur geringe Theile der einschlägigen Literatur zugänglich sind. Ohne die Frage nach dem Zusammenhange indischer und griechischer Mathematik zu entscheiden, habe ich mich daher begnügt, nur die möglichen Gesichtspuncte, die zu ihrer Beantwortung einstens führen können, anzudeuten.

Uebersicht über die indischen Mathematiker.

So ausgiebig sich auch die wenigen Schriften, die uns aus der gesammten mathematischen Literatur der Inder bis jetzt allein zugänglich sind, für die Charakteristik des Zustandes unserer Wissenschaft bei diesem Volke erweisen, so sind sie doch, selbst in Verbindung mit einigen, jedoch unzuverlässigen historischen Notizen, die uns von den Commentatoren überliefert wurden, durchaus unzureichend, eine Geschichte der indischen Mathematik zu schreiben, d. h. die Entwickelung der einzelnen Hauptlehren zu verfolgen. Es wird daher im Folgenden nur selten von dem geschichtlichen Verlaufe die Rede sein können; wir werden vielmehr die

---

*) Lassen, a. a. O. III. S. 353—442.

indische Mathematik nur in ihrem stationären Querdurch-
schnitte zu schildern im Stande sein.

Zur vorläufigen Orientirung mögen indess folgende Zeilen
dienen, in denen ich mich auf die Mittheilung weniger Namen
beschränke, da die uns sonst noch überlieferten Namen von
Mathematikern ohne Kenntniss ihrer Werke doch nur leerer
Schall bleiben.

Der älteste Mathematiker, der von seinen Nachfolgern
häufig als Erfinder mathematischer Sätze genannt wird, und
ähnlich, wie Euklid bei den Griechen, die Erinnerung an
seine Vorgänger fast verwischt hat, ist Âryabhatta*); er
wurde im Jahre 476 zu Pâtaliputra geboren, und hat sich
besonders durch sein mathematisch-astronomisches Lehrbuch
Âryabhattîyam (fälschlich auch Ârya-siddhânta genannt)
bekannt gemacht, welches aus der Daçagîtikâ (= Lehrbuch
aus 10 Gesängen) und der Âryâshtaçata (= 108 Strophen
im Metrum Âryâ) besteht, und noch vollständig, wenn auch
bis jetzt nur handschriftlich, nebst Commentar erhalten ist.
Aus der reinen Mathematik wird in diesem Werke in sehr
gedrängter Darstellung nur das behandelt, was für die
folgenden astronomischen Rechnungen nothwendig ist.

Erst in neuerer Zeit hat man entdeckt, dass unter dem
Namen: Âryasiddhânta zwei ganz verschiedene Werke laufen,
von denen das eine, oft mit dem Vorsatze Vriddha (= alt)
oder Laghu (= klein) bezeichnete, jenes Âryabhattîyam ist,
während das andere, als Mahâ (= gross)-siddhânta bezeichnete, nicht wohl vor dem 12. Jahrhundert verfasst sein
kann. Schon indische Commentatoren haben beide Werke
nicht mehr auseinandergehalten und dadurch eine Verwirrung
in die Geschichte der indischen Mathematik gebracht, der ich
theilweise dadurch entgehen konnte, dass Herr Prof. Hermann Kern**) in Leyden so gütig war, mir aus Manuscripten

---

*) Die bio- und bibliographischen Notizen dieses Abschnittes, die
nicht unbeträchtlich von den älteren abweichen, sind grösstentheils entnommen der trefflichen Abhandlung des Dr. Bhâu Dâji: Brief notices
on the age and authent. of the works of Âryabhatta, Brahmagupta, ..
Bhâskar-Achârya (Journ. as. of Gr. Brit. new. ser. t. I. 1865. p. 392 seq.).

**) S. auch H. Kern, Vorr. zu Varâhamihira's Brhatsanhitâ Bibl.
Indica, Calcutta 1865. p. 55.

des älteren Aryabhatta einige schätzbare Mittheilungen zu machen.

Bereits 100 Jahre nach Âryabhatta scheint die Mathematik zu der Ausbildung und Vollendung gelangt zu sein, welche sie in Indien überhaupt erhielt. Der bekannteste unter den Mathematikern dieser Zeit ist Brahmagupta (598 geb.), der im Jahre 628 seinen Brâhma-sphuṭa-siddhânta (= verbesserten Brahmasidd.) schrieb, in dem die rein mathematischen Capitel XII und XVIII einen ganz besonderen Werth haben; ferner kennt man von ihm, wenigstens dem Titel nach, eine Schrift Khaṇḍa-Khâdya-Karaṇa (= zuckerleicht zu kauendes Organon), und eine andere Ahargaṇa.

Aus den nächsten Jahrhunderten kennt man nur zwei bedeutende Namen: Çrîdhara, der ein Gaṇita-sâra (= Quintessenz des Calcüls), und Padmanâbha, der eine Algebra schrieb. Wesentliche Fortschritte scheint die Mathematik in dieser Zeit nicht gemacht zu haben. Denn das berühmteste Werk der späteren Zeit der Siddhântaçiromaṇi (= Diadem eines astr. Systems), das Bhâskâra Âchârya (1114 geb.) im Jahre 1150 schrieb, zeigt keinen höheren Standpunct als das Brahmagupta's. Die beiden umfangreichen mathematischen Capitel dieses Siddhânta's, von denen das eine Lîlâvatî (= die Schöne) die Arithmetik, das andere Vîjaganita (= Wurzelberechnung) die eigentliche Algebra behandelt, sind zusammen mit den mathematischen Stücken aus der Brahmasiddhânta von dem um die Sanskritliteratur sehr verdienten H. Th. Colebrooke in's Englische übersetzt worden*), und unsere folgende Darstellung der indischen Mathematik wird sich auf diese fast ausschliesslich stützen müssen, da uns ausser der Sûryasiddhânta aus der ganzen reichen mathematischen Literatur des Sanskrit nichts weiter zugänglich ist.

Bald nachher beginnt die scholastische Zeit, in welcher man sich begnügte, die überlieferten klassischen Werke in

---

*) Algebra with arithmetic and mensuration, from the Sanscrit of Brahmegupta and Bhâskara, transl. London 1817. Der astron. Theil von Bhâskara's Siddhânta auch übersetzt von Wilkinson und Bâpû Dêva Çastrî in der Bibl. ind. new ser. I, 13, 28. Eine Uebersetzung der vier ersten Abschnitte des ersten Capitels gibt Brockhaus, Berichte der K. Sächs. Gesellsch. d. Wissensch. 1852.

den Schulen der Brahmanen*) zu studiren und zu commen-
tiren. Das wissenschaftliche Verständniss nimmt immer mehr
ab, und heute steht ein sehr dürftiges arabisches Werk des
16. Jahrhunderts der Hilâset-al-Hisâb von Beha-Eddin in
Indien in grossem Ansehen.

Es ist unter diesen Umständen durchaus fehlerhaft, wenn
man meint, die Sätze, deren Wahrheit die Commentatoren
nicht mehr genügend zu begründen vermögen oder deren
genauere Bedingungen sie nicht kannten, seien auch den
älteren klassischen Mathematikern nur unvollkommen verständlich gewesen und daher aus fremden Quellen entlehnt.
Bedingung und Beweis sind uns freilich von einem Satze
untrennbare Stücke, nicht so den Indern; denn diese haben
sie gar oft des Aufzeichnens nicht werth gefunden, weil sie
sich auf mündliche Fortpflanzung in den brahmanischen
Hochschulen verliessen; kein Wunder, wenn dabei eines
oder das andere verloren ging. Darüber aber kann kein
Zweifel sein, dass die Männer, welche die indische Mathematik in ihrer originalen Weise entwickelten, selbstständige
und wissenschaftlich forschende Männer gewesen sein müssen.

Nach diesem kurzen Ueberblick über den historischen
Verlauf, den die mathematische Wissenschaft der Inder seit
dem Ende des 5. Jahrhunderts unserer Zeitrechnung genommen hat, wird es, ehe wir zur Besprechung der eigenthümlichen Leistungen jenes Volkes übergehen, nothwendig
sein, auf einige formale Besonderheiten hinzuweisen, welche
die Schriften, aus denen wir jene kennen lernen, besitzen.

Es existirt in Indien keine selbstständige Literatur der
Mathematik; es wird vielmehr diese Wissenschaft nur in

---

*) An den Ruinen eines Gebäudes in der Nachbarschaft der Höhlen
von Peetulkhora hat Bhâu Dâji (a. a. O. p. 410) eine Inschrift entdeckt,
welche aussagt, dass diese Schule im Jahre 1206 von dem Enkel
Bhâskara's unter Protection des Königs Sinhadeva für die Verbreitung
der Schriften Bhâskara's gegründet worden sei: „Die Werke Bhâska-
Achârya's, deren erstes der Siddhânta-çiromani, und die Werke seiner
Vorfahren und Nachkommen sollen studirt werden in dieser Schule."
Aus dieser Inschrift, sowie aus anderen Quellen sieht man, wie das
Studium der Mathematik nicht selten in einer Familie lange Zeit erb-
lich war, wodurch die mündliche Tradition der Lehren an Festigkeit
sicher viel gewann.

den astronomischen Siddhânta's entweder gelegentlich oder
auch in einigen Capiteln mit selbstständigem Interesse behandelt, wie für letzteres die erwähnten Werke des Brahmagupta und Bhâskara ein Beispiel geben.

Wie alle wissenschaftlichen Werke im Sanskrit, so sind
auch die astronomischen und mathematischen in Versen der
verschiedensten, oft sehr kunstvollen Metren geschrieben,
denen man Anmerkungen und Beispiele in Prosa anhängte.
Alle Regeln aber sind in knappster Kürze in fast orakel-
haften Versen gegeben, die sich ohne die Beispiele oft nicht
enträthseln lassen, wohl aber, nachdem man sie verstanden,
vortrefflich geeignet sein mögen, dem Gedächtnisse eingeprägt und leicht angewendet zu werden. Ihre verständliche
Uebersetzung in eine moderne Sprache ist, wie Colebrooke's
Werk beweist, häufig unmöglich; eher eignet sich dazu das
Latein, weil es durch seine Flexionen u. s. w. eine genauere
Beziehung der Wörter auf einander erlaubt. Ein Beispiel
mag genügen, um die Schwierigkeit des Verständnisses dem
Leser vor Augen zu legen.

Es handelt sich um die Auflösung der Gleichung
$$x \pm b\sqrt{x} = c,$$
welche durch die Formel
$$x = \left(\sqrt{\left(\tfrac{b}{2}\right)^2 + c} \pm \tfrac{b}{2}\right)^2$$
gegeben werden soll. Diesen Process beschreibt Bhâskara[*)]
wörtlich folgendermassen:

> Per multiplicatam radicem diminutae vel auctae quantitatis
> Manifestae, additae ad dimidiati multiplicatoris quadratum
> Radix, dimidiato multiplicatore addito vel subtracto
> In quadratum ducta — est interrogantis desiderata quantitas.

Wenn es nun auch möglich war, die Regeln selbst auf
dies Prokrustesbett zu zwingen, wobei sie an Vollständigkeit und Schärfe manches eingebüsst haben mögen, so leuchtet
doch ein, dass eine methodische Entwickelung der Sätze und
ihr logischer Beweis nimmermehr in diese Form gebracht
werden konnte. Von solcher Entwickelung und Beweisführung
ist nun auch bei den Indern nicht eben viel zu finden. Nur

[*)] v. Rosen, Algebra of Muhamm. p. 189.

hie und da fügt ein Commentator zu den Regeln und Sätzen einige Bemerkungen, welche den Weg zu deren Ableitung geben können.

Darstellung der Zahlen.

Wir haben bereits früher (p. 45) das welthistorische und allgemeine Verdienst hervorgehoben, welches sich die Inder durch Erfindung des Ziffersystemes mit Position erworben haben. Ob man diese Erfindung einer allmählich von Stufe zu Stufe fortschreitenden Verbesserung einer unvollkommenen Zahlenbezeichnung, also gewissermassen dem indischen Volke in seiner Gesammtheit, oder dem ganz abstracten, bewussten Denken eines einzelnen genialen Mathematikers zu verdanken hat, ist nicht zu ermitteln, wenn auch das unvermittelte Auftreten des neuen Principes im 5. bis 6. Jahrh. n. Chr., in einer Zeit, wo die wissenschaftliche Arithmetik und Algebra ihre ersten Blüthen trieben, für die letztere Annahme zu sprechen scheinen. Jedenfalls aber ist gewiss, dass die Erfindung durch die eigenthümlichen Nationalanlagen des arischindischen Volkes wesentlich unterstützt wurde. Wir haben bereits oben (p. 69) in dieser Beziehung einerseits eine volksthümliche Neigung zu den Räthseln der Zahlen erwähnt, andererseits eine besondere Anlage zur Ausbildung formaler Hilfsmittel in Wort und Schrift.

Diese Anlage aber bethätigt sich in verschiedenen Wissenschaften. So erwähne ich ein Verfahren, durch welches der grosse Grammatiker Pânini eine fast unglaubliche Kürze seines inhaltreichen Werkes ermöglicht und welches aus einem Beispiele am einfachsten ersehen werden kann*): Regel ist „Jedes Affix hat den Acut auf der ersten Silbe", z. B. die erste Person Pluralis dvishmás (wir hassen) mit dem Affix mas. Nun gibt es aber Ausnahmen, z. B. mi (Affix der 1. ersten Person Singularis) hat nicht den Accent; also dvéshmi. Pânini drückt dies kurz so aus, das er dies Affix nicht mi, sondern mip nennt, und hier wie in anderen ähnlichen Ausnahmen das p eben als Zeichen der Ausnahme anhängt. Die Philologen bezeichnen jenes Verfahren gern

*) Benfey, Gesch. d. Sprachwissensch. München 1869. p. 77.

als ein algebraisches und haben nicht Unrecht, insofern eben
hierin jener in der Algebra sich kundgebende Sinn für einen
abkürzenden und prägnanten Formalismus auftritt.

Am wirksamsten aber hat sich dieser Sinn gezeigt in
der Ueberwindung der Schwierigkeit, in den kunstvollen
Metren der astronomischen Siddhânta's grosse Zahlen zum
Ausdruck zu bringen. Dass hiezu die Zahlwörter unbrauchbar waren, liegt auf der Hand; auf mehrfache Weise hat
man diese Schwierigkeiten gelöst:

Âryabhaṭṭa bedient sich*) der ersten 25 Consonanten
zur Bezeichnung der Zahlen 1, 2, . . bis 25, der folgenden
8 für 30, 40, . . bis 90. Um dieselben nun zu klingenden
Wörtern zu verbinden, bedarf man der Vokale, die zugleich
den Zweck haben, den Werth der vorangehenden Consonanten
resp. um das 100, um das 100^2, 100^3 u. s. w. fache zu er-
höhen; so bedeutet z. B. ga die 3; gi = 300, gu = 30,000,
gri = 3,000,000, . . . bis gô = 3. 100^8. Man bemerke, dass
hiebei den Ziffern noch kein Positionswerth zukommt, und
es somit zweifelhaft bleibt, ob Âryabhaṭṭa einen solchen überhaupt gekannt habe.

Ein alphabetisches Positionssystem aber findet
man heutzutage im Dekhan**): Jede der Zahlen 0, 1, 2—9
wird in diesem durch gewisse Consonanten bezeichnet, die
nach dem Principe der Position geordnet und, um Wörter
zu geben, durch Vokale verbunden werden, welche niemals
einen Zahlenwerth besitzen.

Am meisten erregt aber Interesse ein symbolisches
Positionssystem, in dem die nach dem Princip des
Stellenwerthes geordneten Ziffern nicht durch ihre Zahlwörter, sondern durch die Bezeichnungen von Dingen, welche
in der entsprechenden Anzahl typisch vorzukommen pflegen,
symbolisch vertreten werden. So gebraucht man statt 1 z. B. die
Wörter: Mond, Anfang, Brahma, Schöpfer, Form u. s. w.***),

---

*) Whisch, Nouv. Journ. as. Paris 1835, p. 116; s. auch Pihan, Sign.
d. numéraux. p. 60.

**) Whisch, Ebd. p. 123, Pihan ebd. p. 61. Lassen, Zeitschr. f. Kund.
d. Morg. t. II. p. 419.

***) Nach Brockhaus (a. a. O.) existiren für die Zahlen 1 und 2 mehr
als 300 Synonyme.

statt 4 die Wörter: Veda (weil sie viertheilig sind), Himmels-
gegend, Ocean u. s. w. Die Art der Zusammenstellung aber
mag man aus folgendem Beispiele ersehen. Die Zahl 1577917828
wird von rechts nach links so ausgesprochen*):

Vasu (eine Klasse von 8 Göttern) + zwei + acht +
Berge (die 7 Bergketten) + Form + Ziffer (die 9 Ziffern)
+ sieben + Berge + Mondtage (deren Hälfte 15 sind).

Bei den zahlreichen Synonymen, welche hiedurch für
eine Klasse von Wörtern geschaffen sind, die in anderen
Sprachen gar keine Synonyma besitzen, ist es, wie man
begreift, möglich, jede Zahl in ein selbst schwieriges Metrum
aufzunehmen, ja ganz artige Sinnspielereien daran zu knüpfen,
wie letzteres auf Java sehr beliebt ist.**) Zu ernst wissenschaftlichen Zwecken aber wird diese Methode seit den Zeiten
Brahmagupta's in den astronomischen Siddhânta's überall
gebraucht und dient dort zugleich als mnemotechnisches
Hilfsmittel, um die nöthigen Constanten der Rechnung dem
Gedächtnisse leicht einzuprägen.

Rechenkunst und Arithmetik.

Es ist schon früher (p. 68) darauf hingewiesen worden,
dass die Inder zu einer Zeit, als an eine wissenschaftliche
Behandlung der Arithmetik bei ihnen noch nicht zu denken
war, und schon vor der Einführung des Positionssystemes
numerische Rechnungen mit grosser Leichtigkeit zu vollziehen
wussten. Es versteht sich, dass diese mit dem Gebrauch
der neuen Ziffern noch beträchtlich zunahm. Bei den Mathematikern finden wir denn auch die 4 Species mit ganzen
Zahlen und Brüchen***), welche durch Uebereinanderstellen
des Zählers und Nenners (ohne Trennungsstrich) bezeichnet
werden, das Ausziehen der Quadrat- und Kubikwurzeln
nach verschiedenen, aber zweckmässigen Methoden gelehrt.
Wenn sich diese Methoden von den uns geläufigen oft

---

*) Sûryasiddhânta (Journ. Am. or. soc. t. VI, p. 143). S. auch
Wöpcke, Journ. as. Paris 1863, 1. p. 446.
**) W. v. Humboldt, Kawisprache t. I. p. 19.
***) Decimalbrüche im heutigen Sinne kommen nicht vor; doch hängen
die Inder bei Wurzelausziehungen, die mit grösserer Genauigkeit vorgenommen werden sollen, eine Anzahl Nullen an und dividiren dann
den erhaltenen Werth durch die entsprechende Potenz von 10.

sehr beträchtlich unterscheiden, so müssen wir beachten, dass die Inder nicht, wie wir, auf dem Papier mit Feder und Dinte, vielmehr mit dem Schreiberohr auf einem schwarzen Holztäfelchen mit einer dünnflüssigen weissen Farbe, die leicht abwischbare Zeichen liefert*), oder auf einer weissen mit einem rothen Mehl bestreuten Tafel von weniger als 1 Fuss in's Geviert rechnen, auf der sie mit einem Stäbchen die Ziffern schreiben, so dass diese weiss auf rothem Grunde erscheinen.**) Da die Ziffern, um deutlich lesbar zu sein, ziemlich gross geschrieben werden müssen, der Raum auf der Tafel daher sehr beschränkt ist, so müssen die Inder darauf bedacht sein, bei ihren Operationen möglichst viel Raum zu ersparen; sie erreichen dies, indem sie alle Ziffern einer Rechnung sogleich wegwischen, nachdem sie ihren Dienst gethan haben, und andere an deren Stelle setzen.***)

Jene durch äussere Umstände veranlasste Forderung, dass die Rechnung einen möglichst kleinen Raum einnehmen soll, zusammen mit der Möglichkeit, an dieselbe Stelle nach einander verschiedene Ziffern zu setzen, muss, wie man sieht, zu wesentlich anderen Algorismen führen, als wir sie auf dem Papier vollziehen, wo an Stelle jener Forderung die der möglichsten Uebersichtlichkeit der Rechnung tritt, die Veränderung einer Ziffer aber nicht zulässig ist.

Da bei ihrer Art zu rechnen nachträgliche Correcturen der Ziffern immer leicht ausgeführt werden können, so kann der Inder seiner Neigung, die Rechnungsoperationen im Sinne der Schrift, von links nach rechts auszuführen, ganz nachgehen. So addirt er z. B. gern von links nach rechts; in-

---

*) Nach gütiger Mittheilung Herrn Dr. E. Trumpp's ist diese Art zu schreiben jetzt wenigstens in ganz Vorderindien verbreitet.

**) John Taylor, Lilawati translat. Bombay 1816. Vorrede.

***) Da über die praktische Ausführung der Rechnungen die Colebrooke'sche Uebersetzung der Lilâvatî und des Brahmasiddhânta nur unvollständige Nachricht geben, so musste ich dieselben entlehnen aus der englischen Uebersetzung der Lilâvatî von Taylor (Bombay 1816), oder vielmehr, da mir diese seltene Schrift unzugänglich ist, aus dem Auszuge derselben in Gerhardt, Études hist. sur l'arithmétique de position (Berliner Schulprogramm von 1856), oder in Gerhardt's Ausgabe „Das Rechenbuch des Maximus Planudes ψηφοφορία κατ' Ἰνδοὺς ἡ λεγομένη μεγάλη (Halle 1865).

dem er zunächst jede Columne für sich addirt und dann das Resultat, wenn es durch die Summen der folgenden Columne verändert werden sollte, sofort corrigirt. Wäre z. B. $\begin{matrix} 26423 \\ 54337 \end{matrix}$ zu addiren, so würde er zunächst sagen: $2 + 5 = 7$, $6 + 4 = 10$, wodurch dann jene 7 in 8 verwandelt wird, u. s. f. In beifolgendem Schema

$$\begin{matrix} 26423 \\ 54337 \\ 70750 \\ \iota \quad \iota \\ 8 \quad 6 \end{matrix}$$

haben wir das Verfahren, so weit es möglich ist, nachge-ahmt, indem wir die wegzuwischenden Ziffern durchstrichen haben. Es ist aber wohl zu merken, dass auf der indischen Tafel das Resultat 80760 unmittelbar unter den Summanden erscheint. Ebenso führen sie die Multiplication einer mehr-zifferigen Zahl mit einem Einer von links nach rechts aus. Um z. B. 5×57893411 zu bilden, rechnen sie so: $5 \times 5 = 25$, dies wird zunächst und zwar über den Multiplicanden ge-schrieben; dann $5 \times 7 = 35$; sofort wird die 3 von 35 zu 25 addirt und es bleibt stehen: 285, u. s. f.; endlich steht in der Zeile über dem Multiplicanden das richtige Product 289467055. Man könnte die Rechnung etwa durch das Schema

$$\begin{matrix} 89467 \\ 34412 \\ 255055055 \\ 57893411 \cdot \times 5 \end{matrix}$$

darstellen, wo die während der Rechnung wieder wegge-wischten Ziffern durchstrichen sind.

Was ferner die Multiplication mehrzifferiger Zahlen be-trifft, so wird diese von den heutigen Astronomen Indiens in einer Weise ausgeführt, welche jener Anforderung, einen kleinen Raum einzunehmen, auf das Höchste entspricht, uns aber nur wenig anmuthen wird. Bei dieser Methode addirt man die Partialproducte sofort nach ihrer Entstehung zu den schon vorhandenen und bildet das Product in einer Zeile, in welcher successiv die richtigen Ziffern erscheinen. Ein Beispiel wird alles Weitere erläutern: Es sei 753 mit 324 zu multipliciren. Dann rückt man zunächst den unter dem Multiplicator stehenden Multiplicanden so aus, dass die durch Multiplication seiner Ziffern mit 3 entstehenden Producte gerade über seine entsprechenden Ziffern kommen, und multiplicirt nun $3 \cdot 7 = 21$; nachdem dies hingeschrieben, fährt man fort $3 \cdot 5 = 15$; dadurch verwandelt sich jene 21 in 22. Dann $3 \cdot 3 = 9$; hienach sieht also die Sache jetzt so aus:

$$2259$$
$$324$$
$$753$$

Der Multiplicand wird eingerückt um eine Stelle und mit der 2 multiplicirt $2 \cdot 7 = 14$; nun steht an den betreffenden Stellen ein Product 25, dies verwandelt sich in 39, u. s. w. Nachdem so mit 2 der Multiplicand multiplicirt ist, sieht die Rechnung so aus

$$24096$$
$$324$$
$$753$$

Der Multiplicand wird nochmals eingerückt, mit 4 multiplicirt und somit endlich erhalten:

$$243972$$
$$324$$
$$753$$

Man sieht, welch' ausserordentlich kleinen Raum diese Rechnung einnimmt. Und doch scheint derselbe noch weiter verkleinert worden zu sein, indem man das Product in derselben Zeile bildete, in welcher der Multiplicator steht, dessen Ziffern dann successiv, und immer in dem Augenblicke, wo ihre Function beendigt ist, durch eine Ziffer des Productes ersetzt*) werden.

Dass diese Methode eine altindische ist, beweist der Umstand, dass sie in den ältesten Rechenbüchern der Araber ausschliesslich angewandt wird (s. u.). Sie wird dort, obgleich die Methode al mamhû' (= die ausgewischte) genannt wird, auch auf dem Papiere auszuführen gelehrt, indem die auszuwischenden Zahlen durchstrichen und die an ihre Stelle zu schreibenden Zahlen über dieselben gesetzt werden.

*) S. Planudes, $\psi\eta\varphi o\varphi o\varrho i\alpha$ $\varkappa\alpha\tau'$ $Iv\delta o\acute{v}\varsigma$, her. v. Gerhardt, u. d. Tit. Rechenbuch d. Max. Plan. Halle 1865. p. 15.

$$3$$
$$41$$
$$809$$
$$2977$$
$$215962$$
$$324$$
$$753$$
$$753$$
$$753$$

Ausser ihr besassen die Inder noch verschiedene andere, unter diesen auch solche, welche der unsrigen sehr nahe kommen. Doch gestattet die allzu kurze Beschreibung derselben bei den indischen Arithmetikern*) nicht, die Form der Rechnung ganz aus ihnen zu erkennen.

Erwähnenswerth aber sind noch zwei eigenthümliche Methoden: die Methode, bei den Indern tastha (bei den Arabern die des as) genannt, bei welcher die Producte der einzelnen Ziffern des Multiplicand und Multiplicator kreuzweise gebildet worden zu sein scheinen**); ferner die Methode, welche die Araber die auf dem s'abaka (= Netz) nennen; bei dieser werden die Partialproducte der Ziffern in der aus unten stehendem Beispiele (3124 × 5273) ersichtlichen Weise angeordnet und schliesslich in diagonaler Richtung addirt.

					3	1	2	4	
					1		1	2	
					5	5			5
					6	2	4	8	2
					2		1	2	
					1	7	4		7
								1	
					9	3	6	2	3
1	6	4	7	2	8	5	2		

---

*) Lilav. 15. Brahmasi. c. XII. 55.

**) Das wäre die Methode κατὰ χιασμόν des Planudes, s. a. a. O. p. 10.

Und nun vergleiche man mit diesen seit Alters in Indien üblichen eleganten, durchaus sachgemässen Methoden diejenigen, welche das für Mathematik hochbegabte Volk der Griechen im Schweisse des Angesichts gebrauchte! Man wird vielleicht in dieser Vollkommenheit der Rechnungsoperationen kein besonderes Verdienst sehen wollen, da diese, wenn einmal die Zifferschrift erfunden war, sich von selbst zu ergeben scheint. Aber auch hier gibt uns die Geschichte die Lehre, dass nur unter besonders günstigen Verhältnissen die einfachsten und natürlichsten Methoden auch die frühesten sind. In der That werden wir später die Lateiner des Mittelalters die Rechnungsoperationen auf ihrem Abacus in einer so unförmlichen Weise ausführen sehen, dass wir mit wahrer Bewunderung auf jene eigenthümliche Anlage der Arier Indiens sehen, welche sie im ersten Augenblicke auch die ganze Frucht ihrer nationalen Entdeckung geniessen liess.

An die Lehre von den Rechnungsoperationen pflegt sich in den indischen Lehrbüchern eine elementare praktische Rechenkunst zu knüpfen, welche von der wissenschaftlichen Algebra unterschieden wird. Dieser elementare Theil, wie er von Bhâskara in seiner Lîlâvatî vorgetragen wird, enthält eine Reihe von Regeln, wie „die Regel mit drei oder mehr Gliedern", die Zinsrechnung, die „Mischungsregel" u. a., welche zur Auflösung von Aufgaben dienen, wie sie Handel und Wandel, der Verkauf auf dem Markte, die Preisbestimmungen von Legierungen edler Metalle u. s. w. mit sich bringen. Eine dieser Regeln, die Ishṭa-karman, d. h. die Operation mit einer angenommenen Zahl (Lîl. 51) mag noch besonders bemerkt werden: Wenn die Summe gewisser Vielfachen und Theile einer Unbekannten x einen gegebenen Werth M haben soll, so lehrt diese Regel die Unbekannte bestimmen, indem man zunächst für x eine beliebige Zahl p substituirt, die entsprechende Summe der Vielfachen und Theile von p bildet und mit dieser in pM dividirt. Soll z. B. die Zahl gefunden werden, die, wenn man von ihr ihr Drittel und ihr Viertel und schliesslich noch ein Fünftel des gebliebenen Restes abzieht, die Zahl 13 gibt; so wird man etwa $x = 12$ setzen und jene Operationen ausführen, welche die Zahl 4 geben; dann ist

$$x = \frac{13 \cdot 12}{4} = 39.$$

Diese und andere Regeln werden nun auf eine grosse Anzahl von Aufgaben angewandt, welche theils in der einfachen Form von Zahlenaufgaben, theils aber auch in geschmückter Form erscheinen, von der folgende Beispiele ein Bild geben können:

„Aus einem Haufen reiner Lotusblumen wurde resp. der dritte, der fünfte und der sechste Theil den Göttern Siva, Vischnu und der Sonne dargebracht, und ein Viertel der Bhavânî. Die übrigen sechs Lotus wurdem dem ehrwürdigen Lehrer gegeben. Sage mir schnell die ganze Zahl der Blumen" (Lîl. 52), oder: „Die Quadratwurzel der Hälfte der Zahl eines Bienenschwarmes ist ausgeflogen auf einen Jasminstrauch; $\frac{8}{9}$ des ganzen Schwarmes sind zurückgeblieben; ein Weibchen fliegt um ein Männchen, welches in einer Lotusblume summt, in die es durch ihren Wohlgeruch bei Nacht gelockt wurde, nun aber eingeschlossen ist. Sage mir die Zahl der Bienen" (Lösung: 72, Lîl. 68. Doch wird dieselbe Aufgabe Vîja-gan. 132 nochmals algebraisch behandelt).

Diese poetisch spielende Einkleidung arithmetischer Aufgaben bei den Indern erklärt sich ganz natürlich einmal aus der metrischen Form, in welcher die Lehrbücher geschrieben sind, noch mehr aber aus der schon oben (p. 69) erwähnten Popularität arithmetischer Räthsel. Von Indien ist diese Form nach dem Occidente gekommen, und es würde schwer sein, die Rechenbücher unserer alten Meister, eines Adam Riese u. s. w., von der Lîlâvatî Bhâskara's zu unterscheiden, wenn nicht in jenen ebensoviel von der Zeche im Wirthshause als hier von Lotusblumen die Rede wäre. Dass auch die arithmetischen, wohl sämmtlich aus später Zeit stammenden Epigramme der Griechen, von denen z. B. die Anthol. gr. eine Reihe uns erhalten hat, während Diophant seine Aufgaben in nüchterner, rein sachlicher Form darstellt, mit einer Ausnahme V, 23, wo auch er die Form des Epigrammes wählt, auf indischen Einfluss hinweisen, könnte man mit einiger Wahrscheinlichkeit vermuthen.

Zu der Arithmetik im weiteren Sinne wird dann auch die Lehre von den Combinationen (Lîl. c. 13), die Summation arithmetischer und geometrischer Reihen gerechnet, mit denen die Inder schon seit alter Zeit vertraut waren (s. p. 70); auch die Summenformeln für die **Quadrate** und **Kuben** der natürlichen Zahlenreihe, sowie der Trigonalzahlen finden sich bereits bei ihnen (Brahmas. XII, 20), leider ohne Andeutungen der Beweise. *)

„Freude und Glück wird in dieser Welt immerdar wachsen für den, der die Lîlâvatî (= die Schöne, d. i. die edle Kunst) in sein Inneres aufgenommen hat; geschmückt sind ihre Glieder mit schönem Verhältniss der Theile, deren Vielfältigkeit und Theilung; rein und vollendet sind ihre Lösungen und geschmackvoll durch Beispiele ist ihre Sprache."

Algebra.

Deutlich von jenem ersten, elementaren Theile verschieden ist nun die eigentlich wissenschaftliche Algebra der Inder, wie sie uns z. B. in dem Vîja-ganita des Bhâskara entgegentritt.

Ueber die von den Indern gebrauchten Zeichen mag zunächst folgendes bemerkt werden: Die Addition wird durch einfaches Uebereinanderstellen bezeichnet, die Subtraction, indem über den Coefficienten des Subtrahenden ein Punct gesetzt wird, die Multiplication durch eine zwischen die

---

*) Folgender Beweis, welcher sich für die merkwürdige Formel
$$1^3 + 2^3 + \ldots + n^3 = [1 + 2 + \ldots + n]^2$$
in dem arabischen Werke al Fahrî des Al Karhî (s. u.) um das Jahr 1000 findet, trägt ein durchaus indisches Gepräge:

Es sei ein Quadrat AC mit der Seite $AB = 1 + 2 + \ldots + n$ construirt und $BB' = n$, $B'B'' = n - 1$, $B''B''' = n - 2$ u. s. f. Man construire über AB', AB'', AB''', ... ebenfalls Quadrate. Dann ist der Gnomon $BC'D = BB'.BC + DD'.C'D' = n[BC + C'D']$. Nun ist $BC = \frac{1}{2}n(n+1)$, $C'D' = \frac{1}{2}n(n-1)$, also $BC + C'D' = n^2$ und somit $BC'D = n^3$; ebenso $B'C''D' = (n-1)^3$, ... Also zerfällt das Quadrat AC in die Gnomone n^3, $(n-1)^3$, ... 1. q. e. d.

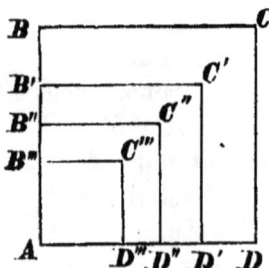

Factoren gesetzte Abbreviatur eines bezüglichen Wortes, die Division, indem man unter den Divisor den Dividend setzt, die Quadratwurzel, indem vor die betreffende Zahl die Anfangsbuchstaben des Wortes Karanî (irrational) gesetzt werden; z. B. heisst ka 300 ka 256 nichts anderes als $\sqrt{300} - \sqrt{256}$. Doch werden alle diese Zeichen nur auf eingliedrige Grössen angewandt; etwas Aehnliches wie unsere Klammern gibt es in dieser Zeichensprache noch nicht.

Die Unbekannte wird durch die Anfangsbuchstaben ya der Worte yâvat tâvat (= tantum quantum) bezeichnet, der Coefficient ihr vorgesetzt; die absoluten Glieder einer Gleichung werden stets ausdrücklich mit einem Zeichen versehen, welches dem Diophantischen $\mu^{\tilde{o}}$ entspricht. Auch mehrere Unbekannte neben einander verstehen die Inder zu bezeichnen, indem sie verschieden-farbige Unbekannte einführen: die weisse, die blaue, die gelbe u. s. f. und diese durch die Anfangsbuchstaben dieser Wörter darstellen.

Auch die Potenzen bezeichnen sie, indem sie dem Zeichen der Unbekannten die Anfangsbuchstaben der betreffenden Wörter beifügen. Sie bilden die Namen der höheren Potenzen durch Potenzirung der niedrigeren (Lîl. 25), nicht wie Diophant durch deren Multiplication, so dass Quadratocubus nicht, wie bei diesem die 5te, sondern die 6te Potenz bezeichnet, und Cubocubus, welches Diophant für die 6te gebraucht, bei den Indern die 9te Potenz darstellen würde.

Zusammengesetzte Ausdrücke wissen sie nun leicht und sicher zu entwickeln; sie lehren „negativ mit negativ multiplicirt gibt positiv" u. s. w.

In allem diesem finden wir nun zwar Diophant gegenüber manche Vervollkommnung, welche die algebraische Zeichensprache unabhängiger von dem verbindenden Texte machen kann. Es sind aber noch einige wichtige Puncte, wo die Inder den Standpunct des Diophant überschritten haben.

In der Algebra der Inder finden wir zuerst absolut negative Glieder auf einer Seite einer Gleichung; die Zweideutigkeit der Auflösung einer quadratischen Gleichung, welche Diophant ignorirt, ist ihnen so geläufig, dass sie sogar (Vîja-gaṇ. cap. V) als Wurzeln einer Gleichung $x^2 - 45x = 250$ ausdrücklich $x = 50$ und $x = -5$ angeben. „Aber, bemerkt Bhâskara, der zweite Werth ist in diesem Falle nicht zu nehmen; denn er ist unangemessen; gewöhnlich lässt man keine negative Zahl zu"; doch weist (ibd. art. 5) ein Commentator bereits auf die Analogie des Gegensatzes zwischen positiv und negativ mit dem von Vermögen und Schulden hin, ja sogar mit dem entgegengesetzter Richtung von Strecken.

Noch bedeutungsvoller für die weitere Entwickelung der Mathematik war ein anderer Fortschritt über den griechischen Standpunct hinaus. Wenn sich Diophant bereits von jeder geometrischen Interpretation seiner Regeln zur Verknüpfung zusammengesetzter Ausdrücke frei gemacht hatte, so waren doch seine Operationen ausdrücklich auf Z a h l e n, d. h. rationale Grössen beschränkt; ja seine unbestimmte Analytik verdankt vielleicht dem Umstande, dass man sich nicht aus dem Bereiche der Zahlen entfernen mochte und konnte, ihren Ursprung. Obgleich nun die Inder weit entfernt waren, die unbestimmte Analytik zu vernachlässigen, so ist doch von jener Beschränkung arithmetischer Operationen auf rationale Zahlen nichts mehr zu entdecken. Sätze wie

$$\sqrt{a} \pm \sqrt{b} = \sqrt{a + b \pm 2\sqrt{ab}} \, ,$$

oder $\sqrt{a \pm \sqrt{b}} = \sqrt{\dfrac{a + \sqrt{a^2 - b}}{2}} \pm \sqrt{\dfrac{a - \sqrt{a^2 - b}}{2}}$, welche für die Griechen nur in der dunklen Form existirten, wie sie das X. Buch der Elemente Euklid's uns vorführt, finden wir hier (cap. I. sect. 5) in rein algebraischer Form auf Zahlen angewandt, wie wir sie heute aussprechen.

Damit wird es den Indern möglich, A l g e b r a auf g e o - m e t r i s c h e A u f g a b e n anzuwenden, und die Form, in der sie dies thun, unterscheidet sich von der bei uns jetzt üblichen durchaus gar nicht. Wir wissen, dass bei den Griechen sich nichts Aehnliches findet; sie waren zwar im Stande, dieselben Aufgaben zu lösen, welche die Inder und wir mit ihnen algebraisch behandeln; sie mussten, wie es nicht anders sein kann, im Wesentlichen dieselben Schritte thun, in welchen eine algebraische Lösung fortschreitet. Aber man erinnert sich der geometrischen Form, in welche die Analysis solcher Probleme mittels der Sätze aus Euklid's

Daten, die Synthesis mittels derer aus den Elementen Euklid's gehüllt ist; man erinnert sich jener Sätze aus der allgemeinen Grössenlehre, wo an Stelle von Producten und Quotienten der Grössen zusammenhängende Proportionen gesetzt werden. Hier aber bei den Indern ist jene schwerfällige, dem heutigen Mathematiker so fremde Form verschwunden; wir sehen mit einem Male unsere heimische algebraische Form vor uns.

Allerdings haben die Griechen seit Archimedes gelernt, auch irrationale geometrische Grössen näherungsweise in Zahlen auszudrücken, jedoch nur so, dass sie in Sätzen, welche gewisse Unbekannte explicite durch andere bekannte ausdrücken, erstere aus letzteren zu berechnen, die geometrischen Operationen durch arithmetische zu ersetzen wussten. Niemals aber haben sie bei geometrischen Aufgaben aus Beziehungen, in welchen neben den gegebenen Grössen die Unbekannte erscheint, letztere selbst nach arithmetischen Regeln herausgewickelt.

Die von den Griechen zwar mit wissenschaftlicher Besonnenheit errichtete, doch für den Fortschritt der Wissenschaft hinderliche Scheidewand zwischen Zahlen und Grössen haben die Inder niemals erkannt und sind, ohne die Kluft zu ahnen, welche für den scharf reflectirenden Verstand zwischen dem Unstetigen und dem Stetigen besteht, von ersterem zu letzterem übergegangen. Damit haben sie einen für die Gesammtentwickelung der Mathematik höchst bedeutenden Schritt gethan, dessen günstige Erfolge sichtbar genug sind. Ja, wenn man unter Algebra die Anwendung arithmetischer Operationen auf zusammengesetzte Grössen aller Art, mögen sie rationale oder irrationale Zahl- oder Raumgrössen sein, versteht, so sind die gelehrten Brahmanen Hindustans die wahren Erfinder der Algebra.

Was nun die materielle Seite dieser Disciplin betrifft, so sind die Inder eben nicht viel über das hinausgekommen, was auch Diophant bereits geleistet hat. In Bezug auf die Gleichungen von höherem als dem zweiten Grade haben sie nichts weiter beigebracht als specielle Beispiele, in denen durch Addition gewisser Glieder auf beiden Seiten diese auf Formen gebracht werden, aus denen dieselben Wurzeln gezogen werden können.

Nicht auf diesem Gebiete liegt die grösste Leistung der Inder, sondern auf dem der unbestimmten Analytik.

Unbestimmte Analytik.

Der Kreis von Aufgaben, welchen die Inder in dieser Disciplin behandeln, umschliesst völlig den, in dem sich Diophant bewegt; jedoch fallen nur wenige fundamentale Aufgaben hier und dort zusammen. Geschickte Annahme und Substitutionen werden auch hier zur Vereinfachung der Aufgaben*) und ihrer Lösung benutzt. Doch werden solche bizarre Aufgaben, welche ohne Kunststücke nicht aufgelöst werden können, nur als Proben grossen Scharfsinnes und als „alte Aufgaben" mitgetheilt; der grösste Theil der Aufgaben ist einfach und wird nach ziemlich bestimmten Principien gelöst, welche in rhythmisch gefassten Regeln dargestellt sind, die, weil sie nur hodegetischer Natur sein können und einer grösseren Gruppe von Aufgaben angepasst werden sollen, für moderne und abendländische Leser kaum verständlich sind und nur nach den folgenden Beispielen begriffen werden können.

Es nimmt aber die unbestimmte Analytik der Inder insofern einen principiell anderen Standpunct wie Diophant ein, dass sie in der Mehrzahl der Aufgaben die Bedingung, eine Lösung in ganzen Zahlen zu geben, als die wesentliche ansieht, und in diesem Sinne die Auflösung der unbestimmten Gleichungen ersten und zweiten Grades allgemein lehrt.

---

*) Z. B. Vîja-gaṇ. 193. Es sollen zwei Zahlen m und n gefunden werden, dass gleichzeitig die Ausdrücke $m + n + 3$, $m - n + 3$, $m^2 + n^2 - 4$, $m^2 - n^2 + 12$ Quadrate und $\frac{1}{2} mn + n$ ein Kubus wird, überdem aber die Wurzeln dieser Grössen addirt und um 2 vermehrt eine Quadratzahl geben. Die ersten 5 Bedingungen werden erfüllt, wenn $m = x^2 - 2$, $n = 2x$ gesetzt wird, wobei jene Wurzeln $x + 1$, $x - 1$, x^2, $x^2 - 4$, x werden und nur die Bedingung $2x^2 + 3x - 2 = y^2$ zu erfüllen übrig bleibt, welche, in $(4x + 3)^2 = 8y^2 + 25$, also $8y^2 + 25 = z^2$, nach der schon oben (p. 107) gelehrten Regel durch $y = \frac{10c}{8 - c^2}$ aufgelöst werden kann, was auch c sei. Wird $c = 2$, daher $y = 5$, $z = 15$, $x = 3$, $m = 7$, $n = 6$ gesetzt, so ist die Aufgabe überdem in ganzen Zahlen gelöst.

Seit Âryabhaṭṭa kannten die Inder eine Methode, um die Gleichungen ersten Grades $ax + by = c$ in ganzen Zahlen aufzulösen*); dieselbe unterscheidet sich von der in den Schulen üblichen unter Diophant's Namen laufenden, aber erst 1624 in Europa entdeckten Methode (s. p. 163) nur durch Vermeidung alles überflüssigen Schreibens und ist zu einem von den Brahmanen „Zerstäubung" genannten Algorithmus verarbeitet worden, welcher sich von der Entwickelung von $\frac{a}{b}$ in einen Kettenbruch, auf welche man seit Euler jene Auflösung zurückführt, nicht unterscheidet.

Diese den Griechen ganz unbekannte Klasse von Aufgaben, denen bei den Indern besondere Beachtung geschenkt wurde, verdankt ihren Ursprung vermuthlich denselben chronologisch-astrologischen Aufgaben, auf welche sie von ihnen vielfach angewandt wird, und bei welchen nach der Zeit gefragt wird, zu welcher gewisse Constellationen der Planeten am Himmel stattfinden, oder bedeutungsvolle Jahreszahlen ihrer verschiedenen chronologischen Cyclen zusammentreffen. Es entsprechen diese Aufgaben der Kalenderrechnung, die man umgekehrte zu nennen pflegt, wie wenn aus gewissen Kennzeichen eines Jahres, der Indiction, der güldenen Zahl, dem Sonnencyklus u. s. w. die Jahreszahl selbst zu bestimmen ist. Das Problem kommt dann darauf hinaus, aus gegebenen Resten, welche eine unbekannte ganze Zahl bei Division mit bekannten ganzen Zahlen gibt, jene Zahl wieder zu finden. Dasselbe verlangt auch folgende interessante Aufgabe (Lîl. 264):

In einer gewissen Anzahl ganzer Tage, die wir n nennen wollen, macht ein Himmelskörper 10 ganze Umläufe am Himmel. Wir haben ihn am Anfang eines Tages, den wir den 0ten nennen, im Aequinoctialpuncte beobachtet; dann haben wir ihn wieder am Anfang des $x$ten Tages beobachtet und damals, nachdem er seit dem 0ten Tage y^r Revolutionen um den ganzen Himmel gemacht hatte, seine Stellung in Zeichen (Signum = 30⁰), Graden u. s. w. angegeben. Später

---

*) Sie findet sich (n. briefl. Mittheil. d. H. Kern) unter dem auch später üblichen Namen kuṭṭaka oder kuṭṭākāra in dem echten Âryabhaṭṭîyam am Schlusse des rein mathematischen Theiles. Später in der Brahmasi. c. XVIII. p. 1, Vija-gaṇ. c. II.

geht die aufgezeichnete Beobachtung verloren und man erinnert sich nur, dass die (als völlig genau vorausgesetzte) Beobachtung neben einer Anzahl von Zeichen, Graden, Minuten und ganzen Secunden auch noch $\frac{3}{19}$ Secunden enthielt. Es soll nun hieraus wieder die vollständig beobachtete Stellung, die wir $y^r\ y^s\ y^0\ y'\ y\frac{3}{19}''$ nennen, indem wir mit $y^r,\ y^s\ \ldots$ die unbekannte Anzahl der beobachteten ganzen Umläufe, Zeichen, ... bezeichnen, nebst ihrem Datum wiederhergestellt und die Anzahl ganzer Tage n ermittelt werden, in welcher der Himmelskörper 10 ganze Umläufe macht.

Die Aufgabe sieht verwickelter aus, als sie ist. Man bemerke zunächst, dass, da der Himmelskörper in n Tagen 10 Umläufe macht, er in x Tagen deren $10x:n$ machen wird; man also seine Stellung am Anfange des $x$ten Tages erhält, indem man mit n in $10\,x$ dividirt, was zunächst y^r ganze Umläufe liefern wird, den Rest zu Zeichen macht, wieder dividirt u. s. w. Wird diese Division bis zu den Secunden fortgesetzt, so soll, wie wir uns erinnern, ein Rest $\frac{3}{19}$ bleiben, und der Divisor n kann daher kein anderer als $n = 19$ (oder ein Multiplum desselben) sein. Somit ist

$$\frac{10\,x}{19} = y^r\ y^s\ y^0\ y'\ y\frac{3}{19}''.$$

Verfolgen wir nun jene Division etwas genauer, so muss y^r die grösste in $10\,x:19$ enthaltene ganze Zahl, also

$$10\,x = 19\,y^r + x^r$$

sein, wo $x^r < 19$. Dann wird man x^r durch Multiplication mit 12 in Zeichen verwandeln, und bei Division mit 19 den Quotienten y^s und einen Rest $x^s < 19$, also:

$$12\,x^r = 19\,y^s + x^s$$

erhalten; geht man so weiter fort, so ergeben sich die Gleichungen

$$30\,x^s = 19\,y^0 + x^0$$
$$60\,x^0 = 19\,y' + x'$$
$$60\,x' = 19\,y'' + 3,$$

da man endlich in der letzten Gleichung den Rest 3 angeben kann.

Letztere unbestimmte Gleichung wird nun nach der Methode „der Zerstäubung" aufgelöst, und gibt $y'' = 3''$, $x' = 1$, damit aber den Rest x' in der vorhergehenden Gleichung, die nun wieder aufgelöst werden kann, und somit erhält man rückwärtsgehend das Schema:

$$60\,x' = 19\,y'' + 3'', \quad y'' = 3'', \quad x' = 1'$$
$$60\,x^0 = 19\,y' + 1', \quad y' = 41', \quad x^0 = 13^0$$
$$30\,x^s = 19\,y^0 + 13^0, \quad y^0 = 23^0, \quad x^s = 15^s$$
$$12\,x^r = 19\,y^s + 15^s, \quad y^s = 3^s, \quad x^r = 6^r$$
$$10\,x = 19\,y^r + 6^r, \quad y^r = 6, \quad x = 12.$$

Es war also der 12. Tag, an dessen Anfang wir das Gestirn beobachtet haben; dasselbe hatte seit dem Beginn des 0ten Tages bereits 6 ganze Umläufe gemacht, und sein Abstand vom Aequinoctialpuncte war zur Zeit unserer Beobachtung $3^s\ 23^0\ 41'\ 3\frac{3}{19}''$. —

Von den unbestimmten Gleichungen ersten Grades schritten die Inder fort zu der Auflösung der Gleichung $ax + by + c = xy$ in ganzen Zahlen. Sie kannten bereits die später im Occidente wieder gefundene Methode*), nach welcher man $ab + c$ in ein Product ganzer Zahlen $m\,.\,n$ zu zerlegen und dann $x = m + b$, $y = n + a$ zu setzen hat. Das Interessanteste hiebei aber ist der sehr anschauliche geometrische Beweis, den Bhâskara hiefür gibt. Es sei $xy = 4x + 3y + 2$ aufzulösen und $AB = x$, $BC = y$, so ist $ABCD = xy$ und soll auch $= 4x + 3y + 2$ sein; man construire nun $4x$ als Rechteck BE. Macht man ferner $CG = 3$ und zieht die Parallelen, so wird das Rechteck $FC = 3\,(y - 4)$ und das übrig bleibende Rechteck DF muss daher $= 3.4 + 2 = 14$ sein. Zerlegt man daher 14 auf irgend eine Weise in das Product zweier ganzen Zahlen $m\,.\,n$, macht $DG = m$, $DE = n$, so ist die Aufgabe gelöst. —

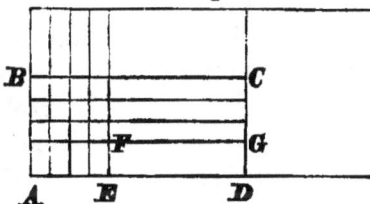

---

*) Vîja-gaṇ. c. VIII. Brahmasiddh. c. XVIII, s. 6. S. Euler, vollst. Anleit. z. nied. u. höh. Algebr. her. v. Grüson, Berlin 1797. Bd. II. Absch. 2. Cap. 3.

Was nun die unbestimmten Gleichungen zweiten Grades betrifft, so haben sie dieselben immer auf die Gleichung $ay^2 + s = x^2$ zu reduciren gewusst[*]), und in dieser mit scharfem Blicke die fundamentale Aufgabe dieses höheren Zweiges der unbestimmten Analytik erkannt. Die brahmanischen Gelehrten aber haben sich nicht, wie Diophant, damit begnügt, die Gleichung in den speciellen Fällen, wo $a = \alpha^2$ oder $s = \sigma^2$, in rationalen Zahlen aufzulösen; sie haben sich vielmehr eingehender mit derselben beschäftigt, namentlich eine allgemeine Methode ausgebildet, um die Gleichung $ay^2 + 1 = x^2$, welche bekanntlich noch heute in der Theorie der quadratischen Formen eine grundlegende Bedeutung hat, in ganzen Zahlen aufzulösen.

Diese von den Indern so genannte „cyklische Methode"[**]), ohne Zweifel der Glanzpunct ihrer gesammten Wissenschaft, geht von der Bemerkung aus, dass wenn je eine Lösung p, q von $aq^2 + s = p^2$ und p', q' von $aq'^2 + s' = p'^2$ bekannt ist, dann $y = pq' \pm qp'$, $x = pp' \pm aqq'$ identisch Lösungen der Gleichung $ay^2 + ss' = x^2$ sind. Namentlich findet man so, wenn eine Wurzel von $aq^2 + s = p^2$ bekannt ist, sofort eine Lösung von $ay^2 + s^2 = x^2$, nämlich $y = 2pq$, $x = p^2 + aq^2$. Davon wird wichtiger Gebrauch gemacht in den Fällen $s = \pm 1$, $s = \pm 2$. Ist nämlich $s = 1$, so findet man aus einer Wurzel $x = p$, $y = q$ der Gleichung $ay^2 + 1 = x^2$ sofort eine zweite $y = 2pq$, $x = p^2 + aq^2$ derselben Gleichung und durch Fortsetzung eine unendliche Reihe von Wurzeln. Ist $s = -1$, so gelangt man auf dieselbe Weise von einer Wurzel von $aq^2 - 1 = p^2$ zu einer von $ay^2 + 1 = x^2$. Ist endlich $s = \pm 2$ und kennt man eine Wurzel p, q der Gleichung $aq^2 \pm 2 = p^2$, so sind $y' = 2pq$, $x' = p^2 + aq^2$ Lösungen von $ay'^2 + 4 = x'^2$. Da aber $y' = 2pq$ eine gerade Zahl ist, so muss auch $x'^2 = ay'^2 + 4$

---

[*]) Z. B.: Es sollen $ax^2 + by^2 = \square$, $ax^2 - by^2 + 1 = \square$ sein; dann bestimme man ein m, so dass $am^2 + b = n^2$, setze $x = my$ und erfüllt so die erste Gleichung; die zweite führt auf $(am^2 - b)y^2 + 1 = \square$. Vija-gan. 185. Die aequatio duplicata Diophant's (s. S. 168) kennen die Inder nicht; sie verfahren bei ähnlichen Aufgaben anders, s. Vija-gan. art. 195.

[**]) Vija-gan. c. III. Brahmasi. c. XVIII. sect. 7.

durch 4 theilbar sein und man hat in $y = pq$, $x = \frac{1}{2}(p^2 + aq^2)$ wieder eine Lösung von $ay^2 + 1 = x^2$.

Nach dieser Vorbereitung wird nun zur Auflösung der Gleichung $ay^2 + 1 = x^2$ selbst fortgeschritten. Sie ist folgende: Man gehe von einer beliebigen Gleichung $aq^2 + s = p^2$ aus, wo p, q, s bekannt sind und man nur, zur Abkürzung der Rechnung, s so klein wählt, als man es eben durch Probiren finden mag. Dann bestimme man eine ganze Zahl r so, dass $q' = \frac{p + qr}{s}$ eine ganze Zahl, zugleich aber $r^2 - a$ möglichst klein wird. Dann wird von selbst $s' = \frac{r^2 - a}{s}$ eine ganze Zahl, und die Summe $aq'^2 + s'$ das Quadrat einer ganzen Zahl, nämlich von $p' = \frac{pq' - 1}{q}$ werden.*) So erhält man die neue Gleichung $aq'^2 + s' = p'^2$, mit deren Lösungen man dieselbe Operation nochmals vornimmt; so fährt man fort, bis man zu einer Gleichung gelangt, in der jene additive Grösse $s = \pm 1$ oder $= \pm 2$ wird, von wo aus dann obige Bemerkungen leicht zur schliesslichen Lösung der gegebenen Gleichung $ay^2 + 1 = x^2$ in ganzen Zahlen führen.**)

---

*) Der Beweis hiefür, der sich jedoch bei den indischen Schriftstellern nicht findet, lässt sich so führen: Setzt man in $q's = p + qr$ den Werth von s ein, so erhält man die Gleichung $p(pq' - 1) = q(r + aqq')$. Da nun p, q keinen gemeinschaftlichen Factor haben (denn hätten sie einen solchen, so würde auch $s = p^2 - aq^2$ denselben quadratisch besitzen und derselbe sich also entfernen lassen), so muss q als Factor in $(pq' - 1)$ enthalten, $p' = \frac{pq' - 1}{q}$ eine ganze Zahl sein. Nun ist $r = \frac{q's - p}{q}$, also $r^2 - a = \frac{(q's - p)^2 - aq^2}{q^2}$; ersetzt man hierin aq^2 durch $p^2 - s$, so findet man $\frac{r^2 - a}{s} = \frac{q'^2 s - 2pq' + 1}{q}$ und, wenn $s = p^2 - aq^2$ gesetzt wird, $s' = \left(\frac{pq' - 1}{q}\right)^2 - aq'^2$.

**) Von dem Ideengange, durch welchen die Inder auf diese Methode gekommen sein mögen, findet sich bei ihnen keine Andeutung. Ich denke, er wird etwa folgender gewesen sein: Ist $aq^2 + s = p^2$ gegeben, und wird $aq'^2 + s' = p'^2$ gesetzt, so ist $a(pq' - qp')^2 + ss' = (pp' - aqq')^2$; bestimmt man nun p', q' aus $pq' - qp' = 1$ als ganze Zahlen, setzt die ganze Zahl $r = pp' - aqq'$, so ist $a + ss' = r^2$, also muss $r^2 - a$ durch s theilbar und $s' = \frac{r^2 - a}{s}$ eine ganze Zahl sein. Jene beiden Gleichungen

Ein Beispiel Bhâskara's mag die Methode weiter erläutern: Es handelt sich um die Auflösung von $67y^2 + 1 = x^2$; man findet zunächst, da 8 das der Zahl 67 nächste Quadrat gibt, $67 . 1^2 - 3 = 8^2$, so dass $s = -3$, $q = 1$, $p = 8$; dann ist $q' = -\frac{8+r}{3}$ und also $r = 7$, da dann $s' = -\frac{r^2 - 67}{3}$ $= +6$ am kleinsten wird, so erhält man $q' = -5$, $p' = 41$, also $67 . 5^2 + 6 = 41^2$. Ferner $q'' = \frac{41 + 5r}{6}$, $r = 5$, $s'' = \frac{r^2 - 67}{6} = -7$, $q'' = 11$, $p'' = 90$, also $67 . 11^2 - 7 = 90^2$; ebenso ergibt sich ferner $67 . 27^2 - 2 = 221^2$. Damit haben wir eine Lösung von $67 q^2 - 2 = p^2$, aus der man nach obigen Regeln $y' = 11934$, $x' = 97684$ als Lösung von $67 y'^2 + 4 = x'^2$ und $x = 48842$, $y = 5967$ als Lösung der gegebenen Gleichung $67 y^2 + 1 = x^2$ findet. Hätte man, ohne dies letzte Hilfsmittel anzuwenden, das reguläre Verfahren fortgesetzt, so hätte man dasselbe noch viermal anwenden müssen, ehe man zum Schlusse gelangt wäre.

Diese Methode ist über alles Lob erhaben; sie ist sicherlich das Feinste, was in der Zahlenlehre vor Lagrange geleistet worden ist; sie ist merkwürdiger Weise genau dieselbe, welche Lagrange in einer 1769 erschienenen Abhandlung[*] vortrug und erst nachträglich auf den Kettenbruchalgorithmus für $\sqrt{a}$ reducirte, den Euler im Jahre 1767 auf dies Problem angewandt hatte.[**] Die Aufgabe selbst ist im Occidente hoch berühmt geworden; sie wurde zuerst im Jahre 1657 von Fermat öffentlich in herausfordernder Weise gestellt und von den englischen Mathematikern Brouncker und Wallis[***] gelöst durch einen umständlichen Process,

---

für p', q' aber geben $q' = \frac{p + qr}{s}$, und man hat daher r so zu bestimmen, dass q' eine ganze Zahl wird, wodurch s' von selbst zu einer solchen wird; das p' bestimmt man dann entweder aus $a q'^2 + s' = p'^2$ oder aus $p' = \frac{p q' - 1}{q}$.

[*] Sur la solut. d. probl. indét. du 2. degré (Mém. de l'Acad. de Berlin t. 23).

[**] De usu novi algorithmi, Novi Comm. Petrop. t. 11.

[***] Wallis, Opera math. t. II. Commercium epist. Ep. 9, 14, 17, 18, 19, 46; und Algebra, c. 98, 99.

den erst Euler wieder hervorsuchte und auf die Ketten-
bruchentwickelung zurückführte. Die Ironie des Schicksals
hat es gewollt, dass die Auflösung der Gleichung $ay^2 + 1 = x^2$
das Pell'sche Problem genannt wird, obgleich der Engländer
Pell um dieselbe kein anderes Verdienst hat, als sie gelegentlich in einem vielgelesenen Werke*) nochmals dargestellt zu
haben. Man sollte die Gleichung zur Erinnerung an diese
merkwürdige Anticipation einer im Occidente hochgefeierten
Entdeckung in Zukunft die indische nennen. Denn in der
That fehlt der „cyklischen" Methode der Brahmanen nichts,
als zunächst der Beweis ihrer Richtigkeit, der wie alle
anderen Beweise in dem Vîja-gaṇita nicht gegeben wird, aber,
wie man gesehen hat, leicht zu ergänzen ist, und ferner der
Nachweis, dass sie in jedem Falle, wenn a keine Quadratzahl ist, zum Ziele führt. Diesen Beweis zu geben hat zwar
Wallis**) schon versucht, erst Lagrange aber vermocht;
und es ist diese Leistung immer unter die bedeutendsten
dieses grossen Analytikers gerechnet worden. So haben
erst nach anderthalb Jahrtausenden die Brahmanen in diesem
Manne ihren Meister gefunden.

Es wird nicht nöthig sein, noch hervorzuheben, auf
einer wie hohen Stufe der Ausbildung sich nach allem diesem
die unbestimmte Analytik bei den Indern befindet. Aus
einzelnen willkührlich gestellten Aufgaben, vereinzelten
Kunstgriffen und dürftiger Ausführung der Lösungen wie
bei Diophant bestand, wie es scheint, auch die älteste
Wissenschaft der Inder; bei Âryabhaṭṭa aber (5. Jahrhundert)
findet sich schon die schöne Methode zur Auflösung linearer
unbestimmter Gleichungen***) in ganzen Zahlen; bei Brahmagupta (7. Jahrhundert) ist der Stoff bereits methodisch geordnet; jene bizarren Aufgaben ohne tiefere wissenschaft-

---

*) In den Anmerkungen zu der englischen Uebersetzung, die Branker
im Jahre 1668 von der deutschen Algebra Rahn's herausgab.

**) A. a. O. Algebra cap. 99.

***) Die Auflösung von $ay^2 + 1 = x^2$ findet sich im Âryabhaṭṭîyam
nicht (briefl. Mittheil. von Hrn. Kern), woraus jedoch nicht geschlossen
werden darf, dass sie Âryabhaṭṭa unbekannt gewesen sei, da in jenem
Werke nur das für die Astronomie brauchbare Mathematische enthalten ist.

liche Bedeutung wurden aufgegeben, die Aufgaben, welche
auf quadratische Formen führten, einer gründlichen Untersuchung unterworfen und auf einige wenige fundamentale
Probleme zurückgeführt, deren Theorie in bewundernswür-
diger Vollkommenheit, ja selbst mit Eleganz ausgeführt
wird. Mit Erstaunen erfüllt uns dies grossartige Talent
unserer Urverwandten jenseit des Indus für algebraische
Untersuchungen, ein Talent, welches um nichts geringer
ist, als das der Griechen für rein geometrische Forschung.

Wir haben früher gesehen, dass am Ende aller griechischen Wissenschaft ohne Vermittelung mit allem, was diese
bis dahin geleistet hatte, plötzlich auch auf griechischem
Boden die Algebra in einer Form und Ausbildung, wie sie
niemals am Anfange einer selbstständigen Entwickelung
statthaben kann, und in einem zwar vorgeschrittenen, doch
unfertigen, hastigen Zustande erscheint, wie er aus sich
heraus sich niemals bilden kann. Die Vermuthung, dass
Diophant unter fremdem Einflusse gestanden habe, war kaum
mehr abzuweisen. Da wir nun in Indien eine organisch
reiche Entwickelung der Wissenschaft finden, welche die
Algebra Diophant's beinahe vollständig umschliesst, ist es
wahrscheinlich genug, dass diese nur ein abgerissener Zweig
von dem Baume indischer Wissenschaft ist, der nach
Alexandrien verpflanzt, zwar neu zu treiben begann, doch,
ohne Wurzeln schlagen zu können, bald spurlos unterging.
Das uns durch die humanistische Erziehung tief eingeprägte
Vorurtheil, dass alle höhere geistige Cultur im Orient, insbesondere alle Wissenschaft aus griechischem Boden entsprungen und das einzige geistig wahrhaft productive Volk
das griechische gewesen sei, kann uns zwar einen Augen-
blick geneigt machen, das Verhältniss umzukehren. Indess
genügt ein Blick auf den völlig einheitlichen Charakter der
gesammten indischen Mathematik, um jede solche Annahme
zu verbieten; die Griechen hätten geben müssen, was sie
selbst nicht besassen.

Ist nun so ein Einfluss auf Diophant von jener Seite
her einmal zugestanden, so erhebt sich weiter die Frage,
wie tief und eingreifend dieser gewesen sei. Wenn wir bei
Diophant eine Methode wie z. B. die der acquatio duplicata

und eine Reihe von Sätzen über die Zerlegung von Zahlen in zwei, drei und vier Quadrate finden, von denen wir in dem Einen Bande mathematischer Schriften, der uns aus der reichen Literatur des Sanskrit bis jetzt allein zugänglich ist, keine Spuren antreffen, so dürfen wir aus dieser negativen Instanz keinen Schluss ziehen. Andererseits wäre es unberechtigt, wollten wir dem Griechen Diophant alle Selbstständigkeit der Production rauben. Wir denken uns vielmehr das Verhältniss so, dass man bereits vor Diophant's Lebzeiten in den mathematisch gelehrten Kreisen Alexandriens von jener eigenthümlichen reinen Arithmetik und Algebra der Inder, von einer Anzahl ihrer Aufgaben und Lösungen, sowie der Form des Calculs überhaupt Kunde erhielt und nun mit griechischer Lebhaftigkeit und Gewandtheit sich an die selbstständige Lösung analoger Aufgaben machte, eine Reihe von Kunstgriffen erfand, Beobachtungen an Zahlen anstellte, so dass Diophant bereits eine bunte Mannigfaltigkeit solcher Aufgaben vorfand, die er dann, mit eigenen scharfsinnigen Entwickelungen versehen, in einer dem griechischer. Geiste entsprechendern Form zusammenstellte.

Principien der Geometrie der Inder.

Das Bild, welches uns die bei den Brahmanen hinter die Arithmetik und Algebra weit zurücktretende Geometrie zeigt, ist gänzlich verschieden von dem der Euklidischen Elemente. Hier finden wir keine Definitionen, Axiome und Reihen festverbundener Lehrsätze, deren jeder sich auf die vorhergehenden stützt und den nachfolgenden beweist. Jeder Satz steht selbstständig da, wie ein Factum. Und wenn uns die Commentatoren Aufschlüsse über die Art und Weise geben, wie die Gewissheit eines Satzes dargethan werden soll, so sehen wir mit Erstaunen, wie sie nicht nach griechischer Art erst Hilfslinien ziehen und dann, zahlreiche Sätze citiren, durch deren logische Verbindung jener Lehrsatz hervorgeht; vielmehr ist der Satz vom Quadrate der Hypotenuse der einzige, den sie ausdrücklich anwenden; alles andere lehrt sie die Anschauung entweder unmittelbar oder nach einer gewissen Anleitung. Das Wörtchen „Siehe!" neben der mit den nöthigen Hilfslinien versehenen Figur ersetzt den Brahmanen den mit dem feierlichen „Was zu beweisen war" schliessenden Beweis der Griechen. Alles, was ein geübter Sinn durch anhaltende Betrachtung einer Figur erkennen konnte, wurde als gewiss zugelassen.

Jene Anschauungen nach Art der Griechen zu analysiren, in einzelne Lehrsätze zu zerlegen und diese wieder auf eine kleine Anzahl trivialer Wahrheiten, welche die Griechen aus den unmittelbar gewissen Sätzen mit grossem Scharfsinn herausgelesen und als Axiome genau präcisirt hatten, zurückzuführen, kommt den Indern so wenig bei, dass sie nicht einmal das allgemeine Princip, welches der Anschauung zu Grunde liegt, anzudeuten für nothwendig halten; mit anderen Worten: ihre Axiome waren weder an Zahl begrenzt, noch überhaupt als solche erkannt.

In den uns zugänglichen Schriften der Inder ist von constructiver Geometrie so wenig die Rede, dass es unthunlich ist, hier die Axiome der Inder aufzustellen, d. h. die Sätze zu verzeichnen, welche als durch Anschauung unmittelbar gegeben angesehen wurden; es genügt zur Charakteristik, die beiden wichtigsten Hilfsmittel zu bezeichnen.

Das eine möchte ich das Princip der Congruenz nennen; es liegt einfach in der Anschauung, dass gleiche Constructionen zu derselben Figur führen. Ich rechne dahin auch Sätze wie den von der Gleichheit der Wechselwinkel bei Parallelen, welcher gewiss aus jener unbestimmten Anschauung entsprungen ist. Gekannt haben die Inder diesen Satz ohne Zweifel, ausgesprochen aber nie. Der Satz von der Summe der drei Winkel im Dreieck ist nirgends angegeben — sie konnten ihn eben nicht viel gebrauchen, da sie Trigonometrie, wenigstens in der uns zugänglichen Literatur, nur auf astronomische Aufgaben anwenden.

Von dem Principe der Congruenz ist das der Symmetrie ein besonderer Fall, aus dem z. B. der Satz von der Gleichheit der Basiswinkel eines gleichschenkligen Dreiecks von selbst folgt. Aber dies Princip reicht viel weiter: die Inder wenden den Satz, dass der Winkel im Halbkreise ein rechter ist, stillschweigend an; ich habe mich gefragt, auf welche Weise wohl die Inder zu der Erkenntniss dieses Satzes gelangt sein mögen, und bin schliesslich zu folgendem

Wege gelangt: Es sei ABE ein Winkel im Halbkreise, also AE ein Durchmesser; man verbinde nun B mit dem Mittelpuncte C des Kreises und ziehe DE, so ist die Figur symmetrisch gegen den auf AB senkrechten Durchmesser FG, daher die Winkel $A = B$, $D = E$ und $AD = BE$; ferner ist die Figur auch symmetrisch gegen den auf FG senkrechten Durchmesser JK, also $D = A$, $B = E$ und $DE = AB$. Es genügt jetzt, dass $A = B = D = E$, um zu schliessen, dass $ABED$ ein Rechteck ist, q. e. d. Dass dieser Beweis, welcher nicht auf die zufällige Eigenschaft der Centriwinkel gegründet ist, sondern sich allein der symmetrischen Eigenschaften des Kreises bedient, die Sache mehr aus dem Grunde fasst, als der Euklidische, ist weiter keiner Erläuterung bedürftig, da er sofort erkennen lässt, dass seine Grundlage für alle Figuren gilt, welche nach zwei orthogonalen Durchmessern symmetrisch sind.

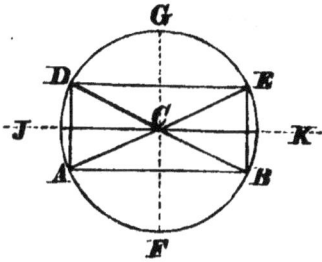

Das zweite allgemeine Princip der geometrischen Entwickelung bei den Indern ist das der Aehnlichkeit. Dasselbe findet in der beschränkten Form der Proportionalität der Seiten von Dreiecken, welche einen Winkel gemein und die gegenüberliegenden Seiten parallel haben, häufig Anwendung; zuweilen aber in sehr allgemeiner Fassung. Um z. B. den bei Brahmagupta (c. XII, 26) vorkommenden Lehrsatz zu beweisen, dass der Halbmesser eines einem Dreiecke umschriebenen Kreises gleich dem Producte zweier Seiten dividirt durch den doppelten Perpendikel auf die Grundlinie ist, sagt ein alter Commentator: „Lass das doppelte Perpendikel eine Sehne im Kreise sein, dessen Halbmesser die rechte Seite ist. Dann besteht die Proportion: Wenn der Halbmesser gleich der rechten Seite ist in einem Kreise, in welchem das doppelte Perpendikel eine Sehne ist, was ist der Halbmesser in einem Kreise, wo die

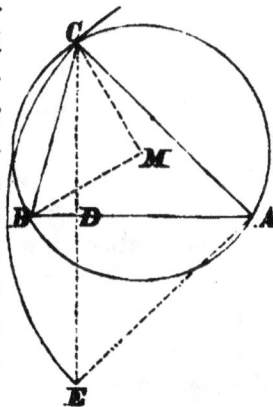

Sehne gleich der linken Seite ist? Das Resultat ist der Halbmesser des umschriebenen Kreises." Sehen wir von der fremdartigen Form des Ausdruckes ab, so finden wir in dieser Stelle die Idee des Beweises zwar kurz, doch völlig klar angedeutet; die Ausführung möge dem Leser überlassen bleiben.

Wie verschieden aber ist diese Ableitung von einer nach Art des Euklid! Da würde zunächst bemerkt werden, dass $CAB = \frac{1}{2} \cdot CMB$, dass daher $CAE = CMB$, wenn $DE = DC$ gemacht wird, folglich die Dreiecke BMC, EAC ähnlich sind u. s. w. Und man wird bemerken, dass der Unterschied nicht nur in der grösseren Ausführlichkeit der Entwickelung besteht; denn man mag diesen Beweis so kurz wie möglich zusammenziehen, immer bleibt die wesentliche Verschiedenheit zurück, dass der Grieche von Gleichheit der Winkel und daraus zu folgernder Aehnlichkeit der Dreiecke spricht, während der Brahmane die Idee von der Aehnlichkeit zusammengesetzter Figuren anwendet, die zwar dem an griechische Klarheit und Bestimmtheit gewöhnten Geometer durch ihre Verworrenheit leicht missfällt, nichtsdestoweniger jedoch dieselbe Gewissheit der Ueberzeugung gewährt und jedenfalls tiefer in das Wesen der Sache einführt.

Wenn man, die eigenthümlichen Vorzüge der griechischen und indischen Methode vereinigend, jene allgemeinen Principien scharf definiren und an die Spitze der Geometrie stellen würde, so liesse sich, der Richtung der Inder folgend, das Conglomerat, welches die Elemente der Geometrie bei Euklid bilden, zweifelsohne zu einem Systeme umschaffen, in dem nicht zufällige, sondern wesentliche Ideen den Fortschritt leiten. Die wenigen Sätze dieser Art, die oben auf diese Weise abgeleitet sind, mögen als Beispiele dienen, was in dieser Beziehung geleistet werden könnte. Würde, wie man schon hie und da begonnen hat, ein solches System dem Unterrichte zu Grunde gelegt, so würde der Schüler aus dem geometrischen Unterrichte den realen Nutzen ziehen, den er daraus ziehen soll, während er jetzt ängstlich an den trivialen Congruenz- und Aehnlichkeitssätzen klaubt, zu einer freien geometrischen Anschauung aber selten gelangt.

Wenn die constructive Geometrie bei den Indern immer auf einer verhältnissmässig niedrigen Stufe der Ausbildung stehen geblieben ist, so lag dies an der Einseitigkeit, mit der die oben geschilderte Methode stets festgehalten wurde. Es leuchtet ein, dass bei zusammengesetzteren Figuren die unmittelbare Anschauung ihren Dienst versagen muss und einer Unterstützung durch das logische Denken bedarf; diese Erkenntniss aber, aus der die bewundernswürdigen Methoden der Griechen entsprungen sind, blieb den Indern stets verborgen.

So in der Entwickelung der Geometrie nach dieser Seite hin gehemmt, wandten sie sich nach einer anderen Richtung, die ihrer Gesammtanlage besser entsprach, und erforschten die rein metrischen Gesetze der räumlichen Grössenwelt, die durch Rechnung gefunden und zur Berechnung der Figuren verwandt werden konnten. Was sie in dieser Beziehung Ueberraschendes geleistet haben, werden die folgenden Blätter darzustellen haben.

Berechnung des Dreiecks und Vierecks.

Die Grundlage aller messenden und rechnenden Geometrie, der Satz vom Quadrate der Hypotenuse, ist von den Indern selbstständig erfunden worden. Denn sie besitzen von ihm zwei durchaus natürliche, echt indische Beweise, welche die Griechen nicht kennen. (S. o. p. 92.) Zuerst (Vîja-gan. 146) beweisen sie den Satz, indem sie von der Spitze des rechten Winkels eine Senkrechte auf die Hypotenuse fällen und die beiden so entstehenden Dreiecke mit dem ihnen ähnlichen ganzen vergleichen — ein Gedanke, den im Occidente erst Wallis *) wieder gefunden hat. Der zweite Beweis (a. a. O.) lässt das rechtwinklige Dreieck viermal in das Hypotenusenquadrat beschreiben, so dass in der Mitte ein Quadrat übrig bleibt, dessen Seite die Kathetendifferenz ist. In einer

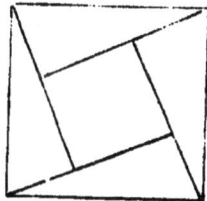

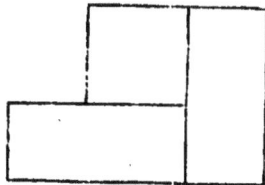

---

*) De sect. angul. c. VI in Wallis, Op. math. vol. II. 1693.

zweiten Anordnung der vier Dreiecke und jenes inneren Quadrates machen diese zusammen bei anderer Zerlegung die beiden Kathetenquadrate aus. „Siehe" schreibt der Verfasser neben die Figuren — ohne ein Wort weiter hinzuzufügen, alles andere der Anschauung des Lesers überlassend.

Unter den geometrischen Sätzen, die man bei den Indern findet, hat keiner mehr Aufsehen erregt, als die bereits im 7. Jahrhundert von Brahmagupta gelehrte Formel für die Fläche eines Dreiecks aus seinen Seiten:

$$f = \sqrt{\tfrac{1}{2}s\left(\tfrac{1}{2}s - a\right)\left(\tfrac{1}{2}s - b\right)\left(\tfrac{1}{2}s - c\right)} .$$

Man hat in der Bekanntschaft mit diesem schönen Theoreme den entschiedenen Beweis dafür finden wollen, dass die brahmanischen Geometer durchaus auf den Schultern der griechischen stehen, deren Schriften, namentlich die Heron's, ihnen in den ersten Jahrhunderten unserer Zeitrechnung zugänglich geworden seien; man hat sich zur weiteren Unterstützung auf den Umstand berufen, dass sowohl Heron als auf der anderen Seite Brahmagupta und Bhâskara sich gern der rechtwinkligen Dreiecke 3, 4, 5 und 5, 12, 13, sowie des schiefwinkligen 13, 14, 15 zur Exemplification ihrer Regeln bedienen.[*] Indess ist diese Uebereinstimmung eine durchaus natürliche; sowohl die Griechen als die Inder kennen die Formeln $\alpha^2 - \beta^2$, $2\alpha\beta$, $\alpha^2 + \beta^2$ zur Bildung rationaler rechtwinkliger Dreiecke, aus denen 3, 4, 5 und 5, 12, 13 als die einfachsten hervorgehen; was die schiefwinkligen Dreiecke betrifft, so musste beiden in gleicher Weise daran liegen, zu ihren Beispielen solche zu benutzen, bei denen das Perpendikel sich ebenfalls rational ausdrücken lässt. Sie setzten demgemäss zwei rationale

---

[*] H. Martin, Rech. s. l. vie et l. ouvr. d' Héron. Mém. prés. à l'acad. d. inscrp. sér. 1. t. IV, Paris 1854, p. 164—76. Dort führt Martin weiter zur Unterstützung seiner Ansicht an, dass Heron die der Grundlinie eines Vierecks gegenüberliegende Seite „Scheitel" (κορυφή) nennt abweichend von Euklid, der mit demselben Worte einen Punkt bezeichnet, und die Inder für eben jene Seite einen ähnlichen Namen haben. Als ob eine solche natürliche Bezeichnung nicht an zwei Orten unabhängig gefunden werden könnte!

rechtwinklige Dreiecke mit einer gemeinschaftlichen Kathete zu einem Dreieck so zusammen, dass sie dessen Perpendikel wurde. Unter allen solchen Paaren von Dreiecken ist aber das 5, 12, 13 und 9, 12, 15 das einfachste. Dass so die einen wie die anderen zu demselben Dreieck geführt werden mussten, liegt auf der Hand und bedarf keiner weiteren Erklärung.

Viel eher mag es als Beweis für die gänzliche Unabhängigkeit der indischen Geometrie von Heron dienen, dass sich des letzteren Satz über die Fläche eines gleichseitigen Dreiecks $\left(\frac{1}{3} + \frac{1}{10}\right) a^2$ bei den Indern nirgends findet, und doch scheint es unzweifelhaft, dass, wenn sie jemals mit der Heronischen Geometrie in irgend einer Weise bekannt gemacht worden wären, sie vor allem diese Formel bemerkt haben würden.

Es ist aber in der That gar kein Grund vorhanden, zu bezweifeln, dass die Inder von der ihnen bekannten*) Formel für die Höhe

$$h = \sqrt{\frac{(2\,ac)^2 - (a^2 + c^2 - b^2)^2}{2\,c}}$$

zu der Formel für die Fläche

$$f = \frac{1}{4}\sqrt{(a+b+c)\,(a+b-c)\,(a-b+c)\,(b+c-a)}$$

selbstständig gelangen konnten; die dazu nöthigen algebraischen Transformationen waren ihnen durchaus geläufig; ja wäre nicht das frühere Vorkommen der Formel bei den Griechen beglaubigt, so würden wir umgekehrt geneigt sein, deren erste Erfindung den Indern zuzuschreiben und bei den Griechen eine Entlehnung vorauszusetzen; denn dass dieselbe nicht auf constructivem Wege, wie sie Heron nachträglich bewiesen hat, sondern durch Rechnung gefunden worden ist, dürfte kaum einem Zweifel unterworfen sein.

Höchst überraschend aber ist es, diese Formel an der Seite und als speciellen Fall der ähnlich gebauten Formel für die Fläche eines Kreisvierecks bei Brahmagupta zu finden. Denn es setzt die Ableitung dieser eine grosse geometrische Gewandtheit und eine eingehende Theorie der

---

*) S. auch I.il. 163—168.

Kreisvierecke voraus, als deren Blüthe dann jene im Occidente zuerst von dem Niederländer Snellius um 1620 bewiesene schöne Formel erscheint.

In der That steht auch jener Satz nicht allein, sondern es folgen ihm in dem 4. Abschnitt des XII. Capitels der Brahmasiddhânta eine Reihe von Sätzen über Vierecke, unter ihnen z. B. der unter dem Namen des Ptolemäischen bekannte Lehrsatz, wonach das Product der Diagonalen gleich der Summe der Producte der gegenüberliegenden Seiten ist. Alle diese Sätze erfordern zunächst zu ihrer Gültigkeit, dass um die Vierecke Kreise beschrieben werden können; obgleich der indische Schriftsteller diese Bedingung nirgends erwähnt, so kann man sie doch als implicite in der Bestimmung des Halbmessers des umschriebenen Kreises enthalten ansehen, welche er gibt. Am Schlusse dieser ganzen Untersuchung gibt dann Brahmagupta einige Regeln zur Construction von Vierecken, bei denen sich die Diagonalen, die Perpendikel von den Ecken auf die Seiten, der Halbmesser des umschriebenen Kreises und andere zum Viereck gehörigen Linien rational durch die Seiten ausdrücken lassen. Besonders interessant ist unter diesen folgende Construction: Man nehme zwei rationale rechtwinklige Dreiecke a, b, c, a', b', c'; bilde aus dem ersten durch Multiplication mit den Katheten des zweiten Dreiecks die dem ersten ähnlichen Dreiecke aa', ba', ca' und ab', bb', cb'; und umgekehrt $a'a$, $b'a$, $c'a$ und $a'b$, $b'b$, $c'b$. Von diesen 4 Dreiecken hat jedes mit 2 anderen je eine Kathete gemein und man kann daher aus ihnen ein Viereck mit den Seiten ac', ca', bc', cb' zusammensetzen, dessen Diagonalen und deren Abschnitte rational sind, woraus sich auch die Perpendikel von den Ecken auf die Seiten rational ergeben. Dass um ein solches Viereck ein Kreis beschrieben werden kann, liegt auf der Hand. Der geistreiche Verfasser des Aperçu historique glaubte sich nach alledem berechtigt, in diesem Abschnitte der Brahmasiddhânta eine eigentliche Theorie der Kreisvierecke sehen zu dürfen und speciell die

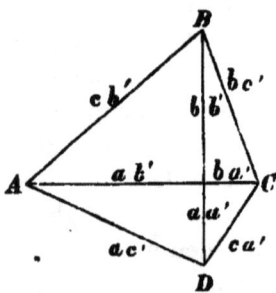

Lösung der Aufgabe: rationale Kreisvierecke zu construiren. Mit grosser Lebendigkeit hat er in der XII. Note zu jenem Werke diese Ansicht zu begründen versucht, dabei aber dem indischen Schriftsteller gar manches untergelegt, was der diplomatisch sehr gesicherte Text auszulegen nicht erlaubt. Die meisten Sätze nämlich, welche Brahmagupta vorträgt, erfordern ausserdem, dass sie nur für Kreisvierecke gelten, zu ihrer Gültigkeit noch anderer besonderer Bedingungen, welche im Texte nicht zu finden sind, und, wie Chasles meint, dem Verfasser wohl bekannt waren, oder wie andere meinen, von Brahmagupta ganz übersehen worden sind. Zu der letzteren Partei gehört auch des letzteren eigener Landsmann Bhaskâra, der mit einer bei den indischen Mathematikern unerhörten Lebhaftigkeit in der Lîl. art. 167 u. f. seinen angesehenen Vorgänger besonders deshalb angreift, weil dieser alle Linien in seinen Vierecken nur aus deren vier Seiten zu bestimmen unternimmt. „Wie kann Jemand, ohne eines der Perpendikel oder eine der Diagonalen festzusetzen, nach dem Uebrigen fragen? oder wie kann Jemand eine bestimmte Fläche verlangen, während sie unbestimmt ist. Solch ein Frager ist ein dummer Teufel; noch mehr, wer die Frage beantwortet." Ich habe mich bemüht, den schon seit dem 12. Jahrhundert bei den Indern verloren gegangenen Sinn der Sätze Brahmagupta's wieder herzustellen, und bin so zu folgendem Resultate gelangt: Es handelte sich für den indischen Mathematiker hier keineswegs, wie Chasles meint, darum, eine allgemeine Theorie der Kreisvierecke zu geben, welche die geometrischen Hilfsmittel der Inder bei weitem überstiegen hätte, als vielmehr Vierecke überhaupt berechnen zu können. Da unser Mathematiker nun bald erkennen musste, dass zur Berechnung eines Viereckes im Allgemeinen die Kenntniss der vier Seiten nicht ausreichte, so suchte er sich specielle Klassen solcher, bei denen man aus den vier Seiten und zwar möglichst rational die anderen Stücke ableiten konnte. So fand er zwei Klassen 1) Paralleltrapeze, in denen die beiden Flanken d. h. gegenüberliegenden Seiten einander gleich sind, und die er einfach Tetragone nannte; 2) jene schon beschriebenen Trapeze mit rechtwinklig sich schneidenden Diago-

nalen. Mit diesen speciellen Klassen beschäftigte er sich
nun ausschliesslich; die für „Tetragone" ausgesprochenen
Lehrsätze wollte er nur auf jene, die für „Trapeze" nur
auf diese bezogen wissen; dass beide Klassen in einen Kreis
einbeschrieben werden können, war für Brahmagupta zufällig.

Man sieht aber, wie er für seine Trapeze aus den nahe-
liegenden Formeln

$$AB . BC + CD . DA = cc' (aa' + bb')$$
$$AB . CD + BC . AD = (aa' + bb') (ab' + a'b) \left.\right\} \begin{array}{l} AC = ab' + ba' \\ BD = aa' + bb', \end{array}$$
$$AB . AD + BC . CD = cc' (ab' + a'b)$$

auch wenn er nur mit bestimmten ganzen Zahlen ohne allgemeine Zeichen rechnete, leicht die Sätze des art. 28:

$$AC . BD = AB . CD + BC . AD$$
$$\frac{AC}{BD} = \frac{AB . AD + BC . CD}{AB . BC + CD . DA}$$

und hieraus die für die Fläche des Vierecks ohne weitere
Kunstgriffe ableiten konnte.

Dass ein grosser Theil der für Tetragone oder Trapeze
ausgesprochenen Sätze Brahmagupta's auch nur für die eine
oder andere dieser Klassen gültig ist, hat allerdings schon
Chasles erkannt; da sich aber in der Reihe derselben einige
befinden, deren allgemeine Bedeutung für alle Kreisvierecke
wir jetzt kennen, so glaubt sich Chasles berechtigt, vorauszusetzen, dass der Verfasser sich dieser allgemeinen Bedeutung auch bewusst gewesen sei.

Es ist aber unstatthaft, anzunehmen, dass ein berühmter
Schriftsteller in einem Athem dasselbe Wort „Tetragon"
bald in engerer, bald in weiterer Bedeutung anwende, ohne
jemals eine genauere Bestimmung hinzuzufügen. Die von
mir vorgeschlagene engere Bestimmung der unserem „Tetragon" und „Trapez" entsprechenden indischen Kunstwörter
leidet an diesem Fehler nicht, sie erklärt alle Sätze unseres
Mathematikers ungezwungen und setzt nirgends Hilfsmittel
geometrischer Constructionen voraus, welche die Kräfte der
Inder überstiegen. Doch würde trotzdem meine Erklärung
immer nur als eine Hypothese erscheinen, wenn ich nicht
hinzufügte, dass, was man bisher immer übersehen hatte,
jene Bestimmungen in der That von Brahmagupta gegeben

sind, nur nicht am Anfange nach Art unserer Definitionen, was der indischen Schreibweise ganz entgegen ist, als vielmehr am Ende (art. 35—38), wo die Methoden, die zuvor behandelten Vierecke zu bilden, auseinandergesetzt werden. Verböte es nicht der enge Raum an diesem Orte, so würde ich zeigen, wie natürlich sich alle diese Sätze entwickeln, wenn man sie in umgekehrter Reihe aufeinanderfolgen lässt und auf diese Weise die änigmatisch-dogmatische Schreibweise der Inder analysirt.

Quadratur des Kreises und Trigonometrie.

Mit den Sätzen, die zur Berechnung des Kreises, seiner Sehnen, Abschnitte, Polygone nothwendig sind, zeigen sich die Inder wohl vertraut. Die Relation zwischen der Sehne $AB = s$, ihrer Sagitta $FH = h$ und dem Durchmesser $FG = d$ wird von ihnen folgendermassen bewiesen (Lîl. 206): Man ziehe BE senkrecht AB und den Durchmesser AE; dann ist $\overline{AE}^2 - \overline{AB}^2 = \overline{BE}^2$ also $d^2 - s^2 = (d - 2h)^2$ also: $2h = d - \sqrt{d^2 - s^2}$; ferner $\overline{AC}^2 - \overline{CH}^2 = \overline{AH}^2$ also: $r^2 - (r - h)^2 = \left(\frac{1}{2} s\right)^2$ oder $s = 2\sqrt{h(d - h)}$.[*]

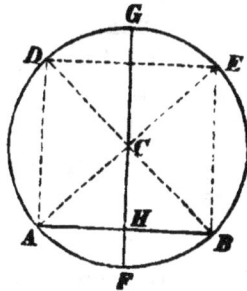

Auch die Berechnung der eingeschriebenen regulären Polygone haben sie ausgeführt und sie finden (Lîl. 209) den Durchmesser 120000 gesetzt, die Seitenlänge des 3, 4, 5, 6, 7, 8, 9 Ecks bezüglich 103923, 84853, 70534, 60000, 52055, 45922, 41031; alle diese Zahlen sind inclusive der letzten Stelle genau mit Ausnahme des 7 und 9 Ecks, für welche bezüglich 52066, 41042 die richtigen Zahlen sind. Die approximative Methode, durch welche sie zu dem Neuneck gelangt sind und die uns ein Scholiast überliefert hat, ist sehr merkwürdig.

An die Berechnung der Polygone knüpft sich von selbst die Quadratur des Kreises. Es gibt in Indien eine

---

[*] Âryabhaṭṭîyam II, str. 17 nach briefl. Mittheil. d. Hrn. Kern in Leyden.

ältere Tradition, dass „$\pi = 3$ oder genauer $\pi = \sqrt{10}$" sei. *)
Doch kannte schon Aryabhatta**) das Verhältniss $\dfrac{31416}{10000}$,
das sich bei Bhâskara (Lîl. 201) in der Form $\dfrac{3927}{1250}$ als „genaues" neben dem „ungenauen" $\dfrac{22}{7}$ findet. Wie man zu
diesem überraschend genauen Verhältnisse, welches nur um
7 Einheiten der 6. Decimale von dem wahren Werthe π ab-
weicht, gelangt ist, lehrt uns der Commentar zur Lîlâvatî.
Man berechnete nach dem Satze $s_{2n} = \sqrt{2 - \sqrt{4 - s_n{}^2}}$, durch
welchen die Seite s_{2n} eines 2 n Ecks von der s_n eines n Eckes
abhängt, aus dem Umfange des Sechsecks successive den
Umfang des 12, 24, 48, 96, 192, 384 Ecks. Der des letzteren ist, den Durchmesser $= 100$ gesetzt, nicht, wie der un-
fähige Commentator angibt $\sqrt{98683}$, sondern $\sqrt{98694}$. Zieht
man diese oder vielmehr die Quadratwurzel aus 986940000
nach der gewöhnlichen Weise, so findet man genau jenen
Werth Âryabhatta's.

Wie man in Indien früher zu dem Werthe $\pi = \sqrt{10}$
gekommen sein mag, ist Manchem räthselhaft erschienen.
Ich denke, die Sache steht einfach so: In älteren Zeiten,
wo grössere numerische Rechnungen, namentlich Wurzelausziehungen noch schwierig und unbequem waren, bemerkte
man, dass der Umfang des 12, 24, 48, 96 Ecks durch die
Reihe aufsteigender Zahlen $\sqrt{965}$, $\sqrt{981}$, $\sqrt{986}$, $\sqrt{987}$ bei

---

*) So Brahmasiddh. c. XII. art. 40. Doch bemerkt Bhâskara in dem
Golâdhyâya seines Si.-çirom. II, 52, dass Brahmagupta keineswegs, weil
er das genauere Verhältniss nicht gekannt habe, sondern aus Bequem-
lichkeit jenes einfachere angebe.

**) Âryabhaṭṭiyam II, str. 10 n. Hrn. Kern. Man hat bisher dem
Âryabhaṭṭa die Kenntniss dieses Verhältnisses abgesprochen und ihm die
Formel $\pi = \sqrt{10}$ zugeschrieben auf die Autorität eines Commentators
Gaṇeça, der ihm zu Lîl. 207 den Satz beilegt, dass der Bogen über der
Sehne s gleich $\sqrt{s^2 + 6 h^2}$ in voriger Bezeichnung ist, aus welchem aller-
dings, wenn er auf den Halbkreis angewandt wird, $\pi = \sqrt{10}$ folgte. Es
ist nun von grosser Wichtigkeit, dass dieser von Gaṇeça citirte Aus-
spruch sich in der späteren Mahâsiddhânta in der That vorfindet (s.
Journ. of Am. orient. t. VI. p. 557), nicht aber in dem echten Âryabhaṭṭiyam, wie mir Hr. Kern gütigst mittheilte.

einem Durchmesser 10 dargestellt wird; der Umfang des Kreises würde gefunden werden, wenn man in dieser aufsteigenden Reihe ohne Ende fortginge; dabei wird sich die Zahl unter dem Wurzelzeichen immer mehr dem Werthe 1000 nähern und daher $\sqrt{1000}$ nahezu als der Umfang angesehen werden können.

Ein ganz besonderes Interesse hat die Trigonometrie der Inder*) durch ihre grosse Verschiedenheit von der der Griechen. Niemals haben die Inder mit den ganzen Sehnen der doppelten Winkel, wie die Griechen, gerechnet, sondern von Anfang an mit dem Sinus**) und Sinusversus. Mittels der von ihnen wohl gekannten Relationen

$$\sin^2 a + \cos^2 a = 1, \ 1 - \cos a = \sin \text{vers } a$$
$$\sin (90^0 - a) = \cos a, \ \sin \text{vers } 2a = 2 \sin {}^2a$$

stiegen sie von den Werthen***) $\sin 30^0 = \dfrac{1}{2}$, $\sin 45^0 = \dfrac{1}{\sqrt{2}}$ herab zu den Sinus von 15^0, $7^0\ 30'$, $3^0\ 45'$, $22^0\ 30'$, $11^0\ 15'$; sie berechneten dann die Sinus der Complementswinkel 60^0, 75^0, $82^0\ 30'$, $86^0\ 15'$, $67^0\ 30'$, $78^0\ 45'$; von diesen stiegen sie durch Halbirung herab zu $37^0\ 30'$, $41^0\ 15'$, $33^0\ 45^0$, deren Ergänzungen $52^0\ 30'$, $48^0\ 45'$, $56^0\ 15'$ sind. Aus $52^0\ 30'$ erhielten sie durch Halbirung $26^0\ 15'$, hieraus den Sinus von $63^0\ 45'$; aus $37^0\ 30'$ aber durch Halbirung $18^0\ 45'$ und durch Ergänzung $71^0\ 15'$. So erhielten sie auf einem theoretisch sehr einfachen Wege eine nach dem Intervalle von $3^0\ 45'$ fortschreitende Sinustafel, in welcher sie die Sinus durch den Bogen ausdrückten, dem sie an Länge gleich sind, und zwar in Bogenminuten, so dass $\sin 90^0 = 3438'$, $\sin 3^0\ 45'$

---

*) In dem Sûrya-si. Journ. Am. or. soc. t. VI. p. 196 und Asiatic researches, Calcutta. t. II. p. 225. Ferner Si.-çirom. im Anhange: Construction der Sinustafeln.

**) Den Sinus bezeichnen die Inder mit jyâ oder jîva, welche beiden Wörter auch die Sehne eines zum Schiessen bestimmten Bogens bezeichnen; hieraus bilden sie auch jyârdha oder ardhajyâ (halbe Sehne), jyâpiṇḍa (Sinus der Tafel), kramajyâ (gerade Sehne), bhujajyâ (Armsehne) u. s. w. Der Sinusversus heisst utkramajyâ; der Cosinus in einem rechtwinkligen Dreieck koṭijyâ.

***) Diese Ausführung ist von Arneth gegeben: Gesch. d. Mathem. Stuttgart 1852. p. 173.

= 225′ ist, also der letzte Bogen mit seinem Sinus verwechselt werden kann.

An dieser Tabelle, welche nun die Sinus als drei und vierstellige ganze Zahlen gab, entdeckten sie das interessante Gesetz, dass wenn a, b, c drei aufeinanderfolgende, um $d = 3^0 \; 45′$ von einander abstehende Bogen bezeichnen:

$$\sin c - \sin b = (\sin b - \sin a) - \frac{\sin b}{225},$$

welcher Interpolationsformel sie sich nun auch bedienten, um die Tabelle jederzeit wieder berechnen zu können. In der That existirt eine solche Formel, in welcher jedoch der Factor von $\sin b$ nicht $\frac{1}{225}$, sondern $2 \sin \text{vers } d = \frac{1}{233,5}$ ist. Jener übrigens zur Rechnung sehr bequeme Factor $\frac{1}{225} = \frac{4}{900}$ verdankt wahrscheinlich der nachträglichen theoretischen Ableitung jener Formel*) seine Entstehung; es hat aber die Substitution von 225 statt 233, 5 auf die Tabelle innerhalb jener Genauigkeitsgrenzen keinen wesentlichen Einfluss.

Jedoch haben sich die Inder bei jener Genauigkeit keineswegs beruhigt. Bhâskara gibt die bedeutend genaueren Werthe

$$\sin 3^0 \; 45′ = \frac{100}{1529}, \quad \cos 3^0 \; 45′ = \frac{466}{467},$$

welche von den wahren Werthen kaum um mehr als ein Zehnmillionstel des Radius differiren. Ferner lehrt er mittels der Werthe

$$\sin 1^0 = \frac{10}{573}, \quad \cos 1^0 = \frac{6568}{6569},$$

die nur um einige Zehnmillionstel von dem wahren Werthe abweichen, also auch bedeutend genauer als die Ptolemäischen sind, eine von 1^0 zu 1^0 fortschreitende Tabelle mittels der Formel $\sin (x \pm y) = \sin x \cos y \pm \cos x \sin y$ construiren.

Eine besondere Abhandlung über die Berechnung von Dreiecken besitzen wir von den Indern nicht; in ihren astronomischen Rechnungen lösen sie ebene und sphärische rechtwinklige Dreiecke auf. Was letztere betrifft, so kennen sie die Formel $\sin h \sin d = \sin a$; da sie aber die sphärischen

---

*) Newton hat, Journ. Am. s. a. O. p. 430, eine solche, völlig im Geiste der Inder, gegeben.

Dreiecke geschickt durch ebene zu ersetzen wissen, so lässt
sich nicht leicht angeben, welche andern Formeln der sphärischen Trigonometrie sie ausserdem gekannt haben mögen.

Zum Schlusse dieser gedrängten Uebersicht über die
Geometrie erwähne ich noch, dass die Inder ein grosses
Geschick zur Aufstellung approximativer Formeln besitzen.
Obgleich letztere zuweilen eine gewisse Aehnlichkeit mit
denen Heron's zeigen, so geht diese doch niemals so weit,
dass man einen historischen Zusammenhang zwischen beiden
anzunehmen gezwungen wäre.

Ueberhaupt gibt es bisher keine Anzeichen, welche die
Vermuthung, dass die Inder in ihrer Geometrie nicht selbstständig, sondern von den Griechen abhängig seien, rechtfertigen könnten.

Insofern es überhaupt die Aufgabe der Geschichtsschreibung ist, durch die Schilderung verschiedener Völker
und Zeiten die Anschauung so zu erweitern, dass sie nicht
engherzig den Zustand einer bestimmten Zeit und eines bestimmten Volkes für den absolut normalen nimmt, — insofern ich es insbesondere für die Aufgabe des Geschichts-
schreibers der Mathematik halte, das Vorurtheil zu beseitigen,
als ob es nur Eine Art ihrer geschichtlichen und nur Eine
Form ihrer wissenschaftlichen Entwickelung gäbe, so gehört
der Abschnitt, den wir jetzt beschliessen, zu den lehrreichsten.

Von früher Jugend an gewöhnt an die strenge griechische
Form der Geometrie, mit Ehrfurcht erfüllt vor der klassischen Literatur des griechischen Volkes, sind wir aufgewachsen
in der Meinung, jene Form sei die absolut nothwendige und
einzig wissenschaftliche, und bemerken kaum, dass nicht
allein die Form sondern auch der Geist unserer Arithmetik
und Algebra, ja der gesammten neueren Mathematik ein
von der Form und dem Geiste antiker Geometrie durchaus
verschiedener ist. Es wird dem Leser nicht entgangen sein,
wie nahe sich der Geist der heutigen Wissenschaft mit dem
berührt, der sich in der Mathematik der Inder offenbart;
die Folge wird zeigen, wie auch historisch die Entwickelung
der neueren Völker durch Vermittelung der Araber von
Indien her beeinflusst wurde. Unter diesen Umständen gewinnt die Mathematik unserer Stammverwandten am Ganges

ein höheres Interesse, welches es rechtfertigen wird, wenn wir zum Schlusse ihre charakteristischen Eigenthümlichkeiten nochmals zusammenstellen.

Unter diesen tritt zunächst hervor das Vorwiegen der unmittelbaren Anschauung in der Entwickelung der Geometrie, welches einen so merkwürdigen Gegensatz bildet gegen die durch Begriffe vermittelte Construction der Sätze bei den Griechen. Wir haben uns über Vorzüge und Mängel beider Richtungen bereits ausgesprochen nnd hier nur hinzuzufügen, dass ebenso wie die Euklidische Methode nicht zufällig gerade die der griechischen Mathematiker geworden ist, so auch jene intuitive Methode bei den Brahmanen eine allgemeinere Bedeutung hatte, als nur für die Geometrie. Ihre Metaphysik, Kosmologie und Theologie entsprang nicht wie die Philosophie der Griechen aus einer reflectirenden Thätigkeit, welche die gegebenen Vorstellungen zergliederte, zu Begriffen bildete und durch deren logisch-systematische Verbindung zur Erkenntniss der Wahrheit zu kommen suchte; ihre Methode ist vielmehr die der unmittelbaren Intuition, der anhaltenden hingebenden Vertiefung in Einen Gedanken, der mystischen Versenkung in die höchsten Ideen, bei welcher der Geist, sich selbst vergessend, die von jenem Mittelpuncte ausstrahlenden Gedanken in ihrem wesentlichen Zusammenhange in Einem Bilde zu schauen meint. Vielleicht darf ich auch, um zu zeigen, wie jene geometrische Methode der Inder durch unsichtbare Fäden mit der Gesammtanlage verknüpft gewesen ist, darauf hinweisen, dass der Philosoph Deutschlands, welcher sich zu der Metaphysik der alten Brahmanen am stärksten hingezogen gefühlt hat, dass Schopenhauer einer der ersten gewesen ist, welcher gegen die Euklidische Methode kämpfend auftrat und, ohne von der indischen Geometrie Kunde zu haben, eine mit ihr wesentlich übereinstimmende anschauliche Entwickelung vorschlug. —

Wie jedes eigenthümliche Geisteselement seinen Gegensatz fordert, so tritt uns auch bei den Indern neben jenem Streben nach unmittelbarer, sinnlicher Anschauung die stark ausgebildete Anlage für die abstractesten Theile der Mathematik entgegen, die wir in ihrer Arithmetik, Algebra und besonders in ihrer unbestimmten Analytik bereits bewundert haben. Es hängt diese Anlage auf's Engste zusammen mit einem diesem Volke seit Alters eigenen Zahlensinn, der selbst in ihren kosmologischen und theologischen Träumereien sich in häufigen Spielereien mit Zahlen äussert, der aber in der Erfindung des decimalen Ziffersystemes mit Position Früchte getragen hat, die der ganzen Welt zu Gute gekommen sind. Dieser Sinn ist für die Inder ebenso charakteristisch, wie der entwickelte räumliche Formensinn für die Griechen, die von diesem ebenso einseitig beherrscht wurden, wie die Inder von dem bei ihnen vorzugsweise ausgebildeten Sinne. Wenn die neueren Völker Europa's auch diese Gegensätze zu vereinigen gelernt haben, so kann doch kaum bestritten werden, dass ihnen die Methode der klassischen, griechischen Geometer bei weitem weniger congenial ist, als die Anwendung abstracter algebraischer Sätze auf solche geometrische Gebilde, welche der directen Anschauung unzugänglich sind; dass ihnen die Richtung des indischen Volkes näher liegt, als die des griechischen.

Wir sehen mit Bedauern, wie der glänzende mit mathematischem Talente hochbegabte griechische Geist erlosch und erstarb. Aber jene streng logische, räumlich construirende Synthesis hatte in ihrer selbstgewählten Beschränkung für die Erforschung der Raumgrössen geleistet, was sie zu leisten fähig war. Nicht zufällig übernahm nach dem Untergange der griechischen Productivität das ebenso hoch, aber in anderer Richtung begabte Volk der arischen Inder die Führerschaft auf dem Gebiete der Mathematik. Es hatte für unsere, alle nationalen Besonderheiten zwar ausnutzende, aber endlich aufhebende kosmopolitische Wissenschaft die weltgeschichtliche Mission, einmal nach rückwärts jene besondere Form hinwegzuräumen, welche im mathematischen Alterthume unter den besonderen Bedingungen des geistigen Lebens eine Burg der Wahrheit, für andere frisch in den Entwickelungsprocess tretende naive Völker aber eine fast unübersteigliche Schranke war — und dann nach vorwärts gewandt, die reine Zahl in der Wissenschaft zur Herrschaft zu bringen. Hiemit beginnt das Mittelalter der Mathematik, in dem jene Herrschaft sich nicht allein äusserlich dadurch offenbart, dass Arithmetik und Algebra die erste und bedeutendste Stelle unter den mathematischen Disciplinen erhielten und sich kräftig weiter entwickelten, während die Geometrie kaum ein kümmerliches Dasein fristete, sondern auch innerlich durch die Anwendung algebraischer Rechnung auf geometrische Beziehungen. Der Widerspruch aber, welcher in dieser directen Vergleichung reiner Zahlen und stetiger Grössen liegt, blieb dem Mittelalter verborgen; seine Erkenntniss und seine Auflösung durch die Idee der stetigen Zahlgrösse und des Unendlichkleinen bildet den Grundzug der neueren Mathematik.

Geschichte der Mathematik bei den Arabern.

Vorbemerkungen.

Es hat bisher gänzlich an einer nur einigermassen genügenden Darstellung der arabischen Periode in der Geschichte der Mathematik gefehlt; denn die betreffenden Capitel in Montúcla's Hist. des Mathématiques und anderen älteren Werken sind durchaus unbrauchbar, weil voll von Fehlern und Irrthümern*), und wie es zu jener Zeit nicht anders sein konnte, ausserordentlich dürftig. Erst in neuerer Zeit sind uns durch J. J. Sédillot (den Vater), L. Am. Sédillot (den Sohn), durch den leider zu früh verstorbenen Franz Wöpcke und andere verdiente Männer zahlreichere Quellen geöffnet worden, und es war nun meine Absicht, aus allen diesen zerstreuten Bruchstücken ein soweit möglich zusammenhängendes Gesammtbild der arabischen Mathematik zu entwerfen. Doch reichten, namentlich was das Bio- und Bibliographische betrifft, alle diese Vorarbeiten über die Geschichte der Mathematik nicht aus, vielmehr erwies es sich als nothwendig, dabei die grossen, encyklopädischen, literargeschichtlichen Werke der Araber selbst zu benutzen. Unter diesen konnte leider das vorzüglichste und älteste, welches ähnlichen Werken der Araber späterer Zeit vielfach als Quelle gedient hat, der Kitâb Fihrist al 'ulûm, der von Flügel (Leipzig 1871—72) im Originale herausgegeben ist, von mir nicht benutzt werden, da keine Uebersetzung desselben existirt und ich des Arabischen unkundig bin.**) Durch die beigegebenen lateinischen Uebersetzungen

---

*) Ich habe daher die in diesen Werken gegebenen Notizen, da sie mehr zur Verwirrung als zur Aufklärung beitragen, gar nicht berücksichtigt.

**) Nur ein kurzer Auszug der Namen ist gegeben von Flügel, Zeitsch. d. deutschen morgenländischen Ges. t. XIII, 1859, p. 559 ff.

sind mir aber andere, spätere Werke dieser Art zugänglich gewesen, so:

1) Die Historia compendiosa dynastiarum aut. Gregorio Abu-l-Pharajio, arab. ed. et lat. versa ab Eduardo Pocockio. Oxoniae 1663, von welcher ich die betreffende Seite der lateinischen Uebersetzung kurz citire, als „Abulpharaj. S. . . .".

2) Die Bibliotheca arabico-hispana Escurialensis op. et stud. Mich. Casiri. Matriti 1760, die in ihrem ersten Bande viele vortreffliche Notizen über Mathematiker bringt, welche dem von Casiri als Bibliotheca philosophorum bezeichneten Ta'rih al hukamā entnommen sind. Ich citire Stellen aus dem ersten Bande dieses werthvollen Cataloges kurz mit „Cas. S. . . .".

3) Das von 1835 bis 1858 zu Leipzig in 7 Bänden von Flügel herausgegebene Lexicon bibliographicum et encyclopaedicum a Mustafa ben Abdallah, Katib Jelebi dicto et nomine Haji Khalfa celebrato compositum — ein ungeheures Verzeichniss von arabischen Büchertiteln mit gelegentlichen Notizen über deren Verfasser. In dem VII. Bande dieses Werkes ist dann ein Index der nahezu 10,000 Autoren gegeben, welche in dem ganzen Werke erwähnt sind. Jeder Autor hat in diesem Index eine bestimmte Nummer, welche ich bei denjenigen Mathematikern, die es mir in dem Index aufzufinden gelang, in den Citaten mit „Haj. Kh. Nr. . ." verzeichne. Hiedurch hoffe ich in den meisten Fällen die betreffende Person vollständig bezeichnet zu haben. Denn es ist bei der grossen Anzahl von Namen, welche jeder arabische Schriftsteller zu besitzen pflegt, von denen aber bald diese, bald jene allein zu seiner Bezeichnung verwendet werden, nicht immer ganz leicht, die Identität der Person zu constatiren.

Trotz der Sorgfalt, mit der ich diese und andere Werke zu benutzen bemüht war, muss ich mir doch sagen, dass namentlich bei meiner Unkenntniss der arabischen Sprache sich manche Fehler, Ungenauigkeiten und Verwechselungen eingeschlichen haben können.*)

----

*) Namentlich dürfte die Vergleichung meiner Notizen mit dem mir unzugänglichen Al Fihrist zu vielen Correcturen Veranlassung geben. Sehr erfreulich würde es sein, wenn meine Darstellung eine vollständige

Um der unerfreulichen Willkühr und Ungenauigkeit in der Transscription der arabischen Namen zu begegnen, habe ich, soweit thunlich*), das consequente System der Transscription angewandt, dessen sich die deutschen Orientalisten seit Jahren zu bedienen pflegen und das seiner Natur nach ein internationales werden könnte.

Es beruht dasselbe auf dem Principe, dass jedem Laute im Arabischen auch wieder ein einfacher Buchstabe in lateinischer Schrift entsprechen soll, der, wenn nöthig, mit einem diakritischen Zeichen versehen wird; und ist folgender:

$$\left\{ \begin{array}{l} \text{ا, ب, ج, د, ذ, ه, و, ز, ح, خ, ط, ظ, ى, ك, ل, م, ن, س, ع,} \\ \text{', b, ġ, d, ḏ, h, v, z, ḥ, ḫ, ṭ, ṭ', y, k, l, m, n, s, ',} \end{array} \right.$$

$$\left\{ \begin{array}{l} \text{ت, ث, ش, ر, ف, ض, ص, ف, غ,} \\ \text{ġ, f, ṣ, ḍ, ḳ, r, ś, t, ṯ.} \end{array} \right.$$

Für Nichtorientalisten wird es genügen, zu wissen, dass die nicht ausgezeichneten Buchstaben im Allgemeinen wie im Deutschen oder Italienischen auszusprechen sind. Die Zeichen ' und ʒ sind Gutturalen; h ist immer auszusprechen, ḥ besonders scharf und schneidend, wie „wenn man mit einem Schwerte rasch die Luft durchschneidet", ḫ, das anderwärts oft mit kh umschrieben wird, ist ein Kehllaut, wie das alemannische ch (nie, wie ch nach e und i, mit der Zunge, sondern stets guttural auszusprechen); ġ, das im Französischen gewöhnlich durch gh oder auch rh wiedergegeben wird, ist rauher, wie das französische g vor a, o, u oder das deutsche g (mit einem Anklang an r zu sprechen); ġ umschreiben die Franzosen gewöhnlich durch dj, die Engländer mit j, woraus seine Aussprache ersichtlich ist, z ist wie im Französischen auszusprechen, also wie ein

---

Uebersetzung der betreffenden Theile jenes werthvollen Werkes zu veranlassen vermöchte.

*) Bei Namen, die aus der Weltgeschichte oder Geographie allgemein bekannt sind, habe ich es übrigens nicht für nöthig befunden, die Transscription überall streng durchzuführen, da volle Consequenz hier zur Pedanterie führen würde. So schreibe ich unbedenklich Khalif, Sultan, Buyiden, Khorasan u. s. w. Auch habe ich zur Erleichterung des Druckes bei öfteren Wiederholungen eines Namens, der zuerst genau transscribirt verzeichnet ist, später die Abzeichen an den Buchstaben meist weggelassen.

mediales s; ș ist ein sehr scharfes s, ś ist zu sprechen wie
deutsch „sch"; t̲ ist wie ein englisches hartes th, d̲ wie ein
weiches th zu sprechen. Die übrigen Auszeichnungen der
Buchstaben mag der Nichtorientalist ignoriren.

Ich verdanke die mühsame Durchführung der Trans-
scription meinen verehrten Collegen, den Herren Professoren
Dr. Merx und Dr. Himpel, denen ich auch sonst für manche
Hilfe, die sie meinen Studien geleistet haben, zum grössten
Danke verpflichtet bin.

I.

Literargeschichte.

Einleitung.

Es ist bekannt, wie sich am Anfange des 7. Jahrhunderts
plötzlich das in der Geschichte bisher unbekannte Volk der
arabischen Beduinen, getragen von glühender Begeisterung
für seine neue Religion, erhob und mit unerhörter Schnellig-
keit alle benachbarten Völker unterwarf. Nicht hundert
Jahre waren seit dem Tode Mohammed's des Propheten ver-
flossen und die Länder vom Indus und Oxus bis zum Ebro,
Persien, Mesopotamien, Syrien, Aegypten, die afrikanischen
Küstenländer und Spanien waren dem Islam dienstbar gemacht. Fast noch wunderbarer als diese Expansivkraft des
verhältnissmässig kleinen Volkes ist die Leichtigkeit, mit
der sich die bis dahin in den einfachsten Cultur-Verhält-
nissen als Nomaden lebenden Araber in ihre neue Stellung
als Herrscher cultivirter Völker hineinfanden; wie schnell
sie die Civilisation aufnahmen, ohne doch ihren besonderen
Charakter aufzugeben; ja wie sie den überwundenen Völkern
ihre eigenen Nationaleigenthümlichkeiten aufzudrängen verstanden, namentlich ihre Religion und ihre Sprache; wenigstens
wurde das Arabische in allen eroberten Ländern zur Schriftsprache.

Von Damask, wohin bereits die ersten Khalifen ihre
Residenz verlegt hatten, siedelten die Abbasiden, welche
sich 750 des Khalifats bemächtigten, bald nach dem neu-

gegründeten Bagdad über in der richtigen Erkenntniss, dass hier am Euphrat, wo die Weltstadt Babylon gelegen hatte, der wahre Mittelpunct eines asiatischen Weltreiches sei.

Während im ersten Jahrhundert nach der Higra die kriegerischen Operationen die gesammte Kraft der Araber in Anspruch nahmen, so beginnt mit der Thronbesteigung der Abbasiden sich auch der Trieb zu regen, durch friedliche Eroberungen im Gebiete der Wissenschaften und Künste eine innere Bürgschaft der äusseren Macht zu schaffen und sich hiebei ebenso auszuzeichnen, wie zuvor im Felde. Bereits der Khalif Al Mansur (754—775) wandte den Wissenschaften seine Gunst zu; Härün al Rasíd (786—809) folgte seinem Beispiele; vor Allen aber zeichnete sich Al Ma'mün (813—833) durch seine Theilnahme an wissenschaftlichen Interessen und deren grossartige Unterstützung aus. Insbesondere waren es Medicin und Astrologie, welche am Hofe der Khalifen jeder Zeit auf Förderung rechnen konnten; im Gefolge der Medicin fand sich dann die Philosophie, in dem der Astronomie die Mathematik ein.

Was nun letztere Wissenschaft betrifft, so war Bagdad, wie es geographisch in der Mitte zwischen den zwei Quellen wissenschaftlichen Lebens, Indien und Griechenland, liegt, berufen, die beiden dort entsprungenen Ströme in einen zu verschmelzen. Es hat diesen Beruf erfüllt und so zu sagen als ein neutrales Medium diese beiden entgegengesetzten Polaritäten in sich aufgenommen, um die Summe alles dessen, was einst Griechen und Inder geleistet, deren jüngeren Stammverwandten in Europa zu überliefern. Die mohammedanischen Völker haben zu dem, was sie empfingen, in der That nur wenig hinzugefügt; hie und da haben sie wohl ein kleines Gebiet, zu dem ihnen der Weg gezeigt war, weiter durchforscht; nirgends aber haben sie selbst den Weg gefunden, um ein neues, bisher unbekanntes Gebiet zu entdecken; sie haben keine einzige Idee zu dem ihnen überlieferten Schatze hinzugefügt, ja sie haben selbst die Gebiete, in denen sich der eigenthümliche Geist jener beiden originalen Völker am schärfsten und glänzendsten zeigte — die Theorie der Kegelschnitte und Curven bei den Griechen, die Zahlenlehre und unbestimmte Analytik bei den Indern —

nur wenig beachtet. Weniger der reinen Speculation als dem Erwerb realer Kenntnisse zugeneigt, die ihnen zur Berechnung astronomischer Tafeln und zu anderen praktischen Zwecken nützlich sein konnten, haben sie besonders die Rechenkunst und niedere Algebra, sowie die Trigonometrie gepflegt.

Wir werden nun den Einfluss, welchen einerseits die Inder, andererseits die Griechen auf die Araber ausübten, näher zu schildern haben. Zuerst macht sich der indische Einfluss geltend.

Einführung indischer Astronomie bei den Arabern.

Schon seit der Eroberung Persiens durch die Araber bestanden Beziehungen zwischen diesen und den Indern, wobei die Perser vielleicht die Vermittelung übernahmen. Ausser der berühmten indischen Fabelsammlung Kalıla wa Dimna*), dem Buche Sindbâd und anderen Mährchenbüchern, welche die Araber auf diese Weise kennen lernten, wird uns noch ein indisches Werk über Musik**) und eine ganze Reihe medicinischer und astrologischer Werke genannt, die für indischen Ursprungs gelten.***) Auch zog Harûn al Raşid indische Aerzte zur Consultation an seinen Hof. Ueber die Verpflanzung indischer Astronomie nach Bagdad besitzen wir folgenden ausführlichen und authentischen Bericht des Astronomen Ibn al Adamı†), der durch die sehr zuverlässigen

---

*) Diese aus der indischen Panchatantra hervorgegangene Sammlung war schon im 6. Jahrhundert in das Pehlvi übersetzt und wurde unter Al Mansur in's Arabische übertragen.

**) Bibliotheca arabico-hispana Escurialensis op. et stud. Mich. Casiri. t. I. p. 427.

***) Wüstenfeld, Geschichte der arabischen Aerzte und Naturforscher. Göttingen 1840; s. auch Flügel, Zeitschrift d. deutschen morgenländ. Gesellschaft. t. XI. 1857. p. 148.

†) Mohammed ben al Hosein (auch Al Hosein ben Mohammed) ben Hâmid, genannt Ibn al Adamî. Gestorben kurz vor 920. Casiri p. 427, 428, 430. Notices et extraits d. manuscr. de la bibliothèque nationale. t. VII, Paris an XII, p. 126. Die obige Erzählung aus der Einleitung zu seinen „Perlenschnur" betitelten astronomischen Tafeln ist uns in der Bibliotheca philosophorum aufbewahrt, s. Casiri p. 428 und Wöpcke, Journal asiatique. VI sér. t. I. Paris 1863. p. 474.

Notizen des Al Bīrūnī in seiner 1031 geschriebenen Abhandlung über Indien*) in allen Einzelheiten bestätigt wird.

„Jm Jahr 156**) der Hiġra zeigte sich vor dem Khalifen Al Manṣūr ein aus Indien gekommener Mann, welcher sehr geübt war in dem unter dem Namen Sindhind***) bekannten Calcül und hinsichtlich der Bewegung der Sterne, da er Methoden besass, um die Gleichungen zu berechnen, gegründet auf die kardaġät†), berechnet von ¹/₂ Grad zu ¹/₂ Grad, und in anderen Arten astronomischer Processe, um zu bestimmen die Finsternisse der Sonne und des Mondes, die Conscendenten der Zeichen der Ecliptik und andere ähnliche Sachen — alles enthalten in einem aus einer gewissen Zahl von Capiteln bestehenden Werke, von dem er sagte, es sei ein Auszug aus den kardaġät, die den Namen eines der indischen Könige Fiġar tragen und auf die Minute berechnet waren. Al Mansur befahl, dass dies Werk in's Arabische übersetzt würde und man danach ein Werk schriebe, welches die Araber als Grundlage ihrer Rechnungen über die Bewegung der Planeten nehmen könnten. Diese Arbeit wurde dem Mohammed ben Ibrāhīm al Fazārī übertragen, welcher nach der indischen Schrift ein Werk verfasste, das die Araber den grossen Sindhind nennen. Das

---

*) Dieser Bericht, aus einem langen Aufenthalte in Indien hervorgegangen, ist leider noch ungedruckt, aber von Reinaud (Mém. sur l' Inde, Paris 1849, besonders abgedruckt aus den Mém. de l' Institut, Ac. d. inscript. t. XVIII) und anderen vielfach handschriftlich benutzt; siehe hierüber: Intorno all' opera d' Albiruni sull' India, di B. Boncampagni, in dem Bull. di bibliografia e di storia delle scienze mat. e fisiche t. II. Rom 1869, p. 153.

**) Al Biruni gibt (s. Reinaud a. a. O. p. 313) das Jahr 154 an; die mittlere Zahl ist 772 p. Chr. n.

***) Sindhind ist ohne Zweifel nichts anderes, als der gewöhnliche Titel Siddhanta der astronomischen Lehrbücher bei den Indern. Die Bibl. phil. (Casiri p. 426) sowie Al Biruni (Reinaud p. 322) bemerken, dass es ausser dem Sindhind in Indien noch zwei andere, nicht zu den Arabern gekommene astronomische Systeme gebe, das des Argebahr (des Aryabhaṭa) und des Arkand (Ahargana).

†) kardaġa im Singular. — Dass dies Wort mit dem indischen Namen ġyā des Sinus zusammenhängt, ist kein Zweifel; vielleicht ist es verstümmelt aus kramaġyā (= Sinus der Tafel) oder arḍaġyā (= halbe Sehne). S. Al Biruni a. a. O. p. 313.

Wort Sindhind bezeichnet im Indischen ewige Dauer. Die Gelehrten dieser Zeit arbeiteten meist nach diesem bis zur Zeit des Al Mamun. Für diesen wurde ein Auszug jenes Werkes von Abū Ga³far Mohammed ben Mūsā al Hārizmī*) geschrieben, welcher sich desselben auch bediente, um seine in den Ländern des Islam berühmten Tafeln zu verfertigen. In diesen Tafeln gründete er sich bei den mittleren Bewegungen auf den Sindhind**) und entfernte sich davon bei den Gleichungen und Declinationen; er stellte seine Gleichungen auf nach der Methode der Perser und die Declinationen der Sonne nach der Weise des Ptolemäus. ... Die Astronomen jener Zeit, welche der Methode des Sindhind folgten, schätzten das Werk sehr und verbreiteten es schnell allerwärts; noch heute ist es sehr gesucht von denjenigen, welche sich mit der Berechnung der Gleichungen beschäftigen.

Nachher aber, als Abdallah al Mamun Khalif geworden war und diese edlen Studien mit grosser Liebe und verdienter Ehre betrieb, förderte er sie so eifrig, dass er die gelehrtesten Männer herbeirief, damit sie die Beobachtungen des Almagest genau untersuchen und Instrumente zu neuen Beobachtungen bereiten sollten."

Da wir die rein mathematischen Lehren, welche im Bunde mit der Astronomie damals zu den Arabern kamen, unten ausführlich besprechen werden, so haben wir diesem durchaus klaren und verständigen Berichte nur hinzuzufügen, dass ausser den Genannten auch Ya³ḳūb ben Tāreḳ um 777 Tafeln „gezogen aus dem Sindhind" schrieb***), ebenso Ḥafṣ ben ³Abdallah aus Bagdad†); ferner verfasste Ḥabaś††) drei verschiedene astronomische Tafeln, eine nach

---

*) Auch genannt Abū ³Abdallah Moḥammed ben Mūsā al Hārizmī oder al Ḥovārezmī (d. h. aus der nördlich von Khorasan gelegenen Provinz Ḥovarezmien, heute Charizm oder Chiwa genannt). Casiri p. 426. Haji Khalfa Nr. 393.

**) Al Biruni bemerkt (s. Reinaud, Mém. sur l' Inde p. 318), dass Mohammed die Werthe des Durchmessers der Sonne, des Mondes und des Schattens anwandte, die Brahmagupta in seinem Khanda-kataka lehrt.

***) Casiri p. 425; s. Reinaud a. a. O. p. 314.

†) Casiri p. 426.

††) Aḥmed ben ³Abdallah Ḥabaś, genannt al Ḥāsib (= der Rechner) aus Merv in Khorasan beobachtete um 830 zu Bagdad. Haj. Khalfa

arabischen Beobachtungen, eine nach den Lehren der Perser, ferner eine nach den Methoden der Inder. Noch später berechneten Faḍl ben Ḥātim*) und Ibn al Adami Tafeln ausdrücklich „nach der Weise der Inder", ebenso ein Al Ḥasan ben Miṣbāḥ**) unbestimmten Alters.

Da jedoch seit jener ersten Berührung zu Al Mansur's Zeiten keine neuen Verbindungen zwischen indischen und arabischen Astronomen angeknüpft zu sein scheinen, so versiegte allmählich dieser von Osten gekommene Strom in der arabischen Astronomie, die immer mehr und mehr in den gewaltigen Strom, der sich von Westen her über sie ergoss, eintauchte.

Es wird unsere nächste Aufgabe sein, den Uebergang griechischer Wissenschaft zu den arabischen Völkern zu schildern.

Arabische Uebersetzungen mathematischer Schriften der Griechen.***)

Die Vermittelung bei der Uebertragung der griechischen mathematischen Literatur übernahmen die christlichen Syrer, welche, seit ihrer Bekehrung zum Christenthume in den vollen Strom hellenistischen Geisteslebens eingetreten, auch in späteren, ungünstigeren Zeiten nicht aufgehört hatten, die Wissenschaften, namentlich Philosophie und Medicin zu treiben und in ihren Schulen zu Antiochien, Emesa, vor Allem in der blühenden Schule der Nestorianer zu Edessa den Aristoteles und Hippokrates zu studiren. Die wichtigsten Werke dieser Mcister, auch Euklid's Elemente waren zwar in's Syrische übersetzt, indessen blieben immer noch manche

---

Nr. 818. Abulpharajius, historia dynast. ed. E. Pococke, Oxoniae 1663. p. 161 der lat. Uebersetzung. Notices et extraits d. mscr. de la bibliothèque nat. t. VII. p. 98, 160.

*) Abū'l ʿAbbās Faḍl ben Ḥātim al Nairīsī oder al Tebrīsī, d. i. aus Tebris in Persien, lebte unter dem Khalifen Muṣtaḍid (892—901). Casiri p. 421. Haj. Khalfa Nr. 2548. Notices et extraits d. mscr. d. l. bibl. t. VII. p. 60, 68, 118.

**) Cas. p. 413.

***) Ausführliche literarische Nachweise hierüber s. Wenrich, De auctorum graecorum versionibus et commentariis syriacis, arabicis etc. Lipsiae 1842.

übrig, die man nur im Original lesen konnte, und die bis in's 7. Jahrhundert fortlaufende Reihe von Uebersetzungen beweist zur Genüge, dass die Kenntniss der griechischen Sprache in diesem hochcultivirten Theile des byzantinischen Kaiserreiches keineswegs eine seltene war.

In die erste Berührung mit griechischer Wissenschaft traten die Khalifen, bald nachdem sie ihre Residenz in Bagdad aufgeschlagen (768) und die üppigen Sitten orientalischer Despoten angenommen hatten, in sehr unfreiwilliger Weise. Die veränderte Lebensweise brachte ihnen schwere Indigestionen und andere Krankheiten, denen die ärztliche Kunst der Beduinen nicht gewachsen war, die medicinische Wissenschaft syrischer Aerzte aber, wie es scheint, mit Glück zu begegnen wusste. Das hohe Ansehen, welches die feingebildeten syrischen Leibärzte bereits unter den ersten abbasidischen Khalifen genossen, musste sich von selbst auf deren Lehrmeister, auf die Griechen und deren Schriften übertragen. So mochte es kommen, dass bereits der zweite Khalif aus jenem Hause, Al Mansur, und noch mehr dessen Nachfolger Harun al Raśid (786—809) syrischen Aerzten die Uebersetzung des Hippokrates und Galen übertrug. Da aber das medicinische System des letzteren durchaus auf Aristotelischem Grunde ruht, so war es nothwendig, auch die Werke des Stagiriten in das Arabische zu übertragen; kaum war dies geschehen, so erregten dieselben ein selbstständiges begeistertes Interesse. — Auch von einer Uebersetzung der Elemente Euklid's, wenigstens eines Theils derselben, ist bereits die Rede.

Aber erst unter Al Mamun (813—833) erhielten diese Unternehmungen einen höheren Schwung. Nachdem der Khalif auf seinen Wunsch von dem Kaiser in Constantinopel eine grosse Anzahl griechischer Manuscripte erhalten hatte, übertrug er einem Collegium syrischer Christen, die ihm zum Theil auch als Aerzte dienten, die Uebersetzung jener Manuscripte, indem er den Einspruch orthodoxer Moslemin gegen das doppelte Verbrechen, heidnische Bücher und zwar von Christen übersetzen zu lassen, kraft seiner Autokratie niederschlug und lächelnd bemerkte: „denen er seinen Leib anvertraue, könne er auch die Uebersetzung von Schriften übergeben, die überdem weder mit dem Islam noch mit dem Christenthume etwas zu thun haben". Was Al Mamun begonnen, führten seine Nachfolger im Khalifate fort, bis dann am Anfange des 10. Jahrhunderts, nachdem der wichtigste Theil der philosophischen, medicinischen, mathematischen und astronomischen Literatur der Griechen in die herrschende Sprache des Orientes übertragen war, allmählich diese rein receptive Thätigkeit ihr Ende fand.

Der berühmteste aller Uebersetzer ist Honein ben Ishâk *), der, des Griechischen und Arabischen kundig, von dem Khalifen Mutawakkil (847—861), dessen Leibarzt er war, einem Collegium von syrischen Gelehrten vorgesetzt wurde, welche, theils nur des Griechischen, theils nur des Arabischen kundig, die griechischen Werke zuerst in das Syrische und dann von hier in's Arabische übersetzten. Die auf diesem Umwege entstandenen Uebersetzungen unterwarf nun Honein einer Revision. Nicht weniger ist, besonders als Uebersetzer mathematischer Werke, sein Sohn Ishâk ben Honein **) geschätzt. Da jedoch Vater und Sohn keine Fachkenntnisse in Mathematik und Astronomie besassen, so bedurften ihre Uebersetzungen einer sachverständigen Revision, die ihnen der, wie es scheint, auch des Griechischen kundige Tâbit ben Korra***), ein Günstling des Khalifen Al Muᵌtadid (892—902) angedeihen liess.

Was nun die einzelnen griechischen Schriftsteller betrifft, so haben wir schon oben einer unter Harun al Raṣid gefertigten Uebersetzung der Elemente des Euklid gedacht; eine auf Befehl Al Mamun's ausgeführte neue soll zwar viele Fehler der älteren verbessert haben†), schien jedoch noch immer so unzureichend, dass Honein oder sein Sohn Ishak nochmals eine neue Uebersetzung der 13 Bücher veranstalteten, zu denen bald das 14. und 15. Buch des Hypsikles

---

*) Ein christlicher Syrer aus Hira, starb 873 zu Bagdad. Casiri p. 286. Haj. Khalfa Nr. 3531.

**) Starb 910—11. Haj. Kh. 3914.

***) Abû'l Hasan Tâbit ben Korra al Harrânî, ein Ssabier aus Harran in Mesopotamien, geb. 836, gest. 901 zu Bagdad. Cas. p. 386. Haj. Kh. 3374.

†) Wenrich, De auctorum graecorum versionibus p. 177.

hinzugefügt wurden. Jedoch gab erst Ṭabit ben Ḳorra eine
Redaction heraus, welche allen Bedürfnissen genügte.*)
Auch andere Schriften des Euklid wurden, meist von Ishak
ben Ḥonein, übersetzt und von Ṭabit verbessert, só die
Data, die Phaenomena, die Optik, ferner die kleineren
Schriften de divisionibus**), de levi et ponderoso***) und über
den Hebel†), die uns nur aus arabischen Uebersetzungen
bekannt sind.

Die 4 ersten Bücher der Conica des Apollonius wurden
bereits unter Al Mamun übersetzt, später von Aḥmed ben
Mūsā ben Šākir verbessert; das V., VI., VII. Buch soll dann
Ṭabit hinzugefügt haben.††) Bekanntlich besitzen wir diese

---

*) Im Occidente hat man im 13. Jahrhunderte die Elemente zuerst
aus einer lateinischen Uebersetzung kennen gelernt, welche Giovanni
Campano nach dem Arabischen fertigte. Dieselbe ist zuerst 1482 bei
Erhard Ratdolt in Venedig erschienen, dann noch mehrmals (s. Kästner,
Geschichte der Mathematik. t. I. p. 289). Die Ordnung der Sätze ist in
derselben vielfach eine andere, als im Original; Definitionen und Sätze
sind zuweilen fehlerhaft; auch Zusätze finden sich hie und da.

**) Von John Dee wurde zuerst ein arabischer Tractat entdeckt,
der, obgleich er sich als von Moḥammed al Baġdādī verfasst ausgibt,
doch nach Form und Inhalt auf einen griechischen Verfasser und jenes
Werk des Euklid, welches den Arabern bekannt war, hinweist. Daher
hat es auch David Gregory in seine grosse Ausgabe des Euklid (Oxford
1703) aufgenommen. Neuerdings hat Wöpcke, Journal asiatique IV. série,
t. XVIII. 1851. p. 233 ff. eine Abhandlung entdeckt, welche mit jener
Schrift im Wesentlichen zusammenfällt und, wie es scheint, mit Recht
Euklid's Namen trägt.

***) Ein Fragment, s. die Gregory'sche Ausgabe des Euklid, p. 685.

†) S. Wöpcke, Journ. asiat. IV. série. t. XVIII. p. 225—32.

††) Cas. p. 385. Eine andere Uebersetzung von einem sonst unbekannten Abū'l Fatḥ Iṣfahānī erschien unter dem Titel: Apollonii Pergaei
Con. lib. 5, 6, 7 paraphraste Abalphato Isphahanensi, nunc primum ed.
e cod. arab., Abraham. Ecchellensis lat. redd., J. Alf. Borelli geom.
contulit. Florentiae 1661. Noch eine andere Uebersetzung vor. 'Abdel-
melik al Šīrāzī, der die von Aḥmed ben Musa als eine sehr schlechte
und fehlerhafte bezeichnet und daher bezweifelt, dass Ṭabit dieselbe
revidirt habe, erschien bald nach der zuvor erwähnten in einer freilich
fast unbrauchbaren lateinischen Uebersetzung: Apoll. Con. sect. l. V,
VI, VII, in Graecia deperditi, jam vero ex arab. manuscr. lat. don. a Chr.
Ravio, prof. Upsal. Kiel 1669. Nach diesen beiden Uebersetzungen hat
Halley die Bücher V, VI, VII redigirt in Apollonii Pergaei Conicorum
libri VIII. Oxoniae 1710.

3 Bücher nur in arabischen Uebersetzungen; den Verlust des VIII. Buches aber bedauerten die Araber schon ebenso lebhaft, wie wir Neueren. Von Apollonius besassen sie ferner die Schrift de sectione rationis, die uns, da der griechische Text verloren gegangen ist, nur in arabischer Uebersetzung erhalten ist, welche von Halley in's Lateinische übertragen wurde.*) Ausserdem laufen noch eine Reihe anderer kleinerer Schriften, deren Titel und Echtheit aber nicht ganz feststeht, unter des Apollonius Namen.

Von Archimedes' Werken waren die zwei Bücher de sphaera et cylindro nebst dem Commentare des Eutocius bereits von Honein ben Ishak übersetzt.**) Dazu kamen später: de mensura circuli und die unter dem Titel: Lemmata bekannte Sammlung***) einzelner Lehrsätze, die von Ṭabit übersetzt sein soll, deren Echtheit aber bis heute noch nicht constatirt worden ist; endlich die echte Schrift de iis quae in humido vehuntur†), welche man nur aus alten lateinischen Uebersetzungen kennt, die vermuthlich aus dem Arabischen übertragen waren. Ausserdem werden noch eine Anzahl kleinerer Schriften erwähnt: De septangulo in circulo, de circulis sese invicem tangentibus††), de clepsydris, deren Autorschaft sehr verdächtig ist.

Am meisten Schwierigkeit hat den Arabern die Uebersetzung von Ptolemäus' Almagest gemacht. Bereits der Barmekide Yaḥyà ben Ḥālid, der Vezir Hārūn's, liess eine solche besorgen, die jedoch nicht nach Wunsch ausfiel, so dass er noch andere Gelehrte zur Revision berief; im 9. Jahrhundert scheint dann das Werk noch dreimal redigirt worden zu sein, bis endlich Ṭabit einen brauchbaren Text schuf. Der Name, welchen die μεγάλη σύνταξις des

---

*) Apollonii Pergaei de sectione rationis. Oxoniae 1706.

**) S. Wenrich, p. 197. Haj. Khalfa t. V. p. 140. Die Schrift des Eutocius, welche Wenrich erwähnt, ist der Theil jenes Commentares, der die Construction zweier mittlerer Proportionalen behandelt. S. Wöpcke, L'algèbre d' Omar Alkhayyami. p. XIII.

***) S. Archimedis opera ed. Torelli. Oxoniae 1792. p. 355.

†) Journal of the american oriental society. vol. VI. Newhaven 1860. p. 52.

††) Wird auch dem Apollonius zugeschrieben, vielleicht des Letzteren de tactionibus.

Ptolemäus heute gewöhnlich führt, ist bekanntlich derselbe, den schon die Araber ihm beilegten, indem sie die allmählich aus einer μεγάλη zu einer μεγίστη gewordene Zusammenstellung Al maġisṭi nannten.

Das Mittelglied zwischen den Elementen des Euklid und dem Al maġisṭı bildeten nun in ihrem Unterrichtsgange unter dem Titel der „mittleren Bücher" die bereits von den späteren Alexandrinern unter dem Gesammttitel μικρὸς ἀστρόνομος oder ἀστρονομούμενος vereinigten Schriften: Euklid's Data, Phaenomena, Optica, Theodosius' Sphaerica*), Liber de habitationibus, De diebus et noctibus, Autolykus' De sphaera mobili, de vario ortu et occasu siderum inerrantium, Hypsikles' Anaphoricus, Aristarchus' De magnitudinibus et distantiis solis et lunae und Menelaus' Sphaerica.**) Alle diese waren in's Arabische, meist von Ishak ben Honein, übersetzt.

Während so die Hauptwerke der griechischen Geometrie und Astronomie den mohammedanischen Völkern erschlossen waren, lernten sie von griechischer Arithmetik nur das, was in Euklid's Elementen enthalten ist; es bleibt selbst fraglich, ob sie die Arithmetik des Nikomachus arabisch besassen; denn wir finden, ausser bei Ṭabit***), der selbst griechisch verstand, keine Spur der Bekanntschaft mit jenem Werke. Erst am Ende des 10. Jahrhunderts übersetzte und commentirte Abû'l Wefä das Kitâb al ġebr (Lehrbuch der Algebra) des Diophant.†)

Ausserdem haben die Araber seit dem Anfange des 10. Jahrhunderts ihre Kenntniss der griechischen Literatur nicht erweitert.

Der auf diese Weise im Laufe eines Jahrhunderts dem Oriente erschlossene Schatz griechischer Wissenschaft war

---

*) Von Plato Tiburtinus aus d. Arab. übersetzt, erschien 1518 Venetiae und mehrmals.

**) Von Menelaus wird ausserdem ein hydrostatisches Werk erwähnt. Journ. of the american oriental society. vol. VI. p. 12. Cas. p. 386. Ferner eine Schrift von Pappus über das Aräometer, Journ. of the american oriental soc. vol. VI. p. 40.

***) Epitome librorum Nikomachi de arithmetica bei Cas. p. 387.

†) Wöpcke, Journal asiatique. V. série. t. V. 1855. p. 251.

ein so umfangreicher und dem an abstractes Denken nicht
gewöhnten Orientalen so fremdartiger, dass wir es völlig
begreifen, wenn sich in dieser Zeit die ganze Geistesthätig-
keit in der Aneignung des gewaltigen Materiales erschöpfte.
In der That hat das 9. Jahrhundert kaum selbstständige
mathematische Schriften aufzuweisen. Auch war kein äusserer
Anstoss vorhanden, um neue mathematische Leistungen zu
befördern. Auf der einen Seite wurden die praktischen
Bedürfnisse der Finanzverwaltung des ungeheuren Reiches
durch den „indischen Calcül", wie wir sehen werden, völlig
befriedigt; auf der anderen Seite wusste die orientalische
Despotie nichts von ausgedehnten Landesvermessungen, wie
sie in Aegypten und dem römischen Reiche zum Zwecke
einer geordneten Besteuerung vorgenommen worden waren.
Erst in den folgenden Jahrhunderten erwachte — und zwar
hauptsächlich in Persien — der Trieb zur rein theoretischen
Mathematik.

Astronomen und Mathematiker des 9. Jahrhunderts.

Anders war es mit der Astronomie; hier brachte vor
Allem die Einrichtung des mohammedanischen Cultus schon
astronomische Aufgaben mit sich: die Bestimmung der Kibla,
d. h. der Richtung nach Mekka, nach welcher sich der
Betende mit dem Antlitz zu wenden hat, machte bei der
ungeheuren Ausdehnung des Islam genauere Ortsbestim-
mungen nöthig. Die Waschungen und Gebete, welche zu
bestimmten Stunden des Tages und der Nacht vorgenommen
werden mussten, waren eine Veranlassung mehr, sich mit
den Mitteln der Zeitbestimmung, namentlich mit der Gnomonik näher zu beschäftigen, welche an und für sich unter
dem immer heiteren Himmel Mesopotamiens, Syriens, Persiens und Aegyptens von einem ganz anderen Werthe wie
bei uns bald eine Lieblingswissenschaft der Orientalen wurde.
Die Wichtigkeit, welche die mohammedanische Festordnung
dem Monde und seinen Phasen beilegte (die Fasten im Monat
Ramadan beginnen mit dem Erscheinen des Mondes) führte
von selbst zu einer genaueren Beachtung des Mondlaufes,
des complicirtesten Phänomens am Himmel. Dazu kam jene
alt-orientalische, ehrfurchtsvolle Scheu vor den grossen

Ereignissen am Himmel, den Sonnen- und Mondfinsternissen, welche deren Vorhersagung einen erhöhten Werth verlieh. Ueberdem befand sich der Mittelpunct des Weltreiches auf dem Boden astrologischen Aberglaubens, der bei der heidnischen Secte der Ssabier im nördlichen Mesopotamien, die erst im 12. Jahrhundert dem Islam ganz unterlag, zu dem Range einer Religion erhoben worden war. Kein Wunder, dass sich unter diesen Umständen die von der Astrologie unzertrennliche Astronomie von Anfang an einer besonderen Gunst der Moslemin erfreute, namentlich der Khalifen, welche als „Herrscher der Gläubigen" den Kalender und Cultus zu regeln hatten und schon früh erkannten, dass die Einrichtung grossartiger astronomischer Anstalten und deren liberale Unterstützung selbst auf despotische Regierungen einen eigenen Glanz zu werfen pflegt.

Gelehrte, welche sich ausschliesslich oder vorzugsweise mit reiner Mathematik beschäftigten, hat es zu allen Zeiten unter dem Islam nur wenige gegeben. Die meisten derselben sind gleichzeitig und wohl an erster Stelle Astronomen. Eine chronologische Uebersicht über die Mathematiker wird sich daher am besten in den Rahmen eines kurzen Abrisses der Geschichte der Astronomie bringen lassen, mit dem wir, ohne unseren Hauptzweck aus den Augen zu verlieren, auch denen einen Dienst zu leisten hoffen, welche sich in der Geschichte der Astronomie zu orientiren wünschen[*]), die bisher durch die willkührliche, oft falsche Transscription der arabischen Namen und deren lateinische Verunstaltungen, durch zahllose Ungenauigkeiten, sowie den Mangel bio- und bibliographischer Notizen verwirrt erscheint.

Als die frühesten Beobachter werden gerühmt:

Mâsallâh al Miṣrî[**]), ein Jude, bereits zu Al Mansur's

---

[*]) In Ermangelung eigener näherer Studien in dem ausgedehnten Gebiete der arabischen Astronomie, für welches die Quellen noch lange nicht reichlich genug fliessen, habe ich vielfach aus der zwar oft ungenauen, doch im Ganzen sehr werthvollen Histoire de l'astronomie du moyen âge von Delambre (Paris 1819) geschöpft. Auch haben mir die Schriften von Sédillot (dem Sohne) dabei viel wichtige Dienste geleistet.

[**]) Haj. Kh. Nr. 5801. Casiri p. 434. Kleinere astrologische Schriften

Zeiten; dann Aḥmed al Nehäwendī*), der unter der Protection des Barmekiden Yaḥyā ben Ḥālid in Ġundīsābūr um das Jahr 803 beobachtete, wo bereits unter den Sasaniden eine wissenschaftliche Akademie bestand.

Wenn auch schon die Khalifen aus dem Hause der Omayyaden in der Nähe ihrer Residenz (Damask) eine Sternwarte erbaut hatten, so beginnt doch die klassische Zeit der arabischen Astronomie erst unter Al Mamun, als er 829 in Bagdad eine grosse Sternwarte**) errichtete, auf diese und nach Damask ganze Collegien gelehrter Männer berief, die sich theils mit der Construction astronomischer Instrumente, theils mit Beobachtungen, theils mit der Berechnung von Tafeln zu beschäftigen hatten. Die Griechen scheinen nach Hipparch nur selten Beobachtungen in grösserem Umfange und planmässig angestellt zu haben; hier aber wurden mit grossen Instrumenten, wie sie bis dahin wohl noch nie angewandt worden waren und nur durch fürstliche Munificenz hergestellt werden konnten, mit grösstem Eifer fortlaufende Reihen von Beobachtungen angestellt. Einzelne, besonders wichtige Beobachtungen wurden in Protokolle, die streng notariell abgefasst waren, aufgenommen und von 10—20 Gelehrten, theils Juristen, theils Astronomen unterzeichnet, verbürgt und beschworen.***)

Bei diesem Eifer für Beobachtungen konnte es nicht fehlen, dass die Constanten, welche die Griechen nach unvollkommenen Beobachtungen in ihrer Astronomie gebrauchten, bald als ungenau erkannt und durch bessere ersetzt wurden; es erschienen daher von Zeit zu Zeit verbesserte Tafeln; die erste derselben gab nach den unter Al Mamun sowohl zu Bagdad als zu Damask angestellten Beobachtungen

---

von Māsallāh sind übersetzt und gedruckt. S. Heilbronner, Historia matheseos. Lipsiae 1742. p. 432.

*) Nicht Newahendi, wie mehrfach fälschlich sein Name angegeben ist. Er stammte aus Nehawend in Persien. Vergl. Notices et extraits d. manuscr. de la bibl. nat. t. VII. Paris an XII. p. 156.

**) Haji Khalfa t. III. p. 466. Casiri I, p. 425. Abulpharaj., historia dynastiarum p. 161 der lat. Uebersetzung.

***) Casiri p. 441 ff.

der berühmte Abī Mansūr*) unter dem Titel Tabulae pro-
batae heraus. Auch wurde auf Befehl des Khalifen Al Mamun
eine Gradmessung in dem Lande Sinear veranstaltet**), die
erste seit den Zeiten des Eratosthenes.

Von Ḥabaś und Moḥammed ben Musa al Ḥovārezmī,
die nach indischen Quellen arbeiteten, ist schon die Rede
gewesen; doch ist noch aus dieser Zeit der Astronom Al
Fergānī***), sowie der als Philosoph, Mathematiker und
Arzt berühmte Al Kindī†) zu erwähnen.

Auch unter den nächsten Khalifen dauerte diese Be-
günstigung fort. Der im Abendlande nur als Astrolog unter
dem Namen Albumasar bekannte Abū Maʾśar††), der im
Morgenlande aber auch als Astronom hochberühmt war, gab
wiederum neue Tafeln heraus. Wie diese Hofastrologen, selbst
wenn sie in hohem Ansehen standen, behandelt wurden, dafür
mag als Beispiel dienen, dass, als Abu Maʾśar einst dem
Khalifen Al Mostaʾīn (862—866) ein unliebsames Horoskop
gestellt hatte, der Herrscher der Gläubigen ihm eine Tracht
Prügel aufzählen liess, worauf der Astronom nur die zweifelhafte Genugthuung hatte, auszurufen: „Prügel habe ich be-
kommen, aber die Wahrheit gesagt" — auch ein e pur si
muove! Um eben diese Zeit blühte der Astronom und Mathematiker Al Māhānī†††); von anderen Astronomen dieser

---

*) Yaḥyā ben Abī Mansūr al Mausilī, d. h. aus Mosul; Haji Khalfa
Nr. 9148. Casiri p. 425.

**) Not. et extraits t. VII. p. 94, 96.

***) (Aḥmed ben) Moḥammed ben Kāṯir al Fergānī (d. h. aus Fergana
in Transoxanien) Haj. Kh. Nr. 5896. Cas. p. 409. Bei den Lateinern
Alferganus oder Alfraganus genannt. Muhammed. fil. Ketiri Fergan. qui
vulgo Alfraganus dicitur, Elementa astronomiae, arab. et lat. cum notis
J. Golii. Amsterdam 1669. S. auch Heilbronner Hist. math. p. 426.

†) Yaʿḳūb ben Isḥāḳ al Basrī (d. h. aus Basra), genannt: Abū Yūsuf
al Kindī (bei den Lateinern Alchindius), lebte etwa 813—873. Haj. Kh.
Nr. 9191. Cas. p. 353. Abulpharajius hist. dynast. p. 273. Wüstenfeld,
Gesch. d. arabischen Aerzte Nr. 57.

††) Abū Maʾśar Ġaʾfar ben Moḥammed al Balḥī (d. h. aus Balkh in
Persien); starb nahe hundertjährig 885—86. Haj. Kh. Nr. 5303. Cas. p. 351.

†††) Abū ʾAbdallah Moḥammed ben ʾĪsā al Māhānī (d. i. aus Mahan
in Khorasan) beobachtete von 854—866 in Bagdad. S. Not. et extraits
d. mscr. d. l. bibliothèque nat. t. VII. p. 102 ff. p. 164. Haj. Kh. Nr. 353.
Casiri p. 431.

Zeit nennen wir nur die Söhne des Mūsā ben Śākir, welcher aus einem Räuber ein Günstling Al Mamun's geworden, diesem seine drei unerzogenen Söhne Mohammed, Ahmed und Hasan*) bei seinem Tode hinterliess; in der That sorgte der Khalif für ihre Erziehung väterlich, „doch waren die Stipendien ziemlich klein". Die drei Brüder bestimmten die Länge des Jahres und die Präcession der Aequinoctien genauer als bisher. Ihr Schüler war der uns als Kenner der griechischen Literatur schon bekannte Tābit ben Korra, der die traurige Berühmtheit hat, in die Astronomie die sogenannte Trepidation der achten Sphäre eingeführt zu haben**), welche später zu allgemeiner Anerkennung gelangt, die astronomischen Tafeln bis auf Tycho de Brahe verunstaltete. Er glaubte nämlich an Stelle der fortschreitenden Bewegung der Aequinoctien eine oscillirende (accessus und recessus) um ein mittleres Aequinoctium annehmen zu müssen.

Der bedeutendste Astronom des 9. Jahrhunderts ist ohne Zweifel Al Battānī***), von den Lateinern Albategnius genannt. „Es steht fest, dass Niemand unter dem Islam gelebt hat, der ihm an genauer Beobachtung der Sterne oder der Untersuchung ihrer Bewegungen gleichkam", so urtheilt ein gelehrter Araber über ihn. Seine berühmten Sonnen- und Mondtafeln, in denen er übrigens jene Trepidation nicht acceptirte, sondern ein directes Fortschreiten der Aequinoctialpuncte annahm, sind uns bis jetzt noch unzugänglich. Doch beweist seine Schrift De motu oder De scientia stellarum,

---

*) Abu Ga³far Mohammed (Haj. Kh. Nr. 6036) auch Kriegsmann, gest. 872—73. Abū'l Käsim Ahmed (Haj. Kh. Nr. 992) besonders als Geometer berühmt. Al Hasan (Haj. Kh. Nr. 3158). S. Abulpharajius p. 183.

**) In einem Werke De motu octavae sphaerae, welches in das Lateinische übersetzt ist; s. den Auszug bei Delambre, Hist. de l' astr. du moyen âge p. 73; ferner die beiden Briefe Tabit's, Notices et extraits t. VII. p. 112 ff., wo die Trepidation auf Theon, den Commentator des Ptolemäus, zurückgeführt wird.

***) Mohammed ben Gābir ben Sinān Abū 'Abdallah, genannt al Battānī, weil gebürtig aus Battan in der Nähe von Harran in Syrien; beobachtete in Rakka von 878—918, starb 929. Haj. Kh. Nr. 5873, Casiri p. 343. Wenn al Battānī hie und da als Fürst oder Statthalter bezeichnet wird, so beruht dies wahrscheinlich auf einem Missverständniss.

welche Plato Tiburtinus im 12. Jahrhundert in's Lateinische übersetzte und noch Regiomontan einer sorgfältigen Erklärung werth hielt*), dass er ein tüchtiger Beobachter und mit der griechischen Astronomie vollkommen vertraut war, sich jedoch nirgends von Ptolemäus wesentlich entfernte. Nur in mathematischer Hinsicht zeigt er einige wichtige Fortschritte, auf die wir später zurückkommen werden.

Astronomen und Mathematiker des 10. und 11. Jahrhunderts.

Die am Ende des 9. Jahrhunderts immer mehr abnehmende Macht der Khalifen, der Verlust vieler Provinzen, endlich im 10. Jahrhunderte der gänzliche Verlust weltlicher Macht wurde den Astronomen nur wenig fühlbar. Denn das Interesse der Khalifen an Kunst und Wissenschaft erfuhr durch alles dies keine Einbusse. „Eingeschlossen in ihre Hauptstadt lebten diese Schattenkönige in ihrer Residenz, umgeben von Gelehrten, in tiefer Zurückgezogenheit, fern von den Unruhen des Bürgerkrieges."

Zum Glück zeigten auch die neu auftretenden Fürstenhäuser, namentlich das persische Geschlecht der Buyiden, welches sich 946 zu der Würde des Emir ul umarä aufschwang und die weltliche Herrschaft in Bagdad und Persien führte, nicht weniger Interesse für die Astronomie.

³Adud-ed-daula (978—983), einer der mächtigsten Emire dieses Geschlechtes, rühmte sich oft seiner astronomischen Studien. Sein Sohn Šaraf-ed-daula unterstützte selbst während der Thronstreitigkeiten mit seinen Brüdern die Astronomie. Er errichtete in dem Garten seines Palastes zu Bagdad eine neue Sternwarte, wohin er um 988 ein ganzes Collegium von Gelehrten berief, welche die Bewegung der Planeten erforschen sollten.**) Unter diesen waren die bedeutendsten

---

*) Rudimenta astron. Alfragani; item **Albategnius** astronomus peritissimus de **motu stellarum**, cum demonstrat. geom. et addit. **Joannis de Regiomonte.** Norimbergae 1537. Nochmals: Mohammetis Albatenii de scientia stellarum liber, cum aliqu. add. Joannis de Regiomonte ex bibl. Vaticana transscriptus. Bononiae 1645. Ein Auszug hieraus s. Delambre, Hist. de l' astr. du moyen âge. p. 10 ff.

**) Abulpharaj. p. 216. Casiri p. 441.

sowohl als Mathematiker wie als Astronomen Al Sāġānī[*]),
ferner Abu Sahl Al Kūhī[**]), vor allem aber Abū'l Wefā[***])
oder Abū'l Wafā, an dessen Namen sich die bedeutendste
Entdeckung knüpft, welche die Araber in der Astronomie
überhaupt gemacht haben. Es ist bekannt, dass zu der
schon von Hipparch entdeckten Ungleichförmigkeit des
Mondlaufes, welche durch eine excentrische Lage der Mond-
bahn erklärt und aequatio centri genannt wurde, Ptolemäus
noch diejenige Störung des Mondlaufes hinzugefügt hatte,
welche man evectio nennt, und die sich in den Syzygien
und Quadraturen besonders bemerklich macht. In dem
Almagest, welchen Abū'l Wefā oder Wafā schrieb, wird
nun eine dritte Ungleichheit besprochen, welche mit der im
Abendlande erst von Tycho de Brahe entdeckten Variation
des Mondlaufes identisch zu sein scheint, einer Störung,
welche in den Octanten ihr Maximum erreicht. Von anderer
Seite sind jedoch erhebliche Bedenken gegen diese Auslegung
erhoben worden, und man hat in jener Stelle nichts weiter
finden wollen, als die unklare Beschreibung einer aus der
Mittelpunctsgleichung und der Evection combinirten Ungleichheit (πρόσνευσις), auf welche schon Ptolemäus hinge-

---

[*]) Aḥmed ben Moḥammed al Sāġānī Abū Ḥāmid al Uṣṭurlābī (d. h.
der Verfertiger von Astrolabien) aus Sagan in Khorasan, starb 990.
Cas. p. 410.

[**]) Vigian ben Vastem Abū Sahl al Kūhī (d. h. aus dem Kūh, d. i. den
Gebirgen Taberistan's). Cas. 441.

[***]) Abū'l Wefā Moḥammed ben Moḥammed (auch Aḥmed) al Būzgānī,
geb. im Jahre 939—940 in Buzgan oder Būzagan, einer kleinen Stadt
Khorasan's, gest. 998 zu Bagdad. S. Haj. Khalfa Nr. 9051 und Wöpcke,
Journ. asiatique. 5 sér. tom V. 1855. p. 243. Den Almagest Abū'l Wefā's
hat zuerst J. J. Sédillot (der Vater) übersetzt und Delambre aus dessen
ungedruckten Arbeiten einen Auszug gegeben; s Delambre, hist. de
l'astron. du moy. âge p. 156. Die auf die Variation bezügliche Stelle
hat L. A. Sédillot (der Sohn) entdeckt. Nouveau Journ. asiat. t. XVI.
1835. p. 420 und Compt. rendus de l'Acad. 1836. I. sém. p. 202, 258.
Nach einer kurzen Polemik über Echtheit und Bedeutung dieser Stelle
ruhte die Sache, bis 1844 Biot den im Texte berührten Einwand erhob,
an den sich ein langer literarischer Streit anknüpfte. Das ganze Material
ist dann von Sédillot vereinigt in seinen Matériaux pour servir à l'histoire
comparée d. scienc. math. chez les Grecs et les Orientaux. Paris 1845.
t. I. Auch später ist Sédillot mehrfach auf diese Frage zurückgekommen.

wiesen hatte. Die Acten über diese für die Geschichte der Astronomie sehr interessante Frage sind bis jetzt noch nicht geschlossen und Zweifel über die Bedeutung jener einzelnen Stelle sind immer noch möglich, da sich in der späteren astronomischen Literatur der Araber, soweit wir sie kennen, nirgends eine Spur dieser dritten Ungleichheit hat entdecken lassen.

Man darf indess hieraus nicht den Schluss ziehen, als ob man im Oriente nichts Neues an jener dritten Ungleichheit habe finden können; vielmehr liegt die einfache Erklärung dafür, dass eine so wichtige Entdeckung durchaus unbeachtet bleiben konnte, darin, das mit Abū'l Wefä die Reihe der asiatischen Astronomen abschliesst, um nur in langen Zwischenräumen hie und da noch eine einzelne Blüthe zu treiben. Das Facit der ganzen zweihundertjährigen Entwickelung der arabischen Astronomie zog Ibn Yūnos*) unter den Fatimidischen Khalifen ʾAzīz (975—996) und Ḥākim (996—1021) in Kairo, wo fürstliche Freigebigkeit ihm nicht allein eine Sternwarte reichlich ausstattete, sondern auch durch Errichtung einer grossartigen Bibliothek, welche die altalexandrinische übertreffen sollte, für die anderen Bedürfnisse des gelehrten Astronomen sorgte. Zahlreiche eigene, sowie viele dienliche Beobachtungen früherer Astronomen fasste Ibn Yunos zur Verbesserung der astronomischen Constanten in ein grosses Werk zusammen, welches er zu Ehren seines Gönners „Hakimitische Tafeln" nannte. Wenn er noch keine Notiz von Abū'l Wefa's, seines Zeitgenossen, Entdeckung der Variation nahm, so lässt sich dies aus der Grösse der Entfernung zwischen Bagdad und Kairo, sowie aus der bitteren Feindschaft zwischen den Abbasidischen und Fatimidischen Khalifen wohl erklären. Alle späteren

---

*) Abu'l Ḥasan ʾAlī ben Abī Saʾīd ʾAbderraḥmān, genannt Ibn Yūnos (von den Franzosen Ebn Iounis), starb 1008. (Haj. Kh. Nr. 3296.) Weitere Notizen über ihn und seine Sternwarte, s. Notices et extraits d. manuscr. t. VII. p. 16 ff., wo C. Caussin einige Capitel des Textes zu den Hakimitischen Tafeln herausgegeben hat. Die übrigen Capitel des sehr interessanten Werkes hat Sédillot (der Vater) übersetzt und sie Delambre mitgetheilt, der sie Hist. de l'astr. du moyen âge p. 95—156 ausgezogen hat.

Astronomen des Orientes aber gehen von den Tafeln des Ibn Yunos als einer unfehlbaren Autorität aus.

In Asien wollte seit dem Jahre 1000 die Astronomie nicht wieder zu rechter Blüthe gelangen, sei es, weil unaufhörliche, verheerende Kriege, schnelles Aufblühen und ebenso schneller Verfall der Fürstenhäuser ihr die Unterstützung raubten, deren sie so dringend bedarf, sei es, dass sich das geistige Interesse der dem Islam unterworfenen Völker überhaupt anderen Zweigen des Wissens zuwandte; denn es beginnt jetzt die Herrschaft des semitischen (syrisch-arabischen) Elementes in der Literatur durch das indogermanische (persische) immer mehr verdrängt zu werden.

Das Ende des 10. und der Anfang des 11. Jahrhunderts ist die Periode des lebhaftesten und frischesten Fortschrittes in der reinen Mathematik, die sich jetzt von ihrer Dienstbarkeit unter der Astronomie befreit, so dass in dieser Zeit manche tüchtige Mathematiker zu nennen sind, die in der Geschichte der Astronomie keinen Platz einnehmen. Wir hören von wissenschaftlichen Correspondenzen und öffentlichen Herausforderungen zu wissenschaftlichen Wettkämpfen, zu denen neben anderen Problemen besonders das der Trisection des Winkels, der Theilung einer Kugel nach gegebenem Verhältniss, der Construction des Sieben- und Neunecks aus algebraischen Gleichungen mittels der Kegelschnitte den Stoff liefern, der zugleich in zahlreichen Monographieen behandelt wird. Die Entwickelung schreitet so rasch vorwärts, dass wir ohne die genauen Daten der einzelnen Schriften sie nicht chronologisch verfolgen können.

Zunächst müssen in diesen Kreis die oben genannten Astronomen gerechnet werden. Einem Vezir Faḫr ul Mulk († 1017) eines anderen Buyiden Behā-ed-daula widmete Al Karḫī ein algebraisches Werk, dem er zu Ehren seines Gönners den Namen Al Faḫrī*) gab. Um dieselbe Zeit

---

*) Abū Bekr Moḥammed ben al Ḥasan al Karḫī, auch genannt al ḥāsib (= Rechenmeister). Haj. Khalfa Nr. 2090 und 2636. Jene Schrift herausgegeben von Wöpcke, Extrait du Fakhrī, traité d'algèbre. Paris 1853.

lebten Abū Ǵaʾfar al Ḥāzin*), Al Sinǵarı**) und Abn'l
Ǵūd***), welche sich besonders mit der Construction von
Gleichungen durch Kegelschnitte beschäftigten, ferner Ibn
al Haiṭam†), der trotz der unglaublichen Zahl von Schriften,
deren Titel uns noch erhalten sind, Zeit fand, grossartige
Projecte für die Bewässerung Aegyptens auszudenken, die
er selbst, nach Kairo berufen, freilich aufgeben musste;
ferner Al Nasawı††), der für die Finanzbeamten des Königs
Maǵd-ed-daula (997—1029) im persischen Irak ein Rechenbuch herausgab. In dieselbe Zeit fällt auch Al Ḥoǵendı†††)
und Moḥammed ben al Ḥosein*†), über deren mathematische
Leistungen unten das Nähere.

An dem glänzenden Hofe des Ǵaznaviden Maḥmnd
(998—1030) zu Ǵazna lebte neben berühmten Dichtern und
Philosophen auch einer der ersten Mathematiker jener Zeit
Al Bırūnı*††), dessen im Jahre 1031 geschriebenen treuen
Bericht über den Zustand der Wissenschaften, wie er ihn
in den von Mahmud unterworfenen Provinzen Hindustans
fand, wir schon früher benutzt haben.

Der Glanz dieses von Mahmud gegründeten Reiches war
nur von kurzer Dauer; selǵukische Fürsten, die mit ihren

---

*) Ḥāzin (d. h. Bibliothekar) oder Hāzinī, ein Perser. Haj. Kh.
Nr. 4187. Cas. p. 408.

**) Abū Saʾīd Aḥmed ben Moḥammed al Singarī oder Siǵzī aus
Khorasan. Haj. Kh. Nr. 7702.

***) Abū'l Ǵūd Moḥammed ben al Leiṭ. Wöpcke, L'algèbre d'Omar.
Paris 1851, p. 114 und passim.

†) Abū ʾAlı al Ḥasan ben al Ḥosein (auch Ḥasan) ben al Haiṭam,
geb. zu Basra, gest. Kairo 1038—39. Haj. Kh. Nr. 1434. Cas. p. 414.
Wöpcke, L'algèbre d'Omar. p. 73.

††) Abu'l Ḥasan ʾAlı ben Aḥmed al Nasawī aus Nasa in Khorasan.
Haj. Kh. Nr. 3217

†††) Abū Moḥammed oder Abu Maḥmūd al Ḥoǵendī (= Aus Khogend
in Khorasan) beobachtete im Jahre 992 (Philos. Transactions vol. XIV
for the year 1684. p. 724), war auch theoretischer Arithmetiker.

*†) Seiḥ Abū Ǵaʾfar Moḥammed ben al Ḥosein (Zeitgenosse des
Vorigen). Wöpcke, Atti dell' accad. pont. de' nuovi lincei. t. XIV. 1861.
p. 302.

*††) Abū'l Reiḥān Moḥammed ben Aḥmed al Bīrūnī, d. h. aus Birun
in Khowarezmien. Haj. Kh. Nr. 7420 schwankt in den Angaben über
sein Todesjahr; das wahrscheinlichste ist 1038 oder 39.

rauhen Kriegern sich schnell alles Land bis Palästina unterwarfen, traten an Stelle der Gasnaviden. Jedoch konnte schon unter einem der ersten dieser noch halb barbarischen Herrscher, unter Gelâl-eddîn Melekšäh, dessen persischer Vezir Niṭ'âm ul Mulk den Wissenschaften seine Gunst zuwenden. Durch diesen Fürsten wurde im Jahre 1079 unter dem sachverständigen Beirathe des Mathematikers 'Omar al Ḥayyâmî*) ein neues Princip der Einschaltung im Kalender aufgestellt, die „Gelâl-eddîn'sche Aera".**)

Astronomen und Mathematiker in Spanien.

Das ist das letzte Ereigniss, welches wir aus der Geschichte der Astronomie im Oriente während dieses Zeitraumes melden können; zweihundert Jahre liegt diese Wissenschaft in allen östlichen Ländern des Islam darnieder. Die äusseren politischen Ereignisse, namentlich die Kreuzzüge nahmen die ganze Kraft der Völker in Anspruch. Wir benutzen dies, um unsern Blick nach den westlichen Provinzen, welche die Araber sich unterworfen hatten, zu richten, insbesondere nach Spanien, wo sich unter dem Schutze der Khalifen und ihrer Emire gerade in dieser Zeit ein reges wissenschaftliches Leben entwickelte, welches seine eigenen, von den im Oriente eröffneten ziemlich unabhängigen Bahnen einschlug. Man hat sich, durch eine unvollkommene Auffassung der Geschichte verführt, zu sehr daran gewöhnt, alle Länder, in welchen der Islam zur Herrschaft gekommen war, von Gibraltar bis zum Oxus und Indus als ein Ganzes anzusehen und die so grundverschiedenen Völker, welche diese ausgedehnten Länder bewohnten, die eigentlichen Araber, Syrer, Griechen, Perser, Türken, Kopten, Berbern, Iberer, Gothen u. s. w. unter dem Namen der „Araber" zusammenzufassen, so dass diese Unabhängigkeit des Westens vom Osten auf den ersten Blick befremden mag. In der That

---

*) Giyât-ed-dîn Abû'l Fatḥ 'Omar ben Ibrâhîm al Ḥayyâmî oder Ḥayyâm (= der Zeltmacher), geb. zu Nisâbur, gest. ebendaselbst 1123; s. Hyde, de religione veterum Persarum. Oxonii 1760. p. 530. Ist auch als Dichter bekannt. Haj. Kh. Nr. 7194. Wöpcke, L'algèbre d'Omar Alkhayyami. préface.

**) S. hierüber die Lehrbücher der Chronologie.

aber hatten jene verschiedenen Völker und Länder nur die
Schriftsprache und die Religion gemein und verhielten sich,
obgleich sie kurze Zeit unter der Herrschaft der Omayyaden
vereinigt gewesen waren, verschiedener zu einander, als diejenigen, welche fast um dieselbe Zeit Karl der Grosse in
seinem Reiche vom Ebro bis zur Elbe, von der Nordsee bis
zur Tiber vereinigte, und welche auch gemeinsame Religion
und Schriftsprache besassen.

So erklärt es sich, dass die grossen literargeschichtlichen
Werke orientalischer Mohammedaner nur spärliche Notizen
über ihre weit entfernten und durch politische Feindschaft
noch mehr entfremdeten Glaubensgenossen im Magreb und
in Spanien geben. Die dürftigen und unzuverlässigen Nachrichten abendländischer lateinischer Gelehrten über ihre spanischen Lehrmeister sind häufig so ungenau, dass es unmöglich ist, nur die wahren Namen der Araber aus den ent-
setzlichen Verstümmelungen wiederherzustellen. Wir wissen
zwar, dass in Sevilla, Cordova, Granada, Toledo u. s. w.
blühende gelehrte Schulen, bedeutende Bibliotheken bestanden; das aber, was wir von der Mathematik und Astronomie in der pyrenäischen Halbinsel und den benachbarten
afrikanischen Landstrichen wissen, ist sehr wenig.

Der älteste namhafte Astronom Spaniens scheint Al
Zerḳáli*) aus Cordova (um 1060) zu sein; er erfand ein
neues Astrolabium, das er nach seinem Namen al Zerḳála
nannte. Berühmter noch ist er durch die „Toledanischen
Tafeln", die er in Gemeinschaft mit anderen Astronomen
berechnete.

In das 11. Jahrhundert ist wohl auch Gábir ben Aflaḥ**)

---

*) Abraham Alzarachel oder Abrusakh Arzachel, wie er bei den
Lateinern heisst, ist ohne Zweifel Niemand anders als Abū Isḥāk Ibrāhīm
al Zerḳālī (Haj. Kh. Nr. 3974, vielleicht auch Nr. 3971) aus Cordova.
Ueber seine „Toledanischen Tafeln" s. Delambre, Hist. de l'astr. du
moyen âge p. 176; schrieb auch eine Schrift de accessu et recessu (der
Ecliptik), s. Traité des instrum. astron. d. Arabes, compos. p. Abbul
Hhassan Ali de Maroc t. I. Paris 1834, p. 127.

**) Von den Lateinern Geber genannt. Casiri p. 845, 367. Gebri
filii Affla Hispalensis libri IX de astronomia. Norimbergae 1534 als
Anhang zu Instrum. primi mob. a P. Apiano inventum. Diese Schrift

aus Sevilla zu setzen, der sich gegenüber Ptolemäus, den er nicht selten heftig angreift, freier stellt, als es sonst bei den Arabern gewöhnlich ist.

Aus dem 12. Jahrhundert ist nur Alpetragius oder Alpatragius*) aus Marokko zu nennen, der sich ebenfalls lebhaft gegen die complicirten epicyklischen Hypothesen des Ptolemäus erhob, ohne jedoch etwas Besseres an deren Stelle setzen zu können.

Aus dem 13. Jahrhunderte sind ausser dem seiner Zeit berühmten Mathematiker Ibn al Bannä**) noch drei Astronomen mit dem Namen Abu'l Ḥasan 'Alī zu nennen. Der erste***) derselben im Anfange des 13. Jahrhunderts schrieb ein berühmtes Werk über die astronomischen Instrumente, in welchem sich besonders die ausführlich behandelte Gnomonik durch Neuheit und theoretischen Werth auszeichnet.

Der zweite jenes Namens, von den Lateinern Abenragel†) genannt, verdiente hier, da er ausschliesslich als Astrolog bekannt ist, keine Stelle, wenn er nicht oft mit dem dritten Abu'l Ḥasan 'Alī verwechselt würde, der durch seine Schrift De stellarum fixarum motu et locis einen bedeutenden Ein-

---

war bereits im 12. Jahrhundert von Gherardo Cremonese übersetzt; s. Delambre a. a. O. p. 179.

*) Vielleicht ist dieser Name die Verstümmelung von al Baṭrak oder al Baṭrakī. Derselbe heisst auch: Avoashac, d. h. Abū Isḥāḳ. — Alpetragii Arabis planet. theoriae phys. rationibus probata, lit. mand. a Calo Calonymos Hebraeo, Neapol. Venetiae 1531; s. Delambre a. a. O. p. 171.

**) Abū'l 'Abbās Aḥmed ben Moḥammed ben 'Oṯmān al Azdī, genannt Ibn al Bannä (= Sohn des Baumeisters), zu Marokko geboren 1252—57. Haj. Kh. Nr. 66. Aristide Marre, Biographie d'Ibn Albanna. Atti d. acc. pontif. de' nuovi lincei. t. XIX. 1865—66.

***) Al Imäm al Auḥad Abū 'Alī Ḥasan ben 'Alī al Meräkesī nach Haj. Kh. Nr. 1430, während er anderwärts auch Abū'l Ḥasan 'Alī heisst. Sein im Texte erwähntes Werk ist von Sédillot (dem Vater) übersetzt und an Delambre mitgetheilt, der Hist. de l'astr. du moyen âge p. 185, 516 ff. Auszüge gegeben hat. Später ist es von Sédillot dem Sohne herausgegeben unter dem Titel: Traité des instruments astr. composé par Aboul Hhassan Ali de Maroc. Paris 1834.

†) Der Verfasser mehrerer berühmter astrologischer Werke, Albohasen Haly filius Abenragel, ist wahrscheinlich kein anderer, als Abu'l Ḥasan 'Alī ben Abī'l Riḡāl al Seibānī, Haj. Kh. Nr. 1374. Cas. p. 344, 363.

fluss auf die Gestaltung der astronomischen Tafeln erlangt haben soll.*)

Von der Mitte des 13. Jahrhunderts an war das politische Uebergewicht der Christen über die Mohammedaner dauernd entschieden; im Jahre 1236 war letzteren Cordova, im Jahre 1248 Sevilla entrissen worden und ihre Herrschaft beschränkte sich auf das Königreich Granada.

Um dieselbe Zeit erlischt die arabische Astronomie, nachdem sie ihr gesammtes Wissen gleichsam als Vermächtniss der Christenheit übergeben hatte. Alfonso X., König von Castilien (1252—1284), das Beispiel der Khalifen nachahmend, berief maurische, jüdische und christliche Astronomen an seinen Hof, um auf Grund der Toledanischen neue Tafeln entwerfen und zahlreiche astronomische Schriften der Araber in's Castilische übersetzen zu lassen.

Die Araber haben seitdem keinen Einfluss mehr auf die Wissenschaft der Lateiner gehabt; die Alfonsinischen Tafeln bildeten von da an die Grundlage des astronomischen Studiums.

Astronomen und Mathematiker des Orientes im 13—16. Jahrhundert.

Doch erlebte die astronomische Wissenschaft genau zu derselben Zeit, wo sie bei den westlichen Arabern erlosch, im Oriente nochmals eine kurze Blüthe und zwar unter Verhältnissen, welche allem Anscheine nach jedes wissenschaftliche Leben hätten unterdrücken sollen. Die Mongolen waren in zahllosen Schaaren aus ihren fernen Steppen über den Oxus nach Persien, den Ländern am Tigris und Euphrat bis nach Syrien vorgedrungen und bezeichneten ihren Siegeslauf durch furchtbare Zerstörungen, von deren Folgen sich der Orient bis heute noch nicht erholt hat. Doch zeigte

---

*) So erzählt Heilbronner, Historia matheseos. p. 478 nach Aug. Riccius, Lib. de motu sphaerae octavae. Doch sind alle diese Nachrichten sehr verworren. In der neuen Sammlung der unter Alfonso X. übersetzten Werke: Libros del saber de astronomía del Rey D. Alfonso X, cop. anot. y comm. por Don Manuel Rico y Sinobas. t. I befindet sich als erste Schrift ein Sternkatalog von Abulhasin. Ich finde bei Cas. p. 344 einen Abū'l Hasan ʾAlī ben Abī ʾAlī al Garnāṭī (aus Granada), der um 1255 blühte.

bereits der Enkel Gingizḫän's des grossen Eroberers, Hulägü Ilḫän, der 1258 das Khalifat von Bagdad definitiv aufhob, lebhaftes Interesse für Astronomie; er liess die in Khorasan, Syrien, Bagdad, Mossul und anderwärts zerstreuten Manuscripte sorgfältig sammeln und errichtete nach dem Muster der älteren Sternwarten in Bagdad, Damask u. s. w. im Jahre 1259 zu Meräga (in Aderbeigän) eine Sternwarte im grössten Stile, an welche er eine Anzahl von Astronomen und Mathematikern berief, unter denen Naṣíreddín*) der berühmteste ist; der die über ganz Asien verbreiteten, zu Ehren seines Gönners sogenannten Ilhan'schen Tafeln verfertigte, welche zwar wesentlich auf den Hakimitischen des Ibn Yünos beruhen, indess doch mannigfache Abänderungen zeigen. Auch erlangte Naṣíreddín einen grossen Namen als Wiederhersteller und Herausgeber lange verschollener oder verstümmelter Werke aus der mathematischen Literatur. Doch war dieser Glanz nur von kurzer Dauer. „Als Hulagu von dieser Welt genommen wurde und sein Sohn den Thron bestieg", so klagt Nasireddin, „hatten die Beobachtungen ein Ende."

Anderthalb Jahrhunderte später erhob sich ein neuer furchtbarer Eroberer: Timurleng (Tamerlan), der sich mit seinen tatarischen Horden Asien bis nach Syrien unterwarf. Auch diese neue, aller Cultur so feindliche Katastrophe hat seltsamer Weise der Astronomie eine neue Förderung gebracht. Bereits Timur zog nach Samarkand, welches durch ihn die reichste und blühendste Stadt des Orientes geworden war, berühmte Gelehrte und Künstler. Sein Sohn Sähroḫ errichtete dort eine grossartige Bibliothek; als er seine Residenz nach Herat verlegte, übertrug er seinem Sohne Ulug Bek**) die Herrschaft über die nördlichen Provinzen seines

---

*) Ḫoġa (= Magister) Naṣíreddín Abü Gia³far Moḥammed ben Moḥammed (ben al Ḥasan) al Ṭüsí (d. h. aus Ṭüs, der Hauptstadt Khorasan's) geb. 1201, gest. 1274. Haj. Kh. Nr. 6800. S. A. Jourdain, Mém. sur l'observatoire de Méragah. Paris 1810. Einen Auszug daraus s. Zach, monatliche Correspondenz. t. XXIII.

**) Moḥammed ben Sähroḫ Ulug Bek, geb. 1393, ermordet 1449. Haj. Kh. Nr. 6148. Von Sédillot (dem Sohne) herausgegeben: Prolégomènes des tables astr. d'Oloug Beg. trad. et commentaire. Paris 1853. Hier und Journ. asiat. 5 sér. tome II. 1853, p. 333 sind auch Theile des

Reiches. Dieser Prinz nun wandte der Astronomie sein ganz
besonderes Interesse zu: er baute um 1420 in Samarkand
eine Sternwarte (der Mauerquadrant war so hoch wie die
Sophienkirche in Constantinopel), berief Astronomen, mit
denen er gemeinschaftlich arbeitete und verewigte seinen
Namen durch die Herausgabe neuer astronomischer Tafeln.

Wunderbar ist diese Expansivkraft orientalischer Völker,
mit der sie sich im Fluge die halbe Welt unterwerfen, wunderbarer aber die Energie, mit der sie sich in weniger als zwei
Menschenaltern von den untersten Culturstufen zu wissenschaftlichen Bestrebungen aufschwingen, die fast das stehende
Attribut orientalischer Herrscher zu sein scheinen.

Andererseits gehört zur Charakteristik des wissenschaftlichen Lebens der mohammedanischen Völker diese grosse
Abhängigkeit von fürstlicher Gunst, die in der Geschichte
der Wissenschaft wie in einem Spiegel die der Dynastien erkennen lässt. Seit der Mitte des 15. Jahrhunderts hat kein
orientalischer Herrscher mehr der Astronomie seine Neigung
zugewendet — es gibt keine Astronomie im Oriente mehr.

Von Mathematikern aus späteren Zeiten haben wir nur
noch den einen Namen des Behä-ed-dīn*) zu nennen, nicht
seiner wissenschaftlichen Bedeutung wegen, sondern weil
sein dürftiges Lehrbuch der Arithmetik und Algebra heute
für ganz Süd- und Westasien den Umfang dessen repräsentirt,
was sich von der einst so blühenden Wissenschaft der Inder
und Araber bei deren Nachkommen lebendig erhalten hat.

Ehe wir nun an unsere weitere Aufgabe gehen, den
Zustand und die Entwickelung der einzelnen mathematischen Lehren bei den Arabern zu schildern, können wir
nicht umhin, mit wenigen Worten zu bemerken, dass sich
im Oriente unter den exacten Wissenschaften auch die mathematische Geographie und die Physik einer lebhaften Theil-

---

Commentares mitgetheilt, welche zu diesen Tafeln 1498 Maḥmūd ben
Moḥammed ben Ḳāḍīzāde al Rūmī, genannt Mīram Ćelebī (gest. 1524—5
Ḥaj. Kh. Nr. 5163) schrieb. (Das Ć in Ćelebī ist zu sprechen wie deutsch
Tsch.)

*) Behä-ed-dīn Moḥammed ben al Hosein al Āmulī (= aus Amul),
geb. 1547, gest. 1622 zu Isfahan. Essenz der Rechenkunst von Moh.
Behaeddin, arab. und deutsch herausgeg. von Nesselmann. Berlin 1843.

nahme erfreute.*) Was die letztere betrifft, so besitzen wir im Occidente bis jetzt leider nur zwei physikalische Schriften der Araber in Uebersetzung: die Optik des Alhazen**), die weit über der des Ptolemäus steht und auf die Förderung dieser Wissenschaft in Europa beträchtlichen Einfluss gehabt hat, und ferner eine Schrift eines Al Ḥâzin oder Al Ḥâzinî über die Bestimmung des specifischen Gewichtes, über Aräometer, Waagen u. s. w.***), die nicht nur experimentelle Gewandtheit, sondern auch klare und sachgemässe Anschauungen aufweist. Wir sehen zugleich aus dieser Schrift, dass sich nicht wenige der bedeutendsten Mathematiker und Astronomen zugleich auch mit physikalischen Untersuchungen beschäftigten und auf dem von Archimedes, Menalaos und anderen Griechen gelegten Grunde weiter bauten.

Unzählige physikalische Schriften liegen noch in den Bibliotheken verborgen, von denen sich nach diesen Proben das Beste erwarten lässt.

II.

Geschichte der einzelnen mathematischen Lehren.

Die Zahlzeichen der Araber.

Als die Araber begannen, aus ihrer Halbinsel heraus die Waffen in die benachbarten Länder zu tragen, besassen sie keine Zahlzeichen, sondern drückten die Zahlen in der Schrift durch vollständige Zahlwörter aus. Das Rechnungswesen aber, welches die finanzielle Verwaltung der eroberten Provinzen nöthig machte, konnte nicht wohl ohne kürzere

---

*) Bekannt sind auch die Leistungen der Araber in der Chemie.

**) Gedruckt nach einer alten lateinischen Uebersetzung in: Opticae thesaurus, Alhazeni Arabis ed. a Risnero. Basileae 1572. Dass der dort Alhazen filius Alhayzen genannte Verfasser identisch ist mit jenem Ḥasan ben al Ḥosein ben al Haiṭam (s. o. p. 246), kann nach den Mittheilungen von Narducci (Bullet. di Bibl. e di storia delle scienze mat. e fis. t. IV. Roma 1871. p. 1 seq.) nicht mehr zweifelhaft sein.

***) „Buch der Waage der Weisheit" (geschrieben 1121—22), übersetzt von N. Khanikoff, Journal of the american oriental society. vol. VI. Newhaven 1860. p. 1—129. Ob der Verfasser mit dem oben p. 246 genannten Abū Ǵa'far al Ḥâzin identisch ist, lässt sich bis jetzt nicht ausmachen.

Zahlenbezeichnung bestehen. Wie nun die Araber überhaupt von den unterworfenen, ihnen an Cultur weit überlegenen Völkern so manche staatliche Einrichtung und Verwaltungsregel erlernten, so nahmen sie auch deren Zahlzeichen an. Und als der Khalif Walid (705—715) in Damask befahl, dass die Register des Fiscus nicht mehr wie bisher in griechischer, sondern in arabischer Sprache geführt werden sollten, musste er doch eine Ausnahme gestatten; nämlich mit Bezug auf die Zahlzeichen, „da es unmöglich ist, arabisch eins oder zwei oder drei oder acht und ein halb (nämlich in Zeichen) zu schreiben".[*]) Während die Araber in Syrien die griechischen, vielleicht auch hie und da die syrischen Zahlzeichen annahmen, bedienten sie sich in Aegypten der koptischen, in Persien vielleicht der der Pehlewi-Schrift. Allmählich bildete sich die Gewohnheit, nach Analogie des Griechischen auch das aus 28 Buchstaben bestehende Alphabet zur Zahlenbezeichnung zu verwenden. Eine feste Gestalt kann dieser Gebrauch frühestens um die Mitte des 8. Jahrhunderts angenommen haben, da einige Zahlen im Oriente anders als im Magreb bezeichnet werden[**]), und somit die orientalischen Eroberer der afrikanischen Küstenländer zu dieser Zeit noch keinen ganz festen Gebrauch aus ihrer Heimath mitgebracht zu haben scheinen.

Als aber im Jahre 772 die Araber indische Astronomie kennen lernten, konnte es nicht wohl anders sein, als dass sie gleichzeitig auch die indischen Ziffern mit der Null, d. h. das Positionssystem der Ziffern annahmen. In der That finden wir seitdem bei den Arabern dieses von ihnen stets als „indisch" bezeichnete System, das schon früh bei den arabischen Kaufleuten verbreitet gewesen zu sein scheint[***]), auch in den Rechenbüchern überall zu Grunde gelegt wird, jedoch bei den Astronomen immer nur aushilfsweise gebraucht wurde, indem man sich in den astronomischen Tafeln der

---

[*]) Wöpcke, Mém. sur la propagation des chiffres indiens. Journal asiatique. 6 sér. t. I. 1863. p. 237.

[**]) Ibid. p. 463.

[***]) Um 990 ging Ibn Sīnā (Avicenna) zu einem Kaufmann, um von diesem den indischen Calcül zu erlernen. Abulpharaj. hist. dyn. ed. Pococke p. 230.

alphabetischen Zahlenbezeichnung zu bedienen pflegte, die
in der That hier keine erheblichen Nachtheile mit sich führte,
da man bei der aus dem Almagest angenommenen sexagesimalen Rechnung meist nur ein- oder zweizifferige Zahlen zu
schreiben hatte.

Was nun die Formen der arabischen Ziffern betrifft, die
man bis in's 10. Jahrhundert zurückverfolgen kann*), so
sind diese freilich von den heutigen Devanagari-Ziffern der
Inder sehr verschieden; es ist aber bekannt, dass in Indien
selbst die Zifferformen in älterer wie in neuerer Zeit**) in
verschiedenen Gegenden sehr verschieden gewesen sind; und
die Paläographie des Sanskrit ist noch nicht so ausgebildet,
dass sie die Brücke zwischen den indischen und arabischen
Formen zu schlagen vermöchte. Für uns ist das Zeugniss
Al Bīrūnī's, dass zu seiner Zeit die arabischen Ziffern mit
den indischen übereinstimmten***), überzeugend genug.

Uebrigens mögen die unter den Arabern bereits vorher
verbreiteten Ziffern anderer Systeme immerhin einen Einfluss
auf die Gestaltung der Zifferformen gehabt haben. Im
9. Jahrhundert war im Oriente noch keine vollständige
Einigung über die Form der Ziffern erzielt, und in den
westlichen Provinzen des Islam hat man sich fortwährend
anders gestalteter Ziffern, der sogenannten Ziffern des gobär
(= des Staubes) bedient, welche sich von den im Oriente
üblichen und vorzugsweise „indisch" genannten Ziffern in
der Form, nicht aber im Principe unterscheiden.†)
Es hat diese Verschiedenheit der Ziffern im Osten und Westen
durchaus nichts Befremdliches, wenn man sich erinnert, dass
der Verkehr zwischen diesen weit getrennten islamitischen
Provinzen überhaupt ein ziemlich geringer war. Auch in

---

*) Wöpcke, a. a. O. p. 482.

**) Noch heute zählt man in Indien mehr als ein Dutzend ganz
verschiedener Reihen von Ziffern mit zahlreichen Variationen; s. Pihan,
Exposé des signes de numération. (Paris 1860.) p. 53—153.

***) Wöpcke, Journ. as. 6 sér. t. I. p. 483.

†) Ebend. p. 55 ff., 244, wo ausdrücklich nachgewiesen ist, dass
die Gobär-Ziffern nicht, wie man annahm, ohne die Null gebraucht
werden, indem man die Ordnung der Einheiten durch Puncte über denselben bezeichnete.

der Zahlenbedeutung der Buchstaben bestand, wie bemerkt, eine Verschiedenheit. Ja die ganze Schrift nahm im Occidente eine von der orientalischen verschiedene sogenannte magrebinische Form an.

Elementare Rechenkunst.

Die auf die Principien des Positionssystemes gegründeten Rechnungsmethoden der Inder stellte zuerst im Anfange des 9. Jahrhunderts Mohammed ben Mūsā al Hovārezmi dar „in einem Buche über die Rechenkunst, welches alle anderen an Kürze und Leichtigkeit übertrifft und der Inder Geist und Scharfsinn in den herrlichsten Erfindungen beweist".[*] Aus dieser Quelle, die vielleicht anfangs noch durch directe Zuflüsse aus Indien verstärkt wurde, gingen dann eine grosse Reihe von Schriften über den ḥisāb al hindi (= indischen Calcül) hervor[**], von denen ich nur die uns vorliegenden nenne: den Tractatus satisfaciens des al Nasawī aus dem 11. Jahrhundert[***], den Talḫīs des Ibn al Bannā aus dem 13. Jahrhundert[†], die „Aufhebung des Schleiers der Wissen-

---

[*] Casiri p. 427. Dies Buch ist bis auf die neueste Zeit verloren gehalten worden, bis es endlich der unermüdliche Fürst B. Boncompagni in einer mittelalterlichen Uebersetzung unter dem Titel: Algoritmi de numero Indorum wiederfand: Trattati d'aritmetica, pubbl. da B. Boncompagni. Roma 1857. Nr. I. — Algoritmi oder, wie es häufiger geschrieben wird, algorismi. auch alghoarismi, algoarismi, alchaorismi, alchaurismi ist (von jenem t in Algoritmi abgesehen) die ziemlich genaue Transscription des arabischen Beinamens al ḥovārezmī oder al ḥārizmī (mit dumpfem a) unseres Mohammed ben Mūsā. Doch wurde diese Form später für einen lateinischen Genitiv gehalten und Liber algorismi als Titel für Bücher über die Rechenkunst (algorismus) von den Lateinern gebraucht. Aus diesem Algorismus wurde dann, nachdem man von dem Ursprunge dieses Wortes jede Tradition verloren hatte, durch griechische Etymologisirung Algorithmus, welches heutzutage in allen europäischen Sprachen zur Bezeichnung eines regelmässigen Rechenschema's gebraucht wird. Seltsame Wandlung, durch welche der Name einer persischen Provinz diese Bedeutung erhalten hat!

[**] S. deren Aufzählung bei Wöpcke, Journal asiat. 6 sér. t. I. 1863. p. 489—94.

[***] Im Auszuge mitgetheilt von Wöpcke, a. a. O. p. 496.

[†] Le Talkhys d'Ibn Albannā, publ. et trad. p. Aristide Marre, Atti dell' Accad. de' nuovi lincei. t. XVII. Rom. Juni 1864.

schaft vom Calcül"*) von al Kalṣâdı**) aus dem 15. Jahrh., ferner das al ḥisâb al gobârı w'al hawâ'ı (= Rechnung auf dem Staube und im Kopfe)***) eines unbekannten späteren Arabers, und das zugleich die Algebra enthaltende Ḥulâṣet al ḥisâb (= Essenz der Rechenkunst)†) von Behâ-ed-dîn aus dem 16. Jahrhundert.

Diese späteren Rechenbücher unterscheiden sich von den älteren nur dadurch, dass sie eine grössere Mannigfaltigkeit von Methoden darbieten, und dass sie, mehr für den allgemeinen Unterricht bestimmt, die nur für den eigentlichen Mathematiker und Astronomen wichtigen Operationen der Quadrat- und Kubikwurzelausziehung, sowie die Rechnung mit Sexagesimalbrüchen, welche in den älteren Schriften ausführlich behandelt werden, wegzulassen pflegen. Sie lehren demnach die 4 Species mit ganzen Zahlen, neben diesen das Halbiren und Verdoppeln, nach verschiedenen Methoden; häufig die Neunerprobe, welche auch als die „indische Probe" bezeichnet wird.††) Es folgt dann in jenen Rechenbüchern die Lehre von den 4 Species mit Brüchen, welche nach der Weise der Inder geschrieben werden, indem (ohne trennenden Strich) der Zähler über den Nenner gesetzt wird. Sehr eigenthümlich ist die von Al Kalṣâdı unter dem Namen „Denomination" gelehrte Divisionsmethode, bei welcher ein Bruch, dessen Nenner N die Factoren a_1, a_2, a_3 ... von absteigender Grösse enthält, in die Form

---

*) Wöpcke, Journ. as. 5 sér. t. IV. 1854. p. 358. Vollständige Uebersetzung von Wöpcke in den Rech. sur plusieurs ouvrages de Léonard de Pise. Atti d. Accad. de' nuov. lincei. t. XII. 1859. p. 230—275, 399—438.

**) Nûr ed-dîn Abû'l Ḥasan ʾAlî ben Moḥammed al Andalusî al Basṭî (= aus Bastha, dem heutigen Baza in Spanien), genannt Al Kalṣâdî oder Al Kalṣâwî, gest. 1486. Haj. Khalfa Nr. 7101. Cherbonneau, Not. bibliographique im Journ. as. 5 sér. t. XIV. 1859. p. 437.

***) Introduction au calcul gobârî et hawâ'î, trad. par Wöpcke. Accad. de' nuov. linc. t. XIX. Roma, Juni 1866.

†) Arab. u. deutsch herausgeg. von Nesselmann, Berlin 1843.

††) S. Wöpcke, Journ. as. 6. sér. t. I. p. 504. Taylor behauptet (s. d. Rechenbuch d. Max. Plan. p. V), dass sie den heutigen Indern unbekannt sei.

$$\frac{M}{N} = \frac{m_1}{a_1} + \frac{m_2}{a_1\,a_2} + \frac{m_3}{a_1\,a_2\,a_3} + \cdots$$

gesetzt und durch $\dfrac{\cdots\; m_3\, m_2\, m_1}{\cdots\; a_3\; a_2\; a_1}$ bezeichnet wird.

Was z. B. die Multiplication betrifft, so kennen die älteren Rechenbücher nur jene indische Methode, die S. 188 beschrieben ist, in der dort angegebenen Modification für das Rechnen auf dem Papiere. *)

Die Division beruht auf demselben Principe, dass die partiellen Reste allein hingeschrieben und dabei die ursprünglichen Ziffern Schritt vor Schritt gestrichen werden, wie man aus nachfolgendem Beispiel der Division $2852 : 12 = 237\frac{8}{12}$ ersieht**):

```
              1  2
              4  9  8
              2  3  7
        2  8  5  2        2  3  7
        1  2                     8
           1  2              1  2
              1  2
```

Allmählich haben jedoch die Araber auch Methoden kennen gelernt, welche den heute üblichen***) näher stehen; jedoch haben sie niemals, wie wir es thun, die Producte einer Ziffer des Multiplicators in den ganzen Multiplicanden, sondern immer die Partialproducte in die einzelnen Ziffern des letzteren gebildet. Auch die Methoden der kreuzweisen Multiplication und auf dem śabaka (S. 189) finden sich hie und da.

---

*) Introduction au calcul gobārī et hawā'ī p. 372. Die in Beha-eddīn's Essenz der Rechenkunst p. 12 erwähnte, aber nicht beschriebene „Methode des Umgürtens" ist muthmasslich keine andere, als die oben gelehrte.

**) Noch im vorigen Jahrhundert war diese unter dem Namen des „Dividirens über sich" bekannte Methode in Deutschland sehr verbreitet. Die älteren Rechenmeister des Occidents lehren oft diese Methode allein, ohne das „Dividiren unter sich", wie die heute übliche Methode heisst.

***) Im vorigen Jahrhunderte herrschte die heute ausschliesslich gebrauchte Methode noch keineswegs allgemein in Europa. Vielmehr wurde von den Rechenmeistern noch die Methode gelehrt, die Partialproducte aller einzelnen Ziffern zu bilden und diese schliesslich sämmtlich zu addiren.

Im Anschlusse an die Lehre von den Rechnungsoperationen haben wir auch der Regeln zu gedenken, welche zur Lösung von Rechnungsaufgaben ohne Algebra dienen. Hieher gehört die später von den Lateinern sogenannte Regula duorum falsorum[*]), welche von Mohammed ben Musa al Hovarezmi durch eine besondere Schrift bei den Arabern eingeführt wurde[**]), die uns zwar verloren gegangen, vermuthlich aber nicht wesentlich verschieden ist von einer aus einer alten lateinischen Uebersetzung bekannten Schrift eines Arabers Abraham.[***])

Die Regel besteht bekanntlich in Folgendem: Wenn eine Gleichung $f(x) = V$ für x aufzulösen ist, so nehme man zunächst für x zwei beliebige Werthe $x = a$, $x = b$, bilde dann $f(a) = A$, $f(b) = B$, berechne die „Fehler" $V - A = E_a$, $V - B = E_b$; dann ist das gesuchte

$$x = \frac{b E_a - a E_b}{E_a - E_b}$$

im Allgemeinen näherungsweise, genau aber in dem hier allein betrachteten Falle, wo $f(x)$ das x nur linear enthält.

Was uns hier noch besonders interessirt, ist, dass diese Regel von jenem Abraham ausdrücklich auf die Inder zurückgeführt wird, so dass also in allen vorstehend behandelten Lehren die Araber durchaus Schüler der Inder gewesen sind.

Algebra; ihr Ursprung.

Die Geschichte der Algebra bei den Arabern beginnt mit der auf Veranlassung des Khalifen Al Mamum um das

---

[*]) Die älteren Italiener bezeichnen diese von den Arabern auch „Regel der Vermehrung und Verminderung" oder „Methode der Wagschalen" genannte Rechnung als: Regula el chatayn oder el chataieym oder el kataim. Zur Erklärung dieser Bezeichnung sind schon die sonderbarsten Hypothesen aufgestellt worden; indess erklärt sie sich sehr einfach: al hatâ'ain ist der Dualis des arabischen al hatâ (= der Fehler). S. z. B. hisâb al hatâ'ain (Haj. Khalfa t. III. p. 62).

[**]) Wöpcke, Journal asiat. 6. sér. t. I. p. 514.

[***]) Liber augmenti et deminutionis vocatus numeratio divinationis, ex eo quod sapientes Indi posuerunt, quem Abraham compilavit et secundum librum qui Indorum dictus est, composuit. Mitgetheilt von Libri, Histoire des sciences mathém. en Italie. t. I. Note XIV.

Jahr 820 geschriebenen Al ǵebr w' al mukạbala *) des Mohammed ben Mūsā al Ḥovārezmī. Die beiden Ausdrücke, mit denen Mohammed sogleich seine Kunst bezeichnet, beziehen sich auf die zwei einfachsten Operationen an Gleichungen: al ǵebr (von ǵabar = herstellen, einrichten, restaurare) bedeutet „das Ergänzen einer Negation", d. h. das Versetzen eines negativen Gliedes einer Gleichung auf die andere Seite; al mukạbala (= oppositio, Vergleichung) bedeutet die Vereinigung gleichartiger Glieder beider Seiten mit einander. Aus $x^2 + 3x - 3 = 5x$ z. B. geht durch al ǵebr $x^2 + 3x = 5x + 3$, durch al mukạbala hieraus $x^2 = 2x + 3$ hervor.**)

Was nun den Inhalt dieses Werkes betrifft, so lässt er sich in wenige Worte zusammenfassen: Es lehrt die Addition, Subtraction, Multiplication algebraischer, d. h. solcher Ausdrücke, welche die unbekannte Grösse oder deren Quadrat oder deren Quadratwurzel***) enthalten, gibt die Regel: „Wenn beide Glieder negativ sind, so ist das Product positiv" u. s. w. Die betreffenden Regeln der Addition und Subtraction werden durch Beispiele bewiesen, indem die einzelnen Grössen als Linien dargestellt werden. Es folgt dann die Auflösung der quadratischen Gleichungen, welche stets mit durchaus positiven Gliedern geschrieben werden und daher in die drei Fälle zerfallen: $x^2 + bx = a$, $x^2 + a = bx$, $x^2 = bx + a$. Nur die positiven Wurzeln der Gleichungen werden berücksichtigt, die beiden positiven

---

*) Im Original mit Uebersetzung herausgegeben von Fr. Rosen. The algebra of Mohammed ben Musa, London 1831; s. auch eine alte lateinische Uebersetzung, Libri Hist. d. Math. t. I. Note XII.

**) S. Haj. Khalfa t. II. p. 582. Die Lateiner nannten diese Kunst anfangs algebra et almuchabala, bis allmählich nur der eine Name algebra übrig blieb, den man aber gern von dem „berumbstenn In der Zall erfarnen Algebras", dem arabischen Meister (so Ad. Riese u. a.), ableitete.

***) Die Unbekannte wird entweder šei' (= res) oder ǵiḍr (= radix) genannt, welch letzteres Wort, von ǵiḍr (= die Wurzel einer Pflanze) hergenommen, auch die Quadratwurzel bezeichnet. Das Quadrat der Unbekannten, häufig auch die Unbekannte selbst, heisst māl (= Vermögen, Besitz), was die Lateiner des Mittelalters nicht unpassend durch census (i. e. quidquid fortunarum quis habet) übersetzen.

Wurzeln von $x^2 + a = bx$ werden richtig angegeben. Auf den Vortrag der Regeln folgt dann ihre geometrische Erläuterung. Wenn z. B. $x^2 + 10x = 39$ gegeben ist, so construire man das Quadrat $AB = x^2$; dann mache man $BC = BD = \frac{10}{2}x$; so ist $BE = 25$; nun ist AB nebst den Gnomonen $= 39$, also $AE = 39 + 25 = 64$, also $x + 5 = 8$, $x = 3$. Aehnlich werden auch die anderen Fälle behandelt.

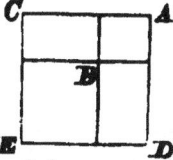

Diese Regeln werden dann auf zahlreiche Aufgaben angewandt, die in Worte gefasst sind und erst in algebraische Form gebracht werden müssen.

Die zweite Hälfte des Werkes ist der Behandlung von Aufgaben gewidmet, welche von keinem wissenschaftlichen Interesse sind, für die Mohammedaner aber von grösstem praktischen Werthe waren und eine ganze Literatur hervorgerufen haben: über die Theilung von Erbschaften (fará'iḍ), bei welchen der Wille des Testators mit den eingehenden Bestimmungen des Koran über die Theilung des Vermögens nicht ganz vereinbar ist, wo dann zu Gunsten der nächsten Anverwandten in oft sehr verwickelten Fällen nach bestimmten herkömmlichen Regeln zwischen dem Testamente und dem strengen Rechte vermittelt wird.

Auch jener erste, rein mathematische Theil erregt bei seiner Dürftigkeit eben wenig sachliches Interesse; doch erhebt sich die wichtige historische Frage nach dem Ursprunge dieser Algebra.

Es liegt die Vermuthung nahe, dass Mohammed ben Musa, der seine Astronomie auf dem Sindhind aufbaute, der die indischen Rechenmethoden, die indische Regula falsi seinen Landsleuten lehrte, auch in der Algebra aus indischen Quellen geschöpft haben möge. Es fehlt aber viel, dass diese Vermuthung historisch erwiesen sei. Denn die Verschiedenheiten der Algebra der Inder und Mohammed's sind erheblich genug.

Jene beiden Operationen al ǵebr und al mukâbala, die der Araber für so grundlegend hielt, um nach ihnen seine Kunst zu benennen, haben bei den Indern keine solche Stelle; „ziehe die unbekannte Grösse der einen Seite von

der der anderen ab, und die bekannte Zahl der einen Seite
von der der anderen; dann dividire durch die übrig gebliebenen Unbekannten die übrig gebliebenen bekannten
Grössen; der Quotient ist der Werth der Unbekannten" —
das ist die Regel der indischen Algebraiker.*) Ja die al
ǵebr im Sinne der Araber widerspricht ganz dem Geiste der
indischen Algebra, welche keineswegs vorschreibt, alle Glieder
einer Gleichung positiv zu machen, vielmehr z. B. die quadratischen Gleichungen behufs ihrer Auflösung immer auf die
Form $x^2 + px = q$ bringt, mögen p und q positiv oder negativ sein. Vor allen Dingen aber verträgt sich mit jener
Hypothese schlecht, dass Mohammed ben Musa, der, wie
seine anderen Schriften zeigen, den Werth von Zeichen und
Algorismen — war er doch selbst der „Algorismi" — überhaupt zu schätzen wusste, in der Algebra die Zeichensprache
seiner indischen Vorbilder gänzlich ignorirte; denn es findet
sich in seiner Algebra nicht ein einziges Zeichen; alles,
selbst die Zahlen sind in Worten ausgedrückt.

So lernte der Araber vielleicht aus griechischen
Schriften seine Algebra? Vergleichen wir das Werk des
Mohammed mit der einzigen griechischen Quelle, die wir
kennen, mit Diophant, so tritt zunächst als eine sehr be-
merkenswerthe Analogie hervor, dass hier jene fundamentalen Operationen Mohammed's allerdings an hervorragender
Stelle erscheinen: „Wenn man bei einer Aufgabe auf eine
Gleichung kommt, die zwar aus den nämlichen allgemeinen
Ausdrücken besteht, jedoch so, dass die Coefficienten auf
beiden Seiten ungleich sind, so muss man Gleiches von
Gleichem abziehen, bis man eine Gleichung zwischen zwei
eingliedrigen Ausdrücken erhält" — so sagt Diophant, und
das wäre al muḳabala. „Wenn aber auf der einen oder auf
beiden Seiten negative Grössen vorkommen, so muss man
diese auf beiden Seiten addiren, bis man auf beiden Seiten
positive Grössen erhält"**) — und das ist al ǵebr.

---

*) Vija-ganita, art. 101 in Colebrooke, Algebra with Arithmetic
and mensuration, from the Sanscrit of Brahmagupta and Bháscara.
London 1817.

**) Diophanti Arithmetica, introductio XI.

Doch sind auch Abweichungen vorhanden: Bei dem Araber finden wir zwei Wurzeln von $x^2 + a = bx$ angegeben. Diophant kennt durchaus nur eine; auch kann Diophant seiner ganzen Anschauung nach die algebraische Lösung überhaupt nur in dem Falle anerkennen, dass die Wurzel rational ausgezogen werden kann. Davon ist bei Mohammed nicht die Rede; dessen geometrische Construction der quadratischen Gleichungen ist nichts weniger als diophantisch.

Ueberdem ist eine directe Bekanntschaft der Araber mit Diophant in so früher Zeit nicht nachweisbar; erst Abu'l Wofä übersetzte die Arithmetik am Ende des 10. Jahrh.

Woher stammt nun die Algebra des Mohammed ben Musa? Aus seinem Geiste ist sie sicherlich nicht entsprungen; denn es konnte derjenige, welcher die geometrische Construction der quadratischen Gleichungen fand, nicht in Verlegenheit sein, Ausdrücke, wie $(100 + x^2 - 2x)$ zu construiren; unser Autor aber sagt: „Ich habe in der That versucht, auch für diesen Fall eine Figur zu construiren; aber sie war nicht genügend klar".

Ich meine: Unser Autor arbeitete nach einer Tradition und lehrte mit jenen Operationen al gebr w'al mukabala, deren Sinn er in seiner Schrift nicht einmal zu erläutern für nöthig findet, seinen Landsleuten nichts durchaus Neues und Fremdes.

Ich sehe nun keinen anderen Ausweg, als diese Tradition bei den Culturvölkern, welche die Araber unterjochten, den Syrern und Persern vorauszusetzen. Wir wissen, dass griechische Gelehrsamkeit in Syrien nicht erloschen, dass diese auch nach Persien vorgedrungen war, dass Persien unter den Sasaniden mancherlei literarische Beziehungen zu Indien gehabt, dass sowohl in Syrien als in Persien die Astronomie nie aufgehört hatte, cultivirt zu werden. *) So dürfen wir vielleicht vermuthen, dass sich in diesen Ländern bereits vor der Eroberung durch die Araber unter dem doppelten Einflusse griechischer und indischer Wissenschaft diese eigenthümliche vermittelnde Algebra, welche Züge der

---

*) Ich erinnere an den Syrer Mäsalläh, an den Perser Al Nehäwendi und an des Habas „Tafeln nach den Lehren der Perser",

einen und der anderen trägt, jedoch hinter beiden an wissenschaftlichem Werthe zurücksteht, gebildet habe. Das wäre
denn die Algebra, die uns Mohammed ben Musa überliefert
hat.*)

Doch stehen wir hier an einem der dunkelsten Puncte
der Geschichte. Ehe nicht der Schleier gelüftet ist, welcher
die Culturgeschichte jener Länder vor der mohammedanischen
Zeit bedeckt, ist es unmöglich, meine Hypothese von dem
Ursprunge der Algebra des Mohammed ben Musa anders
wahrscheinlich zu machen, als dadurch, dass man alle anderen
Hypothesen als unzulässig zurückweist.

Weitere Entwickelung der Algebra.

Die Stufe, auf welcher wir die Algebra bei dem ersten
Schriftsteller finden, haben die Araber im ganzen Verlaufe
ihrer Geschichte nicht eigentlich überschritten. Die „Essenz
der Rechenkunst" von Behä-eddīn aus dem 16. Jahrhundert
enthält wenig mehr, als die Algebra von Mohammed ben
Mūsä.

---

*) Auch in seiner Terminologie spricht sich jenes Schwanken
zwischen indischen und griechischen Vorbildern aus. Das arabische
māl (s. oben p. 260) scheint mir die Uebersetzung des griechischen
$\delta\acute{v}v\alpha\mu\iota\varsigma$ (= Möglichkeit, Vermögen) zu sein; im Sanskrit heisst das
Quadrat varga (eigentlich = die Reihe). Das arabische ǧiḍr ist da-
gegen, wie ich nicht bezweifle, die Uebersetzung des sanskritischen mula
(eigentlich = Wurzel einer Pflanze), womit die Brahminen die Quadratwurzel bezeichnen; sicherlich konnte eine so seltsame Bezeichnung wie
„Wurzel" nicht an zwei Orten unabhängig von einander entstehen. Die
Griechen nennen dieselbe $\pi\lambda\varepsilon v\varrho\acute{\alpha}$ (= Seite). Die Bezeichnung der Unbekannten durch šei' erinnert weder an Diophant's $\acute{\alpha}\varrho\iota\vartheta\mu\acute{o}\varsigma$, noch an
das indische yāvät tävat (= tantum quantum). Was die Bezeichnung
der höheren Potenzen betrifft, so gebraucht allerdings Al Karḫī im Anfange des 11. Jahrhunderts, der mit Diophant nachweisbar bekannt
war, das Diophantische Princip, die höheren Potenzen als Producte der
niedrigeren zu bezeichnen, so dass $x^5 = x^3 . x^2$ quadrato-cubus, $x^6 = x^3 . x^3$
cubo-cubus genannt wird. Doch scheinen sich die meisten anderen arabischen Autoren dem in Indien geltenden Principe (s. Lilavatī art. 25
in Colebrooke Algebra with Arithmetic) angeschlossen zu haben, die
höheren Potenzen durch Potenzirung der niederen zu gewinnen, also
z. B. $x^4 = (x^2)^2$ mit quadrato-cubus und $x^9 = (x^3)^3$ mit cubo-cubus zu
bezeichnen. Denn die nach arabischen Quellen arbeitenden älteren italienischen Algebraiker wenden letztere Bezeichnung an.

Das grösste algebraische Werk der Araber, das wir besitzen, der Faḥrı*) des Al Karḥı aus dem Anfange des 11. Jahrhunderts, welches ein genaues Studium des Diophant zeigt, geht über die ältere Algebra nur insofern hinaus, als es auch mit höheren Wurzeln als Quadratwurzeln operiren und Gleichungen von der Form $x^{2\mu} + bx^{\mu} = + a$ auflösen lehrt.

Bei dem wörtlichen Ausdrucke aller algebraischen Formeln ist man bis zuletzt meist stehen geblieben. Doch lag der Vortheil einer abkürzenden Zeichensprache zu nahe, als dass man ihn auf die Dauer ganz hätte ignoriren können. Ibn al Bannä wird als der erste genannt, der „einen technischen Gebrauch von Zeichen gemacht hat, die zugleich für das abstracte Raisonnement und die sichtbare Repräsentation dienen."**) Auch einige Manuscripte der „Aufhebung des Schleiers der Wissenschaft vom Calcül" von Al Kalṣädı bedienen sich der Anfangsbuchstaben der betreffenden Termini technici als Zeichen für die Wurzel (ǧidr), die Unbekannte (šei'), deren Quadrat (mäl) und Kubus (ka'b) u. s. w.***)

In Bezug auf die Vermeidung aller negativen Grössen sind die Araber immer auf dem Standpuncte Mohammed's, der zugleich der Diophant's war, stehen geblieben.

Was dagegen die Anwendung der Algebra betrifft, so haben sie darin den griechischen Standpunct weit überschritten: sie haben die Fesseln abgeworfen, welche die strenge Unterscheidung zwischen Zahlen und Grössen der griechischen Wissenschaft auferlegte; sie haben es sich damit möglich gemacht, arithmetische Operationen auch auf Linien und Flächen, kurz die Algebra auf Geometrie anzuwenden, und von dieser Möglichkeit reichlichen Gebrauch gemacht. Nicht allein, dass sie, den Indern folgend†), fast den gesammten Inhalt des viel berufenen X. Buches der Euklidischen Elemente in Einen algebraischen Satz zusammen-

---

*) Extrait du Fakhri, par F. Wöpcke, Paris 1853.
**) Wöpcke, Journal as. 5. sér. t. IV. 1854. p. 372.
***) Ibid. p. 358 seq.
†) Vija-ganita cap. 1. sect. 5 in Colebrooke, Algebra with Arithmetic and mensuration.

fassen konnten*); auch die astronomischen Probleme gaben ihnen hiezu viele Veranlassung. Ihre ganze Trigonometrie ist ein Zeugniss dafür, welcher gewaltige Fortschritt damit gemacht war, die geometrische Ausdrucksweise der Theoreme abzustreifen und sie in Formeln zu verwandeln, welche den Zusammenhang der Grössen in arithmetisch-algebraischer Form vor Augen legen.

In diesem Verhältnisse zur Geometrie finden wir die Algebra bei den Arabern vom ersten Anfang an, und wir haben daher ein Recht, dies als ein Erbe indischer Wissenschaft, nicht aber als eine selbstständige Leistung der Araber anzusehen. Denn jeder weitere Fortschritt auf dieser Bahn wurde von ihnen nur mit grösster Mühe gemacht.

Man kennt die berühmte Aufgabe der Kugeltheilung des Archimedes**), welche auf die Theilung einer Strecke AB in X hinaus kommt, so dass $XB \cdot \overline{AX}^2 = V$ einem gegebenen Volumen gleich ist. Es wird uns nun überliefert, „dass Al Mâhânî als der erste die Idee fasste, diesen Hilfssatz algebraisch aufzulösen, wobei er auf eine, Kuben, Quadrate und Zahlen enthaltende Gleichung geführt wurde, welche aufzulösen ihm nicht gelang, obgleich er sie zum Gegenstande langen Nachdenkens machte."***) Wir begreifen wohl, warum Al Mâhânî die algebraische Auflösung einer kubischen Gleichung, auf welche ein geometrisches Problem zurückgeführt zu haben ihm mit Recht als Verdienst zugerechnet wurde, nicht gelang, „und man erklärte daher die Auflösung für unmöglich, bis Abu Ga'far al Hâzin erschien, welcher die Gleichung mit Hilfe der Kegelschnitte auflöste", berichtet unser arabischer Gewährsmann. Hiemit aber war ein neues Princip in die Wissenschaft eingeführt, eine neue Brücke zwischen Algebra und Geometrie geschlagen; wir

---

*) So bei Al Kalsâdî, Atti d. acc. dei' nuov. Lincei. t. XII. 1859. p. 412 ff.

**) Archimedes, de sphaera et cylindro lib. II. prop. 5. „Eine gegebene Kugel so zu schneiden, dass die Kugelabschnitte zu einander in einem gegebenen Verhältnisse stehen."

***) L'algèbre d'Omar Alkhayyâmî, publ. et trad. par Wöpcke. Paris 1851. p. 2. Al Mâhânî schrieb einen Commentar zu Archimedes' de sphaera et cyl. lib. II.

werden weiter unten sehen, welch neue Richtung sich hieraus entwickelte.

So grossen Nutzen aber auch die Araber aus der Verbindung zwischen jenen bei den Griechen durch eine weite Kluft getrennten Disciplinen zogen, so haben sie doch den principiellen Fortschritt, der hierin lag, so wenig erkannt, dass sich ihnen, je mehr sie die Schriften der Alten, namentlich Diophant und Euklid studirten, mehr und mehr jene Kluft wieder erweiterte. Bereits bei Al Karḫi wird unter den verschiedenen Beweisen der Auflösung quadratischer Gleichungen der arithmetische Beweis Diophant's den geometrischen gegenübergestellt; letztere aber haben nicht die unmittelbare Evidenz der von Mohammed ben Musa gelehrten Construction, sondern sind ausdrücklich auf die geometrischen Sätze des X. Buches von Euklid's Elementen gestützt. Noch weiter zurück geht 'Omar al Ḥayyāmi; er unterscheidet streng zwischen „absoluten Zahlen" und „messbaren Grössen", zwischen der geometrischen Auflösung der quadratischen Gleichungen, die Euklid, und der arithmetischen, d. h. in rationalen Zahlen, die Diophant gegeben hat. Er beginnt bereits reciproke Potenzen, Biquadrate u. s. w. nicht rein algebraisch aufzufassen, sondern durch jene Proportionen, welche die griechische Geometrie so schleppend machen, zu definiren; so ist ihm $x = \sqrt[4]{a}$ eine Länge x, deren Quadrat x^2 sich zu einer als Einheit genommenen Fläche, wie die Fläche a zu x^2 verhält. „Wenn der Algebrist das Biquadrat in Problemen der Messung anwenden will, sagt unser Autor, so muss dies metaphorisch und nicht eigentlich verstanden werden, da es absurd ist, das Biquadrat zu den messbaren Grössen zu rechnen. . . . Das Biquadrat gehört daher weder essentialiter noch accidentell zu den messbaren Grössen. . . . Die Zahl stellt die Continuität der messbaren Grössen als discontinuirlich dar."*)

Wir stehen hier an einem kritischen Puncte der Geschichte der Algebra. Fast wäre zu fürchten gewesen, dass bei einer weiteren Vertiefung in den von den Griechen scharf festgehaltenen Unterschied von Grössen und Zahlen

---

*) L'algèbre d'Omar p. 8.

jene Schranken wieder aufgerichtet und die kaum errungene
Anwendbarkeit der Algebra auf Geometrie und der Geometrie auf Algebra wieder in Frage gestellt worden wäre.
Der Stillstand der Algebra seit dem Ende des 11. Jahrh.
bewahrte die Wissenschaft vor diesem Rückschritte.

Das aber dürfte nach Allem keinem Zweifel mehr unterliegen, dass die Algebra der Araber nicht auf rein griechischem Boden erwachsen, dass sie mindestens durch andere
selbstständige Ideen befruchtet wurde, deren Ursprung wir
wahrscheinlich bei den Indern suchen müssen. Da diese
Ideen den Arabern nur vereinzelt zukamen und nicht durch
eine reiche Literatur unterstützt wurden, so wurden sie allmählich machtlos gegenüber der sich in den mohammedanischen Ländern immer mächtiger ausbreitenden griechischen
Wissenschaft.

Theoretische Arithmetik und unbestimmte Analytik.

Die einzige grössere Leistung, welche die Araber in
der theoretischen Arithmetik, wie sie diese aus den arithmetischen Büchern der Elemente Euklid's und der Isagoge
Nikomachos' kennen lernten, gemacht haben, verdankt man
dem gelehrten Ṭâbit ben Ḳorra.[*] Sie bezieht sich auf die
Bildung befreundeter Zahlen (numeri amicabiles), deren Begriff die Pythagoriker, wie Ṭâbit sagt, bereits auf ihre
Weise verwendet haben.[**] Wir wissen nichts davon, dass
schon die Alten solche Zahlenpaare betrachtet haben, welche
in der reciproken Beziehung zu einander stehen, dass die
Summe der Theiler der einen Zahl gleich der anderen Zahl
ist. Wir finden bei den Alten nur den specielleren Begriff
der „vollkommenen Zahl", in welcher die zwei Zahlen eines
solchen Paares mit einander vereinigt sind. An die Euklidische Vorschrift zur Bildung letzterer[***] schliesst sich nun

[*] Wöpcke, Journal asiatique. 4. sér. t. XX. 1852. p. 420.
[**] Ueber den magischen Gebrauch, den die Araber von diesen
Zahlen machten, s. Prolégomènes hist. d'Ibn Khaldoun in den Not. et
extraits d. mscr. de la bibliothèque. Paris 1868. t. XXI. p. 179. Ueber
magische Quadrate ibidem. Vergl. auch „die Propaedeutik der Araber
im 10. Jahrhundert", herausg. von Dieterici. Berlin 1865. p. 43.
[***] Euclides Elementa lib. IX. 36.

die Regel an, wie sie Tabit, als von ihm erfunden, vorträgt: Sind $p = 3 . 2^n — 1$, $q = 3 . 2^{n-1} — 1$, $r = 9 . 2^{2n-1} — 1$, wo n eine ganze Zahl ist, drei Primzahlen, so sind $a = 2^n pq$, $b = 2^n r$ ein Paar befreundete Zahlen. Es ist dies dieselbe Regel, welche später im Abendlande Descartes[*]), ohne von der Regel der Araber etwas zu wissen, wiederfand. Was aber diese kleine Abhandlung Tabit's besonders auszeichnet, ist die strenge Euklidische Methode, mit welcher er seine Sätze beweist; sein Gedankengang stimmt im Wesentlichen mit dem überein, welchen später auch Euler eingeschlagen hat.

Die Sätze von der Summation der Reihen:

$$1^2 + 2^2 + . . + n^2 = \frac{2n+1}{3} (1 + 2 + . . + n)$$
$$1^3 + 2^3 + . . + n^3 = (1 + 2 + . . + n)^2$$

treffen wir bei den Arabern zuerst im Faḫrì des Al Karḫì. Die erste dieser Formeln findet sich allerdings bei Archimedes in seiner Schrift über die Spirale prop. 10. Dass aber die Araber nicht aus dieser Quelle geschöpft haben, die überdem in ihrer ganzen Literatur nicht erwähnt wird, beweist der Umstand, dass Al Karḫì die betreffende Formel nicht zu erweisen vermag. Der Satz von der Summe der Kuben wird durch die anschauliche Methode bewiesen[**]), welche wir (S. 192) keinen Anstand genommen haben den Indern beizulegen.

Hier darf ich wohl auch erwähnen, dass die Araber die Ausziehung von Quadrat- und Kubikwurzeln von den Indern, wie sie selbst angeben, gelernt hatten, dass dann Omar Al Ḥayyàmì die beliebig hoher Wurzeln lehrte[***]) und dass wenigstens in späterer Zeit das independente Bildungsgesetz der Binominalcoefficienten bekannt war.[†]) Die successive Bildung dieser Coefficienten auseinander, wie sie in Europa später unter dem Namen des „arithmetischen Dreiecks"

---

[*]) S. Klügel, math. Wörterbuch. Artikel: Befreundete Zahlen.

[**]) Das ganze Material über jene Formeln ist gesammelt von Wöpcke: Passages relatifs à des sommes des séries des cubes in: Tortolini, Annali di Matematica, t. V, VI und Liouville, Journal 1864, 1865.

[***]) L'algèbre d'Omar Alkhayyami p. 13.

[†]) John Tytler, Asiatic researches, Calcutta, vol. XII, p. 51. vol. XIII. p. 456.

bekannt wurde, finde ich in der mir zugänglichen arabischen Literatur nicht vor.

Was die unbestimmte Analytik betrifft, welche die Araber am Ende des 10. Jahrhunderts durch Abu'l Wefä's Uebersetzung des Diophant kennen lernten, so besitzen wir zunächst jenen Faḫri des Al Karḫi. Wir finden darin die meisten Aufgaben Diophant's, zuweilen in etwas modificirter Form wieder; die Methoden Diophant's sind mit Geschick und Verständniss angewandt; nirgends aber ist nur ein Schritt darüber hinausgegangen. Von grossem historischen Interesse ist die Thatsache, dass auch nicht die geringste Spur einer Bekanntschaft des Al Karḫi mit der so viel vollkommeneren unbestimmten Analytik der Inder in seinem grossen Werke zu entdecken ist.

Zwei ausführliche Abhandlungen*) über die Bildung rationaler rechtwinkliger Dreiecke, die vor das Jahr 972 zurückzugehen scheinen, würden, falls sie vor der Bekanntschaft mit Diophant abgefasst sein sollten, als selbstständige Leistungen der Araber hohe Anerkennung verdienen. Sie beschäftigen sich mit den Zahlformen, welche die nach der Regel $g = a^2 - b^2$, $k = 2ab$, $h = a^2 + b^2$ gebildeten Dreiecksseiten annehmen und gipfeln in der Auflösung der simultanen Gleichungen

$$x^2 + u = \square, \quad x^2 - u = \square$$

durch die Substitution $x = h$, $u = 2gk$, die freilich schon von Diophant (Arithmetica lib. III, 22; V, 9) benutzt ist, hier indess unter dem etwas veränderten Gesichtspuncte erscheint, dass u nicht, wie dort, willkührlich, sondern gegeben ist.

Den Satz, dass die Summe zweier Kuben nicht wieder ein Kubus sein kann, haben die Araber bereits bemerkt; auch hat Al Hogendi einen Beweis desselben versucht, der jedoch nicht gelungen ist.**)

---

*) Wöpcke, Traduction d'un fragment anonyme sur la formation des triangl. rectangles en nombres entiers, et d'un traité sur le même sujet par Aboû Dja'far Mohammed ben Alhoçaïn in den Rech. s. plus. ouvrages de Léonard de Pise. Atti d. acc. de' nuovi lincei. t. XIV. 1861. p. 211, 241, 301, 343.

**) Ibid. p. 301.

Geometrie.

Das älteste Stück von Geometrie der Araber, welches wir kennen, ist in der Algebra von Mohammed ben Musá al Hovárezmi enthalten. Es gibt den Satz vom Quadrate der Hypotenuse (von den Arabern die „Figur der Braut" genannt), seinen Beweis aber nur in dem einfachsten Falle eines gleichschenkligen, rechtwinkligen Dreiecks, dann die Berechnung der Höhe und hieraus der Fläche eines Dreiecks, der Flächen von Parallelogrammen, der Pyramide und des Kreises.

So dürftig dies Fragment auch ist, trägt es doch unzweifelhafte Spuren indischen Einflusses an sich. Es enthält nämlich ausser dem Werthe $\pi = 3\frac{1}{7}$ auch die beiden indischen Bestimmungen $\pi = \sqrt{10}$ und $\pi = \frac{62832}{20000}$.[*] Merkwürdiger Weise wurde dieser letztere Werth später von den Arabern vergessen und durch viel ungenauere ersetzt.[**]

Ausserdem finde ich in der ganzen geometrischen Literatur der Araber nur eine einzige Untersuchung, welche mir indischen Charakter zu zeigen scheint, die des Abu'l Wefa über die Zerlegung von Quadraten.[***]

In einer Schrift der Söhne des Musá ben Sákir[†] findet man die Formel für die Fläche des Dreiecks aus seinen Seiten, die jedoch hier nicht indischen, sondern griechischen Ursprunges ist, wie die Reihenfolge der Buchstaben in der Figur beweist.[††] Vielleicht entstammte sie einer der vielen Umarbeitungen Heronischer Schriften, die sich ohne Zweifel

---

[*] Ausdrücklich bezeichnet als die Werthe der hindisn oder hindass, worüber Wöpcke, Journal as. 6. sér. t. I, 1863. p. 505.

[**] Wöpcke, Journ. as. 5. sér. t. XV, 1860. p. 316.

[***] In der Schrift „über die geom. Constructionen" Journ. as. 5. sér. t. V. 1855. p. 346.

[†] Verba filiorum Moysi filii Schaker, Mahumeti, Hameti, Hasan s. Chasles, Gesch. d. Geom. (deutsche Uebers.) p. 481. Leider ist diese Schrift noch ungedruckt, und die Herausgabe derselben, welche Dr. Curtze schon seit längerer Zeit versprochen hat, ist, soviel ich weiss, bis jetzt noch nicht erfolgt.

[††] Fr. Hultsch, der Lehrsatz über die Fläche des Dreiecks. (Schlömilch, Zeitschrift f. Math. 1864. t. IX. p. 241.)

auch nach Syrien verbreiteten und dort mit persisch-indischen Elementen versetzt worden sein mögen. Dann würde man auch die Geometrie von al Ḥovärezmī auf diese Quelle zurückführen können, ohne directen Einfluss indischer Geometrie auf die Araber des 9. Jahrhunderts annehmen zu müssen. Dass aber überhaupt die indische Geometrie früher oder später einen Weg zu den Arabern gefunden hat, beweist ausser jenen Werthen von π auf's Schlagendste der Umstand, dass das im arabischen Irak im 10. Jahrhundert gebräuchliche System der Landmaasse nicht auf alt babylonische, sondern auf indische Systeme hinweist.*)

Der gewaltige Strom klassisch-griechischer Geometrie, der sich seit dem Ende des 9. Jahrhunderts über die Araber ergoss, drängte jedoch bald allen indischen Einfluss hinweg.

Euklid's Elemente erhielten bei den Arabern dieselbe Stellung, wie später bei den Lateinern; sie waren der Ausgangspunct jedes mathematischen Studiums; durch Commentare und Paraphrasen, deren wir in unseren Quellen mehr als ein halbes Hundert**) zählen, suchte man das Studium derselben zu erleichtern. Namentlich das X. Buch über die Irrationalitäten gab zu immer wiederholten Bearbeitungen Veranlassung. Ebenso eifrig beschäftigte man sich mit logischer Analyse seiner Methode, seiner Definitionen und Axiome und benutzte seine Beweise zur Exemplification der Regeln der formalen Logik in ähnlicher pedantischer Weise, wie dies unsere deutschen Logiker fast noch bis in unser Jahrhundert hinein beliebt haben. Des Aristoteles Organon gab hier wie dort die Grundlage. Wie vollständig sich die Araber in diese griechischen Spitzfindigkeiten hineinarbeiteten, zeigt, um nur eines anzuführen, der Versuch Naṣreddin's, das Euklidische Parallelenpostulat zu beweisen; seine lange, hierauf gerichtete Beweisführung***) ist nicht besser und nicht schlechter, als so viele andere Versuche, die von

---

*) S. Dieterici, d. Propaedeutik der Araber. Berlin 1865. p. 188.

**) Gartz, De interpretibus et explanatoribus Euclidis arabicis. Halae 1823, und Wenrich, De auctorum graec. vers. arab. p. 176.

***) S. Kästner, Gesch. d. Math. t. I. p. 374 seq. oder Wallis, Op. math. fol. vol. II. 1693. p. 669—673.

tüchtigen Mathematikern der letzten Jahrhunderte zur Lösung
jener Schwierigkeit angestellt wurden.

Trotz dieser selbst doctrinären Bekanntschaft mit der
demonstrativen Methode haben die Araber sich meistens
aller Beweise enthalten und Lehrsätze wie Regeln dogmatisch
aneinandergereiht, nicht anders als es die Inder in ihren
Siddhanten zu thun pflegen. Hat sie dazu die Rücksicht
auf Kürze und entsprechend grössere Wohlfeilheit ihrer
Bücher bewogen?

Von Fortschritten, welche die Araber in der elementaren
Geometrie gemacht haben, ist uns wenig bekannt. Jene
schon erwähnte Schrift Abû'l Wefâ's „über die geometrischen
Constructionen" zeigt uns, dass man die Reisskunst zu vervollkommnen suchte; man findet hier eine sehr anschauliche
Construction der Eckpuncte der regelmässigen Polyeder auf
der umschriebenen Kugel; und zum ersten Male die im
Abendlande so berühmt gewordene Bedingung eingeführt,
dass die Constructionen mit einer einzigen Zirkelöffnung
ausgeführt werden sollen.

Euklid's Schrift de divisionibus und Archimedes' Lem-
mata *) gaben zu manchen, mehr oder minder selbstständigen
Umarbeitungen, die leider heute die Herstellung eines echten
Textes erschweren, Veranlassung.

An diese schliessen sich dann kleinere Schriften über
geometrische Oerter oder einzelne Aufgaben an, so vor allem
eine Schrift des Ibn al Haiṭam **), welche in ihrem ersten
Theile zahlreiche geometrische Oerter bestimmt, die auf
Kreise führen; so den Ort eines Punctes, wenn der Quotient
oder die Quadratsumme seiner Abstände von zwei festen

---

*) S. oben p. 234 ff. und vergl. die von Sédillot (Notices et extraits
d. mscr. t. XIII. Paris 1838. p. 136—143) mitgetheilten Schriften des
Al Singarî.

**) Cognita (i. e. data) geometrica. Nouveau Journal asiat. t. XIII.
1834. p. 435. Der Herausgeber Sédillot glaubt fälschlicher Weise, es
sei in dieser Schrift die Idee ausgeführt, die d'Alembert mit géométrie
de situation bezeichnet (s. den Artikel Situation in der Encyclopédie
méthodique), oder die andere, die Carnot in seiner Géométrie de position verkörperte. Es ist dies ein Missverständniss; Ibn al Haiṭam's
positione datum ist einfach im antiken Sinn zu verstehen: „der Lage
nach gegeben".

Puncten constant ist, u. a. Der Verfasser sagt, „es seien dies ganz neue Sachen, deren Art selbst den Alten (d. h. griechischen) Geometern unbekannt gewesen sei". Wenn dies nun auch in der That unbegründet ist, da die Schrift Ibn al Haiṯam's in ihrem Inhalte der des Apollonius de locis planis sehr ähnlich ist, so muss doch dem Araber, der weder diese Schrift, noch des Pappus Collectiones mathematicae kannte, grosse Anerkennung gezollt werden, dass er selbstständig etwas Aehnliches zu schaffen vermochte.

Was die Lehre von den Kegelschnitten betrifft, so sehen wir aus zahlreichen Büchertiteln, dass man sich auch mit ihr eifrig beschäftigte. Die Schrift des Marokkanen Abu'l Ḥasan 'Alī „über die astronomischen Instrumente" zeigt eine tüchtige Kenntniss der Conica des Apollonius und eine rühmliche Gewandtheit in ihrem Gebrauche für die Schattenprojectionen; doch nach Delambre's Bericht[*]) nirgends einen wesentlichen Fortschritt in der Theorie dieser Curven.

Construction der kubischen Gleichungen.

Wir haben bereits oben berichtet, dass nach arabischen Nachrichten Abū Ġa'far al Ḥāzin zuerst den Gedanken zur Ausführung brachte, die kubische Gleichung, auf welche Al Māhānī das Archimedische Problem der Kugeltheilung zurückgeführt hatte, mittels der Kegelschnitte zu construiren. Nun wissen wir aber, dass Archimedes zwar ohne Algebra aber doch mit Kegelschnitten das Problem gelöst und Eutocius diese Lösung nebst vielen Constructionen der zwei mittleren Proportionalen durch Kegelschnitte in seinem Commentar zu der Schrift des Archimedes de sphaera et cylindro mitgetheilt hat, wir wissen ferner, dass des Archimedes Schrift nebst diesem Commentar schon früh in das Arabische übersetzt war; ja es haben sich Exemplare dieser arabischen Uebersetzung bis heute erhalten. Dies steht aber mit jener Nachricht in einem seltsamen Widerspruche, der noch verwickelter wird, wenn wir in der arabischen Literatur über die Construction von Gleichungen durch Kegelschnitte bald die Lösung des Archimedes erwähnt, bald ausdrücklich als

---

[*]) Delambre, Hist. de l'astron. du moyen âge p. 515.

fehlend bezeichnet, dann wieder von einem Araber die in jenem Commentare des Eutocius ebenfalls mitgetheilte Lösung jenes Problems von Dionysiodorus als seine eigene vorgetragen finden. *)

Alle diese Widersprüche lösen sich auf das Einfachste, wenn wir die Eigenthümlichkeiten des Büchermarktes in jenen Zeiten beachten, die hohen Preise der Bücher und ihre geringe Verbreitung, die grossen Entfernungen der Städte, in denen wir die betreffenden Gelehrten finden: Bagdad, Gasna, Naisabur. Wir haben mehrere Beispiele, dass arabischen Schriftstellern arabische Werke unbekannt waren, die wir noch heute besitzen, und haben somit keinen Grund, den arabischen Mathematikern, welche von griechischen Lösungen mittels der Kegelschnitte nichts zu wissen behaupten, zu misstrauen und ihre Wahrhaftigkeit in Zweifel zu ziehen.

Können wir nun auch den Arabern nicht das Verdienst zuschreiben, zuerst den Gedanken gefasst zu haben, geometrische Aufgaben vermittels der Durchschnitte von Kegelschnitten zu construiren, so gebührt ihnen ohne Zweifel das andere, auf der eröffneten Bahn rüstig weiter geschritten zu sein.

Denn sie blieben keineswegs bei der Lösung jenes Archimedischen Problemes stehen. Eine ganze Reihe ähnlicher Aufgaben wurden in der zweiten Hälfte des 10. und der ersten Hälfte des 11. Jahrhunderts auf diese Weise behandelt.

Namentlich war die Trisection des Winkels der Gegenstand zahlreicher Arbeiten eines Tabit ben Korra, Abu Sahl al Kuhi, Al Sagani, Al Biruni u. a., welche wir in einer Abhandlung von Al Singari „über die Trisection des Winkels" vereinigt finden. **) Bekanntlich kann die Trisection des Winkels OAC in die Aufgabe verwandelt werden, durch C eine Gerade so an OA zu legen, dass $EF = EA$ dem Radius des Kreises gleich ist. Denn man hat dann $OFC = \frac{1}{3} OAC$.

---

*) In den Additions zu Wöpcke, L'algèbre d'Omar. p. 110, 91, 96.

**) Mitgetheilt von Wöpcke a. a. O. Addition E. p. 117 seq.

Diese Aufgabe nun verwandelte Al Birûnı in die andere, den auf OA senkrechten Radius AB durch eine Gerade CX so zu schneiden, dass

$$\overline{AB} \cdot \overline{CX} + \overline{AX}^2 = \overline{AB}^2.$$

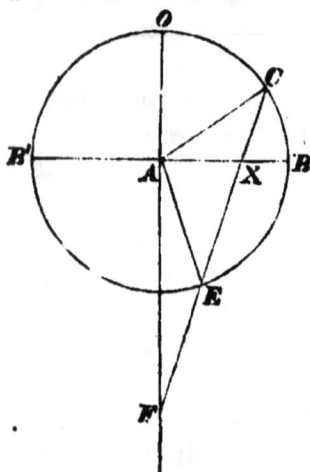

Dass diese Aufgabe mit der früheren wesentlich übereinstimmt, ist leicht zu zeigen: denn man hat identisch $AB^2 = \overline{AX}^2 + BX \cdot XB'$ und da $BX \cdot XB' = CX \cdot XE$, ist auch $\overline{AB}^2 = \overline{AX}^2 + XE \cdot CX$. Wenn nun, wie es die Construction verlangt, $\overline{AB}^2 = \overline{AX}^2 + AB \cdot CX$ gemacht wird, so ist $AB = XE$; und $AB = AE$, also auch $EF = AB = AE$, q. e. d.

Diese Aufgabe aber, AB in X so zu theilen, dass

$$\overline{AB}^2 = \overline{AX}^2 + \overline{AB} \cdot \overline{CX},$$

wurde von Al Birûnı den Geometern öffentlich vorgelegt und darauf von Abû'l Gûd in folgender Weise gelöst.*)

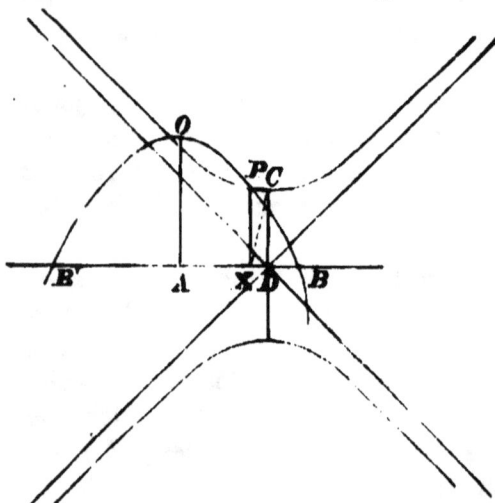

Es sei $AB = a$, das Perpendikel $CD = c$, $AD = b$, ferner $AX = x$, $CX = y'$, so ist identisch $y'^2 = (x - b)^2 + c^2$ und nach der Bedingung der Aufgabe gleichzeitig $ay' + x^2 = a^2$. Es ist demnach das x, welches diesen beiden Gleichungen genügt, zu bestimmen. Zu diesem Behufe sieht man $y^2 = (x - b)^2 + c^2$, $ay + x^2 = a^2$ als die Gleichungen von Curven an, deren Abscisse x in der Geraden AB liegt, während die Ordinate y senkrecht darauf gerichtet

*) S. a. a. O. p. 114, 119.

ist. Es stellt dann $y^2 - (x - b)^2 = c^2$ eine gleichseitige Hyperbel dar, deren reelle Halbaxe DC ist, und $a(a - y) = x^2$ eine Parabel, deren Scheitel O ist und welche durch B, B' geht. Die Abscisse $x = AX$ des Durchschnittspunctes P beider Curven liefert dann den gesuchten Punct X und es ist die Ordinate $PX = CX = y'$.

Das Problem, einen Kugelabschnitt von gegebenem Inhalte und gegebener Oberfläche zu construiren, löste Al Kuhi*) auf eine ausgezeichnete Weise und fügte, was bei den Arabern so selten ist, einen vollständigen Diorismus der Aufgabe hinzu, dem Beispiele des Archimedes mit feinem Verständnisse folgend.

Die Seite des regulären Neunecks wurde nach der Gleichung $x^3 + 1 = 3x$ durch Kegelschnitte construirt.**) Mehr Schwierigkeit machte die Gleichung der Seite des Siebeneckes***) $x^3 - x^2 - 2x + 1 = 0$, weil sie das quadratische Glied enthält. An solchen Gleichungen hatten sich die Geometer abgemüht, bis es endlich Abu'l Gud gelang, die Schwierigkeit zu bemeistern.†)

Durch alle diese Arbeiten wurde nicht allein die Geometrie mit vielen neuen Constructionen bereichert, sondern auch ein eigentlicher methodischer Fortschritt erzielt.

Während die Griechen die Kegelschnitte, mittels welcher sie ihre Probleme construirten, oft durch weit entlegene, zufällige Eigenschaften und Sätze aus der Lehre von den geometrischen Oertern, auf die allerverschiedenste Weise in Zusammenhang mit den Linien der Figur brachten und an jede neue Aufgabe ohne irgend ein methodisches Hilfsmittel herantraten, besassen die Araber in der Reduction des geometrischen Problemes auf eine algebraische Gleichung schon ein hodegetisches Princip. Es galt, wie wir oben an der Trisection gesehen haben, so überall die Aufgabe auf den Schnitt einer gegebenen Strecke oder die Bestimmung einer Strecke aus einer Gleichung zurückzuführen. War dies geschehen, so construirte man die unbekannte Grösse der

*) A. a. O. Addition C. p. 103.
**) Ibidem p. 126.
***) p. 127.
†) L'algèbre d'Omar. p. 54–57.

Gleichung als Abscisse des Durchschnittes zweier Curven, deren Axen mit der Abscissen- und der darauf meist senkrechten Ordinatenaxe zusammenfallen oder parallel sind. So hatte man einen systematischen Leitfaden, nach welchem sich die Aufgaben an einander reihen und gruppiren liessen, während auf dem Standpuncte der griechischen Geometer jedes neue Problem, wie viele auch schon gelöst sein mochten, immer wieder dieselben Schwierigkeiten darbot, wie das erste.

Man begreift, dass, nachdem einmal die Gleichungen $x^3 + 1 = 9x$, $x^3 - x^2 - 2x + 1 = 0$ construirt waren, die Construction der anderen kubischen Gleichungen keine neuen principiellen Schwierigkeiten machte, und so konnte bereits am Anfange des 11. Jahrhunderts Abû'l Gûd eine Abhandlung schreiben: „Ueber die Aufzählung der Formen (der kubischen Gleichungen) und über die Art, die meisten derselben mittels der Analysis auf Kegelschnitte zurückzuführen".[*] Bald darauf brachte 'Omar al Ḥayyâmı die ganze Theorie zum Abschluss, indem er in der Schrift „über die (geometrischen) Beweise der algebraischen Theoreme"[**] alle kubischen Gleichungen systematisch behandelte und durch Kegelschnitte construiren lehrte.

Er theilt die kubischen Gleichungen in zwei Klassen, die trinomischen und quadrinomischen. Die erstere enthält zwei Familien: I. die ohne quadratisches Glied, II. die ohne das Glied erster Ordnung. Die zweite Klasse enthält ebenfalls zwei Familien, nämlich III. die Gleichungen, wo drei positive Glieder gleich dem einen sind, IV. die Gleichungen, wo zwei positive Glieder zweien positiven gleich sind; so dass also z. B. zu der IV. Familie folgende Arten gehören:

$$1) \quad x^3 + c x^2 = b x + a,$$
$$2) \quad x^3 + b x = c x^2 + a,$$
$$3) \quad x^3 + a = c x^2 + b x,$$

wo a, b, c als positive Constanten angenommen werden. Die jeder Familie untergeordneten Arten, welche sich nur durch die Vorzeichen der Coefficienten unterscheiden, werden einzeln und selbstständig, aber nach einer übereinstimmenden

---

[*] Ibidem p. 82.

[**] Das eben ist die Schrift, welche Wöpcke unter dem Titel L'algèbre d'Omar herausgegeben hat.

Methode behandelt und es genügt, wenn ich von jeder Familie hier nur eine Art als Beispiel vorführe, wo ich die Coefficienten überall als positiv annehme, da die Modificationen, welche die Veränderungen der Vorzeichen mit sich bringen, unmittelbar klar sind:

I. Familie. $x^3 + bx = a$. Man setze $b = p^2$, $a = p^2 r$, so geht die gegebene Gleichung über in $x^3 = p^2(r - x)$. Man mache $AB = r$ und construire nun, indem man A als Anfang der Coordinaten betrachtet, die Parabel $x^2 = py$, den Kreis $y^2 = x(r - x)$. Dann ist die Abscisse $x = AX$ des Durchschnittspunctes P die gesuchte Wurzel jener Gleichung.

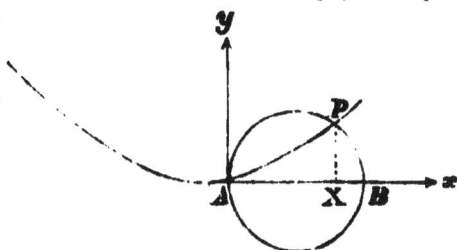

II. Familie. $x^3 + cx^2 = a$, $a = p^3$, $x^2(x + c) = p^3$. Hyperbel: $xy = p^2$. Parabel: $y^2 = p(x + c)$.

III. Familie. $x^3 + cx^2 + bx = a$, $b = p^2$, $a = p^2 s$, $x^2(x + c) = p^2(s - x)$. Kreis: $y^2 = (x + c)(s - x)$. Hyperbel: $x(y + p) = ps$.

IV. Familie. $x^3 + bx = cx^2 + a$, $b = p^2$, $a = p^2 s$, $x^2(c - x) = p^2(x - s)$. Kreis: $y^2 = (x - s)(c - x)$. Hyperbel: $x(p - y) = ps$.

Zur näheren Charakteristik der Untersuchungen Omar's muss noch bemerkt werden, dass von ihm nur positive Wurzeln überhaupt beachtet werden und er daher die Curven nur im ersten Quadranten zu ziehen pflegt. Er hat zwar in den meisten Fällen richtig angegeben, wie viele positive Wurzeln vorhanden sein können oder müssen; jedoch bei der Gleichung $x^3 + bx = cx^2 + a$, welche drei positive Wurzeln haben kann, hat er nur die eine Wurzel gesehen und sich somit überhaupt der wichtigen Erkenntniss beraubt, dass die kubischen Gleichungen eine Dreideutigkeit involviren, wie die quadratischen eine Zweideutigkeit.

So gross nun auch das Verdienst ist, welches sich 'Omar al Ḥayyâmî durch diese systematische Behandlung einer grossen Klasse von Aufgaben erworben hat, so hätte er dasselbe noch wesentlich steigern können, wenn er auch

die Bedingungen (Diorismen), denen die Coefficienten genügen müssen, damit eine oder mehrere Wurzeln positiv
sind, genau festgestellt hätte. Diesen schwierigsten Theil
der Lehre von der Construction der Gleichungen hat er nur
berührt. Wie es scheint, lag ihm des Archimedes schöner
Diorismus zu der Kugeltheilung, der ihn zur Nachahmung
hätte begeistern können, nicht vor.

Was die biquadratischen Gleichungen betrifft, so ist bis
jetzt nur das Beispiel der Construction von $(100 - x^2)(10 - x)^2$
$= 8100$ mittels der Hyperbel $(10 - x) y = 90$ und des Kreises
$100 - x^2 = y^2$ bei den Arabern aufgefunden worden.*)

Im Abendlande sind diese arabischen Constructionen
der kubischen Gleichungen durch Kegelschnitte erst in den
letzten Decennien bekannt geworden. So musste Descartes
seiner Zeit ähnliche Constructionen von Neuem erfinden.
Aber erst 1684 gab der Engländer Thomas Baker in seiner
sogenannten regula centralis eine ähnliche systematische
Construction der algebraischen Gleichungen **) III. und
IV. Grades, wie sie wenigstens für die vom III. Grade ʾOmar
al Ḥayyami bereits 600 Jahre früher ausgeführt hatte.

Trigonometrie.

In der Trigonometrie war den Arabern die Hauptquelle
der Almagest des Ptolemäus. Von den Indern aber lernten
sie schon früh***) die kardagat, d. h. die Sinus†) und Sinus

---

*) Ibidem p. 115; in extenso mitgetheilt von Wöpcke in Liouville's
Journal 1863. p. 65.

**) Siehe hierüber auch: Edm. Halloy, De constructione problema-
tum solidorum, sive aequationum tertiae vel quartae potestatis, unica
data parabola ac circulo. Philosophical Transactions for 1687.

***) Siehe oben p. 229. In dem Traité d. instrum. astronom. par
Aboul Hhassan Ali de Maroc. Paris 1834 werden p. 120 die inversen
Sinustafeln „Tafeln der Sinus del al Ḥovāresmī" genannt. Wenn hiemit, wie wahrscheinlich, Mohammed ben Mûsâ gemeint ist, so haben
wir hierin einen neuen Beweis des Alters der Sinus bei den Arabern.

†) Das arabische Wort für den trig. Sinus ist ǵaib, welches „Busen"
bedeutet und daher ganz richtig mit „sinus" übersetzt worden ist. Wie
sind die Araber zu dieser seltsamen Bezeichnung einer trig. Function
gelangt? Es ist nicht unwahrscheinlich, dass hier ein Missverständniss
von Seiten der Araber vorliegt. Es haben nämlich Munk und Wöpcke
(Journ. as. VI sér. t. I. p. 488) bemerkt, dass die beiden Wörter ǵibâ

versus. In der That finden wir bereits in der ältesten arabischen Bearbeitung der Trigonometrie, die wir kennen, in Al Battani's Liber de scientia stellarum, Cap. III, um das Jahr 900, die Sinus statt der Sehnen des Ptolemäus mit dem ausdrücklichen Zusatze eingeführt, „dass man so in der Rechnung das fortwährende Verdoppeln erspare".

Der andere Fortschritt, den die Trigonometrie der Araber im Vergleich mit der des Ptolemäus von Anfang an zeigt, weist gleichfalls auf indische Vorgänger hin: die trigonometrischen Sätze, welche bei den Griechen durchaus geometrische Lehrsätze sind, tragen bei den Arabern den Charakter von algebraischen Formeln. Man begreift, wie unmittelbar diese Veränderung in der Anschauung auf die Behandlung aller Aufgaben wirken musste. So findet sich bei Al Battani nicht selten, dass aus einer Gleichung $\frac{\sin \varphi}{\cos \varphi} = D$ der Werth von φ mittels $\sin \varphi = \frac{D}{\sqrt{1 + D^2}}$ bestimmt wird, wofür bei den Alten kein Beispiel zu finden ist.[*]

Von den trigonometrischen Fundamentalsätzen kennt Al Battani ausser denen des Almagest bereits die Formel

$$\cos a = \cos b \cos c + \sin b \cdot \sin c \cdot \cos \alpha$$

und gaib im Arabischen mit denselben Buchstaben geschrieben werden; denn das ā im ersteren fällt in der arabischen Schrift ganz aus; ī und ai aber sind in der Schrift gar nicht von einander verschieden.

Ob also jene Zeichengruppe auf die eine oder andere Weise zu lesen sei, kann nur das Herkommen entscheiden. Nun aber heisst der Sinus im Sanskrit gīvā oder gyā (= Sehne eines Bogens). Die ersten Araber, welche den Sinus durch mündlichen Unterricht von den Indern erhielten, mochten auch seinen Namen acceptiren und gība schreiben. Als sich aber später die Tradition von dem Ursprunge dieser Bezeichnung verlor, arabisirte man das Wort und las jene Zeichen mit den Vocalen des bekannten Wortes gaib.

Aehnliches kommt auch sonst vor: Bekannt ist, dass die Vocalisation des hebräischen Gottesnamens, der mit dem Tetragramm Jhvh geschrieben wurde, ganz verloren gegangen ist, weil dieser Name nicht ausgesprochen werden durfte, und dass dessen heute übliche Vocalisation als „Jehovah" auf einer Verwechselung beruht.

[*] Delambre, Hist. d. l'astron. ancienne. t. II. p. 55. Ueber die griechische Trigonometrie überhaupt kann man sich aus diesem Werke Livre III, Chapitre 3 und 4 recht gut unterrichten.

für schiefwinklige Dreiecke, die er daher nicht immer in zwei rechtwinklige zerlegen muss, und weiss dieselbe, um eine Multiplication zu ersparen, in die Form zu setzen:

$$\sin \text{vers } a = \frac{\cos (b - c) - \cos a}{\sin b \, \sin c}.$$

Die Gewandtheit in der Behandlung trigonometrischer Probleme auf der Kugel, die wir schon bei Al Battani wahrnehmen, tritt noch evidenter bei Ibn Yûnos in der Einleitung zu den Hakimitischen Tafeln hervor. Die schwierigste Aufgabe, die überhaupt von den Arabern gelöst wurde, ist nach Delambre's[*]) Urtheil die folgende: Aus zwei beobachteten Sonnenhöhen h, h' und der Differenz k ihrer Amplituden[**]) die Amplituden a, a' jener beiden Sonnenörter zu bestimmen, wenn die Polhöhe φ des Beobachtungsortes bekannt ist und sich die Declination δ der Sonne in der Zwischenzeit nicht merklich geändert hat.

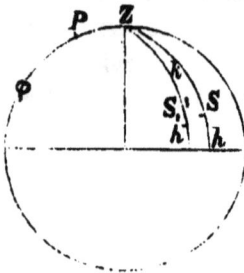

Aus den Dreiecken PSZ, $PS'Z$ hat man, da der Winkel $PZS = 270^0 - a$ ist:

$$\sin \delta = \sin \varphi \cdot \sin h - \cos \varphi \cdot \cos h \cdot \sin a$$
$$\sin \delta = \sin \varphi \cdot \sin h' - \cos \varphi \cdot \cos h' \cdot \sin a',$$

also durch Gleichsetzung dieser beiden Werthe:

$$(\sin h - \sin h') \tan \varphi = \cos h \cdot \sin a - \cos h' \cdot \sin a',$$

und da $a' = a + \varkappa$ ist:

$$\tan \varphi \, \frac{\sin h - \sin h'}{\cos h - \cos \varkappa \cos h'} = \sin a - \frac{\sin \varkappa \cdot \cos h'}{\cos h - \cos \varkappa \cdot \cos h'} \cdot \cos a.$$

Setzt man nun

$$\frac{\sin \varkappa \cdot \cos h'}{\cos h - \cos \varkappa \cdot \cos h'} = \tan p$$

und bestimmt hieraus den Hilfswinkel p, so findet man die gesuchte Amplitude a aus:

$$\sin (a - p) = \frac{\sin h - \sin h'}{\cos h \cos \varkappa \cdot \cos h'} \tan \varphi \cos p.$$

---

[*]) Delambre, Hist. de l'astr. du moyen Age p. 126 aus den Hakimitischen Tafeln c. 23; nach der ungedruckten Uebersetzung derselben von Sédillot (dem Vater).

[**]) Amplitude ist bei den Arabern der Winkel eines Verticalkreises mit dem ersten Vertical, also Amplitude = 90^0 + Azimut.

Das wäre die Lösung mit modernen Mitteln ausgeführt. Das Resultat des Ibn Yunos stimmt nun mit derselben vollkommen überein; nur dass er den Hilfswinkel p nicht aus seiner Tangente, sondern aus:

$$\sin p = \frac{\sin \varkappa \cos h'}{\sqrt{\sin^2 \varkappa \cos^2 h' + (\cos h - \cos \varkappa \cos h')^2}}$$

bestimmt. Wie alle Sätze in den astronomischen Schriften der Araber, so ist auch diese Lösung ohne Beweis gegeben, und es ist daher nicht mit Sicherheit zu entscheiden, ob Ibn Yunos seine Lösung auf eine geometrische Construction des Winkels p gründet oder ob die Einführung dieses Hilfswinkels auf algebraischem Wege, wie wir diesen heute einzuschlagen pflegen, erfolgte.

Während so Ibn Yunos zu Cairo die Technik der sphärischen Astronomie vervollkommnete, erweiterte sein Zeitgenosse Abu'l Wefä in Bagdad die ganze Trigonometrie durch ein neues Princip: er führte die Tangente als selbstständige trigonometrische Function ein.

Der erste Schritt hiezu war bereits von Al Battani (de scient. stell. c. 10) gemacht: Ein Gnomon von der Länge v wirft auf eine horizontale Fläche einen Schatten von der Länge $l = v \frac{\cos \varphi}{\sin \varphi}$, wenn φ die Höhe der Sonne bedeutet. Um nun aus den gemessenen Schattenlängen l sogleich die Sonnenhöhe φ ableiten zu können, berechnete Al Battani für $\varphi = 1^0, 2^0, 3^0 \ldots$ die entsprechenden Werthe von l und erhielt so eine Tafel, in deren ersten Columne er, wenn er mit der gemessenen Schattenlänge in die zweite Columne einging, die gesuchte Sonnenhöhe durch Interpolation finden konnte. Er hatte damit eine Tafel der Cotangenten entworfen, die jedoch deshalb für allgemeinere Zwecke unbrauchbar war, weil sie für $v = 12$ Zolle berechnet war. Ibn Yunos ging einen Schritt weiter, indem er $v = 60$ Theile setzte und so die Cotangenten in derselben Einheit ausdrückte, in welcher die Sinus berechnet waren. Auch führt letzterer schon zuweilen in den Formeln statt des Quotienten $\frac{\sin}{\cos}$ den abgekürzten Ausdruck „Schatten" ein, jedoch ohne jemals seine Schattentafeln zur Berechnung von anderen Winkeln als Sonnenhöhen zu verwenden.

Diesen entscheidenden Schritt that nun Abu'l Wefä.[*]) Er führte zunächst statt der umbra recta, d. h. des von einem verticalen Gnomon auf eine horizontale Ebene geworfenen Schattens, die umbra versa ein, d. h. die Länge des Schattens, welchen ein horizontaler Stab v auf die ihn tragende verticale Wand wirft, $l = v \frac{\sin \varphi}{\cos \varphi}$, und berechnete diese für $v = 60^o$. So erhielt er eine Tangententafel; seine umbra versa oder prima oder schlechthin umbra eines Höhenwinkels ist seine Tangente. Jedoch ist ihm jene Aufgabe der Gnomonik nicht wesentlich. Er definirt vielmehr seine neue Winkelfunction so: „Die umbra eines Bogens ist eine Linie, welche von dem Anfangspuncte des Bogens parallel dem Sinus geführt wird, in dem Intervalle zwischen diesem Anfange des Bogens und einer von dem Mittelpuncte des Kreises nach dem Ende des Bogens gezogene Linie. . . . So ist die umbra die Hälfte der Tangente des doppelten Bogens, welche enthalten ist zwischen den zwei Geraden, welche vom Mittelpuncte des Kreises nach den Endpuncten des doppelten Bogens geführt werden." Ferner fügt er hinzu: „Die umbra recta ist die umbra (prima) des Complementes des Bogens." Er nennt die Secante diameter umbrae und weiss nun mit Leichtigkeit alle Beziehungen zwischen den trigonometrischen Functionen sin, cos, tang, cotg, sec, cosec abzuleiten.

Die Hauptsache ist jedoch, dass Abu'l Wefä seine umbra nicht nur, wie Ibn Yunos, zur Abkürzung statt des Quotienten $\frac{\sin}{\cos}$ einführt, sondern dass er sich überall seiner Tafel bedient, um aus einer gegebenen umbra deren Winkel zu bestimmen. So finden wir denn auch bei ihm zum ersten Male, dass die Rectascension α eines Punctes der Ecliptik, dessen Länge $\odot$ ist, direct aus dieser mittels der Formel $\tan \alpha = \cos \varepsilon . \tan \odot$ bestimmt wird, während alle seine Vorgänger, da sie einen Winkel aus seiner Tangente nicht zu bestimmen vermochten, aus der Länge erst die Declination δ

---

[*]) In seinem sogenannten Almagest l. I. c. 6, der, obwohl von Sédillot (dem Vater) übersetzt, immer noch nur durch den Auszug bekannt scheint, den Delambre, Hist. de l'astr. du moyen Age p. 156—170 gegeben hat.

nach $\sin \delta = \sin \varepsilon \cdot \sin \odot$ berechneten und dann die Rect-ascension aus $\sin \alpha = \cot \varepsilon \cdot \tan \delta$.

Dieser wichtige Fortschritt Abû'l Wefâ's hat fast das-selbe Schicksal gehabt wie seine Entdeckung der Variation des Mondes. Nur ein einziger späterer Schriftsteller Uluǵ Bek gedenkt ihrer; auf die weitere Entwickelung der Tri-gonometrie ist er ohne Einfluss geblieben, und bei den La-teinern hat Regiomontan im 15. Jahrhundert die Tangente nochmals entdecken müssen.

Aus der arabischen Literatur über Trigonometrie sind uns weiterhin nur die Schriften des Abû'l Ḥasan 'Ali aus Marokko und des Ġabir ben Aflaḥ zugänglich. In denen des ersteren finden wir diese Disciplin in demselben Zu-stande, wie bei Ibn Yunos: eine grosse Gewandtheit in der Behandlung der oft complicirten gnomonischen Aufgaben, aber ohne irgend einen principiellen Fortschritt. Anders steht es mit Ġabir, der, wie er sich überhaupt der Tradition gegen-über ungewöhnlich frei verhält, so auch in der Trigonometrie eine neue Stufe der Entwickelung bezeichnet.

Zunächst ist bemerkenswerth, dass Ġabir in seinem Buche de astronomia lib. I abweichend von allen uns be-kannten früheren astronomischen Schriftstellern die Trigo-nometrie für sich, abgesondert behandelt, in der ausge-sprochenen Absicht, dadurch Wiederholungen zu vermeiden*);

---

*) Ptolemäus leitet bekanntlich in jedem speciellen Falle die nöthige Formel aus der allgemeinen Regel des Menelaus (regula sex quantita-tum) ab: Wenn die Seiten eines sphärischen Dreiecks von einer sphä-rischen Transversale geschnitten werden, so ist das Product der Sinus dreier nicht anliegender Segmente dem Pro-ducte der Sinus der drei anderen gleich. Wenn Ptolemäus demnach das bei H recht-winklige Dreieck AHB berechnen will, so construirt er den Pol P von AH, dann den zu A als Pol gehörigen Aequator $PB'H'$, der in B', H' die verlängerten Seiten AB, AH schneidet. Somit wird $B'H' = \alpha$ und alle in der Figur vorkommenden Bögen lassen sich durch a, b, h, α und deren Complemente ausdrücken. Nun kann die regula sex quantitatum viermal angewandt werden, nämlich auf die Dreiecke:

auch ist Gabir der einzige arabische Astronom, der vollständige Beweise seiner Sätze gibt.

Was nun diese selbst betrifft, so gründet er sie nicht auf die regula sex quantitatum des Menelaos, sondern auf seine „Regel der vier Grössen", nämlich auf den Satz, dass wenn von zwei Puncten P, P' eines grössten Kreises zwei sphärische Perpendikel $PQ . P'Q'$ auf einen anderen grössten Kreis gefällt sind und A den Durchschnitt der zwei grössten Kreise bezeichnet, die Proportion stattfindet:

$$\sin AP : \sin PQ = \sin AP' : \sin P'Q'.$$

Aus dieser leitet er nun folgende Sätze für das bei H rechtwinklige Dreieck AHB her:

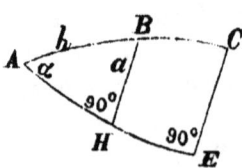

1) (prop. 13.) Man mache $AC = 90^0$, $AE = 90^0$, so ist $E = 90^0$ und man hat nach jenem Satze:

$$\sin AB : \sin BH = \sin AC : \sin CE$$

also $\sin a = \sin h . \sin \alpha$.

2) (prop. 15.) Man mache $BE = 90^0$, $BF = 90^0$, lege durch E, F einen grössten Kreis; dann wird dieser die

I. ABH und die Transversale $PB'H'$, wodurch man erhält:

1) $\cos h = \cos a \cos b$.

II. PBB' und die Transversale AHH', wodurch man erhält:

2) $\sin a = \sin \alpha \sin h$.

III. PHH' und die Transversale $B'BA$, wodurch man erhält:

3) $\cos a . \sin b . \sin \alpha = \cos \alpha . \sin a$

IV. $AB'H'$ und die Transversale PBH, wodurch man erhält:

4) $\sin b . \cos h = \cos b . \cos \alpha . \sin h$

Somit haben sich nach moderner Schreibweise die Formeln

1) $\cos h = \cos a . \cos b$

2) $\sin a = \sin h . \sin \alpha$

3) $\tan a = \sin b . \tan \alpha$

4) $\tan b = \cos \alpha . \tan h$

ergeben. Die zwei übrigen Formeln aber:

5) $\cos \alpha = \cos a . \sin \beta$

6) $\cos h = \cot \alpha . \cot \beta$

sind dem Ptolemäus entgangen, obgleich sie sich an derselben Figur ableiten lassen. Uebertägt man nämlich die Sätze 2) und 3) auf das Dreieck $BB'P$, welches bei B' rechtwinklig ist, so erhält man dieselben ohne Weiteres.

verlängerte *AH* in einem Puncte *D* schneiden, welcher der Pol von *HF* ist, so dass $DH = 90^0$. Daher nach obiger Proportion:

$$\sin DA : \sin AE = \sin DH : \sin HF$$

also $\cos h = \cos a \cdot \cos b$.

3) (prop. 14.) In derselben Figur ist nach prop. 13 im Dreieck *DEA*, welches bei *E* rechtwinklig ist:

$$\sin \alpha = \frac{\sin DE}{\sin DA}$$

und somit, da $DE = 90^0 - \beta$ ist, $\cos \beta = \cos b \cdot \sin \alpha$.

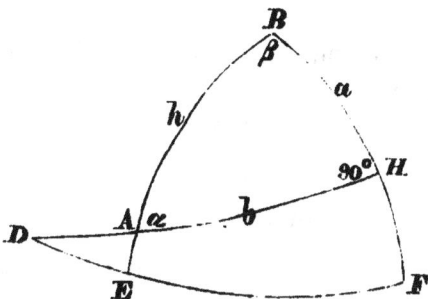

So finden wir denn hier zum ersten Male diese fünfte Fundamentalformel des sphärischen rechtwinkligen Dreiecks als solche klar ausgesprochen; die Schwierigkeit, welche, wie es scheint, die Aufstellung dieser von Ptolemäus nahe berührten Formel verhinderte, nämlich die, einen Winkel aus seinem Cosinus zu bestimmen, ist endlich überwunden.

Was die ebene Trigonometrie betrifft, so ist es überraschend genug, dass Gabir hierin keinen Schritt weiter als Ptolemäus geht, dass er dabei sogar mit Sehnen der doppelten Winkel rechnet, während er in seiner Sphärik ausschliesslich Sinus und Cosinus anwendet. So schwer wird selbst einem freisinnigen Araber die Loslösung von dem Hergebrachten!

Die trigonometrischen Tafeln.

Die trigonometrischen Tafeln, die für die Araber bei ihren umfassenden astronomischen Rechnungen von grösster Wichtigkeit sein mussten, sind von ihnen entsprechend der grösseren Genauigkeit ihrer Beobachtungen vervollkommnet worden.

Die ersten Sinustafeln erhielten die Araber als kardagát von den Indern. Als man dann nach Ptolemäus zu arbeiten, den Radius $r = 60^{partes}$ zu setzen und die Sexagesimalbrüche anzuwenden sich gewöhnte, construirte man sich eine Sinustafel, indem man die Werthe der Chordentafel des Almagest halbirte und so statt chord $1^0 = 1^p \, 2' \, 50''$ erhielt: sin $30' = 0^p$ 31' 25'' u. s. f. Diese Werthe waren bis auf 1'', d. h. etwa auf 5 Millionstel des Radius genau.

Die Araber trieben aber die Genauigkeit viel weiter, indem sie sowohl die durch Quadratwurzeln·darstellbaren Sinus genauer berechneten, als auch Mittel fanden, um den Werth von sin 1^0 oder sin $30'$ weiter zu berechnen, als es Ptolemäus konnte.

So gibt Ibn Yūnos[*]) die Formel

$$\sin 1^0 = \frac{1}{3} \cdot \frac{8}{9} \sin \left(\frac{9}{8}\right)^0 + \frac{2}{3} \cdot \frac{16}{15} \sin \left(\frac{15}{16}\right)^0.$$

Da man nun von sin 18^0, sin 30^0 aus durch Quadratwurzeln bis zu den sin $\left(\frac{9}{8}\right)^0$, sin $\left(\frac{15}{16}\right)^0$ gelangen kann, so ist sin 1^0 bestimmt und Ibn Yūnos findet:

$$\sin 1^0 = 1^p \; 2^{\mathrm{I}} \; 49^{\mathrm{II}} \; 43^{\mathrm{III}} \; 28^{\mathrm{IV}},$$

welcher sich von dem wahren Werthe

$$\sin 1^0 = 0,\, 0174524064 \, . \, r$$

d. h. $\qquad \sin 1^0 = 1^p \; 2^{\mathrm{I}} \; 49^{\mathrm{II}} \; 43^{\mathrm{III}} \; 11^{\mathrm{IV}}$

nur um 17 Quarten unterscheidet.

Abū'l Wefā[**]) hat zu derselben Zeit die Genauigkeit noch weiter getrieben. Von dem Satze:

---

[*]) Hakimitische Tafel, s. Delambre, Hist. de l'astr. du moyen âge p. 100. Der Weg, auf dem diese Formel gefunden worden ist, mag etwa folgender gewesen sein. Nach Ptolemäus'Satze: $\dfrac{\sin(\alpha + \delta)}{\sin \alpha} < \dfrac{\alpha + \delta}{\alpha}$ hatte man $\frac{16}{15} \sin \left(\frac{15}{16}\right)^0 > \sin 1^0 > \frac{16}{18} \sin \left(\frac{18}{16}\right)^0$. Da nun $\frac{18}{16}$ von 1 um doppelt so viel absteht als $\frac{15}{16}$, so wurde vorausgesetzt, dass auch $\frac{16}{18} \sin \left(\frac{18}{16}\right)^0$ von sin 1^0 um doppelt so viel abstehe, als $\frac{16}{15} \sin \left(\frac{15}{16}\right)^0$, und hienach die Interpolation vorgenommen.

[**]) In seinem Almagest l. I. c. 5 nach Wöpcke, Journ. asiat. 5. sér. t. XV. Paris 1860. p. 297 seq. Dieselbe Methode in Anwendung auf die Berechnung von sin 1^0 aus sin $\left(\frac{15}{16}\right)^0$, sin $\left(\frac{12}{16}\right)^0$, sin $\left(\frac{18}{16}\right)^0$ lehrt auch Mīram Celebī in seinem Commentar zu Ulūg Bek's Tafeln, s. Sédillot, Journ. as. 5. série. t. II. Paris 1853. p. 344 seq. Er findet sin $1^0 = 1^p$ 2^{I} 49^{II} 43^{III} 18^{IV} 5^{V} 30^{VI} also um 2 Quarten falsch, obgleich der Autor noch Sexten angibt. Bis auf welche Sexagesimalbrüche die gefundenen Werthe genau sein mögen, geben die arabischen Mathematiker meist nicht an. Gewöhnlich geben sie aus vermeintlicher Genauigkeit die Werthe auf viel mehr Stellen an, als sie verbürgt werden können.

$$\sin \alpha - \sin (\alpha - \delta) > \sin (\alpha + \delta) - \sin \alpha$$

und dessen einfacher Folgerung:

$$\frac{1}{3}[\sin\alpha - \sin(\alpha - 3\delta)] > \sin(\alpha + \delta) - \sin\alpha > \frac{1}{3}[\sin(\alpha + 3\delta) - \sin\alpha]$$

ausgehend, erhält er:

$$\sin\left(\frac{15}{32}\right)^0 + \frac{1}{3}\left[\sin\left(\frac{15}{32}\right)^0 - \sin\left(\frac{12}{32}\right)^0\right] > \sin\left(\frac{16}{32}\right)^0 > \sin\left(\frac{15}{32}\right)^0$$
$$+ \frac{1}{3}\left[\sin\left(\frac{18}{32}\right)^0 - \sin\left(\frac{15}{32}\right)^0\right].$$

Indem er nun durch successive Halbirung die $\sin\left(\frac{12}{32}\right)^0$, $\sin\left(\frac{15}{32}\right)^0$, $\sin\left(\frac{18}{32}\right)^0$ bis auf Quinten berechnet, erhält er schliesslich $\quad \sin 30' = 0^p \; 31^{\mathrm{I}} \; 24^{\mathrm{II}} \; 55^{\mathrm{III}} \; 54^{\mathrm{IV}} \; 55^{\mathrm{V}}$, welches von dem wahren Werthe

$$\sin 30' = 0,\; 0087265355 \,.\, r$$

d. h. $\qquad \sin 30' = 0^p \; 31^{\mathrm{I}} \; 24^{\mathrm{II}} \; 55^{\mathrm{III}} \; 54^{\mathrm{IV}} \; 0^{\mathrm{V}}$

sich nicht ganz um 1^{IV}, also etwa um 1 Tausendmillionstel des Radius unterscheidet.

Von seinem gefundenen Werthe für $\sin 1^0$ steigt nun Ibn Yûnos durch Halbirung der Winkel bis zu $\sin 15'$ und $\sin 7' \, 30''$ herab und findet aus diesen durch ein ähnliches Interpolationsverfahren $\sin 10'$. Hiemit berechnet er dann eine von 10' zu 10' fortschreitende Sinustafel bis auf Tertien. Ja Abu'l Wefä berechnet sogar eine Tangententafel bis auf Quarten.

Alle diese Approximationsmethoden zur Berechnung von $\sin 30'$ oder $\sin 1^0$ haben, wie das Ptolemäische Muster, nach dem sie gearbeitet sind, den grossen Nachtheil, der Näherung eine gewisse Grenze zu stecken, über welche die sorgfältigste Rechnung nicht hinausführen kann. Von grossem Werthe ist daher folgende von den Arabern*) angewandte Methode zur Berechnung von $\sin 1^0$, welche die Grenze der Genauigkeit beliebig weit hinauszuschieben gestattet:

Die bekannte Gleichung zwischen $\sin \varphi$ und $\sin 3\varphi$ nimmt, wenn man, wie hier immer geschehen ist, die Sinus in Theilen des Radius $r = 60^p$ ausgedrückt voraussetzt, die

---

*) Mitgetheilt von Mîram Čelebî, Journ. as. 5. sér. t. II. p. 347 seq.

Form an: $r^2 \sin 3\varphi = 3 \cdot r^2 \cdot \sin\varphi - 4\sin^3\varphi$. Wird nun r als eine neue sexagesimale Einheit angesehen, so dass $60^p = 1^r$, wird ferner $\varphi = 1^0$ und $\sin 1^0 = x$ gesetzt, so hat man:

$$60^r \cdot \sin 3^0 = 3 \cdot 60^r x - 4x^3.$$

Nun lässt sich $\sin 3^0$ immer mit beliebiger Genauigkeit durch Ausziehen von Quadratwurzeln berechnen, und es ist:

$$\tfrac{1}{4} \cdot 60^r \sin 3^0 = Q = 47^r\ 6^p\ 8^{\mathrm{I}}\ 29^{\mathrm{II}}\ 53^{\mathrm{III}}.$$

Der gesuchte Werth von $x = \sin 1^0$ ist dann aus der Gleichung

$$45^r \cdot x = x^3 + Q$$

zu berechnen.

Die numerische Auflösung dieser Gleichung wird nun nach einer Methode vorgenommen, die, obgleich sie nur in Anwendung auf jenes specielle Beispiel vorliegt, folgendermassen allgemein dargestellt werden kann:

Die Methode bestimmt den Werth der Wurzel einer Gleichung

$$x = \frac{x^3 + Q}{P}$$

in dem Falle, dass x^3 eine kleine Grösse gegen Q und somit $\frac{Q}{P}$ ein approximativer Werth von x ist, indem sie durch eine eigenthümliche Division mit P successive die Theile $a, b, c, \ldots$ aufsteigender Ordnung *) bestimmt, welche summirt die Wurzel x geben:

Man setze nämlich zunächst die Division mit P in Q soweit fort, dass ein Rest R von der Ordnung x^3 bleibt, und es sei $a = \frac{Q - R}{P}$ der entsprechende Quotient. Dann ist $x = a + \beta$ der genaue Werth der Wurzel, wo β eine Grösse von höherer Ordnung ist, als die letzte Stelle in dem bis zu jener Grenze berechneten Werthe von a, und sich aus

$$a + \beta = \frac{(a+\beta)^3 + Q}{P} \quad \text{oder} \quad \beta = \frac{(a+\beta)^3 + R}{P}$$

bestimmt. Vernachlässigt man hier zunächst β in $a + \beta$ gegen a, dividirt mit P in $R + a^3$, so erhält man einen angenäherten Werth b für β. Setzt man die Division nur so-

---

*) Um mich kurz ausdrücken zu können, setze ich x als eine kleine Grösse voraus, so dass also eine Grösse höherer Ordnung immer gegen die von niederer Ordnung zunächst vernachlässigt werden kann.

weit fort, dass ein Rest S von der Ordnung $(a+b)^3 - a^3$ bleibt, wo also $b = \frac{a^3 + R - S}{P}$ ist, so ist der Quotient b ein bis auf die letzte Stelle angenäherter Werth von β, welcher nur um eine Grösse γ höherer Ordnung, als die letzte Stelle in b vergrössert werden muss, um den vollständigen Werth $\beta = b + \gamma$ zu geben, wo nun

$$b + \gamma = \frac{(a+b+\gamma)^3 + R}{P}, \quad \gamma = \frac{(a+b+\gamma)^3 - a^3 + S}{P}.$$

Führt man jetzt die Division von P in $(a+b)^3 - a^3 + S$ soweit aus, dass ein Rest T von der Ordnung

$$(a+b+\gamma)^3 - (a+b)^3$$

bleibt, so erhält man einen bis auf seine letzte Stelle angenäherten Werth c von γ, u. s. f. Die Zusammensetzung aller der so erhaltenen Quotienten gibt endlich den gesuchten Werth $x = a + b + c + \dots$

Um die Brauchbarkeit dieser Methode zu zeigen, habe ich hier nach derselben die Gleichung $6,7 + x^3 = 14x$ bis auf 5 Decimalen aufgelöst.

Divisor $P =$	1 4	
Dividend $Q =$	6, 7	$\begin{array}{l} a\ b\ c\ d\ e \\ 0, 4\ 8\ 6\ 8\ 1 \end{array}$ Quotient x.
$aP =$	5, 6	
R	1, 1	
a^3	0, 0 6 4	
$R + a^3$	1, 1 6 4	
bP	1, 1 2	
S	0, 0 4 4	
$(a+b)^3 - a^3$	0, 0 4 6 5 9 2	
$S + (a+b)^3 - a^3$	0, 0 9 0 5 9 2	
cP	8 4	
T	0, 0 0 6 5 9 2	
$(a+b+c)^3 - (a+b)^3$	4 1 9 9	
$T + (a+b+c)^3 - (a+b)^3$	1 0 7 9 1	
dP	1 1 2	
$U =$	$- 0, 0 0 0 4 0 9$	
$(a+b+c+d)^3 - (a+b+c)^3 =$	5 6 8	
$U + (a+b+c+d)^3 - (a+b+c)^3 =$	$+ 0, 0 0 0 1 5 9$	
eP	1 4 0	
V	$+ 0, 0 0 0 0 1 9$	

19*

In unserer Quelle findet sich nur die kubische Gleichung zur Berechnung ·von sin 1^0 aufgelöst, und es gestaltet sich die numerische Rechnung, die ich auf Secunden abkürze, folgendermassen:

		a	b	c	
Divisor $P =$	45^r				
Quotient $x =$		1^p	$2'$	$49''$	. . .
Dividend $Q =$	47^r	6^p	$8'$	$29''$	. . .
aP	45				
R	2				
a^3	1				
$R + a^3$	127				
bP	90				
S	37				
$(a+b)^3 - a^3$			6	12	
$S + (a+b)^3 - a^3$			2234	41	
cP			2205		
T			29		

In dem arabischen Texte wird der Werth von sin 1^0 auf diese Weise bis auf Quarten bestimmt.

Diese schöne Methode der Auflösung numerischer Gleichungen steht allen seit Viète im Occidente erfundenen Approximationsmethoden an Feinheit und Eleganz nicht nach. Abgesehen von der Quadrat- und Kubikwurzelausziehung, mit der sie im Principe einige Aehnlichkeit hat, ist sie die erste Methode successiver numerischer Approximation, die wir in der Geschichte der Mathematik antreffen; sie zeigt eine tiefe Einsicht in das Wesen solcher Annäherungen, die um so mehr Bewunderung erregt, da wir sonst die numerischen Rechnungen von den Arabern mit vielem Fleiss, aber meist mit wenig Umsicht angestellt sehen.

Wir dürfen wohl diese Methode das Originellste und Bedeutendste nennen, was uns die gesammte Literatur der Araber bietet. Leider ist uns ihr genialer Erfinder unbekannt. Wenn sie unser Berichterstatter einem Mathematiker des 15. Jahrhunderts Giyât-ed-dîn Gemśîd *) zuschreibt, so

---

*) S. a. a. O. p. 347, wo Atabeddin Djemschid als Urheber angegeben ist. Nach der Conjectur aller Orientalisten, die ich um Rath gefragt

gebührt diesem vielleicht das Verdienst, die Methode auf die Trisection des Winkels angewandt zu haben. Wir wissen aber, dass bereits Fibonnaci, ein Schüler der Araber, um das Jahr 1200 kubische Gleichungen durch Approximation vortrefflich aufzulösen verstand.*)

---

habe, wird das Wort Atabeddin, welches sonst nicht vorkommt, durch falsche Setzung der diakritischen Puncte aus Ġiyāt-ed-dīn entstanden sein. Dieser Ġiyāt-ed-dīn Ġemśīd (Haji Khalfa Nr. 2907) war Mitarbeiter des Uluġ Bek und schrieb: Tractatus de chorda et sinus trientis arcus eliciendis, cujus chorda et sinus cognita sunt. (Haj. Kh. t. III, p. 452.)

*) Scritti di Leonardo Pisano, pubbl. da B. Boncompagni. vol. II. Rom. 1862. p. 234 wird als Wurzel der Gleichung $x^3 + 2x^2 + 10x = 20$ angegeben $x = 1^p\ 22^I\ 7^{II}\ 42^{III}\ 33^{IV}\ 4^V\ 40^{VI}$.

Mathematik der Römer.

Von der Höhe mathematischer Wissenschaft, auf die wir in unserer Darstellung mit den Griechen hinaufgestiegen sind und auf der wir uns im Wesentlichen bei den Indern und Arabern gehalten haben, müssen wir jetzt tief herabsteigen, um den Stand mathematischen Wissens bei einem Volke kennen zu lernen, dem — um hier sogleich das Facit zu ziehen — in einer kaum glaublichen Weise aller Sinn für wissenschaftliche Mathematik abging und dem deshalb kein Platz zukäme in einer Geschichtschreibung, die allein den Fortschritt in der Entwickelung der Wissenschaft an sich aufzeigen wollte. Für uns aber, die wir die Geschichte der Mathematik auch als einen Theil der allgemeinen Culturgeschichte ansehen, ist ein solches Phänomen wohl interessant genug, um ihm ein paar Seiten zu widmen, die wir uns ohnehin nicht ersparen können, wenn wir die Geschichte der Mathematik bei den neueren Völkern von ihrem Ursprunge an verfolgen wollen.

Des volksthümlichen Rechnens bei den Römern, namentlich der merkwürdigen Minutien ist bereits oben*) gedacht und auch bemerkt worden, dass uns eines der Rechenbücher spätrömischer Zeit, welches uns ein deutliches Bild der vulgären Praxis gibt, glücklicher Weise erhalten worden ist: der Calculus des Aquitaniers Victorius**), dessen Verfasser auch sonst bekannt ist durch die Vorschläge, die er im Jahre 457 über die Bestimmung des Ostercyklus machte.

Ebenso haben wir früher schon (S. 78) auf die eigenthümliche, mit der juristischen Anlage dieses Volkes eng

---

*) S. 57 u. 60.

**) Fälschlich Victorinus genannt; s. Christ, München. Sitzungsber. 1863. p. 10 ff.

zusammenhängende, uralte Vorliebe der Römer für eine
streng gesetzliche, geradlinige und rechtwinklige Abgrenzung
des Grundes und Bodens aufmerksam gemacht. Auf welche
Weise sich nun hieraus eine eigentliche Feldmesskunst entwickeln konnte und von welcher Art diese war, wird uns
zunächst beschäftigen müssen.

Praktische Geometrie.

Während die Feldmesskunst aller anderen alten Völker
entweder in tiefes Dunkel gehüllt oder doch nur unvollständig bekannt ist, so sind wir über die des römischen
Kaiserreiches genügend unterrichtet durch eine Sammlung
agrimensorischer, in den Fachschulen der Gromatiker als
Grundlage des Unterrichtes benutzter Schriften, welche uns,
wenn auch durch wiederholte Umarbeitung und Interpolationen geist- und geschmackloser Handwerker und Schulmeister in den letzten Jahrhunderten des Alterthums und
im Anfange des Mittelalters stark verstümmelt, überliefert
sind.*) Die Schriftsteller, welche zu dieser Sammlung beigetragen haben, meist praktische Feldmesser, Sextus Julius
Frontinus, Marcus Junius Niphus, Balbus, Hyginus, Aggenus
Urbicus u. a. erstrecken sich von den Zeiten Domitian's bis
herab zum Untergange des römischen Reiches und darüber
hinaus; denn noch der letzte gelehrte Römer Boethius († 524),
der schon die Herrschaft der Ostgothen über Rom erlebte,
tritt als Verfasser geometrischer Schriften auf; ja selbst
solche von dem Pabst Sylvester (Gerbert) aus dem Ende
des 10. Jahrhunderts hat die Unkritik späterer Abschreiber
der Sammlung gromatischer Schriften einverleibt.

Was nun den geometrischen Theil jener Pandekten betrifft, die auch die juristische und rein technische Seite der

---

*) Herausgeg. von Lachmann unter dem Titel „Gromatici veteres"
als t. I der mehrfach citirten „Schrift. d. röm. Feldm." In t. II. p. 1 ff.
weitere Nachweisungen der Literatur. S. ferner die Geometrie des
Boethius in anderer Redaction, als bei Lachmann, s. Boetii de inst.
arith., de inst. mus., geom. ed. G. Friedlein. Leipzig 1867. Anonyme
Fragmente von Gromatikern gab H. Vincent heraus: Not. et extr. d.
man. de la bibl. imper. t. 19. Paris 1858. p. 416 ff. S. ferner Chasles,
Gesch. d. Geom. in der Note: „Geom. d. Lateiner".

Kunst ausführlich behandeln, so lässt sich schwer sagen, ob die Rohheit der Darstellung oder die Dürftigkeit und Fehlerhaftigkeit des Inhalts den Leser mehr abschreckt. Die Darstellung ist unter aller Kritik; die Terminologie schwankend, von Definitionen der Grundbegriffe oder einem Beweise der mitgetheilten Vorschriften keine Rede; die Regeln selbst sind, wie bei Heron, nicht formulirt; vielmehr muss sie der Leser aus einem ohne Präcision und Klarheit vorgetragenen numerischen Beispiele abstrahiren. Der Totaleindruck ist der, als ob die römische Gromatik Tausende von Jahren älter als die griechische Geometrie sei und zwischen beiden eine Sündfluth liegen müsse.

Was nun den Inhalt betrifft, so ist er nicht weniger schülerhaft und jämmerlich; er zerfällt in zwei Theile: die Vorschriften zur Berechnung und die zur Vermessung der Grundstücke.

Der erste beschränkt sich auf die Berechnung der einfachsten Figuren; der Pythagorische Lehrsatz kommt nur selten zur Anwendung*); dagegen finden sich einige Formeln Heron's wieder, so die Formel für die Fläche eines beliebigen Dreiecks aus seinen drei Seiten**), die approximative Formel für die Fläche eines gleichseitigen Dreiecks***), für die eines Kreissegmentes. †) Daneben aber erscheint, und zwar bei denselben Schriftstellern, welche die Heronische Formel $\frac{13}{30} a^2$ für die Fläche eines gleichseitigen Dreiecks mit der Seite a kennen, als Ausdruck der Fläche die wie es scheint den Römern eigenthümliche Formel ††) $\frac{1}{2}(a^2 + a)$, welche unerklärlich wäre, wenn nicht daneben für die Fläche eines regelmässigen Siebeneckes mit der Seite a die Formel $\frac{1}{2}(5a^2 - 3a)$ erschiene. †††) Das sind aber die entsprechenden

---

*) Nur bei Boethius ed. Friedlein. p. 405 ff.

**) Chasles a. a. O. p. 519.

***) Columella (de re rustica, ed. Schneider) l. V, c. 2. Boethius p. 405.

†) Columella V, 2. Grom. vet. p. 356, jedoch an letzterem Orte fehlerhaft.

††) Boethius p. 405 und Chasles a. a. O. p. 521.

†††) Boethius p. 420. Wie aber sind die Formeln $3a^2 + a$, $2a^2 + a$ für das Sechseck zu erklären?

Polygonalzahlen, und man sieht, dass der Erfinder jener Formeln die Flächen jenes Dreiecks oder Siebeneckes mit Quadraten, deren Seite die Längeneinheit ist, netzförmig ausgefüllt dachte und die Anzahl der Quadrate dem Flächenraum gleichsetzte, indem er den Unterschied, welcher an den Grenzen des Polygons zwischen diesem und dem Netz von Quadraten entstand, vernachlässigte. In der Praxis wird der Unterschied, wenn bei der Berechnung nach jenen Formeln eine sehr kleine Maasseinheit angenommen wird, gering werden. Dass man aber eine solche von der Grösse des absoluten Maasses abhängige nicht homogene Formel wie $\frac{1}{2}(a^2 + a)$ einer Flächenberechnung unbedenklich zu Grunde legte, beweist genügend den gänzlichen Mangel geometrischer Einsicht.

Neben den beiden Formeln $\frac{13}{30}a^2$, $\frac{1}{2}(a^2 + a)$ findet sich endlich bei den Gromatikern noch die dritte Formel[*]) $\frac{1}{2}a^2$ für die Fläche des gleichseitigen Dreiecks, die vermuthlich hervorgegangen ist aus der gleichfalls von den Gromatikern angewandten ägyptischen Formel $\frac{a+b}{2}\,\frac{c+d}{2}$ zur Berechnung eines beliebigen Vierecks.[**])

Das ist die geometrische Weisheit der römischen Feldmesser.

Um nun auf die Operationen der Gromatiker auf dem Felde selbst einzugehen, so bestanden diese vornehmlich aus einfachen Messungen der Grenzen der Grundstücke mit der Messkette, was zwar bei der meistens rechtwinkligen Limitation wirklich ausreichend war, aber auch bei unregelmässigen Grundstücken für ausreichend gehalten wurde, wie die angeführte Berechnung der Fläche eines beliebigen Vierecks aus seinen vier Seiten beweist; ja die Gromatiker bestimmten sogar die Grösse einer ganz unregelmässig begrenzten Stadt nicht selten nach ihrem Umfange.[***])

---

*) Grom. vet. p. 354.
**) Grom. vet. p. 355, Boethius p. 417.
***) Proklus, Comm. in lib. I. Euklid. (Basel 1533 Hervag) p. 105.
S. auch Nissen, das Templum p. 77 ff.

Alle sonstigen Operationen auf dem Felde beschränkten sich, ausser einfachen Nivellements mit der Wasserwaage[*]) auf das Einvisiren gerader Linien oder vielmehr senkrechter Ebenen und das Abstecken von rechten Winkeln, welches mit einem vielleicht schon im 3. Jahrhundert v. Chr. den Römern bekannten[**]) Instrumente, der stella oder groma[***]) geschah. Dasselbe besteht aus zwei horizontalen sich rechtwinklig kreuzenden, metallenen Armen, an deren Enden Fäden mit Gewichten beschwert herabhingen; es ruhte auf einem Gestell (ferramentum), das in der Mitte ein Senkel trägt, um den Mittelpunct der sich kreuzenden Arme genau über einen bestimmten Punct des Erdbodens zu stellen. Trotzdem bereits Heron[†]) begründete Einwendungen gegen die Genauigkeit dieses Instrumentes erhoben und darauf aufmerksam gemacht hatte, dass man weder die horizontale Lage der Arme, noch beim Winde die verticale Richtung jener Fäden verbürgen könne, so haben es doch die römischen Gromatiker nicht für nöthig gehalten, von dem plumpen Handwerkszeuge, welches ihnen den Namen gegeben hatte, abzugehen.

Die Methoden zur Lösung der leichtesten geometrischen Aufgaben, welche uns die Agrimensoren mittheilen, beruhen durchaus auf jenen beiden Operationen. Die schwierigste Aufgabe ist die Messung der Breite AB eines Flusses (fluminis varatio), die Niphus[††]) folgendermaassen löst: Man ziehe AD parallel dem Flusse, also senkrecht zu AB, halbire AD in E, construire mittels der groma DF senkrecht AD und bestimme dann, indem man von E aus die groma in der Richtung EB einstellt, nach rückwärts den Punct F. Dann ist $DF = AB$.

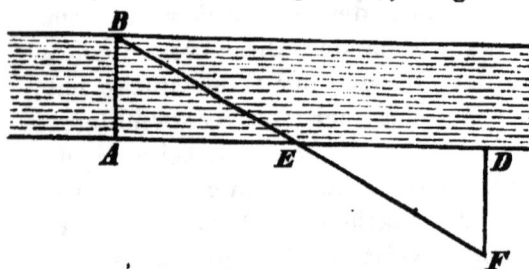

Diese Lösung kann als ein Muster aller anderen angesehen werden; sie entspricht durchaus dem ganzen Geiste
der römischen Gromatik: alle Längen, die nicht unmittelbar zugänglich sind, mittels congruenter Dreiecke auf das
Feld zu zeichnen, damit sie dort einer directen Messung
unterworfen werden können.

Nirgends *) finden wir die eleganteren, genaueren Methoden
Heron's, welche die gesuchten Grössen nicht mittels congruenter, sondern ähnlicher Dreiecke bestimmen und somit
wenigstens die Lehre von der Aehnlichkeit der Figuren und
die Rechnung mit Proportionen als bekannt voraussetzen.

Die römischen Methoden dagegen sind so urwüchsig und
roh-handwerksmässig, dass sie ohne den geringsten Grad
geometrischen Wissens erfunden, gelernt und ausgeübt werden
konnten. Wenn nun die Frage entsteht, woher diese so
stümperhafte Feldmesskunst stammt, so würden wir kein
Bedenken tragen, sie für echt römisch zu halten, wenn wir
bei den Römern nur den geringsten Grad geometrischen
Sinnes fänden. Da aber von diesem keine Spur zu entdecken
ist, so sind wir gezwungen, den Ursprung anderswo zu
suchen. Den früh untergegangenen Etruskern bereits eine
Kunst in diesem Umfange zuzuschreiben, scheint uns uner-
laubt; es bietet sich aber die Hypothese sehr ungesucht dar,
dass wir in jenen primitiven römischen Methoden altägyp-
tische wiederfinden, worauf namentlich das höchst auffällige
Auftreten der echt ägyptischen Formel für die Fläche eines
Vierecks aus seinen Seiten hinweisen muss. Der geometrische
Inhalt der gromatischen Schriften erinnert in der That lebhaft an jenen Rhind'schen Papyrus. Den Uebergang ägyptischer Tradition nach Rom hat man sich dann etwa folgendermaassen zu denken:

Die Werke Heron's, dazu bestimmt, an Stelle der theils
rohen, theils selbst fehlerhaften altägyptischen Methoden
andere feinere und richtigere zu setzen, mochten ihre Bestimmung doch nicht ganz erfüllen. Trotz ihres höchst
elementaren Charakters waren sie doch für die Mehrzahl der

---

*) Nur in den von Vinçent publicirten anonymen Fragmenten, deren
Ursprung ganz unbekannt ist, werden ähnliche Dreiecke benutzt.

die praktische Geometrie handwerksmässig treibenden, namentlich der nichtgriechischen Feldmesser noch zu wissenschaftlich oder, wie man auch sagen könnte, zu sehr in griechischem Sinne geschrieben. Die vielen Umarbeitungen jener Schriften, von denen eine immer populärer ist als die andere, beweisen, wie man sich dem Bedürfnisse der Praktiker zu nähern suchte. Doch konnte in Aegypten, wo man mit eiserner Zähigkeit an tausendjährigen Traditionen festhielt, alles dies die alten eigenthümlichen Methoden nicht verdrängen; wo es mit diesen verträglich war, nahm man gern die eine oder die andere Belehrung von Heron an, verblieb aber übrigens auf dem alten Standpuncte; auch mögen bei fortschreitendem Verfalle der alexandrinischen Schule Schriften entstanden sein, welche eine solche vermittelnde Stellung einnahmen.

Das Ptolemäerreich, welches sich im Inneren einer musterhaften Verwaltung erfreute, hat dem römischen Kaiserreiche mehrfach als Muster gedient. Als Cäsar und ihm folgend Augustus das ganze Reich zum Zwecke einer sorgfältigen Catastrirung und Besteuerung des Landes nach dem alterprobten Muster Aegyptens vermessen zu lassen unternahmen, mussten sie zugleich die ganze ägyptisch-griechische Feldmesskunst nach Rom verpflanzen, wo bis dahin wohl die uralte Kunst, limitirte Städte und Colonieen rechtwinklig und quadratisch anzulegen, von den Priestern geübt wurde, eine eigentliche Kunst der Vermessung eines nicht quadratisch limitirten Landes aber unbekannt sein mochte. So wie Cäsar zur Reform des Kalenders sich des Rathes des alexandrinischen Astronomen Sosigenes bediente, so berief er auch alexandrinische Feldmesser, deren Namen uns überliefert sind, zur Herstellung der römischen Weltkarte, welche der allgemeinen Schätzung zur Zeit der Geburt Christi zu Grunde lag.[*] Von diesen werden dann die elementarsten Handwerksregeln, die dem für Mathematik absolut bornirten Sinne der Römer allein zugänglich waren, in Rom heimisch geworden sein, wie denn in der That die Gromatiker selbst ihren Ursprung von Cäsar datiren.[**] Unter solchen Ver-

---

[*] Ritschl, Rhein. Mus. f. Phil. Neue Folge t. I. 1842. p. 481.
[**] Grom. vet. p. 395.

hältnissen ist es dann erklärlich genug, wie die römische Zunft der Gromatiker neben rohen, altägyptischen Methoden zugleich einige Bruchstücke der Weisheit Heron's erhielt, ohne doch die Werke griechischer Mathematiker direct benutzt zu haben.

Theoretische Mathematik.

„In summo honore apud Graecos geometria fuit; itaque nihil mathematicis illustrius: at nos ratiocinandi metiendique utilitate hujus artis terminavimus modum" — mit diesen Worten charakterisirt Cicero[*] trefflich die Stellung, welche die Mathematik zu seiner Zeit in Rom einnahm und die sich bis zum Untergange des weströmischen Reiches nicht veränderte. Ja selbst der Name der Mathematik wurde beschimpft durch die unlösliche Verbindung, in welche er mit der Astrologie und Zeichendeuterei kam, so dass ein Gesetz des Justinianischen Codex den respectwidrigen Titel[**] „De maleficis et mathematicis et ceteris similibus" führen und in diesem der Satz: „Ars autem mathematica damnabilis interdicta est omnino" stehen konnte. Zur Beruhigung des mathematischen Lesers aber will ich ihm auch den unmittelbar vorhergehenden Satz nicht verschweigen, der da lautet: „Artem geometriae discere atque exercere publice interest". Wir haben gesehen, in welch unzureichender Weise dies öffentliche Interesse gewahrt wurde; indessen es war doch vorhanden und hat eine kleine Literatur erzeugt.

Von der theoretischen Mathematik aber haben sich die Römer fern gehalten, bis in den letzten Zeiten des untergehenden Reiches das Bedürfniss eines Schulunterrichtes in den Elementen der griechischen Wissenschaften zur Abfassung einiger compilatorischer Werke in lateinischer Sprache führte, die ausdrücklich oder gelegentlich Mathematisches behandeln und die trotz ihrer grossen Dürftigkeit uns doch deshalb interessiren, weil das ganze frühere Mittelalter bis zum 12. Jahrhundert in Ermangelung besserer Quellen seine mathematischen Kenntnisse allein aus ihnen zu schöpfen angewiesen war.

[*] Tuscul. l. I. c. II, 5.
[**] C. IX, 18.

Der bedeutendste unter allen spätrömischen Schriftstellern überhaupt, Anicius Manlius Severinus Boëthius (oder
Boetius, † 524) war, wie in der Philosophie, so auch in der
Mathematik der einflussreichste Lehrer des Mittelalters. Er
schrieb eine Institutio arithmetica, die im Wesentlichen eine
Uebersetzung von Nikomach's Arithmetik ist, eine Institutio
musica, ebenfalls durchaus nach griechischen Quellen bearbeitet. Von einer Geometrie in mehreren Büchern, welche
im Mittelalter unter dem Namen des Boethius ging, sind
im besten Falle nur zwei Bücher diesem Autor zuzuschreiben,
dessen Styl sich durch seine Reinheit von dem seiner Zeitgenossen und Nachfolger vortheilhaft unterscheidet. Das
erste dieser Bücher ist ein Auszug aus Euklid, welcher
ausser den Definitionen, Petitionen und Axiomen die Lehrsätze der drei ersten Bücher der Elemente, aber ohne
Beweise enthält; nur am Schluss finden sich, „ut animus
lectoris ad enodatioris intelligentiae accessum quasi quibus-
dam gradibus perducatur“, als Beispiele die drei ersten Aufgaben des I. Buches mit Construction und methodischem
Beweise. Das war das einzige Bruchstück der Methode der
griechischen Geometer, welches das Mittelalter kannte, aber,
wie begreiflich, nicht verwerthen konnte; in der ganzen
übrigen mathematischen Literatur der Römer findet sich
nirgends wieder nur eine Spur eines Beweises. Das zweite
Buch dieser sogenannten Geometrie des Boethius lehrt die
Berechnung der einfachsten ebenen Figuren an numerischen
Beispielen und gehört, wie auch die anderen unserem Autor
zugeschriebenen Bücher, jenem Kreise der gromatischen
Literatur an, die bis zum 12. Jahrhundert die einzige Quelle
geometrischer Weisheit bleiben musste.

Noch pedantischer und viel ärmlicher war die Behandlung der Wissenschaften des Quadrivium, der Arithmetik,
Musik, Geometrie und Astronomie in der Encyklopädie,
welche im Anfange des 5. Jahrhunderts zu Carthago Martianus Capella schrieb und durch die Nuptiae Philologiae et
Mercurii einleitete. Bei der im Kreise der Götter vollzogenen
Vermählung der Philologia (d. h. Wissenschaft überhaupt)
mit Mercur — dies ist die gezierte Einkleidung des Buches
— bringen sieben Jungfrauen, die septem artes liberales,

als Hochzeitsgeschenke die Symbole ihrer Wissenschaft und tragen zu deren Erläuterung ihre Gelehrsamkeit selbst in dürftigem Abriss und in gespreizt schwülstiger Rede vor. So erscheinen daselbst nacheinander die Grammatik, Dialektik, Rhetorik, die Künste des Trivium, dann die Geometrie mit einem Abacus als Symbol, die Arithmetik Jupiter grüssend, indem sie mit den Fingern die Zahl 717 ausdrückt, die Astronomie und die Musik. Was Martianus Geometrie nennt, ist Geographie mit einem kurzen Anhange, der die gebräuchlichsten griechischen Kunstausdrücke der Mathematik erläutert. Die Arithmetik ist ein höchst dürftiger Auszug aus Nikomachus nebst einer ausführlichen Beschreibung der mystischen Bedeutung der Zahlen in Pythagorischem Sinne. Ebenso werthlos ist der Inhalt der Rede, mit der die Astronomie ihr Hochzeitsgeschenk begleitet.

Von ähnlichem Charakter, nur weniger geziert in der Form sind die Institutiones divinarum et saecularium literarum des bereits christlichen Römers Magnus Aurelius Cassiodorus († um 570), Ministers des Königs Theoderich.

Das ist das gesammte mathematische Material, welches das Mittelalter aus der Hand der Römer empfing.

Mittelalter.

I. Periode.

Bis zum Anfange des 12. Jahrhunderts.

Einleitung.

Wir betreten einen neuen Schauplatz: es ist die Geschichte der abendländischen Nationen, die uns fortan beschäftigen wird; dieser Nationen, welche theils rein germanisch, theils aus der Vermischung germanischer Eroberer mit italischem oder kelto-romanischem Blute hervorgegangen, so verschieden an Charakter und Geist, doch in der Geschichte unter einem einheitlichen Gesichtspuncte erscheinen. Alle fanden sie in der katholischen Kirche ihren geistlichen, ein grosser Theil in dem Kaiserthume ihren weltlichen Mittelpunct. Der Gebrauch der lateinischen Sprache in allen wissenschaftlichen und geistlichen, sowie in allen grösseren weltlichen Geschäften, der gemeinschaftliche Ausgangspunct alles geistigen Lebens, den man im früheren Mittelalter einerseits in der heidnisch-römischen Literatur, andererseits in den lateinischen Kirchenvätern fand, geben den wissenschaftlichen Bestrebungen in Italien, Spanien, England, Frankreich und Deutschland einen so gemeinschaftlichen Charakter, dass wir das ohnehin Wenige, was wir von diesen zu berichten haben, recht wohl in Eine Darstellung zusammenfassen können, welche sich auf alle katholischen Völker erstreckt.

Man spricht so viel von dem Untergange antiker Cultur unter den Stürmen der Völkerwanderung; und in der That brach die morsche Institution der römischen Staatsverfassung und die ererbte äusserliche Civilisation des städtischen Lebens rasch zusammen unter der Gewalt der germanischen Eroberer, die eine andere Art von Freiheit kannten, als die römische, und unter anderen Lebensverhältnissen aufgewachsen waren, als das alte, seit einem Jahrtausend sesshafte Geschlecht. Was aber die geistige Cultur betrifft, so sehen wir ausser den letzten Resten des Heidenthumes nur wenig oder nichts Bedeutendes, was jener gewaltige Völkerstrom von den Sitzen antiken Lebens hinweggeschwemmt hätte. Die alte Cultur war in Wahrheit längst zu Grabe getragen und fristete kaum ein Scheindasein, als die germanischen Völker den alten Boden umpflügten, um ihn zu neuen Aussaaten tauglich zu machen. Und alles, was die Römer überliefert, haben diese jungen Völker bald wieder von Neuem ausgesät und, vielleicht zu ihrem Schaden, mit grösserer Pietät gepflegt, als es die letzten traurigen Erzeugnisse der halb barbarisch gebliebenen, halb überfeinerten römischen Civilisation verdienten.

Bereits im 3. Jahrhundert n. Chr. war Stil und Geschmack der lateinischen Schriftsteller tief gesunken und in natürlichem Fortschritte gelangte man im Laufe der Zeit zu jener barbarisch-schwülstigen, unrömischen Schreibart, welche die meisten Autoren des 5. Jahrhunderts kennzeichnet und die unbeholfene Latinität des früheren Mittelalters vielleicht an Bizarrerie, nicht aber an Geschmack übertrifft. Und wenn auch bei dem Eintreten der germanischen Völker in die Geschichte der letzte Rest urbaner Latinität und der Sinn für die Schönheit der klassischen Schriftsteller zu Grabe getragen worden wäre, so dürften wir deshalb nicht jenes Ereigniss für ein absolut culturfeindliches erklären; denn wie beliebt es auch bei uns sein mag, die Bildung eines einzelnen Menschen oder die Cultur eines Volkes nach seiner Kenntniss und Belesenheit in den lateinischen Autoren zu bemessen, so einseitig ist doch dieser Maassstab. Mehr als die Frage nach dem Verfalle des Geschmacks und der schönen Literatur interessirt uns die Frage, welche Elemente wissenschaftlicher Bildung das Mittelalter von den Alten empfing.

Da ist denn zuerst die wichtige Thatsache hervorzuheben, dass die katholischen Völker des früheren Mittelalters ihre Wissenschaft ausschliesslich aus lateinischen Quellen schöpften.

Obgleich die Kenntniss des Griechischen niemals ganz aus-
starb und immer wieder einzelne Männer genannt werden,
welche dieser Sprache kundig waren, so steht es doch fest,
dass bis zum 13. Jahrhundert kein einziges griechisches
wissenschaftliches Werk im Occidente gelesen oder in das
Lateinische übersetzt wurde.

Die ganze Bildung des früheren Mittelalters, welches
wir mit der Mitte des 12. Jahrhunderts beschliessen, beruhte
daher auf dem, was aus der griechischen Wissenschaft bis
an den Anfang des 6. Jahrhunderts in die Schriften der
Lateiner übergegangen war; das aber war unglaublich wenig.

Jene mit dilettantischer Oberflächlichkeit, ohne alle
Schärfe der Begriffe, zur spielenden Unterhaltung des Lesers
geschriebenen philosophischen Abhandlungen eines Cicero
u. a. konnten den nach ernsthaftem Wissen strebenden
Benedictinermönchen nicht genügen; und so sehen wir das
wunderbare Schauspiel, wie die jung aufstrebenden Völker
des neuen Europa ihren Durst nach wissenschaftlicher Erkenntniss befriedigen mussten an Schriften aus dem Greisen-
alter der griechisch-lateinischen Welt, in denen sich die
wissenschaftlich-strenge Darstellung eines Aristoteles in die
dürrste Pedanterie, die harmonisch schöne Schreibart des
Plato in barbarische Gespreiztheit verkehrt hatte; an Schriften,
welche nicht die grossen objectiven Probleme von Gott und
der Natur, dem menschlichen Geiste und der Welt mit
frischem Auge und kühner That behandeln, sondern sich,
selbst gedankenlos, nur mit den subjectiven Formen beschäftigen, in denen Gedanken zum Ausdruck gebracht
werden können, mit Grammatik, Rhetorik, mit Logik und
Dialektik. Das war das Erbe philosophischer Wissenschaft,
welches die römische Welt dem Mittelalter überlieferte, und
wir würden es nicht begreifen, dass die neuen Völker sich
nicht mit Entrüstung von einer Literatur abwandten, welche
ihnen statt des Kernes nur die Schale reichte, wenn wir
uns nicht erinnerten, dass sie in der organischen Einheit
christlicher Weltanschauung eine vollkommene Befriedigung
fanden, welche neben sich nur ein Interesse an den Formen
des Redens und Denkens gestattete.

Was die wenigen mathematischen Schriften betrifft,

welche das lateinische Alterthum überhaupt hervorgebracht hat, so treten in diesen die allgemeinen Charakterzüge der späteren römischen Literatur auf's Schärfste hervor. Die unglaubliche Dürftigkeit ihres Inhalts haben wir schon kennen gelernt — und doch wollte es das Geschick, dass die verhältnissmässig reichhaltigsten Schriften, die des Boethius, den ersten Jahrhunderten des früheren Mittelalters unbekannt blieben, eine Thatsache, welche bei der Beurtheilung der Mathematik dieser Zeit wohl in Anschlag zu bringen ist.

Die Mathematik bis an's Ende des 10. Jahrhunderts.

Unter allen germanischen Völkern sind es die hochbegabten Gothen in Italien und Spanien gewesen, welche am schnellsten die römische Cultur annahmen und zu ihrer Zeit die bedeutendste wissenschaftliche, freilich durch die politischen Ereignisse bald zu Ende gehende Rolle spielten.

Das Auftreten der Römer Boethius und Cassiodorus fällt schon in die Zeiten der Ostgothen; in welchem Sinne aber die Mathematik bei den jungen Völkern selbst betrieben wurde, mag man ersehen aus den im Mittelalter hoch angesehenen Origines oder Etymologiae*) des Isidorus Hispalensis († 636 als Bischof zu Sevilla), einer Encyklopädie, welche nach dem seit Martianus Capella in der lateinischen Welt herkömmlichen Gebrauche unter den artes liberales auch die Arithmetik, Geometrie, Musik und Astronomie behandelnd, diese auf vier Seiten erledigt, indem sie den realen Inhalt fast ganz ignorirt und sich auf die Mittheilung von Definitionen und grammatische Erklärung von Kunstausdrücken beschränkt. Das Lehrbuch des Martianus aber galt in jener Zeit für den Inbegriff aller Weisheit.**)

In Italien erlosch mit dem VI. Säculum bereits die schriftstellerische Thätigkeit in den weltlichen Künsten gänzlich; unter mathesis verstand man, völlig unbekannt mit dieser Wissenschaft, nichts als Astrologie. Die reichen Büchersammlungen in Rom und anderen italischen Städten gingen durch Gleichgültigkeit und Nachlässigkeit zu Grunde.

---

*) Migne, Patrologia. t. 82.
**) S. Gregor von Tours.

Nur in einigen Klöstern, vorzüglich in dem 529 auf dem Monte Cassino von S. Benedict gestifteten ersten Kloster nach abendländischer Regel und in dem 612 von S. Columban aus Irland gegründeten reichen Kloster Bobbio in der Lombardei fanden die literarischen Schätze wenigstens pietätvolle Bewahrung.

Die Gelehrsamkeit aber flüchtete sich aus den Stürmen, welche über alle Länder des Continentes dahin brausten, in die abgelegenen Klöster Irlands, Schottlands und Englands. Hier bildete sich mittels der reichen Bibliothek seines Stiftes Beda († 735) zu dem gelehrtesten Manne seiner Zeit aus; die dankbare Nachwelt, die in ihm Jahrhunderte lang ihren Lehrer verehrte, gab ihm den Beinamen: venerabilis. Unter seinen vielen Schriften befinden sich auch mehrere, welche von der Chronologie und dem Computus (d. h. kirchliche Zeitrechnung) handeln und ihm Veranlassung geben, sowohl auf astronomische Gegenstände, als auch auf das Rechnen einzugehen. Die meisten der Schriften*), welche im Mittelalter dem Beda zugeschrieben wurden, sind zwar unecht und nur wenige auf ihre wahren Verfasser zurückgeführt, können jedoch, da sie sicher nicht später als im 10. Jahrhundert verfasst sind, ein allgemeines Bild von dem Zustande mathematischer Studien in dieser ersten Periode des Mittelalters geben.

Als Karl der Grosse unter dem Eindrucke der Erinnerungen an das klassische Alterthum, welche Rom und Italien in ihm erweckt hatten, den kühnen Entschluss fasste, auch seinen Franken und deren deutschen Bruderstämmen das edle Gut einer gelehrten Bildung zuzuführen und in den gallischen Provinzen die längst verlorene Wissenschaft wieder zu erwecken, waren es Mönche von den britannischen Inseln, mit deren Hilfe er seinen Plan ausführte. Unter ihnen ragt vor allen hervor der Angelsachse Alkuin, der seit dem Jahre 782, in welchem er der dringenden Aufforderung Karl's folgend an den kaiserlichen Hof kam, mit grösstem Erfolge für die sittliche und wissenschaftliche Bildung des Clerus

---

*) Sämmtliche echte und unechte abgedruckt: Migne, Patrologia, t. 90.

und den Unterricht des Volkes wirkte. Die lebhafte, eingehende Theilnahme des grossen Kaisers für diese Bestrebungen, das Beispiel, welches er durch sein persönliches
Interesse für wissenschaftliche Belehrung gab, verliehen
Alkuin's verständigen Anordnungen einen solchen Nachdruck,
dass noch ehe der Restaurator des römischen Kaiserthumes
in das Grab gelegt wurde, die Wissenschaft spätrömischer
Zeit in den Klöstern Galliens, Lothringens, Allemanniens
und des Frankenlandes als wiederhergestellt oder neu begründet gelten konnte.

Alle Klosterschulen sollten nach Karl's Verordnung*) den
Knaben lehren: psalmos, notas, cantus, computum, gram-
maticam; in den grösseren Klöstern des Frankenreiches aber
wurden jetzt, wie schon früher in denen jenseits des Kanals,
die artes liberales in herkömmlicher Weise und die theologischen Wissenschaften betrieben.

Schon ziemlich früh im Mittelalter war der Computus
ein nothwendiger Bestandtheil geistlicher Bildung; die Con-
cile schärften in ihren Decreten, Bischöfe durch ihre besonderen Statuten den Clerikern das Studium der Kirchen-
rechnung ein; in jedem Mönchs- und Nonnenkloster musste
wenigstens Eine Person vorhanden sein, welche es verstand,
die Ordnung der kirchlichen Feste und damit den Kalender
für das laufende Jahr festzustellen.**) So erhielt denn die
Arithmetik in der kirchlichen Erziehung immer ein kleines
Plätzchen; denn diese kalendarischen Aufgaben brachten,
trotzdem man sie sich in der noch heute üblichen Weise
durch allerlei Hilfsmittel möglichst erleichtert hatte, doch
immerhin einige Gelegenheit zu numerischen Rechnungen;
nach welcher Methode dies geschah, lehrt uns eine Schrift
vom Jahre 944.***) Das Rechnen geschah wohl selten auf
dem Papiere, häufiger nach alter Weise an den Fingern†);

---

*) Baluze, Capitularia reg. franc. Paris 1677. t. I. p. 237.
**) Hist. lit. de la France, p. d. rel. Benedict. t. VI. p. 70.
***) De argum. lunae. Dieselbe Methode in Alkuin's De cursu et
saltu lunae. (Migne, Patrologia t. 101. p. 979.)
†) S. o. S. 48. Beda schrieb: Computus vel loquela digitorum
(Patrol. t. 90. p. 295); s. auch Rhabanus Maurus im IX. Saec. Lib. de
computo (Baluze, Miscellan. t. I. Paris 1678. p. 6).

von einem Rechenbrette ist nie die Rede. Das Einmaleins
wurde, wie jene primitive Art des Multiplicirens und Dividirens zeigt, in diesem Rechenunterrichte nicht auswendig
gelernt; diejenigen, welche sich eingehender mit Kirchen-
rechnung beschäftigten, besassen es schriftlich entweder in
der noch heute in den Schulbüchern enthaltenen oder in der
kürzeren Form einer quadratischen Tafel mit doppeltem
Eingange, in welcher es, wenn nicht ein späterer Irrthum
der Abschreiber vorliegt, abacus mensurandi oder mensa
Pythagorica genannt wurde.

Wer ein besonderes Interesse an dem Rechnen gefunden
hatte, lernte dann wohl auch die römischen Minutien mit
ihren Zeichen und erwarb sich einige Fertigkeit im Rechnen
mit diesen schwerfälligen Brüchen*), oder er machte sich
an die Lösung der in einer kleinen Sammlung enthaltenen
arithmetischen Aufgaben**), welche meistens auf die Auflösung bestimmter oder unbestimmter Gleichungen ersten
Grades zurückkommend, damals ohne jedes Hilfsmittel aufgelöst werden mussten und einen gewissen Grad von Scharfsinn und Gewandtheit im Rechnen voraussetzten.

Worin der eigentliche wissenschaftliche Unterricht des
Quadrivium, an dem indess selbst in den blühendsten Klosterschulen sich nur wenige Auserwählte betheiligt haben werden,
bis zum Ende des 10. Jahrhunderts bestand, ob man ihn
mit Boethius' Arithmetik begann***), um so den Grund zur

---

*) Beda, de ratione unciarum, a. a. O. p. 307.

**) Propositiones arithmeticae ad acuendos juvenes nebst Lösungen
unter Beda's Werken a. a. O. p. 667, aber auch unter Alkuin's (Patrologia, t. 101. p. 1143); nach Giles (Bedae opera t. VI. London 1843.
p. XIII) jedenfalls nicht von Beda; um Alkuin's Autorschaft zu beweisen,
hat man sich auf seine Epist. 101 (Patrol. t. 100) an Karl d. Gr. berufen, wo er sagt: Nisi aliquas figuras Arithmeticae subtilitatis laetitiae
caussa. Was indessen Alkuin unter arithmeticae subtilitas verstand
und dass sich jene laetitia auf seiner Meinung nach ernsthaftere Fragen
erstrecken sollte, scheint mir aus dem, was weiter unten mitgetheilt
wird, hervorzugehen. Dass aber jene arithmetischen Aufgaben bereits
am Ende des X. Säculum verbreitet waren, zeigt die gelegentliche
Lösung einer derselben bei Gerbert s. Oeuvres de Gerbert p. Olleris. p. 332.

***) Das einzige Citat dieses Buches, das ich aus der Zeit vor
Gerbert aufgefunden habe, findet sich bei Rhabanus (Baluze, Misc.
t. 1, p. 7).

theoretischen Musik zu legen, oder ob man sich, was mir wahrscheinlicher ist, mit dem Studium der wenigen Seiten, welche Isidor in seinen Origines der Mathematik gewidmet hatte, begnügte, habe ich mit Sicherheit nicht ermitteln können. *) In den Augen geistlicher Männer, wie Alkuin's, gab der Arithmetik erst die Theologie die rechte Weihe, indem sie die theoretischen Eigenschaften der Zahlen zur Erklärung der symbolischen Zahlen der heiligen Schrift benutzte. So war die Zahl der von Gott, der alles gut schuf, erschaffenen Wesen 6, weil 6 ein numerus perfectus ist; 8 aber ist ein numerus deficiens (die Summe der Theiler $1 + 2 + 4 = 7 < 8$), und „deswegen geht der zweite Ursprung des Menschengeschlechtes von der Zahl 8 aus: Wir lesen nämlich, dass in Noah's Arche 8 Seelen gewesen, von welchen das ganze Menschengeschlecht abstammt; um zu zeigen, der zweite Ursprung sei unvollkommener, als der erste, welcher nach der Sechszahl geschaffen wurde u. s. w."**) Durch solche Speculationen suchte er seinem Kaiser begreiflich zu machen „quam jucunda est et utilis arithmeticae disciplinae cognitio".

Einer ähnlichen Empfehlung erfreute sich auch das Studium der Astronomie, die das Dasein eines Schöpfers beweisen und zur Bewunderung der göttlichen Weisheit führen sollte, ausserdem aber für die Chronologie der Kirche unentbehrlich war.

Dagegen hatte die Geometrie weder ein religiöses Interesse noch ein praktisches in einer Zeit, die so weit wie die karolingische von regulären Grundsteuern oder statistischen Aufnahmen entfernt war; und so finden wir denn auch in der ganzen Literatur jener Zeit kaum die geringsten Spuren, dass man in diese Wissenschaft des Quadrivium weiter ein-

---

*) Die Darstellung des mathematischen Unterrichtes im IX. Säc., welche sich in dem ansprechenden Programme: „Wie man vor tausend Jahren lehrte und lernte, dargest. von Walafried Strabo" (Einsiedeln 1857) findet, beruht, wie mir Hr. P. Gall Morel aus Einsiedeln mitzutheilen die Güte hatte, nicht auf neuen Quellen; es liegt also in der Schrift eine Verwechselung des 9. mit dem 11. Jahrhundert vor.

**) Epist. hinter d. Commentar zum Canticum canticorum (Patrolog. t. 100. p. 663); s. auch Epist. 80 ebd.

gedrungen wäre, als bis zu den Definitionen eines Dreiecks, Vierecks, Kreises oder einer Pyramide und eines Kegels, wie sie Martianus Capella oder Isidor darboten. Selbst die agrimensorischen Pandecten finden wir in dieser Zeit nicht erwähnt; und die mir bekannten einzigen Spuren geometrischen Wissens bieten einige Aufgaben jener erwähnten Propositiones arithmeticae, in welchen die Flächen von Dreiecken, Vierecken, Kreisen nach den gewöhnlichen Vorschriften der Gromatiker berechnet werden.

Das war in Karolingischer Zeit der Zustand der mathematischen Studien in den Klöstern, wo die Verhältnisse günstig und das Interesse für diese profanen Wissenschaften nicht durch rein theologische Richtung oder mönchisch religiösen Eifer zurückgedrängt wurde. Es war ein Zustand der ersten Kindheit des mathematischen Denkens, der freilich noch nicht ahnen liess, welche Ausbildung diese Wissenschaft nach einem Jahrtausend bei denselben Völkern erhalten sollte, deren Vorfahren wir hier langsam und unsicher die ersten Schritte zur Aneignung des vom Alterthume überlieferten Stoffes thun sehen.

Die mathematische Schule Gerbert's.

Die Förderung der gelehrten Studien durch Kaiser Karl hatte nur einen kurz vorübergehenden sichtbaren Erfolg; in den bald nach seinem Tode sich erhebenden Stürmen, unter denen sein grosses Reich zerfiel, konnte wissenschaftliches Leben nicht gedeihen; erst am Ende des 10. Jahrhunderts, als unter den Ottonen und den Capetingern ruhigere Zeiten begannen, waren die äusseren Vorbedingungen gegeben, ohne welche das menschliche Gemüth nicht die Sammlung findet, sich rein idealen Interessen zu widmen.

Der Aufschwung, welchen in dieser Zeit die mathematischen Studien in Lothringen und den angrenzenden Provinzen Frankreichs einer- und Deutschlands andererseits nahmen, knüpft sich grossentheils an den Namen eines der merkwürdigsten Männer jener Zeit: Gerbert, in der ersten Hälfte des X. Säculum zu Aurillac in der Auvergne geboren, früh schon dem Kloster übergeben, dort zum Mönch herangebildet, verliess seine Heimath zuerst, um eine Studienreise in die spanische Mark zu unternehmen. Von dieser Reise zurückgekehrt, deren Erfolg er selbst dahin prädicirte, „dass er in der Mathematik genug wisse, aber sein Wissen in der Logik noch vervollkommnen wolle", wurde er Scholasticus, d. h. Lehrer an der Klosterschule zu Rheims. Mit grossen Fähigkeiten und umfassenden Kenntnissen ausgerüstet, nicht nur ein tüchtiger Mathematiker, sondern ein ebenso gewandter und gelehrter Dialektiker, wohl belesen in den klassischen Schriftstellern, ein Mann von feurigem Charakter, dem äussere Bethätigung Lebensbedürfniss war, begeistert für die Wissenschaft, erwarb sich Gerbert bald einen hoch gefeierten Namen als Gelehrter und Lehrer, der durch die nahen Beziehungen, in denen er zu den Ottonen, namentlich dem jüngsten dieses Namens stand, noch einen besonderen Glanz erhielt. Um das Jahr 980 von seinem kaiserlichen Gönner zum Abte des reichen, durch seine Bücherschätze berühmten Klosters Bobbio in der Lombardei eingesetzt, später Bischof zu Rheims, dann von Ravenna, beschloss er sein wechselvolles, vielfach in kirchliche und politische Streitigkeiten verwickeltes Leben im Jahre 1003 in Rom, wo er vier Jahre lang den päbstlichen Stuhl unter dem Namen Sylvester II. inne gehabt hatte.*)

In den philosophischen und mathematischen Wissenschaften hat Gerbert, der „reparator studiorum", wie er von einem Zeitgenossen genannt wird, das höchste erreicht, was in seiner Zeit möglich war; er hatte sich den Inhalt der gesammten überlieferten römischen Literatur in weitestem Umfange so zu eigen gemacht, dass er ihn mit einer damals seltenen Selbstständigkeit zu handhaben wusste.

Sein astronomisches Wissen, das er sich mühsam aus armseligen Bruchstücken zusammensetzen musste, seine Construction von Armillarsphären, Himmelsgloben und Sonnenuhren schien seiner Zeit so wunderbar, dass sich nicht lange nach seinem Tode die Sage von seinem Bündnisse mit dem Teufel ausbildete, welcher ihm solch übermenschliche Fähigkeiten verliehen, dafür ihn aber auch schliesslich geholt

---

*) S. Olleris, vie de Gerbert in Oeuvres de Gerbert, par Olleris. Paris und Clermont-Ferrand 1867; ferner: Richeri Historiae l. III, c. 46 in den Monum. Germ. ed. Pertz; script. t. III.

haben sollte; und sein Schüler Richer sagt: „Mit welchem Schweisse aber der Grund zur Astronomie in dem Unterrichte gelegt wurde, ist zu sagen nicht unnütz, damit die Klugheit eines so grossen Mannes bemerkt wird und der Leser die Wirkung der Kunst bequem fasst. Obgleich diese fast unbegreiflich ist, so brachte er sie doch, nicht ohne Ruhm durch gewisse Instrumente zum Verständniss".

Wir sehen aus Gerbert's Briefwechsel, wie emsig er bedacht war, den Schatz seines Wissens zu vergrössern, indem er sich Abschriften seltener Werke verschaffte und bisher unbekannte Werke des Alterthumes an's Licht zog. So entdeckte er in Italien, wie er aus Mantua erfreut mittheilt, zuerst wieder die Geometrie des Boethius. Von hier an muss man eine neue Epoche der mittelalterlichen Mathematik datiren; denn es trat hiemit ein ganz neues Element in den Gesichtskreis; und so gering auch der wissenschaftliche Werth jener oben p. 302 charakterisirten Schrift ist, so war es doch den Gelehrten von dieser Zeit an möglich gemacht, die ersten Elemente der Geometrie kennen zu lernen, wozu es bis dahin kein Mittel gab. Gerbert selbst ergriff mit Eifer dies neue Arbeitsfeld und die unter Gerbert's Namen verbreitete Geometrie*) kann, auch wenn sie nicht von ihm selbst zusammengestellt ist, doch ein Zeugniss ablegen, wie man, freilich ohne irgendwo über den überlieferten Grund hinauszugehen, sich doch sicher auf diesem zu bewegen und hie und da eine Aufgabe selbstständig zu lösen wusste.

Die erste mathematische Schrift des Mittelalters, welche diesen Namen verdient, ist ein Brief Gerbert's**) an Adalbold, Bischof von Utrecht, in welchem die Ursache erklärt wird, warum die „geometrisch" als Product von Grundlinie und halber Höhe berechnete Fläche des Dreiecks eine andere Zahl ist, als die „arithmetisch", d. h. nach der gromatischen Formel***) $\frac{1}{2} a (a + 1)$ berechnete. Er findet den Grund richtig darin, dass die letztere alle kleinen Quadrate, in

---

*) Oeuvr. d. Gerbert p. 401 und 595.
**) Ebd. p. 477.
***) S. o. p. 296.

welche sie das Dreieck zerlegt, ganz anrechnet, obgleich Theile derselben aus dem Dreiecke herausragen.

Ein Brief desselben Adalbold*) an den Meister, worin er sich die Frage vorlegt, warum ein Kreis von dem umschriebenen Quadrate $\frac{3}{14}$, eine Kugel aber von dem umschriebenen Würfel $\frac{10}{21}$ übrig lasse, die er nach langen Erörterungen dahin beantwortet: „quare quadratum tollere nihil est aliud, nisi excessiones suas et circuli aream secum ducere", zeigt uns das mathematische Denken noch auf seiner ersten Stufe; aber man fing doch an zu denken, und dies ist immerhin in jener Zeit verdienstvoll genug.

Vielleicht war es auch das wiedererwachte Studium der metrischen Geometrie, welches die Aufmerksamkeit mehr als bisher auf die Rechnung mit Brüchen hinlenkte; leider hatte man hier das üble Vermächtniss der römischen Minutien, deren Gebrauch Abbo, Abt von Fleury († 1003) durch seinen vielgebrauchten Commentar zu dem p. 60 u. 294 erwähnten Calculus des Victorius, freilich vergeblich zu erleichtern suchte.

Die Arithmetik des Boethius, der wie man sieht, wie in der Philosophie so auch in der Mathemathik den Namen des ersten Lehrers des Mittelalters verdient, finden wir, seit Gerbert dieselbe lebhaft empfohlen hatte, in allgemeinerem Gebrauch und so im Vergleich mit dem bisherigen Zustande des mathematischen Unterrichtes einen wesentlichen Fortschritt zu einem wissenschaftlicheren Studium gemacht.

So sehen wir denn am Ende des X. Säculum die Mathematiker diesseits der Alpen in dem vollen und sicheren Besitz alles dessen, was ihnen die Römer an wissenschaftlichem Materiale überliefert hatten und nehmen nicht ohne Anerkennung wahr, wie man im 11. und im Anfang des 12. Jahrhunderts dieses auszubeuten eifrig bestrebt war. Denn diese von Gerbert eröffnete Periode unterscheidet sich von der vorhergehenden zu ihrem Vortheile dadurch, dass sie bereits eine eigentlich mathematische Literatur hervorgebracht hat. Wenn uns jedoch die meisten dieser Schriften nur aus Mit-

---

*) Bei Pez, Thesaur. anecdot. nov. Augsburg 1721. t. III.

theilungen alter Chronisten und Biographen bekannt sind,
und die wenigen, die sich von ihnen noch handschriftlich
erhalten haben mögen, heute unbeachtet im Staube der Bibliotheken vergraben liegen, so ist dies eben nicht sehr zu be-
klagen; denn es befindet sich unter ihnen keine einzige von
wissenschaftlicher, nur wenige von historischer Bedeutung.
Aber man vergegenwärtige sich auch, woraus das mathematische Material bestand, mit dem diese Zeit zu arbeiten
hatte: aus wenigen geometrischen Sätzen ohne jede Erläuterung, aus den theils falschen, theils nur approximativ richtigen Sätzen der Gromatiker, aus der alle mathematische Klarheit vernichtenden römischen Bruchrechnung, aus einigen
populären Notizen über arithmetische Verhältnisse; dazu
nehme man, dass das alles in den Schriften der Alten ohne
jede Methode vorgetragen wurde, dass ein mathematischer
Beweis aber ein unbekanntes Etwas sein musste — und
man wird begreifen, warum sich auf diesem Boden ein neues
wissenschaftliches Leben nicht entwickeln konnte. Aus einer
tauben Nuss wird niemals ein Baum hervorwachsen. Auf
der anderen Seite freilich vermissen wir bei jenen fleissigen
und strebsamen Benedictinern allerdings die Freiheit und
Energie des Denkens, ohne welche selbst unter besseren
Umständen wissenschaftliche Production nicht möglich ist.

Es wird, um das Bild unserer Periode zu vervollstündi-
gen, gut sein, zu bemerken, dass sich in allen Zweigen des
wissenschaftlichen Betriebes zu jener Zeit dieselben Züge
wiederfinden; „Von einem innerlich selbstständigen Schaffen
eines neuen Momentes kann im Mittelalter nicht die Rede
sein... Jene ganze Zeit klebte wesentlichst noch an der
blossen Tradition und konnte so höchstens durch einen hingebenden, vielleicht auch durch einen minutiösen Fleiss sich
innerhalb ihrer engen gegebenen Grenzen in einzelne Puncte
fester verrennen, nie aber frei mit dem Stoffe walten. Wohl
trifft die Scholastiker nicht der Vorwurf leichtfertiger Zu-
versicht oder hohler Eitelkeit, womit sie etwa fertige Systeme in die Welt geschleudert hätten, noch erregen sie
durch bodenloses Geschwätz unseren wissenschaftlichen Un-
willen; aber weit eher beschleicht uns ein Gefühl des Mit-
leides, wenn wir sehen, wie bei einem äusserst beschränk-

ten Gesichtskreise die innerhalb desselben möglichen Ein-
seitigkeiten mit ungenialer Emsigkeit getreulichst bis zur
Erschöpfung ausgebeutet werden, oder wenn in solcher Weise
Jahrhunderte auf das vergebliche Bemühen verschwendet
werden, Methode in den Unsinn zu bringen".*)

Der Abacus und die Divisionsmethoden.

Zu derselben Zeit, in welcher das mathematische Material, das die römischen Schriftsteller dem Mittelalter bieten
konnten, völlig recipirt war, tritt noch ein wesentlich neues
Element hinzu: der Abacus mit Columnen und die Rechnungsmethoden auf demselben.

Unter diesem Abacus, wohl zu unterscheiden von dem
früher p. 53 beschriebenen, vorgeblich römischen Abacus,
verstand man eine Rechentafel, welche eine bald grössere bald
kleinere Anzahl von Columnen enthielt, die mit den Ueberschriften I, X, C, M, ... versehen, von rechts nach links
den aufsteigenden decimalen Ordnungen entsprachen und
mittels 9 Zeichen für die Zahlen 1—9, ohne Anwendung
der Null, jede beliebige Zahl zur sachgemässen Darstellung
bringen. Es leuchtet ein, dass man auf einem solchen
Abacus alle arithmetischen Operationen ebenso ausführen
kann, als wir es ohne Columnen, aber mit Anwendung der
Null thun; und in der That stimmen die von den Abacisten
gegebenen Regeln für die Addition, Subtraction und Multiplication im Wesentlichen mit der heute üblichen überein.
Um so grösser ist der Unterschied in Bezug auf die Division.

Die ältesten Divisionsregeln für den Abacus, die wir
kennen, sind von Gerbert**) geschrieben, vermuthlich zu
dem Zwecke um dem Rechner bei seinen Operationen die
Schritte kurz in's Gedächtniss zu rufen, die er in jedem
Falle zu thun hat, nicht aber, um ihm die Methode selbst
zu lehren, was dem mündlichen Unterrichte vorbehalten
blieb. So kam es, dass diese Regeln, obgleich mehrfach
gedruckt, in ihrer kurzen und doch nicht präcisen Darstellung ein völliges Räthsel blieben, bis Chasles eine Schrift***)

---

*) Prantl, Gesch. d. Logik. t. II, p. 8.
**) Libellus de numerorum divisione, Constantino suo Gerbertus
Scholasticus, Oeuvr. d. Gerbert p. Olleris. p. 349.
***) Regule abaci. Compt. rend. Paris 1843. sém. 1. p. 237.

aus dem XI—XII Säculum publicirte, welche dieselben in einer ausführlicheren und durch Beispiele erläuterten Weise vortrug. Seitdem sind noch einige ähnliche Abhandlungen über den Abacus herausgegeben*), theils handschriftlich verglichen**) worden, und man hat nun ein im Ganzen deutliches Bild von diesen wunderlichen Regeln gewonnen.

In den Schriften über die Division auf dem Abacus zeigt sich vom Ende des 10. bis in den Anfang des 12. Jahrhunderts, in dem die Columnen durch das vollkommene indische Ziffersystem mit der Null gänzlich verdrängt werden, ein unverkennbarer Fortschritt vom Complicirten, Gekünstelten, Unklaren zum Einfachen, Klaren. Während die Division, wie wir sie heute ausführen, den älteren Abacisten ganz unbekannt oder nur von secundärer Bedeutung ist, so tritt diese als divisio aurea der älteren Methode, die sie divisio ferrea nennen, voran, um sie endlich ganz zu verdrängen.

Jene ältere Methode, welche in dem Lib. de num. divisione nur auf die Division mit Einern, oder zusammengesetzten Zehnern angewandt wird, besteht darin, dass man zunächst den Divisor bis zu dem nächsten vollen Zehner ergänzt (z. B. 26 durch 4 zu 30) und nun 1) anstatt das Product des Divisors in eine Ziffer x des Quotienten von dem Dividenden abzuziehen, vielmehr das Product von x in den nächsten vollen Zehner abzieht, und das Product von x in die Ergänzung addirt, 2) die Ziffern des Quotienten bei einem einziffrigen Divisor nicht im Kopfe nach dem Einmaleins, und bei einem zweiziffrigen Divisor nicht nach einer im Kopfe vorgenommenen vorläufigen Division mit der ersten Ziffer des Divisors bestimmt, sondern durch Division jenes vollen Zehners in den Dividenden. Dabei können denn freilich niemals zu grosse Ziffern im Quotienten erscheinen, die

---

*) Regula de abaco computi, vielleicht von Gerbert, s. Oeuvr. d. Gerb. p. 311; das Liber abaci von Bernelinus, einem Schüler Gerbert's, s. ebd. p. 357. Schon früher gedruckt sind die Regeln in dem Anhange zum I. Buche der Geometrie des Boethius, und die Regulae domni Oddonis super abacum (Script. eccles. d. mus. ed. Mart. Gerbertus, t. I, 1784, p. 296), die ganz unbegründeter Weise dem Odo von Cluny zugeschrieben werden, aber nicht vor das 11. Jahrh. zurückgehen.

**) Chasles a. a. O. p. 1393, Friedlein, Schlömilch's Zeitschr. t. X, p. 241 und „die Zahlzeichen u. d. elem. Rechnen" p. 102 ff.

eine Correctur nöthig machen, wie es bei der heutigen Methode der Fall ist, wohl aber zu kleine Ziffern; dann wird der Quotient in einzelnen Theilen gefunden, die schliesslich addirt werden müssen.

Ist z. B. mit 6 in 257 zu dividiren, so bildet man von 6 die Ergänzung 4 zu 10. Dann dividire man mit dem 1 Zehner in 2 Hunderter, giebt 2 Zehner; statt nun 6.2 Zehner abzuziehen, ziehe man 10.2 Zehner ab und addire 4.2 = 8 Zehner, gibt 137 als neuen Dividenden; 1 Zehner in 1 Hunderter gibt nochmals 1 Zehner; 10.1 Zehner abgezogen, 4.1 Zehner addirt gibt 77 als neuen Dividenden. Man sieht, wie bei jeder Operation die höchste Ziffer des jedesmaligen Dividenden, seine „denominatio", in die nächst niedere Columne des Quotienten wandert und wird nun leicht beifolgendes Rechenschema I auf dem Abacus weiter verfolgen können.

I.

		4	Differenz
		6	Divisor
2	5	7	Dividend
	8		
1	3		2. Divid.
	4		
	7		3. „
	2	8	
	3	5	4. „
	1	2	
	1	7	5.· „
		4	
	1	1	6. „
		4	
		5	Rest
		1	6. Denomination
		1	5. „
		3	4. „
		7	3. „
	1		2. „
	2		1. „
	4	2	Quotient

Etwas anders gestaltet sich die Sache, wenn man z. B. mit 26 in 7228 zu dividiren hat (Schema II); hier ist die Differenz 4, welche 26 zu 30 ergänzt. Nun gehen 3 Zehner in 7 Tausendern 2 hundert mal, bleibt 1 Tausender als Rest, und es ist $4 . 2 = 8$ hundert zu addiren; demnach ist 2028 der neue Dividend u. s. f.

II.

			4	Differenz
		2	6	Divisor
7	2	2	8	Dividend
1				
	8			
2	0			2. Divid.
	2			
	2	4		
	4	6		3. „
	1			
		4		
	2	0		4. „
		2		
		2	4	
		5	2	5. „
		2		
			4	
		2	6	6. „
		2	6	
		—	—	Rest
			1	6. Denomination
			1	5. „
			6	4. „
		1		3. „
		6		2. „
	2			1. „
	2	7	8	Quotient

In ähnlicher Weise wird*) auch die Division mit 218 be-

*) Reg. de ab. comp. p. 329 u. a. O.

handelt, indem dieser Divisor durch 82 zu 300 ergänzt wird.

Für die Division von Hundertern durch Zehner, die mit Einern zusammengesetzt sind, wird auch noch ein anderes Verfahren eingeschlagen: man dividirt zunächst in der bisherigen Weise in 1 Hundert $=$ 10 Zehner, bildet den Rest und multiplicirt diesen mit der Zahl von Hundertern, welche der Divisor enthält. Ist also mit 42 in 434 zu dividiren, so ergänze man 42 durch 8 zu 50; dividire dann mit 5 Zehnern in 10 Zehner, gibt 2; $2 \cdot 8 = 16$ addirt gibt 16 als Rest; da nun aber nicht in 1 sondern in 4 Hunderter eigentlich zu dividiren war, so multiplicire man sowohl die Ziffer 2 des Quotienten als auch den Rest 16 mit 4; es ist also $4 \cdot 2 = 8$ der Quotient und $4 \cdot 16 = 64$ der Rest, welcher zu der entsprechenden Zahl 34 des ursprünglichen Dividenden addirt, 98 als neuen Dividenden ergibt.

Es wird endlich für die Division eines Hunderters, der intermisse mit einem Einer verbunden ist (wie 106), in einen zusammengesetzten Hunderter z. B. 957 eine besondere Methode (divisio intermissa) gelehrt. Da nämlich der Quotient jedenfalls $<$ 10 ist, das Product desselben in den Einer des Divisors also jedenfalls $<$ 100 bleibt, so trennte man von dem Dividend „ad minuta componenda" zunächst 100 ab; dividirte also in unserem Beispiele mit 1 Hundert in 8 Hundert, gibt 8; wird damit jener Einer 6 des Divisors multiplicirt und von jenem abgetrennten 100 abgezogen, so hat man 52, welches mit den Zehnern und Einern des Dividenden verbunden, den Rest 109 gibt.

Gerbert's Lib. de num. divis. behandelt nun in 9 einzelnen Regeln der Reihe nach die Division von Einern in ein-, zwei-, drei- oder mehrstellige Zahlen, die Division von Zehnern in zwei- oder mehrstellige Zahlen, die von Hunderten in drei- oder mehrstellige und setzt für jeden Fall den Gebrauch einer jener Divisionsmethoden fest, ohne den Grund dieser bestimmten Wahl nur anzudeuten; die Regeln werden zwar kurz, aber unbehülflich und ungenau vorgetragen, ohne dass eine Erläuterung hinzugefügt oder das Verfahren erklärt wird. Der geneigte Leser wird, wenn er uns bis hieher zu folgen die Geduld gehabt hat, begreifen, wie man von Gerbert sagen konnte: Regulas dedit, quae a sudantibus abacistis vix intelliguntur*) und warum der Schüler Gerbert's nicht müde wird hervorzuheben**), quantus sudor in mathesi expensus sit! Hat uns doch auch jene fremde Darstellungsweise und unbekannte Terminologie in dem Texte der Regeln saure Mühe genug gemacht. Ich gestehe, dass mir nichts so sehr, als die Lectüre der Schriften über den Abacus, die eigenthümliche Beschränktheit jener Zeit, ihre Dummheit, wie ich bei aller Anerkennung ihres tüchtigen Strebens sagen möchte, vor Augen gestellt hat. Welche Unbeholfenheit des Ausdrucks, welche Unklarheit des Gedankens! Wie fehlt bei allem Scharfsinn im Einzelnen doch jeder Ueberblick, jeder abstract allgemeine Gedanke! Wahrlich, wenn man über diesen Regeln schwitzt und in dumpfem Brüten oft lange vergeblich ihren Sinn zu enträthseln sucht, so kann man sich zurückversetzt wähnen in die Atmosphäre am Ausgange des ersten Jahrtausends.

Doch — alles was ist, ist vernünftig, sagt der Philosoph, der uns gelehrt hat, auch solche weit hinter uns zurückliegende Entwickelungsstufen theilnehmend zu betrachten. Wenn jener Satz wahr ist, so hat es eine Ursache gegeben, welche den Blick der Urheber jener Regeln so trüben konnte, dass sie den Wald vor Bäumen nicht sahen und einen so einfachen Process wie die Division mit solch krausen Zauberformeln beschwören zu müssen glaubten. Eine solche Ursache aber war in der That vorhanden: das Streben nach möglichster Einfachheit jeder einzelnen numerischen Operation, ein Streben, welches sich genügend erklärt aus der geringen Uebung jener geistlichen Herren im Rechnen, das sie nicht, wie wir, in ihrer Kindheit mit frischem Gedächtniss in jahrelangem Unterrichte erlernt, sondern sich etwa in dem Alter, wo unsere Jugend die Schule zu verlassen pflegt, mühsam angeeignet hatten. Wie wenige lernen in unserer Zeit, nachdem sie die Schule verlassen haben, so nützlich es auch wäre, das Einmaleins noch über

---

*) Wilhelm von Malmesbury s. Bouquet, Recueil d. hist. d. Gaules t. X, p. 243.
**) Richer Hist. l. III, c. 48—54 in den Mon. Germ. script. III.

die Grenze hinaus, bis zu der es ihnen in der Schule ein-
gebläut ist; und wir sollten uns wundern, dass es jenen
alten Mönchen schwer fiel, das Einmaleins nur bis 10 mal
10 im Gedächtnisse festzuhalten und geläufig anzuwenden?

Unter diesen Verhältnissen war es nun natürlich, folgende Anforderungen an alle Rechnungsoperationen zu machen:
1) Die Anwendung des Einmaleins soll möglichst beschränkt,
namentlich niemals die Division einer zweistelligen Zahl
durch einen Einer im Kopfe verlangt werden. 2) Subtractio-
nen sollen so viel als möglich vermieden und durch Additio-
nen ersetzt werden. 3) Die Operation soll nach einem völlig
mechanischen Verfahren ohne jedes Probiren fortschreiten.

Keiner dieser Forderungen genügt unser heutiges Di-
visionsverfahren; dagegen werden sie sämmtlich von jenen
alten Divisionsmethoden Gerbert's auf's beste erfüllt und
können, wie sich im Einzelnen zeigen liesse, selbst zum
Theil die oft so capriciös erscheinende Auswahl der Methoden für jeden besonderen Fall erklären. Ich bin unter diesen Umständen der Ueberzeugung, dass sich jene Divisionsregeln unter dem mehr oder minder bewussten Einflusse jener
Forderungen gebildet haben. Wenn es nöthig ist, so kann
ich zur Bestätigung meiner Ansicht auch ein Zeugniss Gerbert's selbst anführen, welcher, nachdem er die oben erläuterten Divisionsmethoden vorgeschlagen hat, am Schlusse
noch mit folgenden Worten auf unsere heutige Methode zu
sprechen kommt: „Es gibt auch eine andere vielleicht nicht
üble Weise zu dividiren, welche jedoch nur denen, die einigen Fleiss auf die Uebung im Rechnen verwandt haben, erklärt werden kann. Das aber ist die Uebung..., dass man
alle Einer mit den Einern zu multipliciren und Einer von
Einern im Kopfe (memoriter) abzuziehen weiss"[*].

Ursprung des Abacus und der sogenannten arabischen Ziffern.

Woher stammen nun jene eigenthümlichen Divisionsmethoden und der Abacus, auf dem man sie vollzog? Um
diese Frage zu beantworten, müssen wir zunächst consta-

---

[*] Reg. d. ab. comp. p. 331.

tiren, dass sie in die Klöster des nördlichen Frankreichs, Lothringens und Alemanniens, aus denen im Laufe des 11. und 12. Jahrh. Schriften über sie hervorgingen, unzweifelhaft durch Gerbert's und seiner Schüler Thätigkeit eingeführt wurden; Niemand anders kann auf eine gleiche Initiative Anspruch machen. Ist nun Gerbert der Erfinder jenes Instrumentes und jener Methoden, die er zuerst seinen erstaunten Zeitgenossen mittheilte? Wir können es nicht glauben. Wie weit auch dieser Meister durch sein mathematisches Wissen und Können über alle seine Zeitgenossen hervorragt, die Erfindung einer Reihe von Methoden, welche so wesentlich neue Principien enthielten, können wir ihm so wenig, wie irgend einem anderen Gelehrten des früheren Mittelalters zuschreiben; auch sind wir überzeugt, dass ein Genie, welches gross genug war, diese künstlichen, oft sehr scharfsinnigen Methoden alle zu erfinden, sie bei weitem klarer und übersichtlicher dargestellt haben würde; ja dass, wären diese Regeln aus Einem Kopfe hervorgegangen, sie auch einheitlicher gestaltet worden wären. Die Regeln sind vielmehr ganz der Art, wie sie in einer langen Zeit des technischen Gebrauches durch das Bedürfniss sich allmählich zu gestalten pflegen unter der Arbeit vieler Einzelner, deren jeder das Ueberlieferte im Ganzen festhält, doch durch kleine Zusätze modificirt, die, wenn sie sich praktisch bewähren, in den Schatz der Tradition aufgenommen werden — ein echt mittelalterliches Product: organisch gewachsen, aber fast wie ein Gestrüpp; im Einzelnen nicht ohne Werth, weil durch lange Erfahrung erprobt, im Ganzen aber unzweckmässig und undurchsichtig, weil des klaren einheitlichen Principes ermangelnd.

Wo aber Gerbert diese Tradition fand, die er sich das grosse Verdienst erwarb, bei den Trägern damaliger Bildung mit vielleicht beträchtlichen Modificationen zu verbreiten, das ist eine Frage, die nicht ohne Rücksicht auf den Ursprung der Zeichen, mit denen man auf dem Abacus rechnete, beantwortet werden kann.

Der Abacus Gerbert's war, wie wir aus der Beschreibung seines Schülers Richer wissen, eine „von einem Schildmacher gefertigte Tafel von passenden Dimensionen, welche

ihrer Länge nach in 27 Theile getheilt war, in denen man
durch 9 Zahlzeichen jede Zahl bezeichnete. Aehnlich diesen
Zahlzeichen liess Gerbert 1000 Charaktere aus Horn machen,
welche in die 27 Theile des Abacus gesetzt, Multiplication
und Division jeder Zahl bezeichneten". Andere beschreiben
den Abacus als eine Tafel, die mit bläulichem Staube bestreut
war, in welchen man die Columnen (sedes, spacia, lineae,
arcus) mit einem Rohr hineinzeichnete, die aber auch als
mensa geometricalis gebraucht werden konnte, um geometrische Figuren darauf zu entwerfen. Jene 9 Charaktere aber
(apices, figurae), mit denen man auf dem Abacus rechnete,
waren nicht die bis dahin allein vorkommenden römischen
Ziffern, vielmehr eigenthümliche neue Zeichen, die sich in
den Handschriften des 11. und 12. Jahrhunderts in mannig-
fachen Variationen finden, von denen wir einige dem Leser
vorführen wollen:

Mitte des XI. Säc. *)								
Anf. des XII. Säc. **)								
Anf. des XII. Säc. **)								
XIII. Säc. vor 1271 **)								
XIV. Säc. nach 1367 **)								
XV. Säc. v. 1427—60 **)								
XVI. Säculum ***)	1	2	3	4	5	6	7	8	9

Es unterliegt keinem Zweifel, dass wir hierin die Stammeltern unserer modernen, der sog. arabischen Ziffern zu
sehen haben, deren Entwickelung man Schritt für Schritt

*) Nach dem Erlanger (ehemals Altorfer) Mscr. Nr. 288 der Geom.
des Boethius, dessen Zeit Wattenbach bestimmt hat; s. Cantor, Math.
Beitr. z. Cult. p. 200.
**) Nach N. de Wailly, Élém. de paléographie. Paris 1838. t. II.
p. 256. pl. VII.
***) Dürer, Underweysung d. messung mit d. zirckel und richtscheyt.
Nürnberg 1525.

aus diesen wunderlichen Formen bis zur Erfindung der Buchdruckerkunst verfolgen kann. Seit dieser Zeit sind nur Aenderungen rein stylistischer Art vorgegangen, welche die kräftigen Ziffern, die man im Anfange des XVI. Säc. schrieb und druckte, in die hässlich zopfigen heute auf dem Continente üblichen Formen (1 2 3 4 5 6 7 8 9) verändert haben, gegen welche sich durch die Einführung der sog. englischen Ziffern (1 2 3 4 5 6 7 8 9) erst seit kurzem eine wohlthätige Reaction geltend macht.

Rückwärts aber haben jene Zeichen eine unverkennbare Aehnlichkeit mit den bei den Arabern in Spanien und Afrika gebräuchlichen ġobâr-Ziffern*):

deren Formen in jenen Ziffern des 11. Jahrhunderts nur von einer schweren Mönchshand nachgebildet wieder erscheinen.

Der unzweifelhafte Zusammenhang dieser Zifferformen unter einander wird auch bestätigt durch die seltsamen Namen, welche in den Mscr. diesen Zahlen beigelegt sind: 1 heisst igin, 2 andras, 3 ormis, 4 arbas, 5 quimas, 6 caltis oder calcis, 7 zenis, 8 temenias oder zemenias, 9 celentis. Mehrere dieser Wörter stimmen genau mit den entsprechenden arabischen Zahlwörtern überein; so ist arbas, 4, das arabische arba[3], quimas ist das arabische ḫams, zemenias das arabische temâni. Die anderen Namen hat man bis jetzt noch nicht mit Sicherheit auf semitische Wurzeln zurückgebracht und es daher mit dem Griechischen versucht. Indem man das weite wüste Gebiet der willkührlichen, schwankenden Zahlensymbolik der Neupythagoriker und der späteren alexandrinischen Eklektiker durchstreifte, konnte es nicht fehlen, dass man griechische Wörter fand, welche nach einigen Verstümmelungen jenen Namen ähnlich lauten.**) Wir können

---

*) Die erste Probe der Ziffern ist entnommen: Wöpcke, Journ. as. 1863. I. p. 75; die zweite: Sylvestre de Sacy, Gramm. arabe, pl. VIII.

**) So soll nach A. J. H. Vincent (Revue archéolog. Paris 1846. janv.) igin von ἡ γυνή, andras von ἀνήρ, ἀνδρός, ormis von ὁρμή (= saltus), calcis von χαλκοῦς, celentis von ἀθήλυντος (= ineffemina-

es dahin gestellt sein lassen, ob der Erfolg diesen Versuch gekrönt hat, jedenfalls geht aus den barbarischen Formen der Wörter mit Sicherheit hervor, dass sie, wo sie auch herstammen mögen, durch semitische Ueberlieferung und nicht durch griechisch-römische den Abacisten am Ende des 10. Jahrhunderts zugekommen sind.

Unter diesen Verhältnissen kann es nun kaum zweifelhaft sein, dass wir als Stammeltern unserer modernen Ziffern die seitdem bei den Arabern selbst untergegangenen Gobarziffern anzusehen haben, die mit jenen barbarischen Namen von dem arabischen Spanien aus zu Gerbert's Zeit sich verbreitet haben mögen.

Wir wissen, dass Gerbert sich in seiner Jugend zur Vervollkommnung seines Wissens nach der spanischen Mark begeben hat [*]); nach der Chronik eines Zeitgenossen [**]) soll er sogar „Cordova durchwandert haben"; ja spätere Chronisten [***]) behaupten direct, „er habe den Abacus den Saracenen entrissen". Indessen sind diese Nachrichten ganz unbrauchbar, da sie mitten in einem Wust von Fabeln über Gerbert's Hexenmeisterei erscheinen; sie erklären sich überdem genügend zu einer Zeit, wo in der That ein lebhafter wissenschaftlicher Verkehr mit Spanien bestand, das man als die Schatzkammer alles Wissens ansah. Jene ältere Angabe von Gerbert's Aufenthalt in Cordova aber beruht wohl nur auf einer geographischen Nachlässigkeit des Berichterstatters; denn dass Gerbert kein Arabisch verstand, wird genügend dadurch bewiesen, dass in seinen Werken nirgends nur ein arabisches Wort oder ein arabischer Name genannt wird, während von allen späteren Gelehrten, die wirklich in Spanien waren, arabische Kunstausdrücke in grosser Zahl angewendet werden. So bleibt uns denn nur jene wohl ver-

---

tus, virilis) abstammen, nach Bienaymé (s. Journ. as. 1863. I. p. 51) stammt dagegen celentis von σελήνη u. s. w.

[*]) Richer Historiae, Monum. German. hist. t. III. c. 43.

[**]) Adhemar von Chabanois, Monum. Germ. t. VI. p. 130; Bouquet, Recueil d. hist. des Gaules t. X. p. 146.

[***]) Zuerst Wilhelm von Malmesbury im XII. Säc.; s. Bouquet, Rec. d. hist. d. Gaules t. X. p. 243.

bürgte Nachricht von einem Aufenthalte in der spanischen
Mark; und ein solcher ist hinreichend, um Gerbert's Bekanntschaft mit den arabischen Ziffern zu erklären; denn es bestanden zwischen der ehemals von den Arabern besessenen
Mark und dem übrigen mohammedanischen Spanien sicherlich viele Beziehungen: arabische Kaufleute und arabisch
gebildete Juden besuchten die Märkte selbst in Südfrank-
reich, z. B. in Narbonne, regelmässig und zahlreich. Es
konnte somit Gerbert recht wohl Gelegenheit haben, die
damals in Spanien gebräuchlichen Gobarziffern kennen zu
lernen von arabischen Kaufleuten oder jüdischen Gelehrten,
welche späterhin den Lateinern bei ihren Uebersetzungen
aus dem Arabischen so oft wesentliche Dienste leisteten, ja
selbst von christlichen Clerikern aus dem arabischen Spanien,
die es nicht alle verschmähten, Wissenschaft von den Ungläubigen zu erlernen.*)

Nur entsteht hier ein Bedenken: Jene alten Ziffern erscheinen bei den Lateinern so wesentlich mit dem Abacus
verbunden — denn niemals wird eine Zahl in dem beglei-
tenden Texte durch jene Zeichen ausgedrückt —, dass man
meinen sollte, der Abacus müsse aus derselben Quelle stammen, wie jene Ziffern. Nun aber findet man in der gesammten arabischen Literatur nicht die geringste Spur einer Bekanntschaft mit dem Abacus, sondern alle Rechnungen sind,
so weit wir es verfolgen können, entweder mit Sexagesimalbrüchen oder mit Zahlen nach dem Positionssysteme mit der
Null ausgeführt; nirgends auch findet man Spuren jener
eigenthümlichen Divisionsmethoden mit der Differenz; überall werden vielmehr die Divisionen nach den einfachen Methoden der Inder gelehrt. Da somit Gerbert weder den
Abacus noch auch die Divisionsregeln, die er lehrte, von
den Arabern entlehnen konnte, doch aber, wie schon bemerkt, weder jenes Instrument noch diese Regeln selbstständig erfand, so bleibt die Frage nach der Quelle seines
Wissens noch eine offene.

***

*) Steinschneider, Schlömilch's Zeitschr. t. XI. p. 242.

Von dem vermeintlich alexandrinischen Ursprunge der Ziffern.

Da könnte uns denn eine Nachricht von grosser Bedeutung scheinen, die wir am Ende des 1. Buches der Geometrie des Boethius im Anhange finden: „Die Pythagoriker zeichneten sich, um sich in den Multiplicationen, Theilungen und Messungen niemals zu irren, ein gewisses Schema, das sie zu Ehren ihres Lehrers mensa Pythagorea nannten, weil sie das, was sie zeichneten, von ihrem Meister, der es ihnen vorzeichnete, kennen gelernt hatten; von den späteren aber wurde es abacus genannt; damit sie das, was sie mit tiefem Sinne erfasst hatten, wenn sie es besser gleichsam den Augen zeigten, in die Kenntniss aller ausgiessen könnten; und bildeten es nach der hier unten gegebenen ziemlich wunderbaren Gestalt." Auf diese Worte folgt die Zeichnung des Abacus mit den uns bekannten Charakteren und den barbarischen Namen der Zahlen; im weiteren Texte werden dann noch einmal jene apices, „die sie mannigfach, wie Staub beim Multipliciren und Dividiren, zu zerstreuen pflegten" beschrieben, und endlich die Divisionsregeln, welche mit denen Gerbert's theilweise wirklich übereinstimmen, gegeben.

Auf Grund dieser Stelle, welche nach langer Vergessenheit erst Chasles wieder an das Tageslicht zog, haben nun mehrere Historiker Hypothesen über die Entstehung jener Apices, von denen sonst keine Spur vor dem Ende des 10. Jahrhunderts nachweislich ist, erbaut. Cantor, dessen „Mathematische Beiträge zum Culturleben der Völker" hier ihren Mittelpunct finden, Wöpcke[*]), Th. Henry Martin[**]) u. a. sind übereinstimmend der Ansicht, dass bereits in den ersten Jahrhunderten unserer Zeitrechnung die Neupythagoriker der alexandrinischen Schule mit den 9 Ziffern, aus welchen einerseits die Gobarziffern, andererseits die Apices des Mittelalters entsprungen sind, wohl bekannt waren.

---

[*]) Journ. as. 1863. I. p. 54 ff.
[**]) Annali di matem. Rom 1863. p. 350 ff.

Woher aber diese Zeichen entlehnt sein mögen, darüber sind die Meinungen sehr getheilt.

Cantor, der den Erzählungen der spätesten Alexandriner über den 34 Jahre langen Aufenthalt des Pythagoras im Orient und den sich daran knüpfenden Sagen bereitwillig Glauben schenkt, meint auf Grund jener Nachricht des Boethius, dass sich bereits Pythagoras einer mit Staub bedeckten Tafel bedient habe, um auf ihr nicht allein geometrische Figuren, sondern auch ein System von Columnen zum Rechnen zu zeichnen*), dass diese Tafel ἄβαξ**) oder nach dem Namen des Meisters benannt worden sei. Dem Pythagoras sei ferner „jedenfalls" zuzuschreiben die Einführung abgekürzter Zahlzeichen, als welcher er sich gewisser fremdartiger Ziffern bediente, wie er sie in Aegypten oder Babylon anzuwenden sich gewöhnt hatte. Diese sonderbaren Zeichen, die zunächst auf den engen Kreis der Schule beschränkt blieben, bis sie endlich durch die Neupythagoriker einem weiteren Kreise bekannt wurden, sind unsere Apices***), denen die Schule mancherlei Namen beilegte, welche symbolischen Bedeutungen entsprachen, die man in sie hineinlas.

Wir können jedoch Cantor in seiner Datirung der Ziffern von Pythagoras her nicht folgen. Jene Stelle des Boethius kann, selbst wenn man sie für echt hält, für den, der da weiss, wie kritiklos die Neupythagoriker überall an ihren Altmeister anknüpfen, den altpythagorischen Ursprung der Ziffern nicht beweisen; von einem Gebrauche von 9 Ziffern zum Rechnen in Columnen im 6. Jahrhundert v. Chr. in Aegypten oder Babylonien wissen wir nichts; und wäre er

---

*) Allerdings ist der Gebrauch eines mit Staub bedeckten ἄβαξ, abacus zum Zeichnen geometrischer Figuren, wohl auch zur Erläuterung theoretisch-arithmetischer Sätze, ferner einer ebenso benannten (unbestreuten) Tafel zum Rechnen mit Steinchen (ψῆφοι) bei den Alten wohl verbürgt; nirgends aber findet sich eine Spur davon, dass man auf ihm mit Ziffern in Columnen gerechnet habe. Vergl. auch Friedlein, das elem. Rechnen. p. 52.

**) abak = der Staub.

***) Math. Beitr. p. 250. Doch findet sich auch p. 239 die Meinung ausgesprochen, dass diese 9 Ziffern „aus aller Herren Ländern zusammengerafft seien".

der altpythagorischen Schule bekannt gewesen, so würden uns seine Spuren im griechischen Alterthume nicht entgehen können.

Andere Hypothesen haben Wöpcke und Martin aufgestellt; ersterer lässt die 9 Ziffern in den ersten Jahrhunderten n. Chr. aus Indien nach Alexandrien importirt, letzterer sie theils aus ägyptischen, theils aus semitischen Ziffern an Ort und Stelle ausgewählt sein.

Die Beweise hiefür finden jene Gelehrten in der vermeintlichen Aehnlichkeit einzelner Ziffern, die sie in den für ihren Zweck möglichst passenden Formen aus weit von einander entfernten Zonen und Jahrhunderten zusammenstellen. Untersuchungen dieser Art müssten jedoch mit der grössten paläographischen Sorgfalt durchgeführt, insbesondere die allmählichen Veränderungen der Zeichen im Laufe der Jahrhunderte diplomatisch festgestellt werden; dazu aber fehlen hier noch die ersten Unterlagen. Die Sprachwissenschaft hat längst als Grundsatz der Kritik anerkannt, dass der Gleichklang einzelner Wörter in verschiedenen Sprachen keinen Beweis für ihre Verwandtschaft ablegt und nur die Uebereinstimmung ganzer geschlossener Reihen von Wörtern, z. B. der Zahlwörter, einen weiteren Schluss gestattet. In der Paläographie der Zahlzeichen sollte endlich derselbe Grundsatz zur Geltung kommen, damit diese aufhöre, der Tummelplatz abenteuerlicher, subjectiver Hypothesen zu sein.

Es bleibt uns somit nur die gemeinsame Behauptung jener Historiker, dass in den ersten Jahrhunderten unserer Zeitrechnung bei den Alexandrinern jene neun für pythagorisch geltenden Zeichen im Gebrauch gewesen seien, zu beurtheilen übrig. Unter den Gründen, welche zum Beweise jener Behauptung beigebracht werden, ist der vornehmste jene Stelle aus Boethius. Da diese die einzige Erwähnung dieser Apices vor dem Ende des IX. Säc. ist, von denen die ganze griechische und römische Literatur sonst nichts weiss, so ist die Frage wohl nicht ungerechtfertigt, ob jene Stelle auch echt sei. Es ist darüber, wie über die Echtheit der ganzen sog. Geometrie des Boethius schon so vielfach hin und her gestritten worden, dass es in Betracht der Grenzen, welche ich in diesem Buche einzuhalten gezwungen

bin, unmöglich ist, die einzelnen Streitpuncte hier vorzuführen, die der Leser bei Cantor*) und Friedlein**) von
den entgegengesetzten Standpuncten aus genügend erläutert
finden wird. Ich selbst stelle mich mit Entschiedenheit auf
die Seite des letzteren und halte jenen Anhang zum I. Buche
der Geometrie ebenso wie den ähnlichen Anhang zum II. Buche
für eine Interpolation, welche von einem Verfasser des
10—11. Jahrhunderts herrührt, der, zur Schule der Abacisten
gehörig, die Erfindung des Abacus und der Ziffern, welche
ihm ein wunderbares Geheimniss zu enthalten schienen, mit
antiquarischer Gelehrsamkeit dem mythischen Vater aller
Mathematik zuschrieb und nach der naiven Sitte seiner Zeit
keinen Anstand nahm, seine Hypothese bei einer Redaction
der vermeintlichen Geometrie des Boethius an der zwar sehr
unpassenden, aber ihm passend scheinenden Stelle anzubringen.

Ein zweites Zeugniss von der Bekanntschaft der Alexandriner mit den Apices findet man in den pythagorisirenden
Namen, welche in den Handschriften den Zahlen beige-
schrieben sind. Aber was haben jene Namen mit diesen
Zeichen zu thun? Sie finden sich zwar neben diesen, sind
aber doch keine Namen für die Zeichen, sondern für die
Zahlbegriffe; und wenn daher auch jene Namen der neupythagorischen Schule entstammen sollten, so folgt daraus
nicht das Geringste für den Ursprung der Ziffern und des
Abacus mit Columnen. Die Frage nach dem Ursprunge der
Namen ist daher für die Hauptfrage ganz irrelevant.***)

---

*) Math. Beiträge p. 221 ff.

**) Schlömilch's Zeitschr. t. IX. p. 306 und Fleckeisens Neue Jahrb.
f. Phil. u. Pädag. t. 67. 1863. p. 425.

***) Wohl aber kann ihr Auftreten in jener Stelle des Boethius zur
Entscheidung der Nebenfrage nach deren Echtheit beitragen. Denn da
die Namen in den dort überlieferten Formen nicht direct aus griechischen, sondern aus arabischen oder jüdischen Quellen geschöpft sind, so
können sie keinenfalls auf Boethius zurückgehen. — Cantor nimmt sie
daher p. 231 als interpolirt an. Wenn aber diese Namen am Ende des
X. Säc. den Lateinern von den Arabern zukamen, so ist damit der Verkehr christlicher und arabischer Gelehrten für jene Zeit erwiesen und
es fällt jeder Grund fort, zu zweifeln, dass die arabischen Ziffern mit
ihren Namen damals über die Pyrenäen nach Frankreich eingewandert sind.

An die Hypothese von der Entstehung der 9 Ziffern bei den Alexandrinern schliesst man dann die andere einer allgemeineren Verbreitung dieser Zeichen im ganzen west-römischen Reiche, um so die Thatsache zu erklären, dass die Araber des Westens (Magreb) sich anderer Zifferformen bedienten, als die des Ostens. Denn, so meint man, wie in anderen Ländern, so werden auch in der Berberei und in Spanien die Araber zunächst die dort üblichen Ziffern und den Abacus angenommen haben. Als ihnen dann von ihren orientalischen Stammesverwandten die neuen, von dem Abacus so verschiedenen Methoden des Algorismus zukamen, behielten sie wenigstens die ihnen geläufigen Ziffern bei.

Es werden in der That gewaltige Anforderungen an uns gestellt. Zuerst sollen wir an den alexandrinischen Ursprung jener Ziffern glauben, der unerwiesen ist; dann an eine allgemeine Verbreitung dieser zu mystischen Spielereien der Gelehrten ausgedachten Ziffern im ganzen weströmischen Reiche und deren Anwendung zu praktischen Rechnungen auf dem Abacus, von der wir bei keinem Schriftsteller nur die geringste Andeutung finden! Und das alles um jenen Unterschied zwischen magrebinischen und orientalischen Ziffern der Araber zu erklären! Diese Erscheinung aber bedarf gar keiner besonderen Hypothese, um begreiflich zu werden. Dieselbe Ursache, aus welcher die Verschiedenheit der magrebinischen Schrift von der orientalisch-arabischen, die des Gebrauchs der Buchstaben als Zahlzeichen hier und dort entsprang, genügt völlig, um die Abweichung der Gobarziffern von den im Oriente gebräuchlichen zu erklären.

Unter diesen Umständen ist es mir unmöglich, jene künstlichen und unwahrscheinlichen Hypothesen von einem alexandrinischen Ursprunge der 9 Ziffern, von denen sowohl die Gobarziffern als die Zeichen der Abacisten herrühren sollen, zu acceptiren, und halte ich mich an die natürliche und durch nichts widerlegte Hypothese, dass Gerbert jene, auch in das Manuscript des Boethius interpolirten Ziffern von den Arabern empfing; und dass die Gobarziffern Varianten der indischen Ziffern sind, welche gegen die Mitte des 8. Jahrhunderts den Arabern aus Indien zukamen.

Was aber die Frage nach dem Ursprunge der wunderbaren Divisionsregeln der Abacisten betrifft, die auf der Welt nirgends ein Analogon finden, so mögen wir den Leser, dem wir ungern schon so viele Hypothesen vorgetragen haben, nicht länger mit Vermuthungen hinhalten. Ehe ganz neues Material, welches zu ihrer Aufklärung dienen kann, herbeigeschafft ist, kann die Frage nur beantwortet werden mit einem: Non liquet.

II. Periode.

Vom Anfang des 12. bis Mitte des 15. Jahrhunderts.

Uebersetzungen arabischer Schriften im 12—13. Jahrh.

Der Umfang mathematischen Wissens, den das Mittelalter selbst seit Gerbert's epochemachender Thätigkeit besass, war noch ein äusserst geringer: die elementarsten geometrischen Fragen, der Computus ecclesiasticus in der seit Beda üblichen Form, das Rechnen auf dem Abacus — das waren die Themata, welche die Mathematiker bis in den Anfang des 12. Jahrhunderts mit geringer Originalität zu behandeln pflegten. In der Mitte dieses Jahrhunderts aber vergrössert sich der Schatz wissenschaftlichen Materiales unermesslich.

Bereits seit dem Ende des 10. Jahrhunderts mochte der Blick der lateinischen Völker zuweilen hinüberschweifen zu jenem fremdartigen Volke, welches auf dem schönen Boden Spaniens ein mächtiges Reich gegründet hat, das nicht minder durch die orientalische Pracht seiner Städte und durch die Ritterlichkeit seiner Bewohner, als durch die Blüthe seiner Poesie und Wissenschaft einen mährchenhaften Glanz erhielt, der nur einen um so zauberhafteren Reiz auf die Gemüther äusserte, als man die Ungläubigen im Vollbesitze geheimer Künste, der Astrologie, Alchemie und der Necromantie wähnte.

Wir wissen nicht, warum dieser Reiz nicht früher seine Kraft ausübte; erst im XII. Säc. bemerkt man einen Einfluss mohammedanischer Cultur auf die lateinischen Völker; die lyrische Poesie der provençalischen Trobador's, in welcher

man einen solchen finden will, datirt vom Anfange dieses
Jahrhunderts; der gothische Baustyl, dessen Grundelement,
der Spitzbogen, von den Arabern entlehnt sein soll, verdrängt von der Mitte dieses Jahrhunderts an den bis dahin
üblichen, in der Antike wurzelnden romanischen Styl. Es
mag dahingestellt bleiben, ob diese künstlerischen Anregungen,
deren Entfaltung der Höhe des Mittelalters ihr eigenthüm-
liches romantisches Gepräge geben, allein in Spanien empfangen
oder auch auf die Berührung mit orientalischer Cultur in den
Kreuzzügen zurückzuführen sind. Was aber die katholischen
Völker an Wissenschaft von den Mohammedanern empfingen,
das haben sie nicht in Kleinasien bei den Sarazenen, die
der Gelehrsamkeit nur geringe Pflege schenkten, sondern
aus Spanien und den benachbarten Ländern des Magreb geholt, deren Bewohner selbst während der Kreuzzüge mit
Frankreich und Italien immer in Handelsverbindung blieben.

Die ersten christlichen Gelehrten *), welche, durch wissenschaftlichen Eifer getrieben, sich den Gefahren aussetzten,
welche ein längerer Aufenthalt bei den Moslemin in Sevilla
oder Cordova damals haben mochte und die Schwierigkeiten
der Erlernung der arabischen Sprache überwanden, waren
Plato von Tivoli**), der um 1116 die Astronomie des Al
Battânî (s. o. p. 241) und die Sphära des Theodosius übersetzte, und Athelard***) von Bath, der besonders durch
seine Uebersetzung von Euklid's Elementen berühmt geworden ist.

Um die Mitte des Jahrhunderts ist der Zug nach Spanien
noch stärker geworden. Eine ganze Reihe von Uebersetzern
philosophischer, medicinischer, naturwissenschaftlicher, mathematischer, astronomischer und astrologischer Werke — denn
auf diesen Umkreis beschränkt sich das Interesse der Lateiner
für die arabische Literatur — finden wir theils in den Haupt-

*) Wir sehen hier ab von dem noch einigermassen fabelhaften
Constantinus Africanus, der bereits um die Mitte des XI. Säc. arabische
Medicin nach Italien verpflanzt haben soll.
**) Bald. Boncompagni, Delle versioni fatte da Platone Tiburtino.
Rom 1851.
***) Jourdain, Rech. s. l. traduct. lat. d'Aristote, 1. éd. Paris 1819.
p. 100.

städten Andalusiens und Granada's, theils in dem seit 1085 bereits castilischen Toledo. Uns interessirt von diesen besonders G h e r a r d o von Cremona in der Lombardei († 1187) *), der vor Begierde den Almagest des Ptolemäus kennen zu lernen nach Spanien getrieben, dort, von dem Reichthume der arabischen Literatur begeistert, sich ganz der Thätigkeit widmete, seinen Landsleuten diesen Schatz zu erschliessen. Man hat ihm die Uebersetzung von mehr als 70 Werken aller erwähnten Fächer zu verdanken. Ausser der nochmaligen Uebersetzung der Elemente Euklid's und der erstmaligen des Almagest ist zu erwähnen, dass Gherardo bereits die ganze Reihe griechischer Schriften, welche die Araber unter dem Namen der „mittleren Bücher" besassen, den Lateinern zugänglich machte; ausserdem die Algebra des Mohammed ben Mûsâ al Hovârezmî (s. o. p. 260), das Liber trium fratrum, nämlich der Söhne des Mûsâ ben Śâkir (p. 241), die Astronomie des Ǵâbir ben Aflah (p. 248), die Toledanischen Tafeln des Al Zerkâlî (p. 248), astrologische Schriften des Mâśâllâh (p. 238) u. s. w.

Auch im folgenden Jahrhunderte dauerte diese Thätigkeit fort; sie knüpft sich hier besonders an zwei Fürsten. Zunächst an den grossen Hohenstaufen F r i e d r i c h II. († 1250), der, von einem deutschen Vater und einer normannischen Mutter geboren, in Sicilien, in dem sich neben den alten italischen Einwohnern zahlreiche arabische Eingewanderte befanden, über die nationalen Schranken mehr als irgend ein Fürst dieser Zeit und der folgenden Jahrhunderte erhaben war. Vertraut mit der christlichen Wissenschaft seiner Zeit und durch vielfachen Verkehr mit mohammedanischen Gelehrten mit der Wissenschaft der spanischen und sicilischen Moslemin bekannt**), liess er es sich eifrig angelegen sein, durch Uebersetzungen ihrer philosophischen Schriften, mit denen er eine ganze Reihe von Gelehrten beauftragte***), den bis dahin so engen Gesichtskreis der

---

*) Bald. Boncompagni, Della vita e delle opere di Gherardo Cremonese, traduttore del sec. XII e di Gherarda da Sabbionetta, astronomo del sec. XIII. Rom 1851.

**) Renan, Averroès et l'Averroïsme. 2. éd. Paris 1861. p. 287 ff.

***) Jourdain, l. c. p. 164.

scholastischen Wissenschaft zu erweitern. Auch die mathematischen Schriften erfreuten sich seiner Vorsorge und wir haben in dieser Hinsicht namentlich einer neuen Uebersetzung des Almagest*) zu gedenken, die in seinem Auftrage geliefert wurde.

Nur wenig später sass auf dem kastilischen Throne ein Sohn der hohenstaufischen Königstochter Beatrix, der an hohem Geiste und idealem Streben nicht hinter seinem erlauchten Ahn zurückblieb: Alfons X. von Castilien (reg. 1252—1284). Wenn ihm auch die deutsche Kaiserkrone, nach der er ehrgeizig strebte, nicht zufiel, und seine späteren Regierungsjahre durch innere Unruhen getrübt waren, wurde er doch von der Geschichte durch den Beinamen el Sabio (= der Weise) geehrt. Wir haben hier diesen Fürsten nicht nach seiner vielseitigen Bedeutung, nach seinen Verdiensten um die Sprache, das Recht, die Geschichte und Dichtkunst seines Landes zu schildern; wohl aber müssen wir seiner epochemachenden Verdienste um die Astronomie gedenken.

Das lebhafteste Interesse dieses Fürsten für die Gesetze der Himmelsbewegungen, deren grosse und unverständliche Complication ihn einst zu dem Ausruf getrieben haben soll: „Wenn ich bei Gott Vater gewesen wäre, als er die Welt erschuf, ich würde ihm besseren Rath gegeben haben"; die Hoffnung, durch die astronomische Wissenschaft der Araber zu einer besseren Einsicht des Weltsystemes zu gelangen; zugleich wohl die richtige staatsmännische Erkenntniss, dass das politische Uebergewicht, welches das christliche Spanien bereits damals über das mohammedanische errungen hatte, mit der Superiorität des letzteren in den Wissenschaften nicht im Einklange stehe; dies alles bestimmte ihn, bald nach seiner Thronbesteigung eine Anzahl von jüdischen und christlichen Gelehrten um sich zu versammeln, die er mit der Uebersetzung und Bearbeitung astronomischer Schriften der Araber beauftragte. Eine Sammlung von 15 umfangreichen Werken dieser Art über die Fixsternsphäre und die astronomischen Instrumente ist neuerdings zum ersten Male

---

*) v. Zach, Monatl. Corresp. t. 27. 1813. p. 192.

in 4 stattlichen Foliobänden*) herausgegeben worden. Wir
sehen daraus, dass die Hauptarbeit zweien jüdischen Gelehrten, einem Rabbi Isak (span. Zag oder Çag) und
einem Arzte Jehuda ben Mose Cohen zufiel, welche in
den Jahren 1256—77 die Schriften aus dem Arabischen in
die castilische Landessprache zu übersetzen hatten, „und
dann befahl es der König zusammenzustellen und beseitigte
die Wörter, die er als überflüssig oder falsch erkannte und
die nicht richtig castilianisch waren und setzte andere, die
er als genügend erkannte; und was die Sprache betrifft, so
führte er die Berichtigungen selbst aus" — so sagen uns die
Prologe; die Thätigkeit der christlichen Gelehrten erstreckte
sich auf ihre Theilnahme an der schliesslichen Redaction.
Ob noch andere Schriften, als die in jener Sammlung unter
dem Titel Libros del saber de astrologia vereinigten, im
Auftrage von Alfons übersetzt sind, kann bei dem höchst
verwirrten Zustande, in welchem sich die Nachrichten über
den astronomischen Hofstaat des Königs durch lügnerische
Berichte und deren kritiklose Ueberlieferung befinden**),
für jetzt nicht ausgemacht werden. Die Herausgabe jener
Schriften in castilischer Sprache, die Alfons überhaupt zur
officiellen Landessprache erhob, verhinderte ihre allgemeine
Verbreitung, und nur wenige derselben sind in lateinischer
Sprache später gedruckt worden.

Dagegen verbreiteten sich im Abendlande sehr rasch
die astronomischen Tafeln, welche Alfons von den beiden
genannten Juden unter Benutzung aller Hilfsmittel, welche
diesen die Kenntniss der arabischen Literatur gewähren
konnte, in den Jahren 1262—72 ausarbeiten liess***) und die

---

*) Libros del saber de astronomía d. Rey D. Alfonso X, copilados,
anotados y comentados p. D. Manuel Rico y Sinobas. t. I—V. Madrid
1863—67.

**) So ist namentlich die fast allgemein in gutem Glauben wieder-
gegebene Nachricht (s. z. B. Jourdain a. a. O. p. 142) des Romanus de
la Higuera von den 50 arabischen, jüdischen und christlichen Gelehrten,
welche Alfons nach Toledo berief, ohne Zweifel eine Fabel. In allen
durch die neue Ausgabe zugänglichen Alfonsinischen Schriften werden
nur 4 Juden und 6 Christen, dagegen kein Araber als Theilnehmer an
den gemeinschaftlichen Arbeiten genannt.

***) t. IV. p. 109 ff. d. Ausg. v. Manuel Rico. Die grosse Zahl hand-

von da ab bis in's 16. Jahrhundert hinein das Fundament aller astronomischen Rechnungen bildeten.

Es wäre für unsern Zweck überflüssig, hier alle die trockenen Namen der Männer anzuführen, welche den wissenschaftlichen Besitz durch die Uebertragung arabischer Werke noch weiter vergrösserten. Nur Giovanni Campano aus Novara (um 1260) mag noch erwähnt werden, weil dessen Uebersetzung des Euklid in der Folge die älteren des Athelard und Gherardo verdrängte und den ersten gedruckten Ausgaben zu Grunde lag.

Mit ihm aber schliesst die Reihe der Uebersetzer ab; wenigstens ist mir nicht bekannt, dass etwa von 1270 an noch ein einziges arabisches Werk zu der lateinischen mathematischen Literatur hinzugekommen wäre; — und seltsam, wie das plötzliche, fast stürmische Erwachen des Triebes, arabische Wissenschaft kennen zu lernen, ist dies ebenso rasche Erlöschen.

Allerdings verlor sich um dieselbe Zeit auch das früher so rege Interesse an der philosophischen Literatur der Araber; aber die Verhältnisse waren hier wesentlich anderer Natur. Im Anfange, als man sich an die Uebersetzung philosophischer Werke machte — es war dies um's Jahr 1140 — wandte man sich besonders den naturphilosophischen Schriften des Aristoteles und seiner arabischen Erklärer zu, namentlich dem Avicenna, dessen medicinische Schriften von jener Zeit an viele Jahrhunderte lang das Textbuch der medicinischen Vorlesungen in ganz Europa bildeten. Um das Jahr 1230 lernte man dann besonders durch Michael Scot's eifrige, von Kaiser Friedrich unterstützte Thätigkeit die metaphysischen Schriften des Aristoteles und seines berühmten Commentators Averroës kennen. Man weiss, welch einen ungeheuren Einfluss die Metaphysik und Physik des unwiderstehlichen

schriftlicher und gedruckter Ausgaben sowohl, als Umarbeitungen der Tafeln, die sich in den Bibliotheken unter dem Namen der Alfonsinischen finden, erschwert die Auffindung der ursprünglichen Tafeln und des echten Textes ausserordentlich. Eine genaue Untersuchung des Verhältnisses dieser Ausgaben und ihres Ursprungs ist bisher noch nicht einmal versucht worden, obgleich sie für eine Geschichte der abendländischen Astronomie des Mittelalters allererst den Grund legen kann.

„Phylosophus", wie man den grossen Griechen vorzugsweise
nannte, auf die Scholastik äusserte, mit welchem Feuereifer
die grössten und umfassendsten Geister des Mittelalters, ein
Albertus Magnus, einThomas von Aquino den unendlich erweiterten Gedankenkreis für Wissenschaft und Kirche eroberten.

Aber eben dieser Eifer für die Lehre des Weisen von
Stagira war der weiteren Verbreitung arabischer Schriften
im Abendlande nicht günstig; man strebte nach einem reinen
Aristotelischen Texte, und es war in dieser Zeit, wo in
Constantinopel lateinische Katholiken auf dem Throne sassen,
nicht allzuschwer, griechische Manuscripte seiner Werke zu
beziehen und sie aus der Ursprache übersetzen zu lassen;
namentlich St. Thomas liess sich die Besorgung solcher
Uebersetzungen angelegen sein — und der wahre Aristoteles
stellte die arabischen Peripatetiker zunächst gänzlich in den
Schatten.

Etwas ähnliches war im Gebiete der Mathematik nicht
der Fall; es muss ausdrücklich hervorgehoben werden, dass
vor dem 15. Jahrhundert kein einziges mathematisches oder
astronomisches Werk direct aus dem Griechischen übersetzt
worden ist und somit der arabischen Astronomie nicht aus
griechischen Schriften ein gefährlicher Feind erwachsen konnte.

Allerdings war bis in die Mitte des XII. Säc. eine gewaltige Masse neuen wissenschaftlichen Materiales in den
Besitz der Christen gelangt; aber noch lagen grosse Schätze
bei den Mohammedanern, die, wie man meinen sollte, die
Wissbegier wohl hätten locken können. Woher denn also
diese plötzliche Abnahme des Interesses?

Vielleicht wird sich diese Frage von selbst beantworten,
wenn wir zuvor erfahren, wie die Erbschaft griechisch-
arabischer Weisheit von den Lateinern aufgenommen und
wie mit ihr gewuchert wurde.

Verarbeitung des neuen Materiales im 12—13. Jahrhundert.

Es war der elementarste Theil der arabischen Mathematik, welcher zuerst und am schnellsten bei den christlichen Völkern Wurzel fasste: das Rechnen mit den 9 Ziffern

und der Null.*) Der Boden war hiezu vorbereitet durch die lange Beschäftigung mit dem Columnensystem auf dem Abacus; schon hatten sich im Laufe der Zeit die unbequemen Divisionsmethoden verbessert und es bedurfte nur eines kleinen Schrittes, um von den „arcus Pictagore", wie man den Abacus nannte, zu dem Algorismus oder modus Indorum überzugehen. Das Rechnen in Columnen mit allen seinen Eigenthümlichkeiten verschwindet von der Mitte des 12. Jahrhunderts an spurlos, so dass es erst in neuester Zeit wieder entdeckt werden musste; das Wort Abacus aber verliert seine alte Bedeutung und wird überhaupt zur Bezeichnung von „Rechnung", selbst als Synonym von „Algorismus" gebraucht.

Das Werk des al Ḥovârezmî (s. o. p. 260), dessen Titel zur Bezeichnung der neuen Kunst diente, ist wahrscheinlich sehr früh übersetzt worden und bereits Johannes Hispalensis schrieb um die Mitte des 12. Jahrhunderts ein Liber

---

*) Erst jetzt konnten die indisch-arabischen Ziffern, da sie auch ausserhalb des Abacus zur Zahlenbezeichnung tauglich wurden, in den allgemeinen Gebrauch übergehen. Im XIII. Säc. scheinen sie in der That bereits von Kaufleuten gebraucht worden zu sein, da im Jahre 1299 den Florentiner Kaufleuten verboten wird, ihre Bücher in abbaco zu halten (um möglichen Missbrauch zu verhüten?) und geboten, sich der lettere romane zu bedienen oder die Zahlwörter anzuschreiben (Archivio storico, Append. t. III. Florenz 1846. p. 528). Im XIV. und XV. Säc. sieht man die neuen Ziffern auf Steintafeln, an den Kirchen, Epitaphien u. s. w. allmählich häufiger werden, seltner in Handschriften und Drucken nichtmathematischer Werke. Erst seit einer Ordonnanz Henry's II. vom Jahre 1549 erscheinen sie auf Münzen, doch sind sie bis zum XVI. Säc. in Diplomen nicht zugelassen worden (Nouv. traité d. diplom. p. d. rel. Bénédictins, Paris 1757. t. III. p. 536). Ihre allgemeinere Verwendung in Schrift und Druck geht nicht über die Mitte des XVI. Säc. zurück. — Mit den Ziffern ging von den Arabern zu den Lateinern auch deren Bezeichnung der Null mit ṣifr (von ṣafira = leer sein, entsprechend dem sanskritischen çûnya = die Leere) in die occidentalischen Sprachen über, wo sie in der Form zephirum, tsiphra, cifra, chiffre erscheint. Erst allmählich hat sich dann die Bedeutung in die heutige von „Ziffer" umgewandelt, während sich die ursprüngliche nur in dem englischen cipher erhielt, und in den romanischen Sprachen die Null durch das Wort zero bezeichnet wird, dessen Etymologie noch nicht aufgefunden worden ist.

algorismi *), dem sich in der Folge zahlreiche ähnliche Werke anschlossen.

Das grösste Verdienst um die Verbreitung des neuen Rechnungsverfahrens erwarb sich Leonardo aus Pisa, genannt Fibonacci, d. h. Sohn des Bonaccio. Sein Vater, der die Stelle eines öffentlichen Notares an der pisanischen Factorei Bugia in Algier inne hatte, nahm den Sohn mit sich und liess ihn dort von Mohammedanern im Rechnen unterrichten. Mit Begeisterung warf sich dieser auf die mathematischen Studien und ergriff später auf seinen Reisen **) nach Aegypten, Syrien, Griechenland, Sicilien und der Provence jede Gelegenheit, um sich durch Unterredungen und Disputationen mit berühmten Meistern zu vervollkommnen. In seine Vaterstadt zurückgekehrt schrieb er dann im Jahre 1202 seinen grossen, im Jahre 1228 verbessert herausgegebenen Liber Abaci ***), welcher das gesammte Wissen, das die Araber in Arithmetik und Algebra besassen, in einer freien, selbstständigen Darstellung wiedergibt. Der Verfasser zeigt hier und in seinen anderen Werken Eigenschaften, wie sie kein anderer mittelalterlicher Schriftsteller besass; er ist frei von jenem ängstlichen Hängen an der hergebrachten Form, die ein Zeichen unsicheren Verständnisses ist; er bewegt sich mit Sicherheit in seiner Wissenschaft und wird nicht erdrückt von der Masse des Materiales, das er nach festen Regeln zu ordnen weiss; seine Darstellung ist, mag er leichte oder schwere Themata behandeln, musterhaft klar, und wenn wir sie jetzt hie und da zu weitläufig finden, so war sie es für ihre Zeit keineswegs; nirgends bleibt er uns den ausdrücklichen Beweis schuldig, wenn ein solcher nicht selbst in der Art der Anordnung liegt. Sein Entwickelungsgang ist überall ein durchaus sachgemässer, sein Denken ein wahrhaft mathematisches.

---

*) Trattati d'aritmetica, pubbl. d. Bald. Boncompagni. Rom 1857.

**) Man hat Leonardi dieser Reisen wegen zu einem Kaufmann machen wollen; er selbst aber sagt nicht, dass er negotiationis caussa, sondern dass er ad loca negotiationis gereist sei. Sollte er nicht eine ähnliche Stellung wie sein Vater eingenommen haben?

***) Scritti da Leonardo Pisano, pubbl. d. B. Boncompagni. 1857—62. vol. I.

Sein Liber abaci ist für Jahrhunderte die Fundgrube gewesen, aus der die Rechenmeister (Algoristen) und Algebristen ihre Weisheit geschöpft haben; es ist dadurch überhaupt die Grundlage der neueren Wissenschaft geworden und verdient wohl eine etwas nähere Betrachtung.

Nach einem ausführlichen Vortrag der vier Species mit ganzen Zahlen und Brüchen, wobei auch die von den Arabern bei der „Denomination" (s. o. p. 257) gebräuchlichen und andere zusammenhängende Brüche eine grosse Rolle spielen, folgen die Regel de Tri, Alligationsrechnung und solcherlei praktische Rechnungsarten; dann aber in grosser Zahl Aufgaben der Art, die wir heute auf lineare Gleichungen zurückführen, die aber hier nach den Formen, in welchen die Unbekannte erscheint, geordnet sind. Aufgaben z. B. wie: „Von einem Baume steckt $\frac{1}{4}$ und $\frac{1}{3}$ unter der Erde und es beträgt dies Stück 21 Zoll. Wie lang ist der ganze Baum?" (Lib. ab. p. 173), mit anderen Worten also, eine Grösse zu finden, wenn die Summe ihres $p$ten und $q$ten Theiles gegeben ist, werden nach der regula arborum gelöst. Als eine von einem Magister in Constantinopel ihm ohne Zweifel als schwierige gestellte Aufgabe führt Leonardo die folgende an (ebd. p. 190): „Es verlangt einer vom anderen 7 Denare und hat dann das 5fache dessen, was jener besitzt. Der zweite verlangt 5 Denare vom ersten und hat dann das 7fache dessen, was jener besitzt." Das ist die Aufgabe de duobus hominibus, qui habent denarios; so gibt es ganze Klassen von Aufgaben, welche de inventione bursarum (p. 212), de viagiis (p. 258) u. s. w. heissen. Die Lösungen beruhen entweder auf einem sich an die Aufgabe eng anschliessendem Raisonnement, wodurch zusammengesetztere Aufgaben auf einfachere, z. B. die Regula arborum, zurückgeführt werden, und welches oft durch die Anwendung von Strecken zur Darstellung der Grössen im Euklidischen Sinne zu grösserer Allgemeinheit erhoben wird; oder auf der Regula falsi (p. 318, s. o. p. 259), oder auf einem eigentlich algebraischen Verfahren Regula recta (p. 191 Lib. ab.), in dem die Unbekannte res genannt wird.

Durch diese Aufgaben wird der grössere Theil des Werkes ausgefüllt; es folgt dann, nachdem das Quadratwurzelausziehen gelehrt worden ist (p. 356 ff.), die Lehre von den Irrationalitäten, welche ausser einigen Sätzen über irrationale Trinome und kubische Irrationalitäten (p. 378) dem Inhalte nach nicht über Euklid's X. Buch hinausgeht, wohl aber, wie dies schon bei den Arabern geschehen ist, die Fesseln der geometrischen Construction gänzlich abgeworfen hat und in der Multiplication von Binomen und Apotomen, sowie in der Quadratwurzelausziehung aus solchen bereits rein algebraische Operationen sieht. Den Beschluss bildet die Auflösung der quadratischen Gleichungen (p. 406), die ganz in der Weise der Araber vorgetragen wird und deren Anwendung auf oft ziemlich complicirte Aufgaben, wie z. B. (p. 438) die Gleichung

$$\left(\frac{x}{12-x}\right)^2 + \left(\frac{12-x}{x}\right)^2 = 4$$

dadurch gelöst wird, dass man zu ihr $2\,\frac{x}{12-x}\,\frac{12-x}{x} = 2$ addirt und so:

$$\frac{x}{12-x} + \frac{12-x}{x} = \sqrt{6}$$

erhält. Es ist nun $\sqrt{6}$ in zwei Theile zu zerlegen: $\frac{1}{2}\sqrt{6} + z$, $\frac{1}{2}\sqrt{6} - z$, so dass deren Product $= 1$ ist; da somit nach Euklid (II, 5) $z = \sqrt{\frac{1}{4}6 - \left(\frac{1}{2}\sqrt{6} + z\right)\left(\frac{1}{2}\sqrt{6} - z\right)}$, so hat man $z = \sqrt{\frac{6}{4} - 1} = \sqrt{\frac{1}{2}}$ u. s. w.

In ähnlicher Weise, wie in dem Lib. abaci die ganze Arithmetik und Algebra, so fasste Leonardo in seiner Practica geometriae*) von 1220 alles zusammen, was ihm über die Berechnung der ebenen Figuren, die durch Gerade, oder der räumlichen, die durch Ebenen begrenzt sind, des Kreises und der Kugel aus den Elementen Euklid's und den Schriften Archimed's über Kreismessung und über Kugel und Cylinder bekannt war; von der Trigonometrie, die er aus Ptolemäus und arabischen Quellen wohl kennt — er gebraucht sinus rectus und versus (Pract. geom. p. 94) — gibt er nur die Elemente, da er nach alter Gewohnheit wesentlichen Gebrauch

---

*) Scritti d. Leon. Pis. vol. II. p. 1—224.

von den trigonometrischen Functionen nur in der Astronomie machen will. Von den Sätzen, die man auf Heron zurückzuführen pflegt, findet sich nur der Satz von der Fläche des Dreiecks durch die drei Seiten mit einem eleganten geometrischen Beweise (ebd. p. 40), von den ehedem so weit verbreiteten Heronischen Näherungsformeln dagegen keine Spur. Die Theilung der Figuren nach bestimmten Verhältnissen wird (ebd. p. 410) nach der angeblichen Schrift Euklid's de divisionibus, welche die Araber so oft bearbeitet haben, ausführlich behandelt.

An keinem Puncte ist die Euklidische Strenge vernachlässigt und der reiche Stoff ist mit Geschick verarbeitet; hie und da zeigt sich Leonardo sogar originell, so z. B. wenn er zur Rectification des Kreises den Umfang des um- und des eingeschriebenen 96-Ecks auf eine von Archimedes unabhängige und beträchtlich kürzere Weise berechnet (p. 89); seine beiden Grenzwerthe sind

$$\frac{1440}{458\frac{1}{5}} = 3{,}143, \quad \frac{1440}{458\frac{4}{9}} = 3{,}141, \quad \text{Mittelwerth:} \ \frac{1440}{458\frac{1}{3}} = 3{,}1418.$$

So bedeutend Leonardo auch schon hier erscheint, wo er ein grosses aber ihm bereits überliefertes Material mit Meisterschaft behandelt, so wird doch das Interesse für den ersten Mathematiker der Christenheit noch steigen müssen, wenn wir seine eigenen und selbstständigen Untersuchungen zur Hand nehmen, wie sie in einer unter dem Titel Flos *) von ihm selbst veranstalteten Sammlung mathematischer Gelegenheitsschriften, meistens Lösungen gestellter Aufgaben, und in dem Liber quadratorum **) von 1225 uns erhalten sind.

In jener Sammlung ist das interessanteste die Behandlung der kubischen Gleichung $x^3 + 2x^2 + 10x = 20$, deren Auflösung ihm Mag. Johannes aus Palermo aufgegeben hatte. Anstatt über deren Lösung hartnäckig zu brüten und, wie es vielen anderen noch nach ihm ergangen ist, trotz unzähliger Enttäuschungen immer wieder neue Hoffnung für das Gelingen zu fassen, nahm er die Sache beim Schopfe und frug sich, nachdem er einige vergebliche Versuche an-

---

*) Scritti vol. II. p. 227—252.
**) Ebd. p. 253—283.

gestellt haben mochte, ob denn die Lösung überhaupt, nämlich mit Hülfe rationaler oder quadratisch-irrationaler Grössen,
also der Medialen $\sqrt{\sqrt{n}}$ oder der Formen $m \pm \sqrt{n}$, $\sqrt{m} \pm \sqrt{n}$,
$\sqrt{m \pm \sqrt{n}}$, $\sqrt{\sqrt{m} \pm \sqrt{n}}$ möglich sei. Seine Antwort, die
er Schritt vor Schritt klar und streng begründet, ist eine
verneinende und so begnügt er sich, die damals einzig mögliche Lösung, die durch Annäherung (s. o. p. 292) zu geben.

Das erwähnte Liber quadratorum enthält Untersuchungen,
welche Leonardo angestellt hatte, um die ihm von demselben
Mag. Johannes gestellte schwierige Aufgabe zu lösen: Eine
Zahl x zu finden, so dass zugleich $x^2 + 5$ und $x^2 - 5$ ein
Quadrat wird. Er geht dabei von dem Principe aus, dass
die Summation der ungeraden Zahlen in ihrer natürlichen
Reihe Quadrate ergibt und sucht demgemäss, wenn $x^2 \pm u$
Quadrate sein sollen, also die Gleichung $x^2 = w^2 + u$ und
$y^2 = x^2 + u$ zugleich erfüllt sein sollen, zwei an Werth dem
u gleiche Summen aufeinanderfolgender ungerader Zahlenreihen; wird w^2 dann aus der Reihe 1, 3, 5 ... bis zu der
kleinsten dieser Zahlen gebildet, so ist die Aufgabe gelöst.
In sehr scharfsinniger Weise weiss er nun solche zwei
Summen zu finden, wenn $u = ab(a + b)(a - b)$ ist, wo
a, b zwei ganze Zahlen bedeuten, und daraus in anderen
verwandten Fällen die Lösung abzuleiten; so erhält er
$x = 3\frac{5}{12}$ als Antwort auf die ursprünglich gestellte Frage;
denn es ist:

$$\left(3\tfrac{5}{12}\right)^2 + 5 = \left(4\tfrac{1}{12}\right)^2, \quad \left(3\tfrac{5}{12}\right)^2 - 5 = \left(2\tfrac{7}{12}\right)^2.$$

Die Lösung einer ihm von Mag. Theodorus gestellten
Aufgabe (Lib. quadr. p. 279), die Gleichungen

$$x + y + z + x^2 = u^2, \quad u^2 + y^2 = v^2, \quad v^2 + z^2 = w^2$$

in Zahlen aufzulösen, ergab sich unserem Mathematiker als
leichtes Corollar seiner Behandlung.

Was jene Hauptaufgabe des Lib. quadr. betrifft, so
wissen wir allerdings (s. o. p. 270), dass sich die Araber
bereits ziemlich früh mit derselben eingehend beschäftigt
haben, und wie Mag. Johannes jene Aufgabe sicher nicht

aus sich erfunden, sondern gelegentlich etwa von einem sicilischen Araber erhalten haben mochte, so dürfen wir auch voraussetzen, dass Leonardo mit den betreffenden Arbeiten der Araber vertraut war und aus diesen die Form $u = ab \, (a + b) \, (a - b)$ kannte. Eigenthümlich bleibt ihm jedoch seine Methode der Lösung mittels der Bildung von Quadraten durch die Summirung ungerader Zahlen.

Wenn wir mit den freilich viel bedeutenderen Schriften Diophant's, in denen der Grieche mit wunderbarer Combinationsgabe blitzartig von Gedanken zu Gedanken springt, den Entwickelungsgang in dem Lib. quadr. Fibonacci's vergleichen, so werden wir in dieser consequenten Verfolgung eines einmal ergriffenen Gedankenganges und seiner allseitigen Ausbeutung bereits einen wesentlich modernen Zug erblicken.

Das sind in kurzer Uebersicht die für seine Zeit erstaunlichen Leistungen des Pisaners, des ersten, der aus dem Schosse der neueren Völker hervorgegangen, den Namen eines Mathematikers verdient. Wenn sie in uns auch ein gewisses persönliches Interesse für den Urahn aller heutigen Mathematiker geweckt haben, so werden wir mit Genugthuung erfahren, dass Fibonacci auch bereits während seines Lebens an dem damaligen Hochsitze aller Wissenschaften die gebührende Anerkennung fand, an dem glänzenden Hofe Kaiser Friedrich's II. Man weiss, wie der grosse über so viele Vorurtheile seines Jahrhunderts erhabene Hohenstaufe in astrologischem Aberglauben ein echtes Kind seiner Zeit war, wie seine Hofmathematiker, der grosse als Schwarzkünstler von Dante in die Hölle gebannte*) Michael Scott, jener erwähnte Mag. Theodorus u. a. durch ihre Horoskope nicht selten den Gang der kaiserlichen Politik, ja selbst der Schlachten bestimmten. Kaum geringeres Interesse aber nahm Friedrich an den reellen mathematischen Wissenschaften. Wenn er sich in seiner immer treuen Stadt Pisa von den Anstrengungen seines unruhigen Lebens erholte und „in seinem mit Wein umrankten Palaste in dem dunklen Schatten wunderbarer orientalischer Gewächse" glänzende Feste ver-

*) Inferno XX, 13.

anstaltete, durfte es auch an wissenschaftlichen Turnieren nicht fehlen. Da war es, wo auch einst Fibonacci vor Kais. Majestät erschien, „der es gefiel, von den Subtilitäten der Geometrie und. der Zahlen zu hören"*), und wo sich der Pisaner in mathematischen Aufgaben, die weit von aller Spielerei entfernt waren, mit den Mathematikern des Hofes, jenem Mag. Johannes und dem Mag. Theodorus mass. Das aus einer dieser Aufgaben entstandene Lib. quadratorum sandte er, da er hörte, „dass Kais. Majestät sein Lib. abaci zu lesen würdigte", dem eben dreissigjährigen Kaiser.

Wo fand sich seit dem „dunklen" Mittelalter ein solcher Mäcen der Mathematiker? Soll ich daran erinnern, dass Friedrich's Heimath jenes wunderbare Land war, in dem einstens am Hofe König Gelon's ein Archimedes weilte? Wie das Lib. quadratorum, so verdankte auch des letzteren ψαμμίτης seine Entstehung dem Interesse eines sicilischen Fürsten.

Mathematik im 14. und 15. Jahrhundert.

Man sollte erwarten, dass nach einem so glänzenden Anfange, der sich durch vielfache Theilnahme als durchaus zeitgemäss erwies, die Wissenschaft, von arabischem auf frischen europäischen Boden verpflanzt, sich kräftig und schnell weiter entwickelt hätte. Ob dem so, wird sich entscheiden, wenn wir, einen langen Zeitraum überspringend, das erste umfassende Werk zur Hand nehmen, welches seit dem Leonardo's erschien. Es wurde im Jahre 1494 von Luca Pacioli (aus dem Flecken San Sepolcro in Toskana, daher lat. Lucas de Burgo sepulcri genannt), einem Minoritenmönch, geschrieben, der, nachdem er in Venedig studirt und nach der Sitte seiner Zeit wandernd an vielen Orten, in Zara, Rom, Perugia, Neapel. Mailand, Venedig, Pisa, Bologna u. s. w. Vorlesungen über die Practica arithmeticae gehalten hatte. endlich als Professor der Theologie in Perugia Musse fand, in seiner Summa de Arithmetica, Geometria, Proportioni et Proportionalità in der That die ganze Summe

---

*) Scritti d. Leon. Pis. vol. II. p. 253.

des Wissens seiner Zeit in Arithmetik, Algebra und Geometrie zusammenzufassen.

Mit Erstaunen nimmt man wahr, dass das Pfund, welches einst Leonardo der lateinischen Welt übergeben, in diesen drei Jahrhunderten durchaus keine Zinsen getragen hatte; wir finden, von Kleinigkeiten abgesehen, keinen Gedanken, keine Methode, welche nicht aus dem liber abaci oder der practica geometriae bereits wohl bekannt oder ohne Weiteres abzuleiten wäre. Der einzige Fortschritt kann in einer etwas grösseren Routine bei der Lösung von Aufgaben, der geringeren Breite in der Ausführung numerischer Rechnungen, sowie in dem Anfange zu einem algebraischen Calcül gefunden werden. Denn während bei Leonardo alle Verbindungen von Grössen entweder durch Strecken oder durch Wörter, die oft künstlich in den syntaktischen Satzbau selbst verwebt sind, ausgedrückt werden, so erscheinen bei Pacioli schon die Zeichen $\cdot p \cdot$, $\cdot m \cdot$, R; und so war es möglich, dass bei ihm bereits die Regeln hervorgehoben sind, welche sich auf die algebraische Verbindung der Plus- und Minuszeichen beziehen und schon hier in der noch heute schulmässigen Form erscheinen: „minus mal minus gibt plus" u. s. w.*)

Fast wird jedoch dieser Fortschritt wieder aufgehoben durch einen fast gänzlichen Mangel allgemeiner Beweise, durch die unklare Darstellung und den barbarischen Styl seines Italienisch, gegen welches Fibonacci's Latein urban erscheint.

Das ist im Allgemeinen der Zustand der Mathematik am Ende des Zeitraumes, den wir jetzt in's Auge gefasst haben. Doch kann es nicht bezweifelt werden, dass bei der vielfachen Beschäftigung mit Mathematik und Astronomie von der Mitte des 13. Jahrhunderts bis zu der des 15. wohl

---

*) Pacioli beweist diesen Satz, indem er $8 . 8 = (10 - 2)(10 - 2)$ bildet, welches 64 gibt; da nun $10 . 10 = 100$, $- 2 . 10 = - 20$, so muss $- 2 . - 2 = + 4$ sein. Zur Rechtfertigung dieses höchst unlogischen Schlusses, der übrigens noch heute bei Mathematikern nicht ungewöhnlich ist, beruft er sich auf die Exhaustionsmethode und fährt fort: „Und diese Methode zu argumentiren ist bei allen Philosophen wohlbekannt und nennt sich a disjunctiva plurium partium a destructione multarum supra unam semper tenet consequentia" (Summa, fol. 113).

hie und da ein neuer selbstständiger Gedanke aufgetaucht sein wird. So verdient der Algorismus proportionum*) des 1382 als Bischof von Lisieux in der Normandie verstorbenen Nicole Oresme einige Beachtung. Anknüpfend an Euklid's Sprachgebrauch, wonach $\left(\frac{a}{b}\right)^2$, $\left(\frac{a}{b}\right)^3$ . . . das doppelte, drei-fache . . . Verhältniss $\frac{a}{b}$ heisst, $\frac{a}{c}$ ferner das aus $\frac{a}{b}$, $\frac{b}{c}$ zu-sammengesetzte Verhältniss, nannte man es schon seit alter Zeit proportionem **) proportioni addere oder subtrahere, wenn man aus den gegebenen Verhältnissen $\frac{a}{b}$, $\frac{c}{d}$ die Verhältnisse $\frac{ac}{bd}$ oder $\frac{ad}{bc}$ bildete. So erhält man also durch Addition gleicher Verhältnisse das doppelte, dreifache u. s. f. In diese Reihe schaltet nun Oresme noch irrationale Verhältnisse ein; er nennt also das halbe Verhältniss das, welches mit sich selbst multiplicirt das einfache gibt, und so ist ihm die Quadrat-wurzel aus $\frac{5}{3}$ „medietas proportionis" 5 ad 3. Oresme hat demnach zuerst den Begriff der gebrochenen Potenz auf-gestellt und in der Terminologie ausgedrückt; er hat ihn aber auch in der Zeichensprache wiedergegeben; denn er bezeichnet z. B. vorstehende Grösse, die wir $\left(1\frac{2}{3}\right)^{\frac{1}{2}}$ schreiben, mit $\frac{1}{2} \cdot 1^p \frac{2}{3}$; die, welche wir $\left(2\frac{1}{2}\right)^{\frac{1}{4}}$ schreiben, mit $\frac{1}{4} \cdot 2^p \frac{1}{2}$ u. s. f. Er hat endlich jenen Begriff für die Berechnung, die Zusammensetzung und Umformung solcher Verhältnisse systematisch verwendet und Regeln aufgestellt, die in moderner Bezeichnung für ein beliebiges Verhältniss α oder β folgender-massen auszudrücken sind:

$$\alpha^{\frac{m}{n}} = \left(\alpha^m\right)^{\frac{1}{n}}, \quad \left(\alpha^{\frac{1}{p}}\right)^{\frac{p}{m}} = \alpha^{\frac{1}{m}}, \quad \alpha \cdot \beta^{\frac{1}{n}} = \left(\alpha^n \beta\right)^{\frac{1}{n}},$$

$$\alpha^{\frac{1}{m}} \cdot \beta^{\frac{1}{n}} = \left(\alpha^n \beta^m\right)^{\frac{1}{mn}}, \quad \alpha^{\frac{1}{m}} : \beta^{\frac{1}{n}} = \left(\frac{\alpha^n}{\beta^m}\right)^{\frac{1}{mn}} \text{ u. s. w.}$$

Wir sehen demnach hier zum ersten Male jenes metho-

---

*) Her. v. M. Curtze, Berlin 1868; s. auch Zeitschr. f. Math. t. XIII Suppl. p. 68 ff.

**) Proportio = Verhältniss, Proportionalitas = Gleichheit zweier Verhältnisse.

dologische Princip angewandt, welches ich das der Permanenz formaler Gesetze genannt habe*), eine Erweiterung eines Begriffes nicht nach seinem wirklichen Inhalt, sondern nach gewissen äusserlichen Eigenschaften, eine Zusammenfassung des denselben formalen Gesetzen Unterworfenen unbekümmert um seine ursprünglich verschiedene Entstehung, eine jener Interpolationen, wie sie der neueren Mathematik eigenthümlich sind, dem Geiste der Antike aber durchaus widersprechen. So ist denn auch das Verfahren, mittels dessen man sich in diesem erweiterten Begriffe bewegt, ein durchaus formales, ein Algorismus proportionum, der mit besonderer Leichtigkeit die Resultate in der Form gibt, die für die Rechnung, d. h. die schliessliche numerische Auswerthung die bequemste ist, während sie nicht selten die Anschaulichkeit vermissen lassen mag. Sätze, wie z. B. der von Oresme in ganz moderner Form gegebene: „proportio corporum (i. e. cuborum) erit sicut suarum basium proportio sesquialtera", konnte Euklid in ähnlicher Weise nicht aussprechen.

So wird man ohne Zweifel in dieser Zeit noch hie und da Anticipationen echt moderner Gedanken auffinden können; so stellte man bereits im 14. Jahrhundert die Veränderung einer Grösse, insofern sie von einem variabelen Elemente abhängt, durch Curven nach dem Coordinatenprincip dar**); der Doctor profundus Thomas Bradwardin († 1349)***) beschäftigte sich mit den Sternvielecken, die in neuester Zeit erst wieder die Aufmerksamkeit auf sich gezogen haben. Die Ausbildung dieser Gedanken ist aber sehr oft eine so mangelhafte und das wenige, was geleistet wird, ist unter einem solch wüsten Kram von scholastischen Subtilitäten und mathematischen Trivialitäten versteckt, dass

---

*) H. Hankel, Theor. d. compl. Zahlensysteme. Leipzig 1867. p. 10.

**) Ob Oresme in seinem Tractatus de latitudine formarum (s. M. Curtze, Zeitschr. f. Math. a. a. O. p. 92) zuerst diesen Gedanken ausgesprochen hat, steht dahin; im Jahre 1398 gehörte die Vorlesung de latitudinibus an der Universität Köln zu den obligatorischen (s. Bianco, d. alte Un. Köln. I. Theil. Köln 1855. p. 68 d. Anlagen).

***) In seiner Geom. speculativa; s. Chasles, Gesch. d. Geom. p. 549.

wir meist zu dem Gefühle kommen, es habe hier einmal auch ein blindes Huhn ein Körnchen gefunden.

Was an einzelnen mathematischen Sätzen in dieser ganzen Zeit etwa neu entdeckt worden sein mag, ist höchst unbedeutend und unfruchtbar gewesen; und es muss traurig mit der Mathematik in dieser Periode gestanden haben, wenn am Ende derselben der als Philosoph und Mathematiker hochgeachtete Cardinal Nicolaus Cusanus (aus Kuss bei Trier, † 1464) das Problem der Quadratur des Kreises durch Constructionen lösen zu können meinte, welche er weder selbst ausführen, noch als richtig*) erweisen konnte. Er war als grosser Logiker bekannt, und so glaubte er auch hier in's Gelag hinein faseln zu dürfen. Zwar fand er an Regiomontan einen Gegner, der alle seine Behauptungen in mustergültiger Weise widerlegte; aber wir sind überzeugt, dass es dem Cardinal leicht gewesen wäre, in einer glänzenden Disputation zwar nicht diese schmucklose, übrigens nur Wenigen verständliche Kritik zu widerlegen, wohl aber die Kraft seiner eigenen Schlüsse auf das Bündigste darzuthun. Wir haben schon oben bemerkt, wie sich die Berufung auf die Logik immer da einfindet, wo in der Sache selbst keine Wahrheit ist.

Es liegt in der Natur der Sache, dass die Herrschaft der scholastischen Logik für die Entwickelung des specifischen Gehaltes der Mathematik nicht förderlich sein konnte; befremdlich aber scheint es, dass sie auch auf die Form der mathematischen Schriften nicht gedeihlich einwirkte. Verworrenheit, Unklarheit und Dunkelheit sind in mathematischen Abhandlungen niemals herrschender gewesen, als eben damals, wo jeder Gelehrte so gründlich in den feinsten Distinctionen der Dialektik geübt war und fast scheint es, als ob das naive Wort, welches Frate Luca gelegentlich spricht: Avenga che tal parlare paia alquanto diforme e incongruo; ma bisogna usar vocabuli alquanto strani, acio piu facilmente saprenda l'arte**), das Motto aller Mathematiker jener Zeit gewesen sei.

---

*) S. Kästner, Gesch. d. Math. t. I. p. 404, 574.
**) Summa fol. 114.

Obgleich man Euklid's Elemente besass und auf allen Universitäten erklärte, so blieb doch mathematische Strenge ein unverstandener Begriff, an den man nur glaubte, weil so viel von ihm in Aristoteles' Organon zu lesen war, und das wahre Wesen eines mathematischen Beweises so unbekannt, dass sich— ich glaube damit nicht zu viel zu behaupten — seit Fibonacci in der ganzen Literatur dieses Zeitraumes kein einziger nicht von Euklid entlehnter Beweis findet, der alle Forderungen erfüllt, welche man billiger Weise an ihn stellen muss.

Trotz des trübseligen Bildes, welches diese Periode darbietet, darf man doch nicht meinen, dass die Mathematiker völlig unthätig gewesen seien; die literarische Production ist vielmehr eine nach Umfang recht beträchtliche; freilich liegt sie meistens noch handschriftlich im Staube der Bibliotheken verborgen und selbst das, was an ihrem Ausgange, noch im Verlaufe des 15. Jahrhunderts und in den ersten Jahrzehnten des 16. das Glück einer Herausgabe durch den Druck erlebt hat, ist verschollen — und nicht mit Unrecht. Denn es bewegen sich diese ungezählten Schriften fast alle auf elementarem Gebiete und in vorgeschriebenen Kategorieen: Algorismus de integris et minutiis, de abaco, practica arithmeticae, das sind die Titel der Lehrbücher über die Elemente des numerischen Rechnens; arithmetica oder de proportione et proportionalitate heissen die Schriften, welche, wie das berühmte vielfach commentirte Lehrbuch des um das Jahr 1200 lebenden Jordanus Nemorarius, im Wesentlichen auf Boethius' Arithmetik zurückgehend, mit unerträglicher Weitläuigkeit die trivialsten Eigenschaften der Zahlen und Proportionen behandeln und die von den Arabern überkommene Bruchrechnung ignorirend jene widerwärtigen antiken Benennungen der Verhältnisse (proportio multiplex, superparticularis, superpartiens, multiplex superparticularis, multiplex superpartiens, superbipartiens tertias, supertripartiens quartas, . . . sesquialtera, sesquitertia . . .) und die entsprechenden Rechnungen mit einer pedantischen Würde vortragen, die uns zuweilen den Eindruck verschmitzten Hohnes macht. Es war dieser Wust einmal herkömmlich und Niemand hatte den Muth, ihn fallen zu lassen.

Seltner schon sind Schriften de algebra et almuchabala, die sich meist auf die Anfangsgründe der Algebra beschränken, oder geometrische Abhandlungen, welche häufig wieder auf die Stufe der Geometrie des Boethius zurückfallen, die man nach der Einführung des Euklid doch für unmöglich halten sollte.

Die Mathematik auf den Universitäten.

Neben den literarischen Leistungen der damaligen Mathematiker ist auch ihrer Lehrthätigkeit an den Universitäten zu gedenken; denn die Geschichte dieser organischen Mittelpuncte des wissenschaftlichen Lebens, die mit dem beginnenden 13. Jahrhundert plötzlich und zahlreich in allen romanischen Ländern auftreten, ist für das Verständniss dieser Periode unentbehrlich.

Der Unterricht auf den Universitäten, den Kindern jener ungeheuren Revolution, welche die Erweiterung des Gesichtskreises auf die arabische Literatur und die gesammten Schriften des Aristoteles, des Maestro di color che sanno mit sich brachte, konnte in dem engen Rahmen, in welchem noch das 11. Jahrhundert seine spärlichen Kenntnisse bequem unterbrachte, nicht mehr Platz finden; das trivium und quadrivium verlieren ihre alte Bedeutung, und wo sie noch genannt werden, bezeichnet jenes die elementaren Kenntnisse in der Grammatik, Rhetorik, Dialektik (d. i. Logik) und Mathematik, nach deren Aneignung man den Grad eines Baccalaureus erlangen konnte, um sich dann dem eigentlichen wissenschaftlichen Studium, nämlich dem der Aristotelischen Schriften und ihrer Commentare zu widmen. Den Abschluss des akademischen Lebens bildete für den, der sich nicht speciellen Facultätsstudien widmete, die Promotion zum Magister in der facultas artium.

Paris, das Haupt der Universitäten, welches in allen wissenschaftlichen Fragen ein unbezweifelt entscheidendes Ansehen genoss, scheint im Mittelalter auf die mathematischen Studien nur geringen Werth gelegt zu haben; wenigstens sind die Klagen der Mathematiker über die Vernachlässigung ihrer Wissenschaft an der Universität noch im 16. Jahrhundert sehr häufig.*) In der Reformation der Universität vom Jahre 1336 findet sich nur die Bestimmung**), dass Niemand ad licentiam in der Facultät zugelassen werden solle, der nicht aliquos libros mathematicos gehört habe; dieselben Forderungen kehren wieder***) 1452 und 1600; ausserdem erfahren wir aus der Vorrede eines Commentares zu den sechs ersten Büchern des Euklid vom Jahre 1536, dass Niemand die Magisterwürde erhalten konnte, ehe er jurejurando arctissimo bekräftigt hatte, sese praenominatos Euclidis libros audivisse†); verstanden brauchte er sie wohl demnach nicht zu haben, denn darüber würde ein Examen besser entscheiden können. Dass ein solches selbst, wo es gehalten wurde, nicht über das I. Buch des Euklid hinausging, beweist der Scherzname Magister matheseos, mit welchem man den Pythagorischen Lehrsatz, den letzten jenes Buches, belegte. Ja es fragt sich, ob der Bestimmung, dass die ersten Bücher des Euklid gelesen und gehört werden sollten, überhaupt regelmässig nachgekommen wurde; wenigstens finde ich in einem Verzeichnisse††) der zu Leipzig in zwei aufeinanderfolgenden Jahren 1437—38 wirklich gehaltenen Vorlesungen, obgleich hier dieselben reglementarischen Vorschriften galten, den Euklid nicht erwähnt. Auch scheinen selbst die Herren Professoren sich in früherer Zeit nur wenig mit diesem schwierigen Schriftsteller beschäftigt zu haben; wenigstens ist mir kein Commentar und keine Paraphrase des Euklid bekannt, die älter als das 16. Jahrhundert wäre, und noch im Jahre 1534 wird des Boethius jämmerlicher Auszug aus Euklid den Studenten der Pariser Akademie verkauft als Geometria Euclidis Megarensis†††); denn so nannte man damals den grossen Alexandriner, indem man ihn mit dem gleichnamigen Schüler des Sokrates, dem Stifter der Megarischen Schule identificirte, der dem Mittelalter als Sophist

---

*) Kästner, Gesch. d. Math. t. I. p. 283, 449.

**) Bulaeus, Hist. univ. Paris. t. IV. p. 390.

***) Bulaeus t. V. p. 570. Crevier Hist. de l'univ. Paris 1761. t. VII. p. 67.

†) Kästner a. a. O. p. 260.

††) Archiv d. phil. Fac. d. Univ. Leipzig. Nr. XLIX.

†††) Kästner a. a. O. p. 283.

gerade der geeignete Mann zur Abfassung eines mathematischen Werkes zu sein schien.

Eine bessere Stellung als in Paris nahm die Mathematik auf der Universität Prag ein.*) Dort wurde seit ihrer Gründung im J. 1384 von den Baccalaureen verlangt, dass sie die Vorlesung über den Tractatus de sphaera materiali (d. i. σφαιρα κρικωτή) gehört haben sollten. Dieser 4 Jahrh. lang auf allen Universitäten gelesene, unzählig oft commentirte, um das J. 1250 von Johannes de Sacrobosco (d. i. aus Holywood in Yorkshire) geschriebene Tractat erläutert die Grundbegriffe der sphärischen Astronomie und mathematischen Geographie und die einfachsten Erscheinungen am Himmelsgewölbe; — alles wie sich nach der Stellung des Buches am Anfange des Unterrichtes von selbst versteht, ohne Anwendung mathematischer Lehrsätze. Von den Magistern verlangte man nicht nur, dass sie die ersten 6 Bücher des Euklid gehört haben sollten, sondern entsprechend dem Umfange des alten Quadrivium auch noch theoretische Musik und weitere Kenntnisse in der angewandten Mathematik. Zur Erlangung letzterer waren sie verpflichtet, die Theorica planetarum zu hören nach einem oft commentirten und sehr verbreiteten, übrigens recht schlechten Lehrbuche des Gherardo aus Cremona, das bereits Regiomontan**) heftig angriff; ausserdem eine Vorlesung über Perspectiva communis, wie man damals die Optik nannte. Diese Wissenschaft hatte, seitdem schon früh die Optik des Alhazen (s. o. p. 253) aus dem Arabischen übersetzt war, das lebhafte Interesse vieler Mathematiker auf sich gezogen; ich erwähne nur Roger Baco († kurz vor 1300), den

---

*) Monum. hist. univ. Pragensis. Prag 1830. t. I Lib. Decan. facult. phil. p. 49, 56, 77, 83, 92, 108, 126.

**) Disputat. contra Cremonensia in planetarum theoricas deliramenta (mehrfach gedruckt in Sammlungen von Schriften über die Sphaera, so Venedig 1482, 1518 zweimal, ebd. 1531 u. s. w.). Als ein Urtheil eines Zeitgenossen über den damaligen Zustand der Astronomie mag hier folgende Stelle aus dieser Schrift Regiomontan's stehen „... ut praeter Gerardum Cremonensem ac Joannem de sacro Busto cunctos pene auctores negligamus, jamque pro astronomis celebremur, qui eorum commenta, Theoricas scilicet planetarum Sphaeramque, ut vocant materialem, vidimus".

Thüringer Witelo (lat. Vitellio um 1300), sowie John Peckham (lat. verderbt in Pisanus, † 1292), dessen Lehrbuch vor allen verbreitet war.*) Auch wurden in Prag im 14. Jahrh. Vorlesungen gehalten über das Almanachum, den Computus cyrometricalis (von χείρ und μέτρον), in welchem die Rechnung noch nach alter Weise an den Fingern vorgenommen wurde, über den Algorismus de integris und Arithmetica; vor allen anderen ragt aber diese Universität dadurch hervor, dass hier in einer grossen Vorlesung der Almagest des Ptolemäus erklärt werden sollte. Abgesehen hievon sind die Verhältnisse in Leipzig**), der Tochter Prags, sowie an der im J. 1389 nach dem Muster der Pariser eingerichteten Universität Köln***) ganz dieselben; und wie ausserordentlich gering die Veränderungen auf diesem Gebiete waren, mag man daraus ersehen, dass in den ersten Jahrzehnten des 16. Jahrh. in Leipzig dieselben Vorlesungen über dieselben Bücher üblich waren, wie am Ende des 14. Jahrh. in Prag.

Eine ähnliche Stellung wie in Frankreich und Deutschland nahm die Mathematik an den italienischen Universitäten Bologna, Padua und Pisa ein†), nur dass hier in dem Lande, wo die Astrologie blühte, wie nirgend anders, auch rein astrologische Vorlesungen hinzukamen; wie denn der Professor der Mathematik in Pisa noch 1598 verpflichtet war, zwar nicht den Almagest, wohl aber das Quadripartitum, d. h. das astrologische Werk, welches unter Ptolemäus Namen geht, zu erklären.

Das ist das Bild, welches uns die Mathematik des späteren Mittelalters bis in die Mitte des 15. Jahrh. und darüber hinaus darbietet, und von Neuem erhebt sich am Schlusse die Frage, woher die Wissenschaft nach einem so glänzenden Anfange, wie ihn der grosse Pisaner Leonardo gemacht

---

*) Kästner a. a. O. t. II p. 264.

**) Statutenbücher d. Univ. Leips. her. v. Zarncke, Leipzig 1861. p. 311, 326, 448, 462, 481, 490.

***) v. Bianco, d. alte Univ. Köln. I. Theil. Köln 1855. Anlagen p. 68, 71, 297.

†) Silv. Gherardi, Eln. Mat. z. Gesch. d. math. Fac. in Bologna; übers. v. M. Kurtze, Berlin 1871. p. 15, 20.

hatte, so schnell und so tief herabsank. Aber wer vermag diese geheimnissvollen Gesetze zu ergründen, nach denen sich das Leben eines Volkes entwickelt? Der Historiker hat genug gethan, wenn er sich über die Fluth des Einzelnen zu einer allgemeinen Signatur der Zeit zu erheben weiss, und ohne in kurzweiliger Pragmatik die Kategorieen von Ursache und Wirkung anzuwenden, diejenigen Strömungen bezeichnet, welchen eine Zeit unterworfen ist.

Die scholastische Philosophie, welche auf der Höhe des Mittelalters, im 13. Jahrh. ihre grösste Blüthe in Frankreich entfaltete, sank von da an allerdings unaufhaltsam abwärts, um nimmer wieder aufzuleben. Aber hier war es der natürliche Entwickelungsprocess, der nach einer allseitigen Erschöpfung des gesammten Gedankenstoffes einer Zeit jedesmal und nothwendig ein Epigonengeschlecht erzeugt. Anders war das Geschick der Mathematik; sie verdorrte, ehe sie zur Blüthe gekommen war.

Gehen wir über die Alpen, so hielten freilich die unaufhörlichen Kriege der Städte und Fürsten unter einander, die erbitterten bürgerlichen Fehden innerhalb der einzelnen Gemeinwesen seit dem Untergange der Hohenstaufen die apenninische Halbinsel in fortwährender Aufregung; und doch hätten diese Zeiten (il gran secolo, wie sie die Italiener mit Stolz nennen), in denen ein Dante, Petrarca, Boccaccio lebten, in denen die bildende Kunst jenen gewaltigen Aufschwung nahm, sicherlich genug innere Ruhe und gegenüber der leidenschaftlichen Unruhe des politischen Lebens genug Kraft zur Erhebung über die Interessen des Tages gehabt, um auch die exacten Wissenschaften gedeihlich entwickeln zu können. Aber vielleicht sind damit schon die Strömungen bezeichnet, welche der Beschäftigung mit diesen Disciplinen hindernd entgegentraten. Das Interesse jener Periode war theils ein scholastisch-theologisches, theils ein ästhetisch-literarisches; und wo das Interesse liegt, da liegt auch die Kraft. Es giebt verschiedene Fähigkeiten des menschlichen Geschlechtes und für jede kommt die Zeit, wo sie sich zu entfalten bestimmt ist und unabhängig von äusseren Strömungen ihren Höhepunct der Ausbildung erreicht. Es ist lächerlich zu behaupten, die Unterdrückung durch die

„Pfaffen" oder der „dumpfe Aberglaube" dieser Zeit habe die mathematischen Wissenschaften niedergehalten. Man nenne mir den Mann jener Zeit, der das Zeug zu einem grossen Mathematiker gehabt hätte!

Jede Wissenschaft verlangt zu ihrer gedeihlichen Entwickelung einer specifischen Fähigkeit und, wo diese nicht vorhanden ist, da führt aller Fleiss und alle Anstrengung nur zu Speculationen, die unfruchtbar sind, weil sie dem inneren Wesen der Wissenschaft nicht entsprechen. Das ist das Geheimniss, welches uns die Geschichte der Wissenschaft lehrt.

Dass diese Fähigkeit, mathematische Gedanken hervorzubringen, dem gesammten Mittelalter fehlte, bedarf nach dem Vorangegangenen keines Beweises mehr; dass sie sich aber in der Mitte des 15. Jahrh. wenigstens bei einigen bedeutenden Geistern findet, das ist der Grund, warum wir mit diesem Zeitpuncte das eigentliche Mittelalter abschliessen.

Geschichte der Algebra während der Renaissance.

Luca Pacioli's Summa[*]) ist das erste umfangreichere mathematische Werk, welches unter die Presse kam, und so der Grundstein ward, von dem aus nun endlich ein selbstständiger Ausbau der Wissenschaft begann.

Pacioli beschloss seine Algebra mit der Erklärung, es sei die Auflösung der Gleichungen $x^3 + mx = n$, $x^3 + n = mx$ auf dem jetzigen Stande der Wissenschaft ebenso „unmöglich" als die Quadratur des Kreises; und er bezeichnete hiemit die Probleme, welche in dem nothwendigen Entwickelungsgange zunächst angegriffen werden mussten.

Der gewaltige Schritt von den quadratischen Gleichungen zu der Auflösung kubischer Gleichungen und zwar zunächst des Falles $x^3 + mx = n$ (capitulum cubi et rerum aequalium numero) ist zuerst von Scipione Ferro, der 1496 – 1525 in Bologna Mathematik lehrte, gemacht worden. Leider weiss man von dem kühnen Entdecker und seiner Methode nichts weiter, als dass er um das Jahr 1505 die gefundene Regel seinem Schüler Antonio Maria Fiore (lat. Floridas) mittheilte.

Um so genauer kennen wir die Geschichte der zweiten Lösung desselben Problemes:

Nicolo, von armen, namenlosen Eltern um 1506 in Brescia geboren, in seinem sechsten Jahre bei der Einnahme seiner Vaterstadt durch einen französischen Soldaten so zerhauen, dass er lebenslang den ungehinderten Gebrauch seiner Zunge nicht wiedererlangte und daher den Beinamen Tartaglia (d. h. der Stotterer, lat. Tartalea) erhielt, war es, an dessen Namen sich dieselbe knüpft. Das ganze Leben

[*]) S. ob. S. 348.

dieses merkwürdigen Mannes war ein Kampf mit Noth und Unglück. Was er wurde und war, verdankte er nur sich allein: als er beim Schulmeister das ABC bis zum K gelernt hatte, konnte seine verwittwete Mutter das Schulgeld nicht weiter bezahlen; er lernte allein die übrigen Buchstaben, er lernte Lateinisch und Griechisch, studirte Mathematik und brachte es durch eisernen Fleiss und sein bedeutendes Talent bereits in jungen Jahren dahin, als Lehrer der Mathematik öffentlich auftreten zu können. So sehen wir ihn bereits 1530 vorübergehend zu Verona, zu Piacenza, dann ständig in Venedig und wieder vorübergehend in seiner Vaterstadt gegen einen von der Commune versprochenen Gehalt von 120 Goldscudi, nach der Sitte seiner Zeit in den Kirchen den Euklid, den Vitruv und Ptolemäus' Geographie erklären oder ebenda Vorlesungen halten über die Ballistik, die er zuerst auf wissenschaftliche Weise behandelte, und über die Arte maggiore, wie man damals die Algebra nannte. Wie er in der Mechanik den ersten Grund des ein Jahrhundert später von Galilei aufgeführten Gebäudes legte, können wir hier nicht weiter ausführen; auch sei nur im Vorbeigehen seiner grossen Verdienste gedacht, die er sich durch die äusserst mühsame erste Uebersetzung der Werke des Archimedes erwarb.

Die erste Veranlassung zu einer intensiven Beschäftigung mit den kubischen Gleichungen gab ein gewisser Zuanne de Tonini da Coi (lat. Colla), der, obwohl in der Mathematik bewandert, doch Ruhm dadurch am schnellsten zu gewinnen hoffte, dass er den Fachgenossen schwierige Probleme vorlegte, die er selbst nicht lösen konnte. So sandte er denn 1530 an Tartaglia einige Aufgaben, unter denen eine Gleichung von der Form $x^3 + px^2 = q$ besonders des letzteren Aufmerksamkeit reizte. Er fragte sich, ob nicht eine quadratische Irrationalität $\sqrt{b} + a$ auch zur Auflösung solcher Gleichungen ausreiche. Er wird, indem er

$$x = \sqrt{b} - a, \quad x^2 = b + a^2 - 2a\sqrt{b},$$
$$x^3 = \sqrt{b}(b + 3a^2) - (a^3 + 3ba)$$

bildete, bemerkt haben, dass aus der Summe $2a \cdot x^3 + (3a^2 + b)x^2$ das irrationale $\sqrt{b}$ ganz herausfällt und daher $x = \sqrt{b} - a$ eine Wurzel der Gleichung

$$2a\,x^3 + (3a^2 + b)\,x^2 = (a^2 - b)^2$$

ist, oder in anderer Fassung: Wenn $q = 2a\,(2a - p)^2$, so hat

$$x^3 + px^2 = q \quad \text{die Wurzel} \quad x = \sqrt{2ap - 3a^2} - a$$
$$x^3 + q = px^2 \quad \text{,,} \qquad \text{,,} \quad x = \sqrt{2ap - 3a^2} + a.$$

Es liegt auf der Hand, dass durch diese interessante Bemerkung die allgemeine Aufgabe, die Wurzel einer gegebenen Gleichung $x^3 + px^2 = q$ mit gegebenen Coefficienten zu finden, nicht gelöst ist, indem die Bestimmung von a aus $q = 2a\,(2a - p)^2$ selbst wieder die Auflösung einer kubischen Gleichung voraussetzt, wohl aber eine Methode gegeben ist, kubische Gleichungen jener Form, deren Wurzeln Binome von der Form $\sqrt{b} \pm a$ sind, aufzustellen. Deshalb kleidete auch Tartaglia seine Aufgaben so ein: „Eine irrationale Grösse y zu finden, so dass $y\,(\sqrt{y} + 40)$ einer rationalen Zahl gleich wird." Diese rationale Zahl muss dann $= 2a\,(2a - 40)^2$ genommen werden, und es gibt z. B. $a = 10$ die Lösung:

$$\sqrt{y} = \sqrt{500} - 10, \quad y = 600 - \sqrt{200000}, \quad y(\sqrt{y} + 40) = 8000.$$

Zunächst hielt Tartaglia seine Methode der Auflösung geheim; da er jedoch öffentlich von seinem Geheimnisse redete, so gab er dadurch jenem erwähnten Fiore Veranlassung, sich ebenfalls seiner Stärke in der Auflösung kubischer Gleichungen von der Form $x^3 + mx = n$ zu rühmen. Tartaglia hielt ihn für einen Prahler und forderte ihn zu einer öffentlichen Disputation am 22. Februar 1535 heraus. Als er aber inzwischen erfuhr, dass Fiore, den er nur als einen „guten Praktiker" kannte, jene Lösung von einem verstorbenen Meister erhalten habe, so fing er an, zu fürchten, er würde unterliegen und „setzte allen Eifer, Fleiss und Kunst ein, um die Regel für jene Gleichungen zu finden, und es gelang ihm 10 Tage vor dem Termin, am 12. Februar, durch sein gutes Geschick", wie er selbst bescheiden sagt. Der schwerste Schritt, den er zu machen hatte, war sicherlich der, von den quadratischen Irrationalitäten, mit denen man seit Alters operirte, zu kubischen überzugehen, auf deren Nothwendigkeit ihn schon die Gleichung $x^3 = n$ führen musste; er that diesen Schritt und bemerkte, indem er $x = \sqrt[3]{t} - \sqrt[3]{u}$ setzte, dass, wenn $m = 3\sqrt[3]{tu}$ gesetzt wird, sich aus $x^3 + mx = n$ die Irrationalitäten herausheben und $n = t - u$; aus dieser Gleichung in Verbindung mit $\left(\frac{1}{3}m\right)^3 = tu$ konnte aber ohne Schwierigkeit

$$t = \sqrt{\left(\frac{n}{2}\right)^2 + \left(\frac{m}{3}\right)^3} + \frac{n}{2}, \quad u = \sqrt{\left(\frac{n}{2}\right)^2 + \left(\frac{m}{2}\right)^3} - \frac{n}{2}$$

abgeleitet werden. Das ist Tartaglia's Lösung der Gleichung $x^3 + mx = n$, an die sich die der $x^3 = mx + n$ am 13. Febr. leicht anschloss.

Mit diesen Waffen ausgerüstet ging Tartaglia den Wettkampf am 22. Febr. ein, dessen Bedingungen waren: Jeder der beiden Streitenden sollte 30 Aufgaben unter einem Siegel in die Hände eines öffentlichen Notars niederlegen, zu deren Lösung 50 Tage Zeit gegeben war; derjenige, welcher innerhalb dieser Frist die grösste Anzahl von Aufgaben gelöst hätte, sollte ausser der Ehre des Sieges noch 5 Soldi für jede Aufgabe erhalten.

Fiore's 30 Aufgaben, welche alle auf Gleichungen von der Form $x^3 + mx = n$ führten, wurden von Tartaglia sämmtlich in zwei Stunden gelöst. Fiore vermochte aber keine der von seinem Gegner gestellten, den verschiedensten Gebieten der Algebra und Geometrie entnommenen Aufgaben zu lösen; er war gänzlich geschlagen und verschwindet aus der Geschichte.

Tartaglia liess von da an die kubischen Gleichungen nicht mehr aus den Augen. Wenn er uns selbst erzählt, wie er in einer schlaflosen Nacht am 10. November 1536 die Auflösung der Gleichung $x^6 \pm mx^3 = \pm n$ fand, indem er sie auf eine quadratische Gleichung in x^3 reducirte, so sehen wir daraus, von welchen Schwierigkeiten selbst ein uns so bequem dünkender Schritt zu jener Zeit war. Im Jahre 1541 endlich fand er die ihm bis dahin nicht gelungene allgemeine Auflösung von $x^3 \pm px^2 = \pm q$, indem er das quadratische Glied wegschaffte und so die Gleichung auf die Form $x^3 \pm mx = \pm n$ zurückführte.

Die Nachricht von Tartaglia's glänzendem Triumphe verbreitete sich bald in ganz Italien und erregte auf das

Lebhafteste den Wunsch nach der Kenntniss seiner Methoden. Aber Tartaglia verweigerte, von verschiedenen Gelehrten inständigst darum gebeten, jede Aufklärung über seine Regeln, indem er die Bittsteller auf ein grösseres Werk über Algebra vertröstete, das er, sobald seine Uebersetzung des Euklid und Archimed vollendet wäre, herausgeben wolle; ja er war sogar äusserst schwierig, nur eine Abschrift der an Fiore gestellten Aufgaben mitzutheilen, weil er fürchtete, dass schon deren Form seine Methoden verrathen könne. Endlich gelang es doch einem Mailänder Gelehrten Hieronimo Cardano (1501—1576), einem jener vielseitigen ruhmsüchtigen, excentrischen Gelehrten der Renaissance, der seinen grossen Namen als Philosoph und seinen einträglichen Ruf als Arzt noch um den Ruhm eines tiefen Mathematikers zu vermehren wünschte. Eben mit der Ausarbeitung seiner Practica arithmeticae beschäftigt, glaubte er sie nicht besser krönen zu können, als mit der Mittheilung dieser so vielfach gesuchten Regeln. Er wandte sich deshalb 1539 an ihren Entdecker, erhielt aber von diesem die sehr natürliche Antwort: „wenn er seine Lösung gedruckt sehen wolle, so wünsche er, dass dies in seinem eigenen Werke, nicht aber in dem eines Anderen geschehe". Cardano aber ruhte nicht, er lockte Tartaglia unter dem Vorwande, ein freigebiger Marchese wünsche seinen Unterricht zu geniessen, nach Mailand und in sein Haus. Tartaglia kam — und jener Marchese war verreist; Cardano aber benutzte die Gelegenheit auf's Beste, schwor „ad sacra dei evangelia et da real gentil' huomo" und auf „la fede mia da real christiano", nicht nur die Regeln, um die er ihn aus Freundschaft ersuche, nicht zu veröffentlichen, sondern auch, sie nur in Chiffern zu notiren, damit bei seinem Tode sie Niemand finden könne. Tartaglia konnte nicht mehr widerstehen, „weil man ihn, wenn er solchen Schwüren nicht glaubte, selbst für einen treulosen Menschen halten würde", und theilte ihm am 25. März die Regeln in Versen mit:

Quando che'l cubo con le cose appresso,
$$x^3 + mx = n$$
Se aggualia à qualche numero discreto:
Trovan dui altri, differenti in esso.
$$t - u = n$$

Dapoi terrai, questo per consueto,
  Che'l lor produtto, sempre sia eguale
  Al terzo cubo, delle cose neto;

El residuo poi suo generale,
  Delli lor lati cubi, bene sottratti
  Varrà la tua cosa principale.

$$t\,u = \left(\frac{m}{3}\right)^{3}$$

$$x = \sqrt[3]{t} - \sqrt[3]{u}$$

· · · · · · · · · · · ·
· · · · · · · · · · ·

  Questi trovai, è non con passi tardi
Nel mille cinquecent' è quatro è trenta;
Con fondamenti ben saldi, e gagliardi,
  Nella città dal mar' intorno centa.

Kaum aber hatte er sein so lange emsig gehütetes Geheimniss verrathen, so überfiel ihn Bestürzung und, alles im Stich lassend, reiste er „à staffetta" nach Venedig zurück.

Welch' eine gewaltige Leistung Tartaglia's Auflösung war, tritt uns recht klar vor Augen, wenn wir sehen, wie Cardano, jedenfalls einer der tüchtigsten Algebraiker seiner Zeit, selbst nach Mittheilung derselben in jenen Versen noch nicht in's Reine kommen konnte und sich mehrmals bei Tartaglia Raths erholte, den dieser auch gewährte, bis er von Cardano's Absicht, ein neues Buch über Algebra zu schreiben, vernahm und den Verkehr unwillig abbrach.

Im Jahre 1545 erschien die Ars magna, sive de regulis algebraicis von Cardano, deren bedeutendster Inhalt die Auflösung der kubischen Gleichungen ist. Zwar bezeichnete der Verfasser „seinen Freund Tartaglia" als den Entdecker der Auflösung und letztere als „eine sehr schöne und wunderbare Sache, welche alle menschliche Feinheit und alle Herrlichkeit des menschlichen Geistes übertrifft, ein wahrhaft himmlisches Geschenk, ein Beweis der Geisteskraft und so herrlich, dass dem, welcher dies erreichte, nichts mehr als unerreichbar erscheinen kann"; aber er trübte durch manche schiefe und falsche Darlegung des Sachverhaltes doch den reinen Ruhm des gegen ihn allzu freigebigen Entdeckers.

Tartaglia war ausser sich; er sah seinen schönsten Plan vernichtet, in einem unsterblichen monumentalen Werke die ganze Summe seines Wissens und Könnens der Welt darzulegen; denn die Krone, die er darauf setzen wollte, war

ihm entwendet. Seine nächste Antwort war die, dass er
1546 im 9. Buche seiner sehr interessanten Quesiti et in-
ventioni diverse die Geschichte seiner Bemühungen um die
Lösung der kubischen Gleichungen und der Cardano's um
deren Erlangung darlegte. *) Um aber letzteren ganz nieder-
zuschmettern, bot Tartaglia ihm und seinem Schüler Lodovico Ferrari einen Wettkampf an; jede Partei sollte der
anderen 31 Fragen vorlegen und die erhaltenen in 15 Tagen
beantworten. Der Kampf begann, Tartaglia löste in 7 Tagen
den grösseren Theil der Aufgaben, liess seine Antworten
schleunigst drucken und sandte sie mit einem Courier nach
Mailand. Die andere Partei liess 5 volle Monate vergehen
und sandte dann ihre Lösungen ein, die mit Einer Ausnahme, wenigstens nach Tartaglia's Urtheil, falsch waren.
Es folgte eine Replik, eine Duplik, und als der Flugschriften
kein Ende wurde, reiste endlich Tartaglia nach Mailand,
wo er durch einen mit seinem Wappen versehenen Herold
und öffentliche Anschläge seine Gegner zu einer Disputa für
den 10. August 1548 zur 18. Stunde in der Kirche Sta. Maria
del Giardino herausforderte. Meister Cardano machte sich
aus dem Staube. Ferrari aber erschien zu der festgesetzten
Stunde, umgeben von einer Schaar ergebener Freunde, Tartaglia nur von seinem jungen Bruder begleitet. Gleich zu
Anfang erhoben sich Formstreitigkeiten über die Wahl der
Kampfrichter, man liess den Fremden kaum zu Worte
kommen; kurz es wurde Essenszeit, die Kirche leerte sich.
Tartaglia sah ein, dass er unter diesen Verhältnissen sein
Ziel nicht erreichte und reiste voll Grimmes ab, um nun
doch wieder den Kampf durch die Schrift zu beginnen.
Aber er fand zu Hause Widerwärtigkeiten aller Art; man
hielt ihm in Brescia sein ausbedungenes Honorar vor, die
Pest brach aus und so kehrte er voll von Enttäuschungen
nach Venedig zurück.

Als er sich endlich wieder gesammelt hatte, begann er
an jenem grossen Werke zu arbeiten, das er schon so lange
im Sinne trug; 1556 erschien der erste Folioband des General

---

*) Aus dem 9. Buche der Ques. XXV ff. (Opere etc. 1606) sind die im
Texte gezogenen Notizen über Tartaglia's Entdeckungen genommen. Von
gegnerischer Seite ist keine Darstellung der Streitigkeiten gegeben worden.

trattato de' numeri e misure*), der zweite folgte 1558; in der Ausarbeitung des dritten ereilte ihn 1559 der Tod. So beschloss er sein Leben, reich von schönen Entdeckungen, voll von Beschwerden und Widerwärtigkeiten; sein Lebenswunsch sollte nicht in Erfüllung .gehen; denn wenn auch der dritte Band nach seinem Tode 1560 noch erschien, so ging doch auch dieser nicht über die quadratischen Gleichungen hinaus; der Mann, dem wir den grössten Fortschritt in diesem Jahrhundert verdanken, wurde vergessen, seine Methode als die von Hudde bezeichnet, und nach dem treulosen Cardano wurde die dem Tartaglia entwendete Formel bezeichnet. Möchte diese actenmässige Darstellung dem schon bei Lebzeiten schwer geschädigten Manne zu seinem so lange vorenthaltenen Rechte verhelfen!

Man hat gesehen, wie allgemein das Interesse war, das man an der Auflösung der kubischen Gleichungen nahm, noch ehe sie erfunden war, wie man sie bewunderte, als sie entdeckt war; man fühlte, hierin lag der Fortschritt, den die Algebra zunächst zu machen hatte, den sie machen musste, sollte sie sich ihrer Idee gemäss entwickeln. Es war nur eine neue Phase, als man sofort auch an die Auflösung der biquadratischen Gleichungen sich wagte. „Quel diavolo" Zuanne de Tonini da Coi war es, der auch hier den äusseren Anstoss gab, indem er den Gelehrten 1540 die Auflösung der Gleichung $x^4 + 6x^2 + 36 = 60x$ vorlegte. Zwar hatte sich Cardano bereits vor 1539 viel mit der Auflösung specieller biquadratischer Gleichungen beschäftigt, z. B. um $13x^2 = x^4 + 2x^3 + 2x + 1$ aufzulösen, beiderseits $3x^2$ addirt, wodurch er zu

$$16x^2 = x^4 + 2x^3 + 3x^2 + 2x + 1 = (x^2 + x + 1)^2$$

$$4x = x^2 + x + 1, \quad x = \frac{3 \pm \sqrt{5}}{2}$$

gelangte**), und andere „sehr feine lustige bossen gesetzt;

---

*) In p. II. fol. 41 findet sich vorstehende Schilderung seiner Kämpfe mit Ferrari.

**) Wir wissen überdiess, dass sich bereits sowohl Diophant als auch die Inder (s. ob. S. 195) mit dergleichen Lösungen beschäftigten. So findet man z. B. die Gleichung $12x + x^3 = 6x^2 + 35$ aufgelöst, indem sie auf die Form $x^3 - 6x^2 + 12x = 35$ gebracht, beiderseits 8 abgezogen wird, so dass $(x - 2)^3 = 27$, $x - 2 = 3$, $x = 5$.

das alles aber macht diese sach nicht aus, sondern das heisst die Koss gemehret, so man bestendige Regeln gibt, die nicht auf etliche exempeln allein fallen, sondern die der ganzen Kunst forthelfen", so belehrt uns ein deutscher Zeitgenosse. Cardano liess, besonders seit Tartaglia's glücklichem Erfolge, nicht ab, jene gewünschte „bestendige Regel" zu suchen; sein talentvoller Schüler Lodovico Ferrari hatte endlich das Glück, die Methode seines Lehrers mit einem neuen Gedanken zu verbinden. Er ergänzte zuerst in jener Gleichung $x^4 + 6x^2 + 36 = 60x$ die linke Seite zu einem vollständigen Quadrate $(x^2 + 6)^2 = 60x + 6x^2$, und, um die rechte Seite zu einem eben solchen zu machen, fügte er einen aus x und einer neuen Unbekannten y zusammengesetzten Ausdruck $2(x^2 + 6)y + y^2$ hinzu, der die linke Seite ohne Weiteres als Quadrat erscheinen lässt:

$$(x^2 + 6 + y)^2 = (6 + 2y)\,x^2 + 60x + (12y + y^2),$$

und bestimmte nun y so, dass die rechte Seite ein Quadrat wird; so entsteht eine kubische Gleichung $(2y + 6)(12y + y^2) = 900$, nach deren Auflösung sich x aus der quadratischen Gleichung

$$x^2 + 6 + y = x\sqrt{2y + 6} + \frac{900}{\sqrt{2y + 6}}$$

bestimmt. Aehnlich verfuhr er in anderen Fällen; z. B. die Gleichung $x^4 + 3 = 12x$ schreibt er zunächst $x^4 = 12x - 3$; dann addirt er $2yx^2 + y^2$ u. s. f.

Es sind zwei ganz verschiedene Ideen, welche die Auflösung kubischer und die biquadratischer Gleichungen liefern; Tartaglia ging immer von expliciten Irrationalitäten aus, Cardano von Transformationen der gegebenen Gleichungen; was der eine leistete, blieb dem anderen unerreichbar; denn noch bis heute haben diese beiden verschiedenen Methoden ihren Platz behauptet.

Cardano hatte die Freude, Ferrari's Entdeckung in seiner Ars magna 1545 veröffentlichen zu können. Aber die Nachwelt, ein ungerechter Richter, benannte diese Auflösung nach Bombelli, der an sie genau ebensowenig Anrecht besitzt, als Cardano an die sog. Cardanische Formel.

Im Fluge war dies Ziel erreicht, das Gebiet der Algebra unermesslich erweitert; hier aber sollte es zunächst seine Grenze finden.

Die algebraische Auflösung der Gleichungen höherer Grade trotzte allen Versuchen; es blieb nichts übrig, als Mittel auszudenken, um wenigstens numerisch die Wurzeln der Gleichungen auszuwerthen. Bereits Cardan hatte die Wurzeln kubischer Gleichungen zuweilen mittels der Regula falsarum positionum gesucht. Um z. B. die Wurzel von $x^3 = 6x + 20$ zu finden, hatte er $f(x) = \frac{6x + 20}{x^3}$ gesetzt. Wird x nach einander $= 3$ und $= 4$ gesetzt, so gibt jene Regel als Näherungswerth

$$x = \frac{1109}{311} \text{ und } f(x) = \frac{1245186154}{1363938029} \text{ nahe } = \frac{31}{34}.$$

Mit diesem Werthe von x und $x = 4$ ergibt sich dann als Näherungswerth:

$$x = 3 + \frac{7496}{18971}, \quad \frac{7496}{18971} = \frac{75}{190} = \frac{80}{200} = \frac{2}{5}, \quad x = 3 + \frac{2}{5}$$

u. s. w. Diese wilde Näherungsmethode (von Cardan Regula aurea genannt) gestaltete sich später durch die Einführung der Decimalbrüche zwar etwas bequemer; aber erst Viète gab (De numerosa potestatum ... resolutione tractatus 1600) ein regelmässiges Verfahren an, die Wurzeln beliebig hoher Gleichungen mit jeder gewünschten Genauigkeit zu bestimmen. Sein Verfahren ist dem nachgebildet, welches man zur Ausziehung von Quadrat- und Kubikwurzeln anzuwenden pflegt, und bestimmt successive die einzelnen Ziffern. Die aufzulösende Gleichung sei $f(x) = Q$; man suche zunächst durch Probiren die höchste Ziffer der Wurzel, die mit der nöthigen Anzahl Nullen versehen einen Näherungswerth a der Wurzel gibt. Setzt man dann die vollständige Wurzel $x = a + p$, so ist p eine Grösse niedrigerer Ordnung als a; man bilde nun

$$f(a + p) = f(a) + p f'(a) + \tfrac{1}{2} p^2 f''(a) + \ldots = Q,$$

worin $\tfrac{1}{2} p^2 f''(a)$ eine Grösse niederer Ordnung, als $p f'(a)$ und bestimme durch Division von $f'(a)$ in $Q - f(a)$ die höchste Ziffer von p, die, nachdem die gehörige Anzahl Nullen angehängt sind, b heisse. Dann ist $(a + b)$ der zweite Näherungswerth; $x = a + b + q$ gesetzt, gibt

$$f(a + b + q) = f(a + b) + q f'(a + b) + \ldots = Q,$$

woraus man wieder die nächste Ziffer c der Wurzel bestimmen kann. Ein Beispiel, in Viète's Art, wird das Verfahren weiter erläutern: Es sei

$$f(x) = x^2 + 14x, \quad Q = 7929,$$

dann ist:

$$f(x + \mu) = f(x) + \mu(2x + 14) + \mu^2.$$

Geht man nun von $a = 80$ aus, so ist $Q - f(a) = 409$; der Divisor $2a + 14 = f'(a) = 174$, also die nächste Ziffer $b = 2$, $a + b = 82$; man bildet nun zunächst $Q - f(a + b)$ $= Q - f(a) - b(2a + 14) - b^2 = 57$, ferner den neuen Divisor: $2(a + b) + 14 = 178$ und findet dann als neue Ziffer $c = 0,3$, $a + b + c = 82,3$. Aus $Q - f(a + b)$ erhält man nun wieder durch Subtraction $Q - f(a + b + c)$ $= 3,51$ und als Divisor $2(a + b + c) + 14 = 178,6$, also als neue Ziffer $d = 0,01$, $a + b + c + d = 82,31$. Als Dividend $Q - f(a + b + c + d) = 1,7239$, als Divisor $178,62$ und somit als nächste Ziffer $e = 0,009$ u. s. f. Der gefundene Werth der Wurzel der Gleichung $x^2 + 14x = 7929$ ist demnach $x = a + b + c + d + e = 82,319\ldots$ Dies ist das Verfahren, durch welches Viète bei seinen Zeitgenossen sich den höchsten Ruhm erwarb, welches von ausgezeichneten Analytikern, Harriot, Oughtred u. a. ausführlich behandelt wurde, heute aber — als wenn die Nachwelt immer Unrecht üben wollte — das Newton'sche Approximationsverfahren genannt wird.

In jeder Periode der Geschichte einer Wissenschaft sehen wir zwei verschiedene Thätigkeiten neben einander herlaufen. Die eine bringt das zum Abschlusse, was die vorhergehende Periode begründete, sie beschäftigt sich mit den Problemen, welche ihr überliefert sind, und deren glückliche Lösung aller Augen auf sich zieht; die andere Thätigkeit vollzieht sich geräuschloser, bringt weniger Ruhm, weil sie für die Zukunft arbeitet, geht nicht gerade auf ihr Ziel los, weil sie dasselbe noch nicht vor Augen sieht; es ist die Arbeit, welche die durch kühne Griffe gewonnenen Lösungen behandelt, um aus ihnen neue, allgemeinere Ideen zu entwickeln und so die Fragen vorzubereiten, welche die nächste Periode zu entwickeln hat.

Was war am Ende gewonnen, wenn man die kubischen, biquadratischen Gleichungen algebraisch, alle anderen nume-

risch auflösen konnte? Man war eben am Ende angelangt
auf diesem Wege; aber eine neue Frage erhob sich, freilich
unbestimmterer Natur, als diejenigen, welche Tartaglia und
Ferrari beantwortet hatten: die Frage nach der Natur der
Gleichungen und ihrer Wurzeln.

Die negativen Grössen treten bei Fibonacci nur zuweilen ein, und werden dann damit abgefertigt, dass die
Aufgabe nur dann lösbar werde, wenn ein debitum vorhanden sei; ebenso bei Pacioli, denn wenn auch bei ihm
schon die Regel erscheint: minus mal minus gibt plus, so
bezog sich diese doch eigentlich nur auf die Entwickelung
von Producten $(a - b) (c - d)$; indess, obgleich rein negative Grössen bei ihm noch nicht auftreten, so lag doch
hierin eine gewisse Lostrennung des minus von dem Begriffe
der Differenz. Bald ging man hierin weiter: Ein deutscher
Cossist, Michael Stifel, sprach schon 1544 von numeris ab-
surdis oder fictis infra nihil, welche entstehen, wenn numeri
veri supra nihil von Null abgezogen werden, und Cardan
von einem minus purum; doch blieben diese Gedanken vereinzelt und bis in den Anfang des 17. Jahrhunderts handelt
man ausschliesslich mit absoluten positiven Grössen. Der erste
Algebraiker, bei dem man zuweilen eine rein negative Grösse
auf einer Seite einer Gleichung allein trifft, ist Harriot,
der bereits an der Schwelle einer neuen Zeit steht.

Negative Wurzeln einer Gleichung hat in dieser ganzen
Periode (Viète und Harriot inbegriffen) nur Cardan und
auch dieser nur vorübergehend erwähnt (Ars magna, Cap.
I); er hat zum ersten Male die Existenz zweier Wurzeln
quadratischer Gleichungen, auch wenn eine derselben negativ
ist, erkannt und ausgesprochen. Indessen ist auch er weit
entfernt, den negativen Wurzeln, die er aestimationes fal-
sae oder fictae nennt, eine selbstständige Bedeutung zuzuschreiben; denn z. B., indem er die Gleichung $x^3 + b$
$= ax$ nach Tartaglia's Methode zu lösen versucht, findet
er, im Falle diese nicht auf imaginäre Werthe führt, nur
eine negative Wurzel; aus diesem Grunde verwirft er, wie
auch Tartaglia, hier die Anwendung jener Methode und
geht von jener Gleichung zu $x^3 = ax + b$, als welche dieselbe Wurzel, aber vere, enthält. Seine allgemeine Regel ist:

24*

Quaerendo fictam aequationem (Wurzel) semper quaerimus veram et correspondentem alterius capituli (Gleichung).

Von imaginären Wurzeln konnte demnach noch viel weniger die Rede sein; bei den quadratischen Gleichungen $x^2 + b = 2ax$ verlangte man stets, dass $a^2 > b$ sei; und fügte wohl noch hinzu: „Si detractio ipsa $(a^2 - b)$ fieri nequit, quaestio ipsa est falsa, nec esse potest, quod proponitur". Nur Cardan wagte, obgleich diese Worte von ihm selbst herrühren, einmal einen kleinen Schritt weiter, indem er die Lösungen $5 \pm \sqrt{-15}$ der Gleichung $x(10 - x) = 40$ zwar als vere sophistica bezeichnet, indessen doch beweist, dass $(5 + \sqrt{-15})(5 - \sqrt{-15}) = 40$ sei, wie verlangt wurde. So ist er der erste, welcher einmal mit imaginären Grössen gerechnet hat; doch um gleich wieder in die gewöhnliche Bahn einzulenken, fügt er hinzu: „so weit erstreckt sich die Feinheit der Arithmetik, doch ist dieses Aeusserste so subtil, dass es von keinem Nutzen ist", und beeilt sich hinzuzufügen, dass eine aus minus purum und einer radix minus zusammengesetzte Grösse $(-1 - \sqrt{-1})$ „omnino falsum" sei.

Die späteren Algebraiker dieser Periode, mit Einschluss Viète's, gingen nicht so weit; sie sprechen nicht einmal andeutungsweise von imaginären Wurzeln. Nur Bombelli schritt in seiner L'Algebra 1579 auf der von Cardan angedeuteten Bahn fort, ohne dass indess gerade diese originellen Untersuchungen in seinem vielgelesenen Lehrbuche, welches 1579 die Algebra seiner Zeit übersichtlich und klar zusammenfasste, beachtet worden wären. Er gab, ohne den Begriff der imaginären Grössen $+ \sqrt{-1}$, $- \sqrt{-1}$, die er piu di meno und meno di meno nannte, weiter aufzuklären, Regeln, wie man mit ihnen und den complexen Grössen $a + b\sqrt{-1}$ zu operiren habe, zu dem Zweck, um die räthselhafte Eigenthümlichkeit der Tartaglia'schen Formel aufzuklären, welche Cardan bereits in einem weitschweifigen, dunklen Werke De regula Aliza 1570 ohne Erfolg bearbeitet hatte, und welche noch lange als casus irreducibilis zu den berühmten Paradoxieen der Mathematik gezählt wurde.

Bereits Zuanne de Tonini da Coi und **Tartaglia** waren 1540 darauf verfallen, die Kubikwurzeln aus Binomien $a + \sqrt{b}$ wirklich auszuziehen, indem sie dieselbe in der Form $p + \sqrt{q}$ voraussetzten. Diese Aufgabe, welche von mehreren Algebraikern jener Zeit bearbeitet wurde, kann einfach so gelöst werden: Da aus $\sqrt[3]{a + \sqrt{b}} = p + \sqrt{q}$ sich $\sqrt[3]{a - \sqrt{b}} = p - \sqrt{q}$ ergibt, so ist $\sqrt[3]{a^2 - b} = p^2 - q$, und da ferner

$$a + \sqrt{b} = p^3 + 3p^2\sqrt{q} + 3pq + \sqrt{q^3},$$

so gibt die Vergleichung des Rationalen: $p^3 + 3pq = a$. Wenn nun $\sqrt[3]{a^2 - b} = c$ rational ist und man kann durch Probiren eine rationale Wurzel p der Gleichung $4p^3 - 3cp = a$ finden, so hat man die Wurzel wirklich ausgezogen.

So ist z. B. die Wurzel der Gleichung $x^3 + 6x = 20$ nach Tartaglia's Formel

$$x = \sqrt[3]{\sqrt{108} + 10} - \sqrt[3]{\sqrt{108} - 10}.$$

Die Kubikwurzeln aber können hier ausgezogen werden; denn für $a = 10$, $b = 108$ ist $c = -2$ und die Gleichung $4p^3 + 6p = 10$ hat die rationale Wurzel $p = 1$, so dass $\sqrt[3]{10 + \sqrt{108}} = 1 + \sqrt{3}$. Die Addition dieser beiden Wurzeln gibt $x = 2$, also einen rationalen Werth, trotz der scheinbar so verwickelten Irrationalität. **Bombelli** versuchte nun, ob bei der Auflösung der Gleichung $x^3 = mx + n$:

$$x = \sqrt[3]{\frac{n}{2} + \sqrt{\left(\frac{m}{3}\right)^3 - \left(\frac{n}{2}\right)^2}\sqrt{-1}} + \sqrt[3]{\frac{n}{2} - \sqrt{\left(\frac{m}{3}\right)^3 - \left(\frac{n}{2}\right)^2}\sqrt{-1}}$$

nicht auch ein reeller Werth unter der Decke des Imaginären verborgen sei; er setzte zu dem Zwecke allgemein $\sqrt[3]{a + \sqrt{-b}} = p + \sqrt{-q}$ und fand so, da bei allen Kubikwurzeln obiger Form $c = \sqrt[3]{a^2 + b} = \frac{1}{3}m$ rational ist, die Gleichungen $q = c - p^2$, $p^3 - 3pq = a$, also: $4p^3 - 3pc = a$. So ist z. B., $a = 2$, $b = 121$ gesetzt, $c = 5$, und $4p^3 - 15p = 2$ hat die rationale Wurzel $p = 2$, so dass $\sqrt[3]{2 \pm \sqrt{-121}} = 2 \pm \sqrt{-1}$ und somit aus der Wurzel der Gleichung $x^3 = 15x + 4$

$$x = \sqrt[3]{2 + \sqrt{-121}} + \sqrt[3]{2 - \sqrt{-121}} = (2 + \sqrt{-1}) + (2 - \sqrt{-1}) = 4$$

das Irrationale und Imaginäre gänzlich verschwindet.

Dies elegante Verfahren Bombelli's, das jetzt durch eine Entwickelung der Kubikwurzeln nach dem binomischen Lehrsatze ersetzt zu werden pflegt, wurde wenig beachtet und um so eher vergessen, als man bald ein neues Verfahren entdeckte, die kubischen Gleichungen auch in den der Tartaglia'schen Formel widerstrebenden Fällen aufzulösen.

Viète war es, der in der trigonometrischen Gleichung

$$(2 \cos \tfrac{1}{3} \varphi)^3 - 3(2 \cos \tfrac{1}{3} \varphi) = 2 \cos \varphi$$

um das Jahr 1600 ein Mittel fand, eine kubische Gleichung $x^3 - 3a^2x = a^2b$, wenn $a > \frac{1}{2}b$, aufzulösen, indem man φ aus $b = 2a \cos \varphi$ bestimmt; und dann $x = 2a \cos \tfrac{1}{3} \varphi$ setzt. Er fügte hinzu, dass dann zugleich $y = 2a \cos (60^0 \pm \tfrac{1}{3} \varphi)$ zwei Wurzeln der Gleichung $3a^2y - y^3 = a^2b$ ergäbe. Er konnte sich aber noch nicht dazu entschliessen, einfach $2a \cos (120^0 \mp \tfrac{1}{3} \varphi) = -2 \cos (60^0 \pm \tfrac{1}{3} \varphi)$ ebenfalls und zwar als negative Wurzeln der ersten Gleichung zu bezeichnen, sondern wich dem damit aus, dass er eine zweite heranzieht, welcher er ebenfalls nur positive Wurzeln zuschreibt. Wenn ich hinzufüge, dass ein sehr origineller Algebraiker, Albert Girard, der bereits einen Begriff von der Bedeutung der negativen Wurzeln hatte, eine kubische Gleichung mit einer negativen und zwei imaginären Wurzeln noch 1629 eine équation inepte et absurde nannte, so wird man eine Vorstellung erhalten, wie unendlich schwer die Mathematik diese Verallgemeinerung des Grössenbegriffes errang, die zu dem Begriffe des Negativen nothwendig war.

François Viète (lat. Vieta, geb. 1540 in Poitou, Hugenott, gest. als Rath Heinrich's IV. 1603) ist der einzige glänzende Name, den wir in dieser Periode diesseits der

Alpen zu verzeichnen haben; die Wissenschaft verdankt ihm eine Reihe der wichtigsten Förderungen.

Die vorstehende Auflösung kubischer Gleichungen entdeckte er bei Gelegenheit ausführlicher Untersuchungen über die Sectiones angulares, d. h. das von alten Zeiten her berühmte Problem, einen Winkel in eine ungerade Anzahl gleicher Theile zu theilen. Ein niederländischer Mathematiker, Adriaen van Roomen (lat. Romanus 1561—1615), hatte die Formeln gefunden, durch welche der Sinus und Cosinus eines Winkels, durch dieselben Functionen des n^{ten} Theiles jenes Winkels ausgedrückt wird. Anstatt sie zu veröffentlichen, wandte er die dem Geiste seiner Zeit entsprechende Reclame an, indem er 1593 „allen Mathematikern des Erdkreises" die Aufgabe vorlegte, die Gleichung vom 45ten Grade:

$$45y - 3795y^3 + 95634y^5 - \ldots + 945y^{41} - 45y^{43} + y^{45} = C$$

aufzulösen. Viète, der sich bereits mit ähnlichen Untersuchungen beschäftigt hatte, bemerkte, dass diese, auf den ersten Blick erschreckende Gleichung keine andere sei, als die Gleichung, durch welche $C = 2 \sin \varphi$ vermittels $y = 2 \sin \frac{1}{45} \varphi$ ausgedrückt wird, und dass es, um dieselbe zu lösen, da $45 = 3 \cdot 3 \cdot 5$, nur einer Fünftheilung und doppelten Dreitheilung eines Winkels bedürfe, die mittels der entsprechenden Gleichungen 5ten und 3ten Grades ausgeführt werden könnten. Um seinem Probleme noch mehr Relief zu geben, hatte Adriaen zugleich als speciellen Fall angegeben, dass für

$$= \sqrt{2 + \sqrt{2 + \sqrt{2 + \sqrt{2}}}}, \quad y = \sqrt{2 - \sqrt{2 + \sqrt{2 + \sqrt{2 + \sqrt{3}}}}}$$

werde. Auch dies konnte Viète, nachdem er einmal den Nerv der Sache entdeckt hatte, nicht schwer fallen zu beweisen, denn er fand den gegebenen Werth von $C = 2 \sin \frac{1}{16} 1350^0$; also musste $y = 2 \sin \frac{1}{16} 30^0$ werden, welch' letzterer Werth bekanntlich durch jene Wurzelzeichen dargestellt werden kann. Viète machte ferner die überraschende Entdeckung, dass jene Gleichung nicht nur Eine Wurzel, sondern deren 23 besitzt, welche die doppelten Sinus der 45^{tel} von den Winkeln

$$\varphi \qquad 360^0 + \varphi \qquad 2.360^0 + \varphi \qquad \text{u. s. w.}$$
$$180^0 - \varphi \quad 360^0 + (180^0 - \varphi) \quad 2.360^0 + (180^0 - \varphi) \quad \text{u. s. w.}$$
$$\text{bis } 10 . 360^0 + \varphi$$
$$\text{bis } 10 . 360^0 + (180^0 - \varphi) \quad 11.360^0 + \varphi)$$

darstellen. Er bemerkte sehr schön, dass wenn in $C = 2\sin\varphi$ die Sehne eines Bogens 2φ gegeben ist, diese Sehne ebenso auch als die des Bogens $360^0 - 2\varphi$ angesehen werden kann, und daher die Theilung des ersteren zugleich die des letzteren involvirt; neben der Sehne eines Theiles des ersten Bogens $2\sin\frac{1}{45}\varphi$ wird also zugleich auch $2\sin\frac{1}{45}(180^0 - \varphi)$ und ausserdem die ganze Reihe der Sehnen obiger Winkel bestimmt. Dass unser Analytiker nur 23 Lösungen fand, und nicht 45, dass er also z. B. $2\sin\frac{1}{45}(23 . 360^0 + \varphi)$ nicht als Lösung angab, hat seinen einfachen Grund darin, dass $\frac{1}{45} . 23 . 360^0 = 8 . 23^0 = 184^0$ also jener Sinus eine negative Grösse ist, die er durchaus nicht statuiren konnte. Hat so Viète auch das Problem nicht in seinem vollen Umfange, wie ein Jahrhundert später Newton erkannt, so bleibt ihm doch das grosse Verdienst, hier zum ersten Male die nothwendige Vieldeutigkeit einer Construction mit Entschiedenheit bemerkt zu haben. Gegenüber dem Standpuncte der Alten liegt hierin ein unermesslicher Fortschritt, und, obgleich man bereits im Mittelalter die Zweideutigkeit der Wurzeln quadratischer Gleichungen, obgleich Cardan die Existenz mehrerer Wurzeln kubischer Gleichungen erkannt hat, so war man doch zu einer praktischen Anwendung dieser Erkenntniss nie fortgeschritten und weit entfernt davon, in geometrischen Constructionen eine Vieldeutigkeit zu bemerken. Und hierin liegt ganz besonders die Bedeutung der Entdeckung Viète's: Zum ersten Male stellt sich die tiefe Beziehung heraus, welche zwischen der unmittelbaren geometrischen Realität und dem abstracten Formalismus des Calculs besteht, eine Beziehung, welche das Wesen der epochemachenden Methode ausmacht, die Descartes bald nachher schuf, und wir jetzt analytische Geometrie nennen.

Kurze Zeit darauf wurde Keppler durch seine kosmologischen Untersuchungen (Harmonice mundi 1619) auf die Construction der Polygone geführt; als er in den vom Kammeruhrmacher Kaiser Rudolf's II., Jobst Byrg, unabhängig von Viète entwickelten Gleichungen der Seiten des Siebeneckes als Wurzeln zugleich deren Diagonalen auffand, erkannte er ebenfalls sofort, dass diese Vieldeutigkeit geometrisch nothwendig sei, und folgerte, weil er bei den alten Constructionen regelmässiger Vielecke eine solche nicht fand, aus diesem Verhalten die Unmöglichkeit einer geometrischen Construction höherer Vielecke. Denn, so folgerte er, „da alle jene Sehnen der Bögen unter einem und demselben Begriffe enthalten sind, so kann aus diesem nichts einer einzelnen Zukommendes erschlossen werden". Wir haben hierin ein Beispiel jenes kühnen Gedankenfluges des geistvollsten Astronomen, der sich freilich wohl in allzu luftige Regionen wagte, wenn er erklärte, „dass eben deshalb das Siebeneck und andere Figuren dieser Art von Gott nicht zum Schmucke der Welt ausersehen worden sind".

Indem wir von diesen Höhen wieder zu den exacten Arbeiten Viète's zurückkehren, haben wir ausser seiner bereits erwähnten Methode der Auflösung numerischer Gleichungen der Untersuchungen zu gedenken, welche er in der erst nach seinem Tode 1615 herausgegebenen Schrift de aequationum recognitione et emendatione über die Zusammensetzung und Transformation der Gleichungen angestellt hat. Was den letzteren Theil dieser Abhandlung betrifft, so lehrt er die Gleichungen mittels linearer Substitutionen in die zur Auflösung geeignetste Form bringen, und die Gleichungen bis zum 4ten Grade durch Substitutionen höherer Ordnung auflösen; ferner findet sich hier zuerst die Rechnung angestellt, durch welche man jetzt den Grad einer Gleichung um eine Einheit erniedrigt, wenn man eine Wurzel derselben kennt. Indess hat Viète bei seinem Verfahren einen ganz anderen Zweck im Auge: In der Gleichung $b x^4 — x^5 — c$ findet er zwei positive Wurzeln, und um diese Unbestimmtheit, die ihm besonders bei der numerischen Auflösung störend ist, zu entfernen, verlangt er, man solle zunächst die Gleichung $y^5 + b y^4 — c$, in der eine solche nicht vorhanden ist, auflösen; dann durch Subtraction

$b(x^4 - y^4) = x^5 + y^5$ bilden, und den Factor $x + y$ herausheben, wodurch

$$x^4 + (by^3 + y^4) = x^3(b + y) - x^2(by + y^2) + x(y^3 + by^2)$$

entsteht, und aus dieser Gleichung vierten Grades dann mit
Hilfe des gefundenen y die positiven Wurzeln x bestimmen.

So wie diese, erscheinen auch andere Methoden der
emendatio aequationum häufig unter ganz seltsamen Ge-
sichtspuncten, die uns moderne Leser fort und fort em-
pfinden lassen, dass wir hier noch in einer entlegenen Periode stehen, in deren Anschauungsweise wir nur mit Mühe
hineindringen können — selbst, wenn wir die Schwierigkeiten
überwunden haben, welche Viète's vornehm geschnürte Darstellung, die er strenge Methode, und der unglaubliche
Ueberfluss griechischer Kunstwörter, die wir Pedanterie
nennen, dem Studium seiner Schriften entgegensetzen.

Doch gestattet ihr werthvoller Inhalt noch nicht, von
Viète zu scheiden. In der Abhandlung de recognitione
aequationum beschäftigt er sich damit, die Bedingung,
welche eine Gleichung für die Unbekannte x enthält, durch
ein System von Bedingungen zu ersetzen. Ich hebe von
diesen zahllosen Transformationen nur eine derer heraus,
die für uns das meiste Interesse haben. So findet er: Wenn
man drei Grössen u, v, w aus

$$u : v = v : w, \quad u^2 + v^2 + w^2 = b, \quad u(v^2 + w^2) = c$$

bestimmt, dass dann u und w die Wurzeln der Gleichung
$bx - x^3 = c$ sind. Es liegt hierin eine unvollkommene Erkenntniss der Zusammensetzung der Coefficienten aus den
Wurzeln; bezeichnet man nämlich diese mit u, s, w, so ist:

$$u + s + w = 0, \quad (u + w)s + uw = -b, \quad uw \cdot s = -c$$

also $b = uw + u^2 + w^2$, $c = u(uw + w^2)$, woraus $uw = v^2$
gesetzt, obige Formeln entspringen. Man bemerkt aber,
wie Viète, weil er nur u, w, nicht aber die negative $s =$
$-(u + w)$ als Wurzel der Gleichung erkannte, zu einer vollkommenen Kenntniss jener Zusammensetzung nicht gelangen
konnte. Das Höchste, was er in dieser Hinsicht leistete,
gibt er in einem Anhange des Tractates, wo er kategorisch
erklärt, dass die Gleichung

$$x^3 - (u + v + w)x^2 + (uv + vw + wu)x - uvw$$

die drei Wurzeln u, v, w besitze. Da Viète unter einem allgemeinen Grössenzeichen stets nur absolute positive Grössen versteht, so kann man in diesen flüchtig hinge-stellten Relationen zwar die Vorbereitung, nicht aber die Vollendung der Erkenntniss von der Beziehung der Wurzeln einer Gleichung zu ihren Coefficienten sehen; hat doch Viète niemals eine Gleichung in ihre linearen Factoren zer-legt. Diesen Schritt hat der Engländer Thomas Harriot (1560—1621) in der nach seinem Tode 1631 herausgegebenen Artis analyticae praxis gethan. Er bildet Producte, wie

$$(x - b)\,(x - c)\,(x + d) = x^3 - (b + c - d)\,x^2$$
$$+ (bc - bd - cd)\,x + bcd$$

und bemerkt dann, dass die Gleichung

$$x^3 - (b + c - d)\,x^2 + (bc - bd - cd)\,x = - bcd$$

die Wurzeln b, c habe; niemals aber ist nur andeutungs-weise d als die dritte Wurzel angegeben. Da Harriot von Factoren $(x - p - qi)$ (wo $i = \sqrt{-1}$), oder von quadra-tischen $[(x - p)^2 + q^2]$ und ihrer Nothwendigkeit gar keine Ahnung hat, so wird man begreifen, dass er gänzlich ausser Stande war, einen Beweis dafür zu liefern, dass eine jede Gleichung in lineare und quadratische Factoren zerlegbar ist. Als Ersatz dafür stellt er Raisonnements an, wie fol-gendes: Die Gleichung $x^3 - 3rq\,x = r^3 + q^3$ hat, so sagt er, „nur Eine Wurzel" $x = q + r$; da nun identisch $r^3 q^3 < \left(\frac{r^3 + q^3}{2}\right)^2$, so hat auch die Gleichung $x^3 - 3b^2x = 2c^3$, wenn die entsprechende Bedingung zwischen deren Coeffi-cienten, die hier die Form $b^6 < c^6$ annimmt, erfüllt ist, nur Eine Wurzel; von einem Beweise für die Zulässigkeit der Substitution $b^2 = rq$, $2c^3 = r^3 + q^3$ ist dabei gar nicht die Rede.

Die Anwendung derselben Methoden auf die Gleichungen bis zum fünften Grade und alle möglichen Combinationen der Vorzeichen, nebst einer Reproduction der Viète'schen Auflösungsweise numerischer Gleichungen, bildet den Inhalt der von seinem Landsmann Wallis weit über Verdienst ge-priesenen Schrift Harriot's, in der jener Geschichtsschreiber der Algebra gar manche Entdeckung gefunden hat, die nicht darin steht; so in's Besondere den berühmten Lehr-satz von den Zeichenwechseln einer Gleichung, den Harriot

gar nicht finden konnte, weil er niemals eine Gleichung
so anordnet, dass auf der einen Seite die Null allein steht.
Montucla hat in seiner Geschichte der Mathematik es danach für unumgänglich nothwendig gehalten, seinen Landsmann Viète über die Analysten aller Zeiten zu setzen, und
ihm auch Entdeckungen zuzuschreiben, die sich nicht allein
in dessen Schriften nicht finden, sondern auch deren Geiste
durchaus widersprechen. Der Italiener Cossali konnte zwar
mit jenen beiden nicht direct rivalisiren, da am Ende des
16. Jahrhunderts die italienische Mathematik bereits tief
gesunken war; so beschränkte er sich denn, bei Cardan und
dessen Zeitgenossen wenigstens die Quellen aller späteren
Entdeckungen selbst jenes Lehrsatzes von den Zeichenwechseln, nachzuweisen. Wann wird nationale Beschränktheit aufhören, die Geschichte der Wissenschaft zu fälschen!

I. Anhang.

Euklid.

(Ein Fragment.)

Zu den ersten und berühmtesten Mathematikern der Alexandrinischen Schule gehört Euklid ($Eὐκλείδης$), wohl zu unterscheiden von dem Sokratiker Euklid aus Megara, dem in der Geschichte der Philosophie wohlbekannten Dialektiker, welcher schon im Alterthume und bis in das 18. Jahrhundert hinein mit dem Mathematiker sehr häufig verwechselt wurde. Von seinem Leben wissen wir wenig mehr, als was uns Proklus in seinem Commentare zum I. Buche der Elemente Euklid's mittheilt.

„Nicht viel jünger, als diese (die unmittelbaren Schüler Platon's)", sagt Proklus, „ist Euklid, der die Elemente zusammenstellend, vieles von Eudoxus (Gefundene) ordnete, vieles von Theätet (Begonnene) vollendete, überdem das von den Vorgängern nachlässiger Bewiesene auf unwiderlegliche Beweise brachte. Er wurde unter dem ersten Ptolemäer geboren ($γέγονε δὲ οὗτος ὁ ἀνὴρ ἐπὶ τοῦ πρώτου Πτολεμαίου$)*), und es erwähnt auch Archimedes in dem ersten Buche den Euklid.**) Auch erzählt man, dass ihn

---

*) Dies heisst nicht „es blühte aber dieser Mann unter dem ersten Ptolemäer", wie gewöhnlich übersetzt wird. Der erste Ptolemäer war Ptolemäus Lagi, der 324—285 in Aegypten regierte.

**) Vielleicht meint Proklus hier die Stelle in Archimedes' I. Buche de sphaera et cylindro, wo es in der Oxforder Ausgabe von Torelli p. 75, lin. 21 heisst: $ταῦτα γὰρ ἐν τῇ στοιχειώσει παραδίδωται$. Dass aber hiemit die Elemente des Euklid gemeint seien, ist sehr unwahrscheinlich; $στοιχείωσις$ wird überhaupt Elementarunterricht bedeuten. Es ist mir überhaupt keine Stelle bekannt, wo Archimedes den Euklid citirte.

Ptolemäus einmal frug, ob es nicht eine bequemere Lehr-
methode der Geometrie gäbe, worauf er antwortete: „„„es
gibt keinen königlichen Weg zur Geometrie""" (μὴ εἶναι
βασιλικὴν ἄτραπον πρὸς γεωμετρίαν). Jünger ist er also,
als die Schüler Platon's, älter aber als Eratosthenes und
Archimedes; diese nämlich sind Zeitgenossen, wie Eratosthenes
sagt.*) Von Grundsätzen ist er Platoniker und dieser selben
Philosophie zugethan, daher hat er auch als Endzweck seines
ganzen Elementarwerkes (στοιχείωσις) die Construction der
sogenannten Platonischen Körper hingestellt. Auch viele
andere mathematische Schriften dieses Mannes sind voll
bewundernswerther Genauigkeit und wissenschaftlicher Erkenntniss; so seine Optik und Katoptrik, ebenso seine
Elemente der Musik und das Buch de divisionibus (περὶ
διαιρέσεων).

„Vorzüglich aber dürfte man ihn bewundern in Bezug
auf die Elemente der Geometrie, wegen ihrer Ordnung und
der Auswahl der für die Elemente zubereiteten Theoreme
und Probleme. Denn er nahm nicht alles auf, was er hätte
sagen können, sondern nur das, was sich in der Reihe behandeln lässt. . . . ·

„Auch überlieferte er Methoden des durchdringenden
Verstandes, mit Hilfe deren wir den Anfänger in dieser
Lehre in der Aufsuchung der Fehlschlüsse üben und selbst
unbetrogen bleiben können. Die Schrift, durch welche er
uns diese Ausrüstung verschaffte, betitelte er ψευδάρια
(Trugschlüsse).**) Er zählt die verschiedenen Arten der-
selben der Reihe nach auf, und übt bezüglich jeder unsern
Verstand in allerlei Lehrsätzen, indem er dem Falschen das
Wahre gegenüberstellt und den Beweis des Truges mit der
Erfahrung zusammenhält."

Der Charakter Euklid's wird uns geschildert als „durch-

---

*) Eratosthenes lebte 276—195, Archimedes 287—212. Nach allen
diesen Zeitangaben ergibt sich, wie man sieht, keine nähere Bestimmung
für Euklid's Lebenszeit, als dass er um das Jahr 300 lebte.

**) Auch Alexander Aphrodisiensis berichtet, dass Euklid eine Schrift
über die ψευδογραφήματα geschrieben habe (Scholiae in Aristotelem
ed. Acad. Borussiae, Berlin 1836, p. 304). Etwas Weiteres wissen wir
von dieser verlorenen Schrift nicht.

aus wohlwollend und billig gegen Alle, die auch nur in irgend einem Grade die Wissenschaft zu fördern vermochten, in keiner Weise Händel suchend und nicht prahlerisch".*)

Die Nachrichten der Araber**) über Euklid, wonach er Sohn des Naukrates, Enkel des Zenarchus, von griechischer Abkunft, aber in Tyrus geboren war und in Damascus lebte, haben bei der Unzuverlässigkeit aller dieser biographischen Notizen der Araber über griechische Schriftsteller nicht den geringsten Werth.

Zur Entschädigung für diesen Mangel an biographischen Notizen sind uns die wichtigsten Schriften Euklid's im Original erhalten geblieben. Sie beginnen eine neue Epoche in der Geschichte der Mathematik. Unsere Wissenschaft tritt jetzt in das Mannesalter ein, wo sie feste Gestalt angenommen hat und frei von äusseren Einflüssen sich aus sich selbst heraus, nach ihrer Natur, entwickelt. Die Jugendzeit der Mathematik, in welcher sie nach ihren Zielen gleichsam noch suchte, war abgeschlossen; durch die Leistungen der Platoniker war alles zum Abschlusse vorbereitet. Aber erst Euklid war der Mann dazu, diese Entwickelung thatsächlich abzuschliessen und der Wissenschaft für alle Zeiten das Siegel seines Geistes aufzudrücken. Dies geschah vor Allem durch die Herausgabe seiner Elemente (στοιχεῖα) in 13 Büchern, eines Werkes, dessen Einfluss auf die Geschichte der Mathematik grösser als der irgend eines anderen gewesen ist. Es ist die erste mathematische Schrift des Alterthums, die in späteren Jahrhunderten noch gelesen zu werden pflegte, und daher auch die erste, welche uns erhalten worden ist. Alles Frühere ist durch sie so in den Schatten gestellt, dass sich davon nur einige dürftige Notizen erhalten haben, aus denen man die voreuklidische Mathematik reconstruiren muss. Die „Elemente" haben sich zu allen Zeiten einer Anerkennung erfreut, wie nur wenige Schriften; sie sind im Alterthume

---

*) So Pappus, Collectiones mathematicae. Buch VII; p. 34 der Ausgabe des VII. und VIII. von C. J. Gerhardt, Halle 1871. Hier findet sich auch die bestimmte Angabe, dass Euklid in Alexandrien lehrte.

**) Bibliotheca Arabico-hispana Escurialensis, op. et stud. Mich. Casiri, t. I. Matriti 1760. p. 339 und Abulpharagii historia dynastiarum, ed. Pococke, p. 41 d. lat. Uebersetzung.

und bis vor wenigen Jahrzehnten das allgemeine und fast einzige Lehrbuch der Elemente der Mathematik gewesen; die Alten nannten Euklid kurzweg den στοιχειωτής (Lehrer der Elemente).

Von den 13 Büchern der Elemente sind das VII., VIII., IX. Buch der Arithmetik gewidmet und hängen nur durch einen dünnen Faden (die Lehre von der Commensurabilität und Incommensurabilität) zusammen mit den übrigen Büchern, die sich sämmtlich auf Geometrie beziehen oder die hiezu unentbehrlichen Sätze der allgemeinen Grössenlehre (Buch V die Lehre von den Proportionen) entwickeln. Unter „Elementen" verstand Euklid nicht nur die ersten Anfangsgründe der Wissenschaft. Denn die arithmetischen Bücher seiner Elemente dürften fast alles Wichtige enthalten, was seiner Zeit überhaupt an arithmetischen Lehren bekannt war; und die von ihm vorgetragenen Sätze sind theilweise weit davon entfernt, einfach und leicht verständlich zu sein. In Betreff der Geometrie versteht er unter den Elementen derselben fast die ganze, seiner Zeit bekannte Wissenschaft, soweit sie sich auf die, namentlich metrischen, Eigenschaften der elementaren geometrischen Gebilde, der Geraden und des Kreises, der Ebene und der durch Ebenen begrenzten Polyeder, der Kugel, des geraden Kegels und Cylinders bezieht. Der Begriff der Elemente wird erst erklärt durch seinen Gegensatz gegen die höhere Geometrie, d. i. die Lehre von den Kegelschnitten und Lehre von dem geometrischen Orte (τόπος ἀναλυόμενος), welch' letztere sich im Allgemeinen mit höheren Curven und nur beiläufig mit jenen elementaren Oertern, dem Kreise und den Geraden beschäftigte, jedenfalls sich aber der sogenannten analytischen Methode bediente, während die Elemente ausschliesslich auf die synthetische Methode angewiesen waren.

Der Begriff der Elemente ist, so zu sagen, historisch entstanden, indem man darunter die Untersuchungen zusammenfasste, welche bereits von älteren Geometern vor Platon begonnen und dann von den Platonikern weiter geführt oder vollendet waren. Die Elemente gipfeln in der Lehre von den fünf regelmässigen Platonischen Körpern, ohne dass jedoch, wie dies Proklus meinte, diese Lehre als der eigentliche Endzweck des ganzen Werkes zu betrachten ist; denn das letzte Capitel eines Buches ist nicht immer der eigentliche Zweck desselben, aus dem rückwärts sich das ganze Buch entwickeln liesse.

Durch Euklid ist dann der Begriff der „Elemente" für alle Zeit festgestellt worden; und unsere heutigen Lehrbücher der Elementargeometrie behandeln im Wesentlichen denselben Umkreis von Lehren, wie Euklid's 13 Bücher; nur dass sie die Platonischen Körper, auf welche das Alterthum herkömmlich so grossen Werth legte, mit weniger Ausführlichkeit behandeln, dafür aber einige planimetrische Theorien aufzunehmen pflegen, die bei Euklid fehlen, wie die Sätze von den einem Kreise ein- und umgeschriebenen Dreiecken und Vierecken, von den sogenannten Transversalen im Dreieck, den Höhenperpendikeln u. s. w., vom Schwerpuncte der Figuren, von dem Umfange des Kreises, der Oberfläche der Kugel, des Kegels und Cylinders, dem Inhalte der Kugel u. s. w. — Sätze, die zu Euklid's Zeiten wohl meist noch unbekannt waren.

Noch mehr aber als für den Inhalt ist Euklid's Werk für die Form der Geometrie das klassische Vorbild geworden. Man kennt diese einfache strenge Form der Darstellung, welche von wenigen, der Anschauung entnommenen Definitionen und Grundsätzen durch strenge Schlüsse von Stufe zu Stufe fortschreitet. In Bezug auf die Reinheit dieses logischen Verfahrens ist Euklid immer und mit Recht als ein klassisches, fast unerreichbares Muster anerkannt worden und hat früher vielfach zur Exemplification der sogenannten formalen Logik dienen müssen. Wenn man aber geglaubt hat, dass Euklid diese Form selbst auch allererst geschaffen habe, so widerspricht dies, wie wir gesehen haben, der Geschichte. Denn wir finden bei Aristoteles die Logik bereits auf einer Stufe, welche kaum denkbar wäre, wenn ihm nicht schon an der Mathematik ein Beispiel für die Möglichkeit einer streng demonstrativen Wissenschaft vorgelegen hätte. Denn ausser der Mathematik ist es niemals einer Wissenschaft gelungen, jenen Charakter in Wahrheit anzunehmen. Und wie Aristoteles zu seiner vollendeten Poetik nur gelangen konnte, indem er die klassischen Meister-

werke seiner Landsleute analysirte, so wird auch seine Logik
zum Theil einer Analyse vorhandener mathematischer Schriftsteller ihren Ursprung verdanken. Euklid stand also bezüglich der Form schon auf den Schultern seiner Vorgänger.
Wenn aber Proklus berichtet, dass er „das von den Vorgängern nachlässiger Bewiesene auf unwiderlegliche Beweise
stützte", so ist dies wohl glaublich, da eine ausgebildete
Logik auch wieder rückwärts auf die Behandlung der
Wissenschaft einwirken musste. Auch hat sich ja Euklid,
nach Proklus' Zeugniss, sogar ausdrücklich mit der logischen
Theorie der Mathematik in einem besonderen Werke „Von
den Fehlschlüssen" beschäftigt.

Es ist nun meine Absicht, im Folgenden eine eingehende
Analyse der 13 Bücher Elemente zu geben, welche allerdings dem Leser das Selbststudium*) dieses früher allgemein
gekannten, heute fast vergessenen, merkwürdigen und bedeutenden Buches nicht ersparen, hoffentlich aber erleichtern
kann.

Da in das Detail überall einzugehen unmöglich ist,
sollen hier nur die allgemein und theoretisch interessanten
Puncte hervorgehoben werden.

Ehe dies aber geschehen kann, müssen wir zunächst
die Frage beantworten, in welchem Zustande uns der Text
überliefert ist. Wir würden hierüber leicht entscheiden
können, wenn uns zahlreiche Citate aus Euklid aus dem
Alterthume vorlägen. Leider war es aber gegen die Gewohnheit der alten Mathematiker, in ihrem Texte ihre eigenen
Schriften oder die anderer zu citiren. Nur Commentatoren
und andere spätere Schriftsteller, denen die klassische Kürze
und Gedrungenheit der Redeweise verloren gegangen ist,
citiren hie und da wörtlich. Von solchen Citaten, deren Anzahl gewiss noch beträchtlich vergrössert werden könnte,
kenne ich folgende: Es citirt Alexander Aphrodisiensis (Ende
des 2. und Anfang des 3. Jahrhunderts unserer Zeitrechnung)
fast wörtlich den 24. und 29. Satz des VII. Buches, zwar

---

*) Vielen Nutzen wird dabei gewähren können: Euclid. Elem. libri VI
priores graece et lat., comment. e scriptis veterum et recent. mathema-
ticorum et Pfleidereri max. illustr. ed. J. G. Camerer. Berolini 1824.
2 tomi.

ohne Angabe der Nummer, aber doch mit der Bemerkung, dass sie dem VII. Buche angehören. Der Satz „Commensurabele Grössen haben zu einander ein Verhältniss, wie eine Zahl zu einer anderen" wird als der vierte des X. Buches citirt, während er in allen Handschriften heute der fünfte ist.*) Ferner finden wir ein Citat des 2. Satzes aus dem XI. Buche.**) Endlich citirt Theon aus Alexandrien (auch genannt der Jüngere, Ende des 4. Jahrhunderts n. Chr.) den 3. Satz des VI. Buches mit Angabe seiner Stelle.***) Wichtiger aber als alle diese Citate ist, dass Theon sich kurz darauf†) auf einen Zusatz beruft, den er am Ende des VI. Buches der Elemente in seiner Ausgabe derselben gemacht habe. Theon hat also eine Ausgabe des Euklid veranstaltet, jedoch wahrscheinlich nur wenige Aenderungen des echten Textes vorgenommen; denn Proklus (Mitte des 5. Jahrhunderts n. Chr.) spricht in seinem Commentare zu dem I. Buche der Elemente, dessen Text dadurch ziemlich festgestellt ist, nicht von verschiedenen Redactionen, die ihm vorgelegen hätten. Es scheint demnach die Thätigkeit Theon's sich auf Zusätze oder Veränderungen an einzelnen Stellen erstreckt zu haben, die ihm unbedeutend erschienen, in der That aber den einfachen Gedankengang des Werkes hie und da in unerwünschter Weise unterbrechen. Der Charakter der Geometrie hatte im Laufe von 7 Jahrhunderten sich nicht unbeträchtlich verändert; diesen veränderten Anschauungen Rechnung zu tragen hielt nun Theon, der das Werk seinem Unterrichte zu Grunde legen mochte, nicht für unangemessen, da ihm der historische Gesichtspunct, das Werk als ein unverletzt zu erhaltendes Denkmal des Alterthums den folgenden Generationen treu zu überliefern, natürlich nicht beikam. Wir werden bei der Besprechung

---

*) In dem Commentar zu den Anal. prior. des Aristoteles (Florentiner Ausgabe von 1521, fol. 106) zu der Stelle An. priora I, 23. p. 41a, 26 ed. Bekk.

**) Galenus, de usu partium IX, 13.

***) Commentaire de Théon d'Alexandrie sur le I livre de la composit. Math. de Ptolemée ed. par l'Abbé Halma, t. I. Paris 1821. p. 201.

†) Ebenda p. 201. ὅτι δὲ . . . ., δέδεικται ἡμῖν ἐν τῇ ἐκδόσει τῶν στοιχείων πρὸς τῷ τέλει τοῦ ἕκτου βιβλίου.

des Einzelnen gelegentlich auf die Umgestaltungen Theon's
zu sprechen kommen.

Durch den ersten Druck des griechischen Textes *Εὐκλεί-
δου στοιχείων βιβλ. ιε ἐκ τῶν Θέωνος συνουσιῶν* *) (cura
Simonis Grynaei, Basileae 1533, apud Jo. Hervagium fol.)
wurde, wie dies bei so vielen Werken der Alten geschah,
ein Text geschaffen, der dann fast unverändert in die
späteren Ausgaben**) überging und den zahlreichen Uebersetzungen***) in alle modernen Sprachen zu Grunde liegt,
obgleich er an nicht wenig Stellen zu Bedenken Veranlassung
gibt, die hie und da von den Herausgebern angemerkt
wurden†), aber doch die Ehrfurcht vor dem recipirten Texte
nicht erschüttern konnten. Erst F. Peyrard ging auf die
handschriftliche Ueberlieferung näher ein, und er hatte das
Glück, auf der Kaiserlichen Bibliothek zu Paris einen alten,
im 9. Jahrhundert geschriebenen, der Vaticansbibliothek
geraubten Codex zu finden, welcher von dem recipirten
Texte wesentlich abwich, während alle Codices der späteren
Zeit sich als zu derselben Familie gehörig erweisen, aus
welcher die Herausgeber des griechischen Textes bisher
geschöpft hatten.

Es erweist sich dieser alte Text††) meist correcter, als
der herkömmliche, und manche von den gegen Euklid ge-
machten Bedenken fallen jetzt weg. Jener von Theon nach
dessen eigener Angabe gemachte Zusatz am Ende des

---

*) Dieser Zusatz *ἐκ τῶν Θέωνος συνουσιῶν* (aus den Unterhaltungen
Theon's) ist handschriftlich nicht gesichert; s. Savilius, Praelectiones XIII
in principium Elem. Euclidis. Oxonii 1622. p. 11.

**) Auch die stattliche von David Gregory besorgte Oxforder Aus-
gabe Euclidis quae supersunt omnia (1703), die eigentlich mit dem Anspruch einer neuen auftrat.

***) Deutsche Uebersetzung von Lorenz (Euklid's El. 15 Bücher),
Halle 1781, 1798; spätere Ausgaben von Mollweide, 6. und letzte Ausgabe von Dippe. Halle 1840.

†) Eine schätzenswerthe Kritik findet sich namentlich in den Noten
von Robert Simson zu seinem The elements of Euclid. Edinburgh 1756
und öfter.

††) Dieser Text, von Peyrard mit a bezeichnet, liegt nun in der
Ausgabe vor: Les oeuvres d'Euclide, trad. en latin et en franç. par
F. Peyrard, 3 Bände. Paris 1814--1818.

VI. Buches, der in allen späteren Handschriften im Texte steht, findet sich in diesem Codex von einer anderen Hand am Rande nachgetragen; viele sich schon äusserlich oder innerlich als spätere Zusätze charakterisirende Stellen fehlen demselben, so dass man einigermassen berechtigt ist, in dieser Handschrift den ursprünglichen Euklidischen Text und nicht die Theon'sche Ausgabe zu sehen.

V. Buch der Elemente.

Im V. Buche der Elemente wird als Vorbereitung zu der Lehre von der Aehnlichkeit der Figuren, die Lehre von den Proportionen*) der Grössen behandelt, ganz unabhängig von den Proportionen der Zahlen, die erst im VII. Buche vorgetragen werden. Unter „Zahl" verstehen die Alten ausschliesslich „eine aus Einheiten zusammengesetzte Menge", also, was wir heute eine ganze Zahl nennen; nicht einmal rationale Brüche werden unter diesen Namen mit aufgenommen; die Multiplication wird nur mit Rücksicht auf ganze Zahlen definirt; ein Product von Brüchen ist dem Euklid ein unbekanntes Ding. Bei diesem Mangel eines alle rationalen Zahlen umfassenden Begriffes kann selbstverständlich von einem Begriffe, der gleichzeitig das Irrationale mit umfasste, nicht die Rede sein, und so ist bei den Alten der Begriff der Grösse von dem der Zahl durch eine weite Kluft geschieden. Die scharfe Trennung der Kategorie Grösse ($\tau\grave{o}$ $\pi\acute{o}\sigma o\nu$) in die discrete ($\delta\iota\omega\rho\iota\sigma\mu\acute{e}\nu o\nu$) und stetige ($\sigma\nu\nu\varepsilon\chi\acute{e}\varsigma$), wie sie bereits Aristoteles **) feststellte, ist für das ganze klassische Alterthum massgebend gewesen.

In der 21. Definition des VII. Buches heisst es:

„Zahlen sind proportional ($\dot{\alpha}\nu\acute{\alpha}\lambda o\gamma o\nu$), wenn das erste Glied vom zweiten entweder ein Gleichvielfaches, oder derselbe Theil oder dasselbe (Vielfache) desselben Theiles ist, wie das dritte vom vierten."

---

*) Was wir heute „geometrische Proportion" nennen, hiess bei Euklid $\dot{\alpha}\nu\alpha\lambda o\gamma\acute{\iota}\alpha$, welches seit Boethius mit proportionalitas übersetzt worden ist. Das geometrische Verhältniss ($\lambda\acute{o}\gamma o\varsigma$) heisst bei Boethius proportio; der Gebrauch des Wortes ratio (raison) in diesem Sinne ist erst neueren Ursprungs.

**) Kateg. c. 6. p. 4, 6, 20.

Diese Definition wird vermuthlich auf die Pythagoriker zurückgehen, die sich, wie bekannt, schon viel mit den Proportionen von Zahlen beschäftigten. Es galt nun, eine Definition der Proportionalität zu finden, welche auch auf Grössen, die zu einander incommensurabel sind, angewandt werden kann. Dazu wird man nun gelangt sein, indem man bemerkte, dass, wenn $a : b = c : d$ ist, M und N aber zwei (ganze) Zahlen bezeichnen, immer, wenn $Ma > Nb$ ist, auch $Mc > Nd$ ist, ebenso, wenn $Ma = Nb$ ist, auch $Mc = Nd$, und endlich, wenn $Ma < Nb$, auch $Mc < Nd$ ist, kurz also, dass immer gleichzeitig

$$Ma \gtreqless Nb \text{ und } Mc \gtreqless Nd$$

ist, und umgekehrt, wenn diese Bedingung für 4 Zahlen a, b, c, d erfüllt wird, so sind sie proportional.

Da nun aber die Entscheidung über die Erfüllung jener Bedingung nicht darauf zurückkommt, ob a, b, c, d ein gemeinschaftliches Maass haben oder nicht, so kann dieselbe als Definition der Proportionalität von Grössen im Allgemeinen dienen, und so findet sich denn diese Definition in der That in der 6. Def. des V. Buches.*)

Aus dieser Definition werden dann die bekannten Transformationen der Proportionen abgeleitet. So wird gezeigt, dass wenn a, b, c, d proportional sind, dieselben auch (4. Satz) umgekehrt ($\dot{\alpha}\nu\dot{\alpha}\pi\alpha\lambda\iota\nu$, inverso) proportional sind, d. h.

$$b : a = d : c$$

(16. Satz) verwechselt ($\dot{\varepsilon}\nu\alpha\lambda\lambda\dot{\alpha}\xi$, alterne vicissim) proportional sind, d. h.

$$a : c = b : d$$

(17. Satz) getrennt ($\delta\iota\alpha\iota\varrho\varepsilon\vartheta\dot{\varepsilon}\nu\tau\alpha$, dividendo) proportional sind, d. h.

$$(a - b) : b = (c - d) : d$$

(18. Satz) verbunden ($\sigma\upsilon\nu\tau\varepsilon\vartheta\dot{\varepsilon}\nu\tau\alpha$, $\sigma\upsilon\nu\vartheta\dot{\varepsilon}\nu\tau\iota$, componendo) proportional sind, d. h.

$$(a + b) : b = (c + d) : d$$

---

*) Ich folge der Ordnung der Definitionen, wie sie Peyrard's Codex a enthält. Die Aufzählung derselben im gemeinen Texte ist eine andere.

(19. Satz) zurückkehrend ($\dot{\alpha}\nu\alpha\sigma\tau\varrho\acute{\epsilon}\psi\alpha\nu\tau\iota$, per conversionem) proportional sind, d. h.

$$a : (a - b) = c : (c - d).$$

Im 22. Satze wird ferner gezeigt, dass, wenn abc mit def in geordneter ($\tau\epsilon\tau\alpha\gamma\mu\acute{\epsilon}\nu\eta$, ordinata) Proportion sind, d. h. wenn:

$$a : b = d : e \text{ und } b : c = e : f$$

oder kurz $a : b : c = d : e : f$, dann auch aus dem Gleichen ($\delta\iota\tilde{\sigma}ov$, ex aequo oder ex aequalitate)

$$a : c = d : f.$$

Im 23. Satze, dass, wenn abc mit def in zerstreuter ($\tau\epsilon\tau\alpha\varrho\alpha\gamma\mu\acute{\epsilon}\nu\eta$, perturbata) Proportion sind; d. h. wenn:

$$a : b = e : f$$
$$b : c = d : e$$

sind, dann auch ex aequo:

$$a : c = d : f$$

ist.

Im 12. Satze wird gezeigt, dass, wenn a, b, c, d, e, f proportionirt sind, d. h. wenn $a : b = c : d = e : f$, dann auch

$$(a + c + e) : (b + d + f) = a : b$$

ist, u. s. w.

Man wird kaum glauben, dass, nachdem Euklid alle diese Sätze im V. Buche für Grössen im Allgemeinen in aller Ausführlichkeit und Strenge erwiesen hat, er dieselben nochmals im VII. Buche für Zahlen aus jener einfacheren Definition der Proportionalität von Zahlen beweist. Denn wenn auch nach den Vorstellungen der Alten nicht alle Grössen unter den Begriff der Zahl fallen, so fallen doch ohne Zweifel die Zahlen unter den Begriff der Grösse, wie auch Aristoteles ausdrücklich bemerkt, „dass in gewissen Fällen die Grössen Zahlen sein können".*) Nun ist es doch sicherlich dem Verfasser der Elemente nicht entgangen, dass die Proportion von Zahlen in der von Grössen als specieller Fall enthalten ist. Ja streng genommen hätte er dies in

---

*) Anal. post. 1, 7. p. 75, 6, 5. Vgl. auch ebenda I, 10. p. 76, a, 41.

seinen Elementen zeigen müssen. Wenn er nämlich im 5. Satze des X. Buches zeigt, „dass commensurabele Grössen a, b sich wie Zahlen zu einander verhalten", und Proportionen, wie $a:b = 4:3$ ansetzt, so ist hier eine Lücke vorhanden.

Denn es fehlt diesen aus Grössen und Zahlen zusammengesetzten Proportionen bei Euklid an einer Definition; will man diese schaffen, so kann es nur dadurch geschehen, dass man nachweist, die Definition der Proportion von Zahlen sei in der der Proportion von Grössen enthalten. Warum hat nun Euklid diesen Nachweis nicht gegeben und sich nicht allein jene weitläufige Wiederholung erspart, sondern auch die sonderbar erscheinende Definition der Proportionalität von Grössen und den Grund ihrer so und nicht anders gegebenen Fassung in ein helles Licht gesetzt? Man könnte hierauf die Antwort geben, Euklid habe seine arithmetischen Bücher frei von allen geometrischen Begriffen halten wollen. Hierauf aber ist zu erwidern, dass in den Sätzen des V. Buches geometrische Begriffe nur so weit angewandt werden, dass er allgemeine Grössen durch Strecken versinnbildlicht. Genau dasselbe geschieht aber mit den Zahlen im VII. Buche. Hätte Euklid seine arithmetischen Bücher besonders herausgegeben, so wäre es ganz in der Ordnung gewesen, wenn er in diesen der stetigen Grössen und ihrer Proportionen nicht gedacht hätte. Da er aber seine arithmetischen Bücher zwischen die geometrischen einschaltete, so durfte er auch auf das früher Gelehrte zurückverweisen und konnte den Verfassern besonderer Lehrbücher der Arithmetik die einfachere Behandlung der Zahlenproportionen überlassen. Auch die Annahme, dass er die letzteren etwa zu einer nachträglichen Erläuterung der Sätze von den Proportionen der Grössen hätte benutzen wollen, wäre gar nicht in Euklid's Sinne. Die wahre Erklärung jener merkwürdigen Erscheinung, der man aus der mathematischen Literatur der Alten viele analoge zur Seite stellen kann, liegt vielmehr in einer eigenthümlichen Abneigung der klassischen Geometer gegen die Anwendung umfassender Principien sowie gegen eine Entwickelung der von ihnen vorgeführten Begriffe, die sich beide oft auf Kosten der Kürze und der Verständlichkeit äussern. Die Definitionen stehen fertig da, als wären sie willkührlich gebildet, und nirgends findet sich in den Schriften der klassischen Zeit ein Wort, welches nicht zur Beweisführung der speciellen Sätze durchaus unentbehrlich wäre. Wir haben bereits oben gesehen, einen wie langsamen Fortschritt die Verallgemeinerung der mathematischen Begriffe bei den Griechen gemacht hat, und das Studium der Alten lehrt uns durchaus, dass die bedeutendsten Mathematiker es vorzogen, mehr als zwanzigmal denselben Gedankengang in den einzelnen Beweisen zu wiederholen, anstatt denselben ein für allemal principiell darzustellen.

Die Anwendung auf die Erklärung jener sonderbaren Erscheinung in den Elementen macht sich von selbst, und wir können ausserdem hinzufügen, dass Euklid vermuthlich jene beiden verschiedenen Definitionen der Proportionen von Grössen und Zahlen überliefert bekam und bei seiner, von Pappus bezeugten Neigung, nicht von der Tradition abzuweichen, jede an ihrer Stelle beibehielt. Es ist hienach die Notiz*), dass das V. Buch der Elemente eine Erfindung des Eudoxus (εὕρεσις Εὐδόξου) sei, nicht ohne Bedeutung, vielleicht rührte die Definition der Proportion von Grössen, die so ausdrücklich auf deren Incommensurabilität Rücksicht nimmt, von Eudoxus her, der bei seinen geometrischen Untersuchungen dieser Erweiterung des Proportionsbegriffs bedürfen mochte.

Nachdem die 6. Definition des V. Buches ausführlich besprochen ist, werfen wir noch den Blick auf einige andere Definitionen. Das Buch beginnt:

1. Definition. „Ein Theil (μέρος) ist eine Grösse von der anderen, die Kleinere von der Grösseren, wenn sie die Grössere misst.“

2. Definition. „Ein Vielfaches ist ein Grösseres von einem Kleineren, wenn es von dem Kleineren gemessen wird.“

Den Begriff der Grösse, ebenso wie den des Messens erklärt Euklid nirgends; in der That ist auch „Grösse“ als

---

*) Im Scholium des Adelus, abgedruckt in der Ausgabe Euclidis Elem. graece ed. ab. Ern. Ferd. August, pars II. Berolini 1829. p. 329.

oberster Begriff (Kategorie) einer eigentlichen Erklärung nicht fähig, das Messen aber ist damit gegeben.

3. Definition. „Ein Verhältniss ist eine gewisse Beziehung zweier homogener Grössen zu einander in Bezug auf ihre Grösse ($\lambda\acute{o}\gamma o\varsigma$ $\acute{\epsilon}\sigma\tau\grave{\iota}$ $\delta\acute{v}o$ $\mu\epsilon\gamma\epsilon\vartheta\tilde{\omega}\nu$ $\acute{o}\mu o\gamma\epsilon\nu\tilde{\omega}\nu$ $\acute{\eta}$ $\varkappa\alpha\tau\grave{\alpha}$ $\pi\eta\lambda\iota\varkappa\acute{o}\tau\eta\tau\alpha$ $\pi o\iota\grave{\alpha}$ $\sigma\chi\acute{\epsilon}\sigma\iota\varsigma$).“

4. Definition. „Eine Proportion ist die Gleichheit zweier Verhältnisse ($\acute{\alpha}\nu\alpha\lambda o\gamma\acute{\iota}\alpha$ $\delta\grave{\epsilon}$, $\acute{\eta}$ $\tau\tilde{\omega}\nu$ $\lambda\acute{o}\gamma\omega\nu$ $\tau\alpha\upsilon\tau\acute{o}\tau\eta\varsigma$ oder $\acute{o}\mu o\iota\acute{o}\tau\eta\varsigma$).“

Ueber diese beiden Definitionen ist schon viel geschrieben worden. Zuerst griff sie Petrus Ramus, der den Euklid von logischer Seite zu kritisiren unternahm[*]), heftig an und nannte namentlich die 3. Definition insignificanter et satis inepta. Er versteigt sich sogar zu der Behauptung: „möglich wäre es, dass Euklid das Wesen des Verhältnisses nicht richtig verstand, ja es kann nicht anders sein, da er das Verhältniss definirt als $\pi o\iota\grave{\alpha}$ $\sigma\chi\acute{\epsilon}\sigma\iota\varsigma$“. Nach allen Ausstellungen gibt dann aber der gelehrte Kritiker keine bessere Definition als „Ratio est relatio antecedentis ad consequens secundum magnitudinem“.

Dagegen nimmt sie Barrow[**]) gerade von logischer Seite in Schutz; denn das Genus, unter das der Begriff des Verhältnisses falle, sei allerdings $\sigma\chi\acute{\epsilon}\sigma\iota\varsigma$ (habitudo), ein Wort, das selbst sprachlich sehr gut gewählt sei; denn man sage $\acute{\omega}\varsigma$ $\tau\grave{o}$ A $\acute{\epsilon}\chi\epsilon\iota$ $\pi\varrho\grave{o}\varsigma$ $\tau\grave{o}$ B, $o\tilde{\upsilon}\tau\omega\varsigma$ $\tau\grave{o}$ Γ $\pi\varrho\grave{o}\varsigma$ $\tau\grave{o}$ $\varDelta$ (Ut se habet A ad B, ita se habet C ad D). Indessen muss Barrow doch am Ende zugeben, dass diese Definition sehr unbestimmt und sachlich ganz überflüssig ist. Er nennt sie daher eine nicht mathematische, sondern eine metaphysische Definition, die mehr zur Zierde als zum Gebrauch da sei. Er meint, die 3. und 4. Definition sollen nur zunächst den Anfängern einen vorläufigen allgemeinen Begriff geben, der erst durch die folgenden Definitionen vollkommen festgelegt wird. Dagegen ist nun zu bemerken, dass sich bei Euklid kaum ein Beispiel dieser Art vorfindet, und ich

---

[*]) Scholarum mathemat. libri XXI. Basil. 1569.
[**]) Lectiones habitae in scholis publ. acad. Cantabrigiensis a. Dom. 1666. Londini 1684. Lect. III. u. IV.

bin daher in Uebereinstimmung mit anderen*) der Ansicht, dass die 3. und 4. Definition, obgleich in den Handschriften übereinstimmend vorhanden, in späterer Zeit in die Elemente hineingerathen sind. Wir werden weiterhin sehen, wie in den späteren Jahrhunderten des Alterthums der Sinn für die Genauigkeit der Darstellung, namentlich aber das tiefere Verständniss des V. Buches seiner Elemente verloren ging und man nicht mehr streng zwischen Grössen und Zahlen unterschied. Da sich nun bei späteren Schriftstellern jene 3. Definition mehrmals vorfindet**), so dürfen wir wohl annehmen, sie sei aus solchen Schriftstellern in die Elemente hinein gesetzt worden. Ueberdem wird jene 3. Definition des V. Buches schon durch den Zusatz κατὰ πηλικότητα verdächtig; denn eben diese von Euklid sonst nicht gebrauchte Redensart kehrt in der 5. Definition des VI. Buches wieder, deren Unechtheit feststeht und die sicher von dem Herausgeber des Euklid, Theon von Alexandrien, herrührt. Ich kann daher nicht umhin, auch die 3. Definition für eine von Theon gemachte Einschaltung zu halten.

Ebenso steht es mit der 4. Definition, welche von der Gleichheit zweier Verhältnisse spricht, ohne dass zuvor eine Definition gegeben ist, was die Grösse eines Verhältnisses sei. Von dieser Definition gilt ebenso wie von der vorhergehenden, dass sie in einer Arithmetik, wo sich die Grösse eines Verhältnisses in der That scharf angeben lässt, an ihrem Platze wäre, nicht aber in der allgemeinen Grössenlehre. Daher findet sich diese Definition mit Recht in arithmetischen Werken. ***) Aber in Euklid's Elementen ist

---

*) S. Euclid. Element. libri VI priores graece et latine ed. J. G. Camerer. Berolini 1825.

**) Nicomachus, Introductio arithmetica. lib. II. cap. 21. λόγος μὲν οὖν ἐστι δύο ὅρων πρὸς ἀλλήλους σχέσις, σύνθεσις δὲ τῶν τοιούτων ἡ ἀναλογία, ὥστε ἐν ἐλαχίστοις ὅροις τρισὶν αὕτη συμμέμικται. — Theonis Smyrnaei eorum quae in Mathematicis apud Platonem utilia sunt, expositio ed. ab Ism. Bullialdo. Paris 1654. Musica c. 30. λόγος ἐστὶ δύο μεγεθῶν ἡ πρὸς ἀλλήλα ποιὰ σχέσις; s. auch Mus. c. 19.

***) Nicomachus a. a. O. Bei Theon Smyrnaeus Mus. c. 31. ἀναλογία δέ ἐστι πλειόνων λόγων ὁμοιότης ἢ ταυτότης. Allerdings findet sich schon bei Aristoteles ἀναλογία ἰσότης ἐστὶ λόγων (Eth. Nicom. V, 6. p. 1311. a. 31); jedoch hier auch nur auf Zahlen bezogen.

sie an dieser Stelle vollkommen überflüssig. Denn es
folgen nun:

5. Definition. „Von Grössen, welche vervielfacht einander übertreffen können, sagt man, dass sie ein Verhältniss zu einander haben."

6. Definition. „In demselben Verhältniss, sagt man,
seien Grössen ($\dot{\varepsilon}\nu\ \tau\tilde{\omega}\ \alpha\dot{\nu}\tau\tilde{\omega}\ \lambda\dot{\rho}\gamma\omega\ \mu\varepsilon\gamma\dot{\varepsilon}\vartheta\eta\ \lambda\dot{\varepsilon}\gamma\varepsilon\tau\alpha\iota\ \varepsilon\tilde{\iota}\nu\alpha\iota$), die
erste zur zweiten und die dritte zur vierten, wenn bei jeder
beliebigen Vervielfachung die Gleichvielfachen der ersten
und dritten zugleich entweder grösser, oder gleich oder
kleiner sind, als die Gleichvielfachen der zweiten und vierten."

7. Definition. „Grössen aber, welche dasselbe Verhält-
niss haben, nennt man proportional ($\dot{\alpha}\nu\dot{\alpha}\lambda\sigma\gamma\sigma\nu$)."

8. Definition definirt im Sinne der 6. Definition, was
man ein grösseres Verhältniss nenne.

Mit diesen vier Erklärungen ist alles Nöthige gesagt
und die 3. u. 4. Definition vollkommen überflüssig gemacht.
Auch die

9. Definition. „Eine Proportion besteht aus mindestens
3 Gliedern ($\dot{\alpha}\nu\alpha\lambda\sigma\gamma\dot{\iota}\alpha\ \dot{\varepsilon}\nu\ \tau\rho\iota\sigma\dot{\iota}\nu\ \ddot{\sigma}\rho\sigma\iota\varsigma\ \dot{\varepsilon}\lambda\alpha\chi\dot{\iota}\sigma\tau\sigma\iota\varsigma$)."

ist verdächtig, innerlich und äusserlich. Denn sie ist offen-
bar ganz überflüssig; das Wort $\ddot{\sigma}\rho\sigma\varsigma$ (terminus) für die
Glieder des Verhältnisses wird von Euklid sonst nicht ge-
braucht, während es bei späteren Schriftstellern sehr beliebt
ist.*) Auch diese Definition ist daher vermuthlich später
eingeschaltet.

Mit Ausnahme der 10. und 11. Definition, welche vielleicht ursprünglich vor dem VI. Buche standen, wie wir
unten ausführen werden, sind alle bisher nicht erwähnten
Definitionen des V. Buches rein nominelle und bedürfen
keiner weiteren Erörterung.

Blickt man nun auf unsere Kritik zurück, wonach von

---

*) Nicomachus a. a. O. — Theon Smyrnaeus Mus. c. 31. $\dot{\alpha}\nu\alpha\lambda\sigma\gamma\dot{\iota}\alpha$
$\sigma\nu\nu\varepsilon\chi\dot{\eta}\varsigma\ \dot{\eta}\ \dot{\varepsilon}\nu\ \dot{\varepsilon}\lambda\alpha\chi\dot{\iota}\sigma\tau\sigma\iota\varsigma\ \tau\rho\iota\sigma\dot{\iota}\nu\ \ddot{\sigma}\rho\sigma\iota\varsigma$. — Doch scheint diese müssige
Behauptung schon älter zu sein, denn Aristoteles bemerkt Eth. Nic. V, 6.
p. 1131, a, 33 ausdrücklich, dass auch in einer stetigen ($\sigma\nu\nu\varepsilon\chi\dot{\eta}\varsigma$)
Proportion $a:b=b:c$ doch eigentlich 4 Glieder vorhanden seien. Bei
ihm findet sich übrigens schon das Wort $\ddot{\sigma}\rho\sigma\varsigma$ in obigem Sinne, z. B.
p. 1131, 6, 5.

den ersten neun Definitionen nur die 1., 2., 5., 6., 7., 8. Definition als echt Euklidisch übrig bleiben, so wird eine Bestätigung derselben darin gefunden werden können, dass diese Erklärungen für sich ein durchaus geschlossenes Begriffssystem enthalten: In der 1. Definition wird erklärt, was ein Theil einer Grösse genannt werde, nämlich das, was man heute einen aliquoten Theil nennt, in der 2. Definition, was ein Vielfaches sei. In der 5. Definition, was homogene Grössen sind, d. h. Grössen, welche überhaupt in einem Verhältnisse stehen können, mit besonderer Rücksicht auf incommensurabele Grössen. In der 6. Definition, was man darunter zu verstehen habe, wenn man sagt, zwei Grössen haben zu einander dasselbe Verhältniss, wie zwei andere Grössen; in der 8. Definition, was man unter einem grösseren oder kleineren Verhältnisse verstehe. — Die 7. Definition ist nur eine Worterklärung.

Wie man sieht, fehlt hier nichts, was zur Sache gehört und was im Folgenden gebraucht wird.

Nach einigen vorbereitenden Sätzen wird nun im 7. Satz bewiesen, dass, wenn $a = b$, auch $a : c = b : c$ und $c : a = c : b$ sei. Den Beweis dafür hätte sich Euklid offenbar sparen können, wenn er eine allgemeine Definition des Begriffes der Gleichheit aufgestellt hätte. Da er aber nur den in den Axiomen niedergelegten Begriff der Gleichheit hat, so muss er jetzt auf diesen seinen Beweis aufbauen und zwar folgendermassen: Nach den Axiomen ist, da $a = b$, auch $ma = mb$, und daher zugleich $ma \gtrless nc$ und $mb \gtrless nc$, daher u. s. w.

Im 11. Satze wird gezeigt, dass, wenn $a : b = c : d$ und $e : f = c : d$, auch $a : b = e : f$ sind (οἱ τῷ αὐτῷ λόγῳ οἱ αὐτοί, καὶ ἀλλήλοις εἰσὶν οἱ αὐτοί), und erst hienach ist man berechtigt, die Verhältnisse in einer Proportion, die Euklid niemals ἴσοι, sondern immer οἱ αὐτοί nennt, einander gleich zu setzen. Denn das Gleichheitszeichen in $a : b = c : d$ ist von uns eigentlich nur vorgreifend gebraucht worden.*)

---

*) Die älteren Geometer schreiben daher auch $a : b \ .\!\!:\ c : d$. Da Euklid sich dieses Umstandes ganz bewusst ist, so könnte hieraus schon ein Beweis gegen die Echtheit der 4. Definition genommen werden.

Erst von jetzt an kann ein Verhältniss als ein Etwas für sich betrachtet werden, von dem Gleichheit ausgesagt werden kann im Sinne des Axiomes: Was einem und demselben gleich ist, ist unter einander gleich.

VI. Buch der Elemente.

Der Nutzen, den die scheinbar allzuweitläufige Behandlung der Proportionen im V. Buche gewährt, tritt erst im folgenden Buche hervor, welches sich auf Grund derselben mit der Aehnlichkeit beschäftigt, wie sich schon ankündigt in der 1. Definition. „Aehnlich (ὁμοία) sind solche geradlinige Figuren, in denen die Winkel einzeln genommen gleich sind und die um die gleichen Winkel liegenden Seiten proportional."

Eine specielle Definition von ähnlichen Kreissegmenten, nämlich solchen, welche gleiche Winkel enthalten, ist bereits II, 11. Definition gegeben. Jetzt aber folgt die allgemeine, allerdings nur auf geradlinige Figuren beschränkte Definition der Aehnlichkeit. Dass mit dieser Definition noch nicht die Möglichkeit ähnlicher Figuren erwiesen ist, versteht sich von selbst. Sie ist vielmehr nur eine vorausgeschickte Definition, deren wir bei Euklid genug Beispiele finden. Indess wird dieser Fehler gegen die herkömmliche Logik meist dadurch wieder gut gemacht, dass die Giltigkeit des Begriffes, ehe er gebraucht wird, durch eine Construction nachgewiesen wird. Dies ist aber nun merkwürdiger Weise mit dem Begriffe ähnlicher Figuren im Allgemeinen nicht geschehen. Denn nachdem die Aehnlichkeit behandelt worden ist, heisst es VI, 20: „Aehnliche Polygone lassen sich in gleichviele ähnliche, den Polygonen homologe Dreiecke zerlegen", ohne dass zuvor die Construction und somit die Möglichkeit solcher ähnlicher Polygone dargethan ist. Freilich ist dieser Beweis, aus dem sich dann ergibt, dass zur Aehnlichkeit $n$seitiger Vielecke nur $(2n — 4)$ von einander unabhängige Bedingungen nothwendig sind, leicht nachzuholen; sein Mangel aber ist bei einem so genauen Schriftsteller immerhin auffällig.

An einem viel schwereren Gebrechen aber leidet die 5. Definition des recipirten Textes:

5. Definition. Von einem Verhältniss sagt man, es werde aus Verhältnissen zusammengesetzt ($\sigma v \gamma \varkappa \epsilon \tilde{\imath} \sigma \vartheta \alpha \iota$), wenn die Grössen der letzteren ($\alpha \acute{\iota} \tau \tilde{\omega} v \lambda \acute{o} \gamma \omega v \pi \eta \lambda \iota \varkappa \acute{o} \tau \eta \tau \epsilon \varsigma$) mit einander multiplicirt ($\pi o \lambda \lambda \alpha \pi \lambda \alpha \sigma \iota \alpha \sigma \vartheta \epsilon \tilde{\imath} \sigma \alpha \iota$) jenes geben."

Diese Definition widerspricht aber durchaus dem Charakter der ganzen Euklidischen Proportionslehre und ist hier ganz widersinnig, da die Multiplication der Grössen ($\pi \eta \lambda \iota \varkappa \acute{o} \tau \eta \tau \epsilon \varsigma$) zweier Verhältnisse incommensurabeler und und selbst commensurabeler Grössen für die klassische Geometrie eine ganz unbekannte Operation ist. Daher hatte schon Rob. Simson diese Definition für unecht erklärt und vermuthet, dass dieselbe aus den Schriften des Alexandriners Theon*), in denen sie nach dem Sinne der späteren Zeit durchaus berechtigt ist, in die Elemente hineingeschoben worden sei. Auch findet sie sich nicht in der aus dem Arabischen verfertigten Uebersetzung des Euklid von Campano.**) Zur vollen Gewissheit wird dann diese Conjectur durch Peyrard's Codex a erhoben, in welchem diese Definition nur die Stelle einer Randbemerkung einnimmt. Dadurch ist nun erwiesen, dass diese Definition nichts weiter als eine allmählich in den Text der Elemente übergegangene Glosse ist, welche wohl aus Theon's Werke geflossen sein wird. Das in der 5. Definition vorkommende Wort $\pi \eta \lambda \iota \varkappa \acute{o} \tau \eta \varsigma$, welches auch in V, 3. Definition erscheint, weist auf einen ähnlichen Ursprung der letzteren hin, die wohl nur hinzugesetzt ist, um VI, 5. Definition einigermassen vorzubereiten.

Sehen wir nun zu, was Euklid eigentlich unter dem Zusammensetzen ($\sigma v \gamma \varkappa \epsilon \tilde{\imath} \sigma \vartheta \alpha \iota$, componere) der Verhältnisse verstand; VI, 23. Satz kommt dieser Ausdruck in der That vor: „Gleichwinklige Parallelogramme sind zu einander im zusammengesetzten ($\sigma v \gamma \varkappa \epsilon \acute{\iota} \mu \epsilon v o v$) Verhältniss ihrer Seiten."

---

*) Diese Definition findet sich fast wörtlich in dem Commentar des Theon zum Almagest ed. par Halma, p. 235.
**) Gedruckt Venedig 1482 bei Erhard Ratdolt; s. Beschreibung dieser Ausgabe in Kästner's Gesch. d. Math. t. I p. 289.

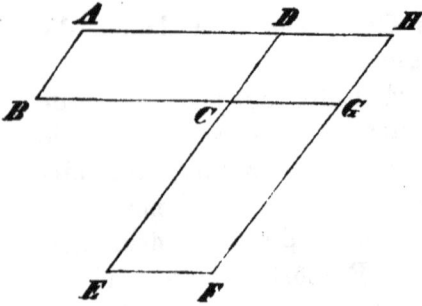

Beweis. Man bringe die Seite BC des einen Parallelogrammes $ABCD$ mit einer Seite CG des anderen in gerade Linie; dann werden auch die beiden Seiten CD, CE in einer Geraden liegen. Man vollende das Parallelogramm $CDGH$. Nimmt man nun die Linie k beliebig und bestimmt die Linien l, m so, dass:

$$BC : CG = k : l$$
$$DC : CE = l : m$$

so ist das Verhältniss $k : m$ zusammengesetzt ($\sigma \acute{\nu} \gamma \varkappa \varepsilon \iota \vartheta \alpha \iota$) aus den Verhältnissen $k : l$ und $l : m$ oder den ihnen gleichen $BC : CG$ und $DC : CE$. Nun ist:

$$BC : CG = AC : CH = k : l$$
$$DC : CE = CH : CF = l : m$$

daher ex aequo:

$$k : m = AC : CF.$$

Folglich ist auch das Verhältniss $AC : CF$ zusammengesetzt aus den Verhältnissen $BC : CG$ und $DC : CE$.

Was Euklid unter einem zusammengesetzten Verhältnisse verstanden haben will, ist hienach einleuchtend: Sind a, b, c, d ganz beliebige Grössen, so heisst das Verhältniss $(a : d)$ zusammengesetzt aus $(a : b)$, $(b : c)$, $(c : d)$, und wenn a' b' c' d' Grössen sind, so dass:

$$a : b = a' : b', \; b : c = b' : c', \; c : d = c' : d'$$

so ist $(a : d)$ zusammengesetzt aus den drei letzteren Verhältnissen, was man in Zeichen folgender Weise darstellen kann:

$$(a : d) = (a' : b') (b' : c') (c' : d').$$

Da allgemein $(a : c) = (a : b) (b : c)$, was für Grössen auch a, b, c sein mögen, so hat man, wenn $a : b = b : c$, die Gleichung $(a : c) = (a : b) (a : b)$, was wir ohne den Euklidischen Begriffen zu schaden $(a : c) = (a : b)^2$ schreiben können. Denn Euklid sagt im V. Buche:

10. Definition. Wenn drei Grössen proportional sind, so sagt man, die erste habe zur dritten das doppelte (διπλασίων, duplicata) Verhältniss, wie zur zweiten.

11. Definition. Wenn vier Grössen (stetig) proportional sind, so sagt man, die erste habe zur vierten das dreifache (τριπλασίων, triplicata) Verhältniss, wie die erste zur zweiten; und immer so fort, wie die Proportion besteht.

D. h. wenn $a : b = b : c = c : d$, so ist $(a : d) = (a : b)^3$ u. s. f.

Unter einem λόγος διπλάσιος, τριπλάσιος verstehen die alten Arithmetiker *) das Verhältniss einer Zahl $2m : m$, $3m : m$. Die Lateiner nennen dies ratio dupla, tripla. Zum Unterschiede hievon gebraucht Euklid für $(a : b)^2$, $(a : b)^3$ die Bezeichnung λόγος διπλασίων, τριπλασίων **), was die Lateiner durch ratio duplicata, triplicata wiederzugeben pflegen, obgleich im späteren Mittelalter dieser Unterschied nicht überall streng beachtet wird.

Da im V. Buche niemals von einer ratio duplicata, triplicata die Rede ist, wohl aber im VI. Buche***), wo auch der mit dieser Bezeichnung eng zusammenhängende Begriff des Zusammensetzens von Verhältnissen erläutert wird, halte ich es für sehr wahrscheinlich, dass jene beiden Definitionen 10, 11 des V. Buches ursprünglich vor dem VI. Buche gestanden haben.

Um nun zu dem Inhalte des Buches überzugehen, betrachten wir den

1. Satz. Dreiecke von gleicher Höhe verhalten sich, wie ihre Grundlinien.

---

*) Nicomachus, introd. arith. passim. Theon Smyrnaeus Arithm. c. 5. In den Elementen Euklid's findet sich keine Gelegenheit, von solchen Verhältnissen zu sprechen.

**) Ganz consequent sind die griechischen Arithmetiker nicht; so sagt Nicomachus l. I, c. X, 10 διπλασίονα λόγον, wo er der Regel nach hätte sagen sollen διπλάσιον λόγον.

***) VI, 19. Satz. Aehnliche Dreiecke stehen im doppelten (διπλασίων) Verhältnisse ihrer Seiten.

XII, 18. Kugeln sind im dreifachen (τριπλασίων) Verhältnisse ihrer Durchmesser.

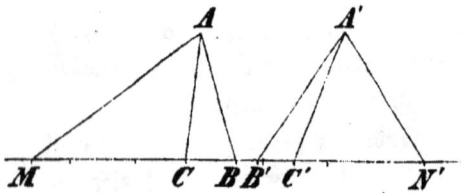

Beweis. Es seien ABC, $A'B'C'$ zwei Dreiecke von gleicher Höhe, BC, $B'C'$ ihre Grundlinien, die man verlängere und resp. m und n mal aneinander setze, so dass $BM = m \cdot BC$, $B'N' = n \cdot B'C'$ sei. Da nun $ABM \gtreqless A'B'N'$ ist, je nachdem $BM \gtreqless B'N'$, so ist gleichzeitig

$$m \cdot ABC \gtreqless n \cdot A'B'C' \text{ und } m \cdot BC \gtreqless n \cdot B'C'$$

so ist

$$ABC : A'B'C' = BC : B'C'. \text{ q. e. d.}$$

Ich mache ferner noch aufmerksam auf den 14. Satz. Zwei Rechtecke AB, BC, in denen die Seiten im umgekehrten Verhältnisse stehen:

$$DB : BE = GB : BF,$$

sind (an Fläche) gleich.

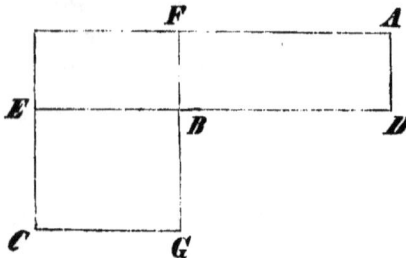

Beweis. Man lege die beiden Rechtecke mit einer Ecke B so aneinander, dass je zwei Seiten in gerader Linie liegen. Man vollende das Rechteck EF. Dann ist

$$DB : BE = AB : FE$$
$$GB : BF = BC : FE$$

also nach der Voraussetzung

$$AB : FE = BC : FE,$$

folglich $AB = BC$. q. e. d.

Hieraus folgt dann (16. Satz), dass wenn vier Strecken a, b, c, d proportional sind,

$$a : b = c : d$$

so sind die Rechtecke

$$ad = bc$$

und umgekehrt; womit denn diese wichtige Eigenschaft der

Proportionen dargethan ist, sobald die in ihr erscheinenden
Grössen Strecken sind. Allgemein lässt sie sich, wie sich
von selbst versteht, für Grössen nicht nachweisen, da einem
Producte zweier Grössen nicht immer eine reale Bedeutung
zugeschrieben werden kann. Da das Product zweier Zahlen
immer wieder eine solche ist, so wird denn auch die betreffende Eigenschaft für Proportionen von Zahlen VII, 19
nachgewiesen. Für Grössen wird sie, so weit sie geometrische Bedeutung hat, im Verlaufe der Elemente weiter
nachgewiesen: Sind ab, cd zwei Rechtecke, so verhalten
sie sich stets, wie man leicht zeigt, wie Strecken e, f:

$$ab : cd = e : f.$$

Da nun XI, 34 nachgewiesen wird, dass wenn sich in
rechtwinkligen Parallelepipeden die Höhen umgekehrt verhalten, wie ihre Grundflächen, die Volumina derselben gleich
sind, so folgt aus einer Proportion, wie die vorige, die
Gleichung

$$abf = cde. \cdot$$

Da ein Product von vier Strecken keine geometrische
Bedeutung mehr hat, so kann dies Verfahren nicht weiter
fortgeführt werden. —

Die übrigen Sätze des VI. Buches haben keine unmittelbare Beziehung auf die Theorie der Proportionen,
die uns so lange beschäftigt hat, und wir werden daher
gerne jetzt einen Rückblick auf das durchwanderte Gebiet
werfen. Wir dürfen nicht allein in das Urtheil Barrow's
einstimmen, „dass in dem ganzen Werke der Elemente
nichts feiner erfunden, fester begründet und genauer behandelt sei, als die Lehre von den Proportionen", vielmehr müssen wir besonders hervorheben, dass die Behandlung dieser Lehre eine völlig sachgemässe und natürliche
ist — was keineswegs von Euklid's Methoden überhaupt
gesagt werden kann.

Mir wenigstens scheint die Euklidische Basis dieser
Lehre nicht nur die einzige völlig strenge zu sein, sondern
auch die wissenschaftlich allein sachgemässe, insofern für
den allgemeinen Begriff und die Anwendung der Proportionen die Commensurabilität ihrer Glieder keine Bedeutung

hat. Seitdem man die Euklidische Behandlung vergessen und verlassen hat, hilft man sich mit unzulänglichen Surrogaten. Indem man die Lehre von den Proportionen auf die von Zahlen gründet, sucht man dann durch eine Exhaustionsmethode den Uebergang zu der Anwendung dieser Lehre auf stetige Grössen zu gewinnen; man ordnet so das Allgemeinere dem Speciellen unter, und schlägt das Stetige in die Fessel des Discreten, der es doch immer wieder entschlüpft.

II. Anhang.

Mathematik der Chinesen. *)

Die Entwickelung der Mathematik hat sich vor unseren Augen abgespielt; wir haben das Gebäude unserer Wissenschaft entstehen sehen, und könnten unsere Aufgabe für erledigt halten; indess ziemt es uns wohl, nicht nur engherzig der Völker zu gedenken, auf deren Schultern wir stehen, sondern unsere Augen auch auf die andere Menschheit zu richten. Freilich bietet der grösste Theil derselben dem Geschichtsschreiber der Mathematik keinen Stoff zur Darstellung; aber dort im Lande der Mitte wohnt seit unvordenklichen Zeiten, unberührt von all den gewaltigen Erschütterungen, die Asiens und Europa's Bild so oft verändert haben, ein schwarzhaariges Volk, ein Drittel der gesammten Menschheit und selbst eine Menschheit für sich. Dürften wir die Chinesen tadeln, dass sie in ihrer Geschichtsschreibung von der Aussenwelt nichts wissen, wenn wir umgekehrt sie ignoriren wollten?

Und gerade die Geschichte der Mathematik hat für die Beurtheilung der Culturverhältnisse dieses Landes ein besonderes Interesse dadurch, dass sie in Bezug auf diese Wissenschaft eine Abhängigkeit der Chinesen von fremder Cultur zeigt, wie sie bei diesem Volke in keinem Zweige des Wissens wiederkehrt. Denn von allen Geistesströmungen, die ausserhalb des chinesischen Reiches entsprungen

---

*) Die Orthographie der chinesischen Wörter ist die deutsche. Die Betonungszeichen, welche im Chinesischen eine Silbe erst zu einem Worte machen, sind, soweit sie ermittelt werden konnten, von einem der Sprache kundigen Freunde hinzugesetzt worden. Bei ` steigt die Stimme, wie fragend hinauf, bei ´ sinkt sie wie bejahend herunter, bei ^ bleibt sie in gleichem hohen, bei ¯ in gleichem tiefen Tone, bei ˇ wird sie wie zurückgeschluckt kurz abgebrochen.

sind, ist es nur der Buddhismus gewesen, der seit dem
1. Jahrhundert unserer Zeitrechnung durch Missionare eingeführt, eine grössere, dauernde Verbreitung gewann.

Wir haben bereits früher S. 82 von der ältesten, unzweifelhaft originalen Mathematik der Chinesen und deren
interessantem Documente, dem ersten Theile des Tschiu-pì
gesprochen; auch der zweite Theil dieses Buches, der sicher
nicht später als im Anfang unserer Zeitrechnung verfasst
ist, zeigt in seinen astronomischen Lehrsätzen nirgends eine
Abhängigkeit von ausländischer Wissenschaft. An rein Mathematischem finden wir in ihm ausser den im ersten Theile
vorgetragenen Lehren, den Satz von der Hypotenuse zur
Berechnung rechtwinkliger Dreiecke angewandt, und z. B.
aus der Hypotenuse 238000 und der Kathete 206000 die
andere Kathete = 119197 berechnet, welche Quadratwurzel,
wie in allen Beispielen, bis auf die letzte Stelle genau ist.
Es ist kein Grund vorhanden, zu zweifeln, dass der Satz
des Pythagoras, wahrscheinlich anknüpfend an das seit
Alters bekannte rechtwinklige Dreieck 3, 4, 5 von den
Chinesen selbstständig erfunden worden ist. Wenigstens
scheint es abenteuerlich, anzunehmen, dass griechische
Wissenschaft damals über Syrien und Persien nach China
durchgesickert sei.

Einen seltsamen Contrast zu jener Genauigkeit der
Quadratwurzelausziehung bildet der im Tschiu-pì überall
angewandte Werth $\pi = 3$, mittels dessen z. B. der Umfang
des Kreises mit dem Durchmesser 810000 zu 2430000 (statt
2544690) angegeben wird.

In allen anderen chinesischen Werken, die man in
Europa in Uebersetzung oder in Auszügen kennt, ist dagegen fremder Einfluss nachzuweisen. Eines der ältesten
und geachtetsten vielfach commentirten Werke, welches die
Chinesen auf ihren fabelhaften Kaiser Hoâng-tí (um 2600
v. Chr.) zurückführen, das jedoch nach Form und Inhalt
einer viel späteren Zeit als der ältere Theil des Tschiu-pì
angehört, das Kieù-tschäng (= Neun Abschnitte)*) zeigt in

---

*) S. d. Auszug in Biernatzki's Bearbeitung eines englischen auf
Quellenstudien beruhenden Aufsatzes „die Arithmetik der Chinesen".
Crelle Journ. t. 52. p. 73—76.

seinem Inhalte so grosse Verwandtschaft mit indischen Werken, z. B. der Lîlâvatî des Bhaskara, dass, wenn man nicht behaupten will, die ganze indische Mathematik sei chinesischen Ursprungs, nichts übrig bleibt, als anzunehmen, dass, dem Buddhismus folgend, in den ersten Jahrhunderten n. Chr. auch indische Wissenschaft nach China eingewandert sei.*) Die jener Religion eigene Vorliebe für grosse Zahlen verpflanzte sich auch nach China, wo die Reihe der decimalen Stufenzahlen bis zur 53ten unter dem Namen Hang ho schan (= Sand des Ganges) bekannt war.**)

Gleichzeitig hiemit mag auch das indische Princip der Position für die Zahlenbezeichnung den chinesischen Mathematikern bekannt geworden sein, die zwar das Princip, nicht aber, wie andere Völker, zugleich die indischen Ziffern annahmen. Vielmehr bildeten sie sich selbst aus horizontalen und verticalen Strichen, Ziffern in der Art der römischen für die 9 Einer, zu denen sie dann die indische Null hinzufügten. Doch hat dies bereits im 13. Jahrhundert n. Chr. bei den Mathematikern übliche System ***) das ältere, echt chinesische, multiplicative Princip (s. o. p. 39) und die originalen chinesischen Ziffern niemals aus dem gemeinen Gebrauche verdrängen können.

Wenn es noch eines Beweises bedürfte, dass zwischen indischer und chinesischer Mathematik der engste Zusammenhang besteht, so ist es die Regel Tá jàn (= Grosse Erweiterung), die schon im 3. Jahrhundert n. Chr. in dem Suán-king (= arithmetischer Klassiker) des Sun-tsè †) vorkommt, und im Anfange des 8. Jahrhunderts ausführlich behandelt wurde in dem Tá jàn lí schü (= Sehr erweitertes Himmelszeichenbuch), dem Werke eines indischen Buddhapriesters, den der Kaiser, als sich die Mandarinen einst in der Berechnung von Sonnenfinsternissen gröblich geirrt hatten, an sein mathematisches Tribunal berief. ††) Diese

---

*) S. d. Bestätigung durch Pauthier, Journ. as. 1839, II. p. 390.

**) Mindestens im 8. Jahrh. n. Chr. Crelle, Journ. a. a. O. p. 69.

***) S. Crelle a. a. O. p. 72 und Ed. Biot, Journ. as. 1839, II. p. 497.

†) S. Crelle a. a. O. p. 77.

††) S. Gaubil in Observ. math. astr. réd. p. Souriet. t. II p. 74 ff.

Regel Tá jàn ist aber nichts anderes, als die indische kut-
ṭaka, von der hier ganz dieselben Anwendungen auf die
Chronologie und die Berechnung gewisser Constellationen
gemacht werden wie dort (s. o. p. 197), nur dass sie für
die Chinesen noch eine Bedeutung in der bei ihnen sehr
beliebten Wahrsagekunst erhält.

In den nächsten Jahrhunderten scheint kein weiterer
Fortschritt gemacht worden zu sein; es bedurfte eines
äusseren Anstosses, um wieder neues Leben in das mathematische Tribunal zu bringen. Als im J. 1280 der Mon-
gole Kublei Khan nach der Eroberung China's sich zum
Kaiser aufwarf, erlangten persische Gelehrte, die er, der
Bruder Hulagu Ilkhan's, des freigebigen Gönners Nasireddin's und des Erbauers der grossen Sternwarte zu Meraga
(s. o. p. 251), mit sich führte, einen bedeutenden Einfluss
auf die Neugestaltung der officiellen Astronomie. Namentlich wird in dieser Hinsicht ein Perser Gemâleddîn*) genannt, der arabische Schriften, namentlich die Tafeln des
Ibn Yunos, wahrscheinlich in der verbesserten Gestalt der
nach dem Bruder des Kaisers genannten Ilkhan'schen Tafeln,
in China einführte. Diese Verbindungen erlaubten dem Ko-
schëu-king, Präsidenten des mathematischen Tribunales,
seinen Landsleuten eine neue Astronomie zu lehren.**) So
erhält denn auch die Mathematik seitdem einen ganz anderen
Charakter: Ko-schëu-king lehrte die sphärische Trigonometrie den Chinesen, die bis dahin, entsprechend dem Stande
der indischen Geometrie, nur ebene Dreiecke zu behandeln
pflegten***); er schrieb im J. 1300 ein System der Astronomie unter dem Titel Schau-schi-leih (= Bogen und Sinusversus).†) Zu derselben Zeit finden wir auch zuerst Schriften
über bestimmte Algebra erwähnt, in denen die Abhängigkeit von den Arabern deutlich z. B. auch in der Bezeich-

---

und Crelle, Journ. a. a. O. p. 79; hier heisst jener Buddhapriester Yih-
hing oder Yih-king, während ihn Gaubil Y-hang nennt.

*) Hist. de Gentchiscan et de toute la dinastie d. mong. tir. de
l'hist. chin. et trad. p. Gaubil, Paris 1739, p. 136.

**) Gaubil, Observat. II, p. 106, 129.

***) Ebd. p. 60, 114.

†) Crelle, Journ. a a. O. p. 70, 89.

nung der Unbekannten durch wŏe (= Ding) hervortritt; gleichzeitig schrieben um das Jahr 1300 mehrere Gelehrte über die numerische Auflösung der Gleichungen, und wir finden die Reihe der Binomialcoefficienten bis zur 8ten Potenz nebst ihrem dependenten Bildungsgesetz erwähnt.*)

Uebrigens scheinen in jener Zeit Uebersetzungen arabischer Werke wenigstens in grösserer Zahl nicht angefertigt worden zu sein; und so nimmt auch der Eifer der chinesischen Mathematiker für die neuen Studien bald ab. Nach der Vertreibung der mongolischen Dynastie im J. 1368 machte man den Versuch, arabische Manuscripte, die man in der kaiserlichen Bibliothek vorfand, durch mohammedanische Beamte unter Leitung von Mathematikern übersetzen zu lassen**) — ein Beweis, wie hoch man die arabische Literatur schätzte. Aus leicht begreiflichen Ursachen fiel aber jener Versuch schlecht aus und die chinesische Astronomie, sich selbst überlassen, kam unter der einheimischen Ming-Dynastie immer mehr zurück.

So fand sie der erste Jesuit Matthias Ricci, als er im J. 1583 zur Verkündigung des Evangeliums nach China ging. Er sah sich bereits veranlasst, einen astronomisch-mathematischen Leitfaden in chinesischer Sprache zu schreiben; auch seine Nachfolger benutzten ihre vortrefflichen Kenntnisse in der Astronomie und die grosse Bedeutung, welche man in China dieser Wissenschaft von Staatswegen beilegt, um sich den Kaisern unentbehrlich zu machen, und so ein ihrer Mission förderliches Ansehen zu erlangen. Namentlich gelang ihnen dies unter dem gelehrten Kaiser Khäng-hi (1662—1722) aus der jungen Mandschu-Dynastie, der selbst den thätigsten Antheil an der Herausgabe von astronomischen Handbüchern und der Berechnung neuer Tafeln durch die Jesuiten nahm; eine Reihe trefflicher Astronomen, ein Schall, ein Verbiest u. a., bekleideten nach einander das wichtige Amt eines Präsidenten des mathematischen Tribunales, dem die Sorge obliegt für die Katastrirung des Landes, den Kalender und die Vorhersagung

---

*) Ebd. p. 83—87.
**) Ebd. p. 70.

der Sonnenfinsternisse, die bekanntlich nach altem Brauche unter grossen Hofceremonien, Fasten und Opfern begangen werden. Als unter dem Nachfolger jenes gelehrten Kaisers die nationale und reactionäre Partei die Oberhand gewann und von 1724 an Verbannungsbefehle und Verfolgungen gegen die Christen ergingen, wussten sich doch die Jesuiten in ihrer Stellung als Astronomen zu halten, und erst im Jahr 1828 wurden auch sie aus Peking vertrieben.

So hat dieses wunderliche Volk, welches im Lande der Mitte ein gleichförmiges, von äusseren Strömungen fast unberührtes Dasein lebt, sich dreimal und in drei verschiedenen Perioden fremder Astronomie und Mathematik erschlossen und jedesmal ist es von der Stufe, auf welche es sich hätte emporheben können, herabgesunken auf die der unbedeutenden Mittelmässigkeit. Doch erhebt es in lächerlichem Nationalstolz den Anspruch, dass alle Wissenschaft von Ursprung an chinesisch und aus ihrem Lande vor Alters den Fremden zugekommen, im Mutterlande aber verloren gegangen sei durch die allgemeine Bücherverbrennung, die der gewaltthätige Kaiser Schì-hoâng-ti im J. 212 v. Chr. anbefahl und durchführte. Selbstgenügsam sucht dies Volk in fabelhafter Vergangenheit, was es, ausschliesslich praktischen Interessen hingegeben, jetzt nicht besitzt; denn Wissenschaft gedeiht überall nur auf dem Boden geistiger Freiheit und Selbstlosigkeit.

Im Verlage von **B. G. Teubner** in **Leipzig** erscheinen und sind durch alle Buchhandlungen und Postanstalten zu beziehen:

Annalen, mathematische. In Verbindung mit C. Neumann begründet durch Rudolph Friedrich Adolph Clebsch. Unter Mitwirkung der Herren Prof. P. Gordan zu Erlangen, Prof. F. Klein zu Erlangen, Prof. A. Mayer zu Leipzig, Prof. K. Von der Mühll zu Leipzig, gegenwärtig herausgegeben von Carl Neumann, Professor in Leipzig.

——— ——— VIII. Band, 1. Heft. gr. 8. 1874. geh. Preis für den Band von 4 Heften 20 Mk.

[Die Bände I—VII sind durch alle Buchhandlungen zu beziehen. Band I—VI à 16 Mk., Band VII à 18 Mk.]

Zeitschrift für Mathematik und Physik, herausgegeben unter der verantwortlichen Redaction von Dr. O. Schlömilch, Dr. M. Cantor und Dr. E. Kahl. I—XVIII. Jahrgang. 6 Hefte jährlich. gr. 8. geh. Von 1875 an à Jahrgang n. 18 Mark.

Zeitschrift für mathematischen und naturwissenschaftlichen Unterricht. Ein Organ für Methodik, Bildungsgehalt und Organisation der exacten Unterrichtsfächer an Gymnasien, Realschulen, Lehrerseminarien und höheren Bürgerschulen. Zugleich Organ der mathematisch-naturwissenschaftlich-didactischen Sectionen der Philologen-, Naturforscher- und allgemeinen deutschen Lehrer-Versammlung. Unter Mitwirkung von Fach-Lehrern herausgegeben von J. C. V. Hoffmann. Jährlich 6 Hefte. gr. 8. geh. 10 Mk. 80 Pf.

, Professor in Heidelberg, **Vorlesungen** der elliptischen Functionen nebst einer ... in die allgemeine Functionenlehre. I. Band. gr. 8. 14 Mark.

———— Zweiter Theil. gr. 8. geh. n. 7 Mark 60 Pf.

Krebs, Dr. **G.**, Lehrer der Physik und Chemie an der höheren Gewerbe- und Handelsschule in Frankfurt a/M., **Einleitung in die mechanische Wärmetheorie.** Mit 52 Holzschnitten im Text. gr. 8. geh. n. 4 Mark.

Müller, Dr. **Hubert**, Oberlehrer am Kaiserl. Lyceum in Metz, **Leitfaden der ebenen Geometrie** mit Benutzung neuerer Anschauungsweisen für die Schule. Erster Theil: Die geradlinigen Figuren und der Kreis. gr. 8. geh. n. 2 Mark.

Neumann, Dr. **Carl**, Professor an der Universität zu Leipzig **Theorie der elektrischen Kräfte.** Darlegung und Erweiterung der von A. Ampère, F. Neumann, W. Weber, G. Kirchhoff entwickelten mathematischen Theorien. I. Theil. gr. 8. geh. n. 7 Mark 20 Pf.

Reidt, Dr. **Fr.**, Oberlehrer am Gymnasium in Hamm, **Vorschule der Theorie der Determinanten** für Gymnasien und Realschulen. gr. 8. geh. 1 Mark.

Salmon, Georg, analytische Geometrie der Kegelschnitte mit besonderer Berücksichtigung der neueren Methoden. Deutsch bearbeitet von Dr. W. FIEDLER, Professor am eidgen. Polytechnikum zu Zürich. Dritte Auflage. gr. 8. geh. n. 14 Mark 40 Pf.

———— **analytische Geometrie der höheren ebenen Curven.** Deutsch bearbeitet von Dr. WILHELM FIEDLER, Professor am eidgenössischen Polytechnikum zu Zürich. gr. 8. geh. n. 10 Mark.

———— **analytische Geometrie des Raumes.** Deutsch bearbeitet von Dr. WILH. FIEDLER. Erster Theil: Die Elemente und die Theorie der Flächen zweiten Grades. 2. Aufl. gr. 8. geh. n. 8 Mark.

Schlömilch, Dr. **Oskar**, Kgl. Sächs. Geh. Hofrath, Professor an der polytechnischen Schule in Dresden, **Uebungsbuch zum Studium der höheren Analysis.** Erster Theil: Aufgaben aus der Differentialrechnung. Mit Holzschnitten im Texte. gr. 8. geh. n. 6 Mark.

———— **Grundzüge einer wissenschaftlichen Darstellung der Geometrie des Maasses.** Ein Lehrbuch. Zwei Theile. Mit in den Text gedr. Holzschnitten. gr. 8. 1874. geh. n. 8 Mark.
Einzeln:
I. Theil: Planimetrie und ebene Trigonometrie. 5. Aufl. n. 4 Mark.
II. Theil: Geometrie des Raumes. 3. Aufl. n. 4 Mark.

Schmidt, Dr. **Wilibald, die Brechung des Lichts in Gläsern,** insbesondere die achromatische und aplanatische Objectivlinse. gr. 8. geh. n. 3 Mark 60 Pf.

Sommer, Dr Franz, Oberlehrer am Kgl. Gymnasium in
eifel. Lehrgang beim ersten Unterricht
enthaltend die sieben Röhren
und mündlich behandelt. gr 8. geh.

Professor am Polytechnikum